高职高专机电类“十二五”规划教材

计算机绘图——中文版AutoCAD 2012实例教程

主编：陈桂芳　田子欣

電子工業出版社
Publishing House of Electronics Industry
北京·BEIJING

内容简介

本书以AutoCAD 2012中文版为基础，由浅入深、循序渐进地介绍了AutoCAD 2012绘制工程图的使用方法及功能。全书共分9章，主要内容有：AutoCAD 2012总体介绍；绘图环境初步设置；绘制平面图形；创建文字和表格；尺寸标注与编辑；图块与外部参照；绘制工程图样实例；三维建模基础；图形打印与输出等。在每章的后面都附有精选的上机练习或思考题。

本书突出实用性，以大量的插图、丰富的应用实例、通俗的语言，结合机械行业制图的不同需要和标准而编写，既能满足初学者的要求，又能使有一定基础的用户快速掌握AutoCAD 2012新增功能的使用技巧。

本书既可作为高等职业院校、高等专科学校、成人高校及本科院校举办的二级职业技术学院和民办高校工科各专业的计算机绘图教材，也可作为工程技术人员计算机绘图的培训教材或参考书。

图书在版编目（CIP）数据

计算机绘图：中文版AutoCAD 2012实例教程 / 陈桂芳，田子欣主编. —北京：电子工业出版社，2014.1
高职高专机电类“十二五”规划教材

ISBN 978-7-121-21555-1

Ⅰ.①计…　Ⅱ.①陈…②田…　Ⅲ.①AutoCAD软件—高等学校—教材　Ⅳ.①TP391.72

中国版本图书馆CIP数据核字（2013）第227060号

策划编辑：白　楠
责任编辑：郝黎明
印　　刷：北京七彩京通数码快印有限公司
装　　订：北京七彩京通数码快印有限公司
出版发行：电子工业出版社
　　　　　北京市海淀区万寿路173信箱　邮编：100036
开　　本：787×1 092　1/16　印张：16.25　字数：416千字
版　　次：2014年1月第1版
印　　次：2025年1月第10次印刷
定　　价：35.00元

凡所购买电子工业出版社图书有缺损问题，请向购买书店调换。若书店售缺，请与本社发行部联系，联系及邮购电话：（010）88254888。

质量投诉请发邮件至 zlts@phei.com.cn，盗版侵权举报请发邮件至 dbqq@phei.com.cn。

本书咨询联系方式：（010）88254592，bain@phei.com.cn。

前 言

AutoCAD 是美国 Autodesk 公司开发的通用计算机辅助绘图与设计软件包，具有绘图功能强大、软件易于操作、体系结构开放等特点，广泛应用于机械、电子、航天、建筑、矿山等工程设计领域，是当今使用人数最多的绘图工具，尤其在绘制二维绘图方面，更具优势。

本书以 AutoCAD 2012 版软件为平台，采用实例讲解，力求简明实用，使学生易于理解、掌握和实践。本书思路新颖，图文并茂，通过一系列典型的实例帮助读者学习和掌握 AutoCAD 2012 的功能和使用方法。本教材有以下特点。

1．精心筛选了一些具有代表性的范例，深入浅出地详细讲解了这些范例的绘制过程。本教材不注重解释每一条命令，而是在完成一个实际范例的过程中教会读者基本的绘图方法，方便教学，易于掌握。

2．与工程图学结合紧密，书中图样实例大都来源于生产实际，所以具有很强的实用性。

3．坚持实例、技巧及经验并重，并对用户容易出现的错误进行重点突破。

4．初学者无需先学低版本的 AutoCAD 软件，可以直接学习 AutoCAD 2012。因为 AutoCAD 2012 完全克服了低版本的不足之处。

5．由企业工程技术人员参与编写，对解决实际问题有更强的指导意义。

凡本书没有特别说明的绘图操作步骤，均是在“AutoCAD 经典”工作空间内完成。本书中出现的“↙”符号，表示“回车”命令。

本书由三门峡职业技术学院陈桂芳、田子欣担任主编，三门峡职业技术学院邢艳辉、董萍、王莉静担任副主编，三门峡豫西机床有限公司金俞宏、任慧娟参编。具体分工如下：陈桂芳编写第 1、2 章，田子欣编写第 8 章，邢艳辉编写第 3 章，董萍编写第 4、5 章，王莉静编写第 6、9 章，金俞宏和任慧娟编写第 7 章。

由于编者水平有限，书中存在的错误和不妥之处在所难免，敬请读者批评指正。

编者

2013 年 10 月

目 录

第1章 AutoCAD 2012总体介绍 1
1.1 AutoCAD简介 1
1.1.1 AutoCAD的发展史 1
1.1.2 AutoCAD的基本功能 1
1.2 设置绘图环境 2
1.2.1 AutoCAD 2012的启动 2
1.2.2 “启动”对话框的操作 2
1.2.3 图形单位设置 5
1.2.4 图形界限的设置 6
1.3 AutoCAD 2012操作界面 6
1.4 图形文件的管理及图形的显示控制 10
1.4.1 CAD图形文件的管理 10
1.4.2 图形的显示控制 12
习题1 13
第2章 绘图环境初步设置 15
2.1 AutoCAD 2012命令 15
2.1.1 命令的输入方式 15
2.1.2 命令的重复、终止、撤销与重做 16
2.1.3 图形对象的选择 17
2.2 辅助功能 18
2.2.1 推断约束 18
2.2.2 捕捉和栅格功能 18
2.2.2 正交功能 19
2.2.3 极轴追踪功能 20
2.2.4 对象捕捉 21
2.2.5 对象捕捉追踪 23
2.2.6 动态输入 23
2.2.7 快捷特性 25
2.2.8 选择循环 25
2.3 常用基本绘图命令 25

2.3.1 直线的绘制方法 …… 25
2.3.2 删除图形 …… 27
2.4 AutoCAD的坐标系统 …… 27
2.4.1 世界坐标系与用户坐标系 …… 27
2.4.2 坐标的表示方法 …… 27
2.4.3 坐标系中点与距离值的输入方法 …… 28
2.5 图层的创建与使用 …… 28
2.5.1 图层概述 …… 28
2.5.2 图层设置 …… 29
2.6 样板图与设计中心 …… 34
2.6.1 样板图的概念 …… 34
2.6.2 AutoCAD设计中心 …… 35
习题2 …… 37
第3章 绘制平面图形 …… 38
3.1 绘制平面图形实例1——点的绘制 …… 38
3.2 绘制平面图形实例2——多段线、构造线 …… 41
3.3 绘制平面图形实例3——绘制圆、移动、镜像、复制和修剪 …… 44
3.4 绘制平面图形实例4——绘制正多边形 …… 48
3.5 绘制平面图形实例5——绘制矩形、绘制圆弧、绘制椭圆、偏移和分解 …… 50
3.6 绘制平面图形实例6——倒角与倒圆角 …… 56
3.7 绘制平面图形实例7——样条曲线和图案填充 …… 58
3.8 绘制平面图形实例8——比例缩放与查询 …… 63
3.9 绘制平面图形实例9——对齐与阵列 …… 67
3.10 绘制平面图形实例10——面域 …… 70
3.11 绘制平面图形实例11——旋转 …… 71
3.12 绘制平面图形实例12——打断与合并 …… 73
3.13 绘制平面图形实例13——延伸与拉伸 …… 76
3.14 绘制平面图形实例14——拉长 …… 78
3.15 绘制平面图形实例15——几何约束 …… 79
3.16 绘制平面图形综合实例1——平面图形 …… 80
3.17 绘制平面图形综合实例2——三视图 …… 86
3.18 绘制平面图形综合实例3——轴测图 …… 92
习题3 …… 98
第4章 创建文字和表格 …… 102
4.1 创建文字样式 …… 102
4.1.1 创建文字样式 …… 102
4.1.2 “文字样式”中各选项的设置 …… 103
4.2 输入和编辑文字 …… 104

4.2.1 输入单行文字 …… 104
4.2.2 设置单行文字的对齐方式 …… 104
4.2.3 输入多行文字 …… 105
4.2.4 编辑单行文字 …… 107
4.2.5 编辑多行文字 …… 108
4.3 文字标注实例 …… 108
4.4 表格样式及创建表格 …… 110
4.4.1 新建表格样式 …… 110
4.4.2 创建表格 …… 112
习题4 …… 115
第5章 尺寸标注与编辑 …… 116
5.1 尺寸标注步骤 …… 116
5.2 设置尺寸标注样式 …… 118
5.2.1 新建标注样式 …… 118
5.2.2 设置“线”选项卡 …… 119
5.2.3 设置“符号和箭头”选项卡 …… 120
5.2.4 设置“文字”选项卡 …… 121
5.2.5 设置“调整”选项卡 …… 122
5.2.6 设置“主单位”选项卡 …… 123
5.2.7 设置“公差”选项卡 …… 124
5.3 尺寸标注 …… 126
5.3.1 线性标注 …… 126
5.3.2 对齐标注 …… 127
5.3.3 角度标注 …… 128
5.3.4 坐标标注 …… 129
5.3.5 基线标注 …… 130
5.3.6 连续标注 …… 131
5.3.7 圆和圆弧的标注 …… 131
5.3.8 引线标注 …… 133
5.3.9 快速标注 …… 135
5.3.10 尺寸公差标注 …… 136
5.3.11 形位公差标注 …… 137
5.4 管理标注样式 …… 138
5.5 编辑尺寸标注 …… 139
5.5.1 修改尺寸标注文字 …… 139
5.5.2 利用夹点调整标注位置 …… 141
5.5.3 倾斜标注 …… 141
5.5.4 编辑尺寸标注特性 …… 142
5.5.5 标注的关联与更新 …… 143

5.6 尺寸标注实例 …… 143
习题5 …… 145
第6章 图块和外部参照 …… 147
6.1 图块的操作 …… 147
6.1.1 定义图块 …… 148
6.1.2 图块的存盘 …… 149
6.1.3 图块的插入 …… 149
6.1.4 以矩形阵列的形式插入图块 …… 151
6.1.5 分解图块 …… 151
6.2 图块属性的编辑 …… 151
6.2.1 定义属性 …… 152
6.2.2 使用图块属性 …… 154
6.2.3 修改图块属性定义 …… 155
6.2.4 编辑图块属性 …… 156
6.2.5 修改块属性的定义 …… 158
6.3 外部参照 …… 159
6.3.1 外部参照的特点 …… 159
6.3.2 附着外部参照 …… 160
6.3.3 插入DWG、DWF、TIFF等参考底图 …… 161
6.3.4 绑定外部参照 …… 162
6.3.5 裁剪外部参照 …… 162
6.3.6 编辑外部参照 …… 163
6.3.7 管理外部参照 …… 163
6.3.8 参照管理器 …… 164
6.3.9 参照编辑 …… 165
6.3.10 应用实例 …… 168
习题6 …… 172
第7章 绘制专业图样应用实例 …… 174
7.1 机械图样实例1——底座零件图绘制 …… 174
7.2 机械图样实例2——螺杆零件图绘制 …… 177
7.3 机械图样实例3——螺套零件图绘制 …… 179
7.4 机械图样实例4——顶垫零件图绘制 …… 181
7.5 机械图样实例5——装配图绘制 …… 182
习题7 …… 186
第8章 实体绘制基础 …… 189
8.1 三维坐标系实例——三维坐标系、长方体、倒角、删除面 …… 189
8.2 观察三维图形——绘制长方体、球、视图、动态观察器、布尔运算 …… 193

8.3 基本三维实体绘制实例——多段体 …… 199
8.4 基本三维实体绘制实例——楔体、三维对齐和三维镜像 …… 200
8.5 基本三维实体绘制实例——圆柱体与圆锥体 …… 202
8.6 二维图形创建实体实例——拉伸、3D阵列、抽壳 …… 204
8.7 二维图形创建实体实例——旋转 …… 207
8.8 二维图形创建实体实例——螺旋线、扫掠 …… 210
8.9 二维图形创建实体实例——放样 …… 212
8.10 编辑实体实例——剖切、切割 …… 214
8.11 编辑实体的面——拉伸面 …… 218
8.12 编辑实体的面——移动面、旋转面、倾斜面 …… 219
8.13 编辑实体的面——复制面、着色面、压印边 …… 222
8.14 实体编辑综合训练 …… 225
习题8 …… 230

第9章 图形打印与输出 …… 232

9.1 创建打印布局 …… 232
9.1.1 图形布局 …… 232
9.1.2 模型空间与图纸空间 …… 237
9.2 打印机管理及页面设置 …… 237
9.2.1 用“打印样式管理器”添加和配置要用的打印样式 …… 237
9.2.2 用“页面设置”对话框进行页面设置 …… 241
习题9 …… 244

附录A AutoCAD常用快捷命令 …… 246

参考文献 …… 248

第1章

AutoCAD 2012 总体介绍

教学目标

1. 掌握 AutoCAD 2012 的启动方式;
2. 掌握 AutoCAD 2012 的用户界面;
3. 掌握文件的基本操作;
4. 了解 AutoCAD 2012 图形界限与单位等设置。

本章要点

AutoCAD 2012 中文版是 Autodesk 公司发行的 AutoCAD 软件新版本。为了保持软件的兼容性，Autodesk 公司不仅保留了以前版本的诸多优点，如操作方便、绘图快捷等，同时在易用性和提高工作效率方面增加了许多新的功能和特性。

本章主要介绍 AutoCAD 2012 的基本常识，以方便后面的学习。

1.1 AutoCAD 简介

1.1.1 AutoCAD 的发展史

AutoCAD 是美国 Autodesk 公司开发的专业绘图程序，是现今设计领域使用最为广泛的绘图工具，不仅广泛应用于机械、电子和建筑工程设计领域，在地理、气象、航海等领域，甚至在广告、灯光、服装设计领域中也得到了广泛的应用。CAD 即 Computer Aided Design，代表计算机辅助设计，也代表计算机辅助绘图。AutoCAD 自 1982 年问世以来，为了适应计算机技术的发展和用户设计的需要，版本在不断更新，AutoCAD 2012 是 2011 年 Autodesk 公司推出的 AutoCAD 最新版本。它具有功能强大、易于掌握、使用方便、体系结构开放等特点，能够绘制平面图形与三维图形、标注图形尺寸、渲染图形以及打印输出图纸，深受广大工程技术人员的欢迎。

1.1.2 AutoCAD 的基本功能

1. 创建与编辑图形

AutoCAD 提供了丰富的绘图与编辑命令，使用这些命令可以绘制二维图形、三维实体、曲面模型等。

绘制二维图形。用户可以通过单击图标按钮、运行菜单命令以及输入参数等多种方法方便地绘出各种诸如直线、椭圆、矩形、正多边形、多段线等多种基本图形。

绘制三维实体。可用多种方法绘制球体、圆柱体、立方体等三维实体，并可实现三维动态观察。

绘制曲面模型。AutoCAD提供了旋转曲面、平移曲面、直纹曲面、边界曲面、三维曲面等多种方法绘制曲面模型。

2．标注图形尺寸

标注显示了对象的测量值，对象之间的距离、角度，或者特征与指定原点的距离。在AutoCAD中提供了线性、半径和角度3种基本的标注类型，可以进行水平、垂直、对齐、旋转、坐标、基线或连续等标注。此外，还可以进行引线标注、公差标注。标注的对象可以是二维图形或三维图形。

3．渲染三维图形

在AutoCAD中，可以运用雾化、光源和材质，将模型渲染为具有真实感的图像。如果是为了演示，可以渲染全部对象；如果时间有限，或显示设备和图形设备不能提供足够的灰度等级和颜色，就不必精细渲染；如果只需快速查看设计的整体效果，则可以简单消隐或设置视觉样式。

4．输出与打印图形

AutoCAD不仅允许将所绘图形以不同样式通过绘图仪或打印机输出，还能够将不同格式的图形导入AutoCAD或将AutoCAD图形以其他格式输出。因此，当图形绘制完成之后可以使用多种方法将其输出。例如，可以将图形打印在图纸上，或创建成文件以供其他应用程序使用。

5．其他高级扩展功能

用户可以根据需要为自定义各种菜单及与图形有关的一些属性，也可以通过内部编辑语言，来处理复杂的问题或进行进一步开发，形成更广阔的应用领域。

1.2 设置绘图环境

1.2.1 AutoCAD 2012的启动

在默认的情况下，成功安装AutoCAD 2012中文版以后，在桌面上产生一个AutoCAD 2012快捷图标，如图1-1所示。可以通过以下两种方式启动AutoCAD 2012。

（1）双击桌面上的AutoCAD 2012快捷方式图标。

（2）执行“开始”→“程序”→“Autodesk”→AutoCAD 2012”菜单命令。

图1-1　AutoCAD快捷启动

1.2.2 “启动”对话框的操作

AutoCAD 2012启动后首先显示如图1-2所示的“工作空间设置”对话框。在快速访问工具栏上，单击“工作空间”下拉列表，或在应用程序状态栏上，单击“工作空间”切换按钮，切换另一个工作空间。

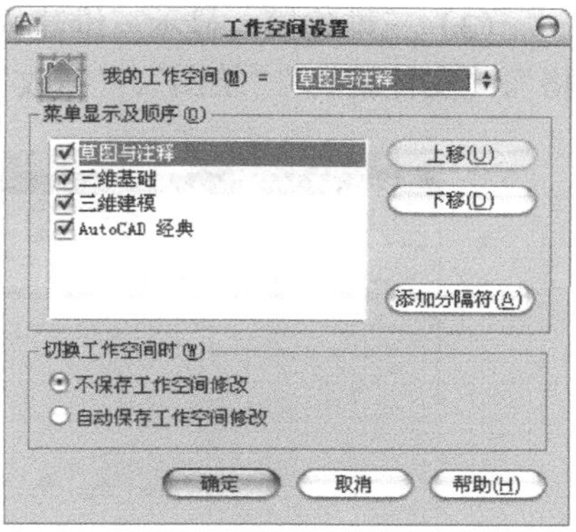

图1-2 “工作空间设置”对话框

“工作空间设置”对话框中的四个选项如下。

（1）草图与注释：默认状态下，打开“草图与注释”空间，其界面主要由“菜单浏览器”按钮、“功能区”选项板、快速访问工具栏、文本窗口与命令行、状态栏等元素组成。在该空间中，可以使用“绘图”、“修改”、“图层”、“注释”、“块”、“特性”等面板方便地绘制二维图形，如图1-3所示。

（2）三维基础：显示特定于三维建模的基础工具。在“功能区”选项板中集成了“创建”、“编辑”、“绘图”、“修改”、“选择”和“坐标”等面板，从而为绘制和编辑三维图形等操作提供了非常便利的环境，如图1-4所示。

图1-3 “草图与注释”空间

图1-4 “三维基础”空间

（3）三维建模：显示三维建模特有的工具。在“功能区”选项板中集成了“建模”、“网格”、“实体编辑”“绘图”、“修改”、“选择”、“坐标”和“视图”等面板，如图 1-5 所示。

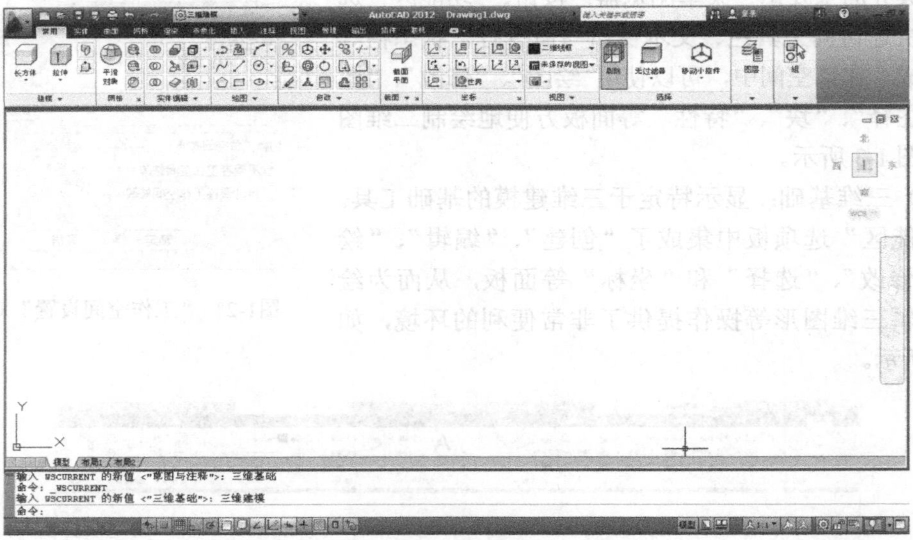

图1-5　“三维建模”空间

（4）AutoCAD 经典：对于习惯于 AutoCAD 传统界面的用户来说，可以使用“AutoCAD 经典”工作空间，其界面主要由“菜单浏览器”按钮、快速访问工具栏、菜单栏、工具栏、文本窗口与命令行、状态栏等元素组成，如图 1-6 所示。

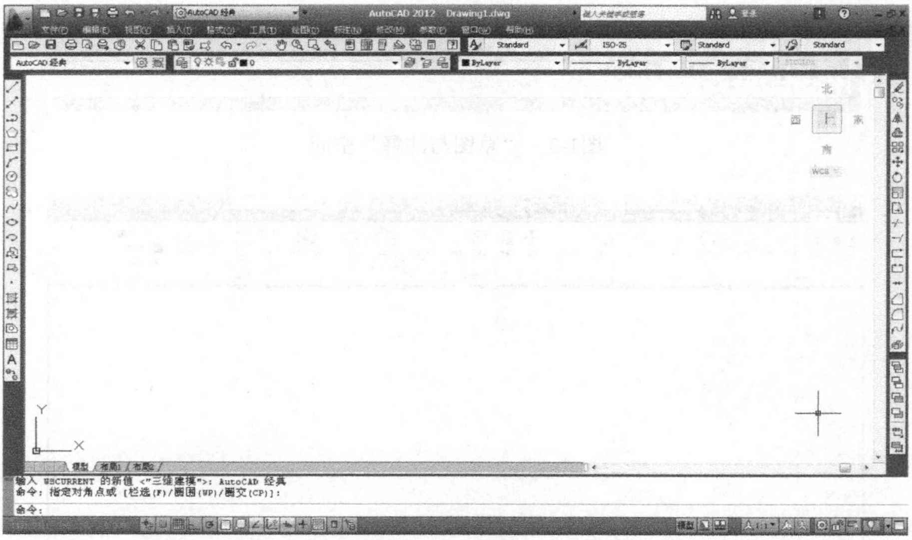

图1-6　“AutoCAD经典”空间

在“工作空间设置”对话框中单击“确定”按钮，将弹出“新功能专题研习”对话框，如图 1-7 所示。用户可以学习 AutoCAD 2012 中的新内容，用户需要安装 Flash 9.0 或更高版本才能观看动画演示。AutoCAD 2012 除在图形处理等方面的功能有所增强外，一个最显著的特征是增加了参数化绘图功能。用户可以对图形对象建立几何约束，以保证图形对象之间有准确的位置关系，如平行、垂直、相切、同心、对称等关系；可以建立尺寸约束，通过该约束，既可以锁定对象，使其大小保持固定，也可以通过修改尺寸值来改变所约束对象的大小。

图1-7 新功能专题研习

1.2.3 图形单位设置

操作提示：格式→单位

命令提示：UNITS

打开如图 1-8 所示的“图形单位”对话框，用户可依据对话框中的提示进行单位设置。

（1）“长度”选项：指定测量的当前单位及当前单位的精度。

- “类型”设置测量单位的当前格式，该值包括“建筑”、“小数”、“工程”、“分数”和“科学”。其中，“工程”和“建筑”格式提供英尺和英寸显示并假定每个图形单位表示一英寸。其他格式可表示任何真实世界单位；
- “精度”设置线性测量值显示的小数位数或分数大小。

（2）“角度”选项：指定当前角度格式和当前角度显示的精度。

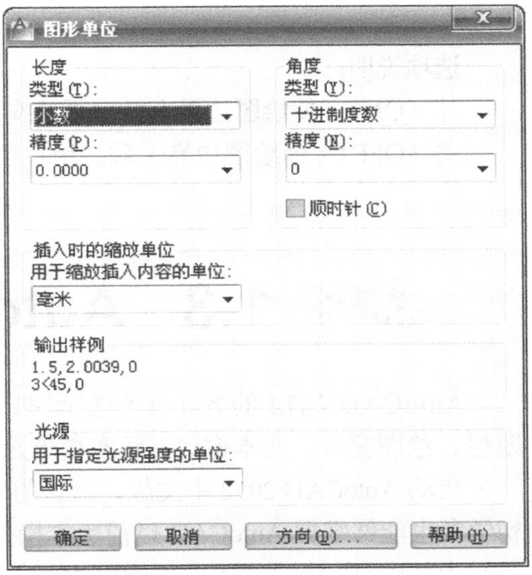

图1-8 “图形单位”对话框

• “类型”设置当前角度格式；

• “精度”设置当前角度显示的精度。以下约定用于各种角度测量：

十进制度数以十进制数表示，百分度附带一个小写 g 后缀，弧度附带一个小写 r 后缀。度 / 分 / 秒格式用 d 表示度，用 ' 表示分，用 " 表示秒，例如 123d45'56.7"

勘测单位以方位表示角度：N 表示正北，S 表示正南，度 / 分 / 秒表示从正北或正南开始的偏角的大小，E 表示正东，W 表示正西，例如：N 45d0'0" E。

“顺时针”以顺时针方向计算正的角度值。默认的正角度方向是逆时针方向。当提示用户输入角度时，可以单击所需方向或输入角度，而不必考虑“顺时针”设置。

（3）“插入时的缩放单位”选项：控制插入到当前图形中的块和图形的测量单位。如果块或图形创建时使用的单位与该选项指定的单位不同，则在插入这些块或图形时，将对其按比例缩放。插入比例是源块或图形使用的单位与目标图形使用的单位之比。如果插入块时不按指定单位缩放，请选择“无单位”。

（4）“输出样例”选项：显示用当前单位和角度设置的例子。

（5）“光源”选项：控制当前图形中光度控制光源的强度测量单位。

1.2.4 图形界限的设置

用户在绘制图形时，常常要确定图纸的大小、比例、图形之间的距离，以便检查图形是否超出界限。在 AutoCAD 中，用户可以利用 LIMITS 命令来完成此项操作。

操作提示：格式→图形范围

命令提示：LIMITS

AutoCAD 提示：

命令 : limits

指定左下角点或 [开 (ON)/ 关 (OFF)] <0.0000,0.0000>: 输入图形边界左下角的坐标后回车或单击鼠标指定一点

指定右上角点 <420.0000,297.0000>: 输入图形边界右上角的坐标后回车或单击鼠标指定一点

选项说明：

开（ON）: 使绘图边界有效，系统在边界以外拾取的点无效；

关（OFF）: 使绘图边界无效，用户可以在边界外拾取点或选择对象。

1.3 AutoCAD 2012 操作界面

AutoCAD 2012 的各个工作空间都包含“菜单浏览器”按钮、快速访问工具栏、标题栏、绘图窗口、文本窗口、状态栏等元素。

启动 AutoCAD 2012 中文版，默认的工作空间为“草图与注释”，如图 1-9 所示。为确保初学者也能够掌握 AutoCAD 以前版本操作，后续相关章节内容都以“AutoCAD 经典”工作空间为基础进行相关操作，如图 1-10 所示。进行工程设计时，用户通过下拉菜单、工具栏等发出命令在绘图区中绘制图形，而状态栏则会显示出作图过程中的各种信息，同时给用户

提供辅助绘图工具。与其他的Windows应用程序相似，用户可以根据自己的需要安排适合自己的工作界面。

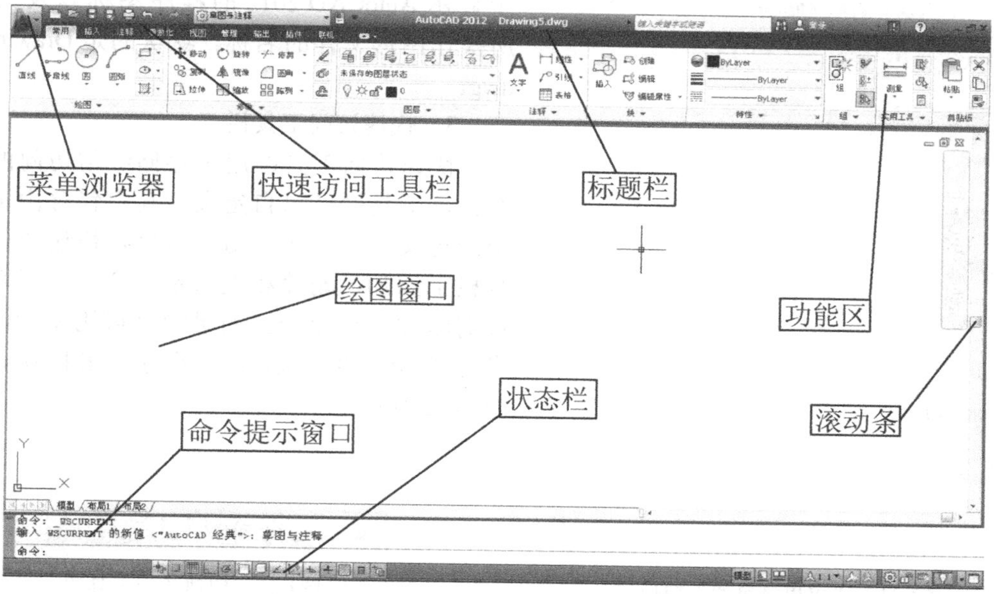

图1-9　“草图与注释”操作界面

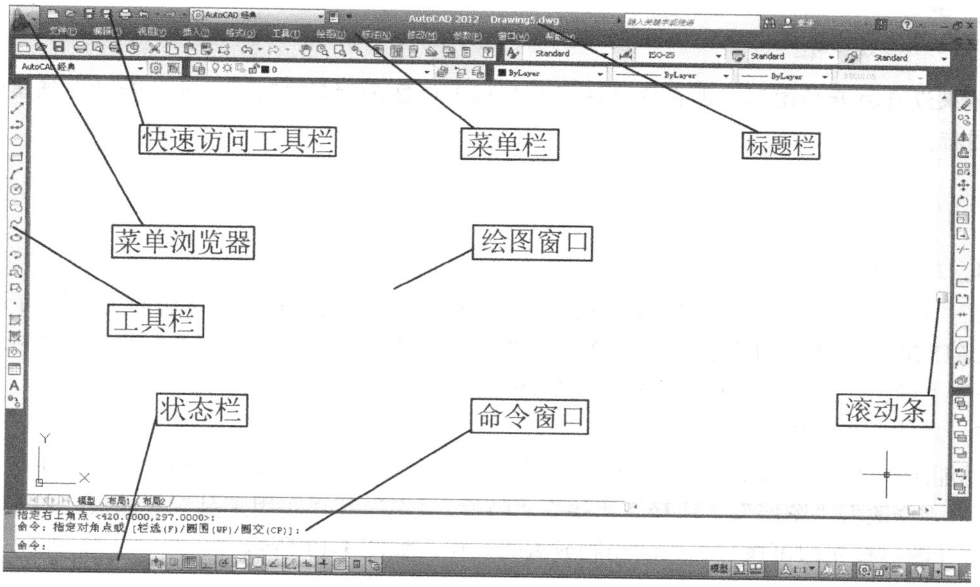

图1-10　“AutoCAD经典”操作界面

1．“菜单浏览器”按钮

“菜单浏览器”按钮位于应用程序窗口的左上角。有8个下拉菜单组成。包括“新建”选项、“打开”选项、“另存为”选项、“输出”选项、“发布”选项、“打印”选项、“图形实用工具”选项、“关闭”选项。如图1-11所示。

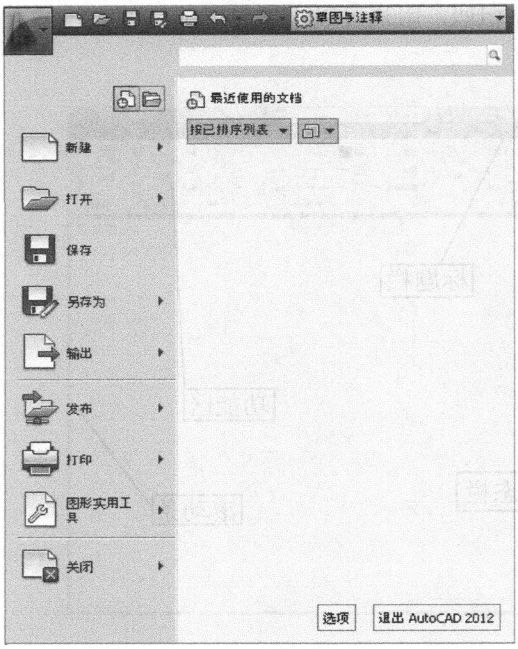

图1-11 “菜单浏览器”窗口

2．标题栏

标题栏与其他 Windows 应用程序类似，用于显示 AutoCAD 2012 的程序图标以及当前所操作图形文件的名称。默认的是 Drawing1.dwg。

3．快速访问工具栏

快速访问工具栏用于存储经常访问的命令。该工具栏可以自定义，其中包含由工作空间定义的命令集。用户可以在快速访问工具栏上添加、删除和重新定位命令。还可以按需添加多个命令。如果没有可用空间，则多出的命令将合起并显示为弹出按钮。如图 1-12 所示。

图1-12 快速访问工具栏

注意

如果没有打开的图形，则在快速访问工具栏上仅显示“新建”、“打开”和“图纸集管理器”图标。

4．功能选项卡

在“草图与注释”工作空间中，还包含功能选项卡，它的位置在快速访问工具栏的下面，AutoCAD 2012 有 9 个功能选项卡。分别为“常用”、“插入”、“注释”、“参数化”、“视图”、“管理”、“输出”、“插件”和“联机”功能选项卡。

5．功能选项面板

功能选项面板是将以前版本中的工具栏转换成了面板形式，如“常用”选项卡中包含了“绘图”、“修改”、“图层”、“注释”、“块”、“特性”“组”和“实用工具”等面板，单击面板中的命令图标按钮即可执行相应的绘制或编辑操作，如图 1-13 所示。

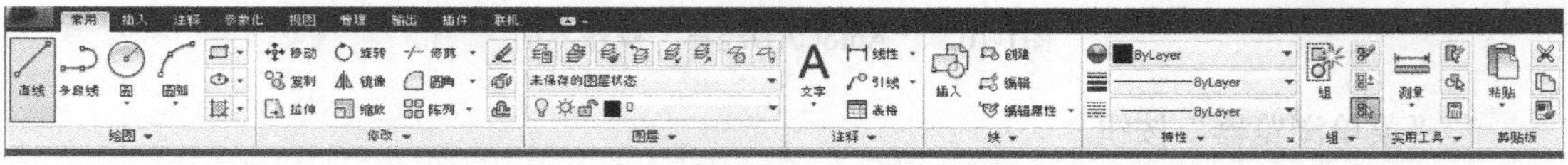

图1-13 “常用”选项卡中的选项面板

6. 绘图区

绘图区是指在标题栏下方的大片空白区域，它是用户的工作区域，在绘图区可以绘制各种图形，也可以对图形进行修改。在绘图区左下角显示有坐标系图标，图标左下角为默认的坐标系原点（0，0），在状态栏右下角有模型\布局选项卡，它用于模型空间与布局（图纸）空间的切换。

在绘图区域中，还有一个类似光标的“十”字线，称为“十”字光标，其交点反映了光标在当前坐标系中的位置。

（1）修改“十”字光标的大小。

光标的长度为屏幕大小的百分之五，用户可以根据绘图的实际需要更改其大小。具体方法：在绘图窗口中选择“工具”→“选项”命令。在弹出的系统配置对话框中打开“显示”选项卡，在“十字光标大小”区域中的编辑框中直接输入数值或拖动编辑框后的滑块，即可实现对“十”字光标的大小进行调整。如图 1-14 所示。

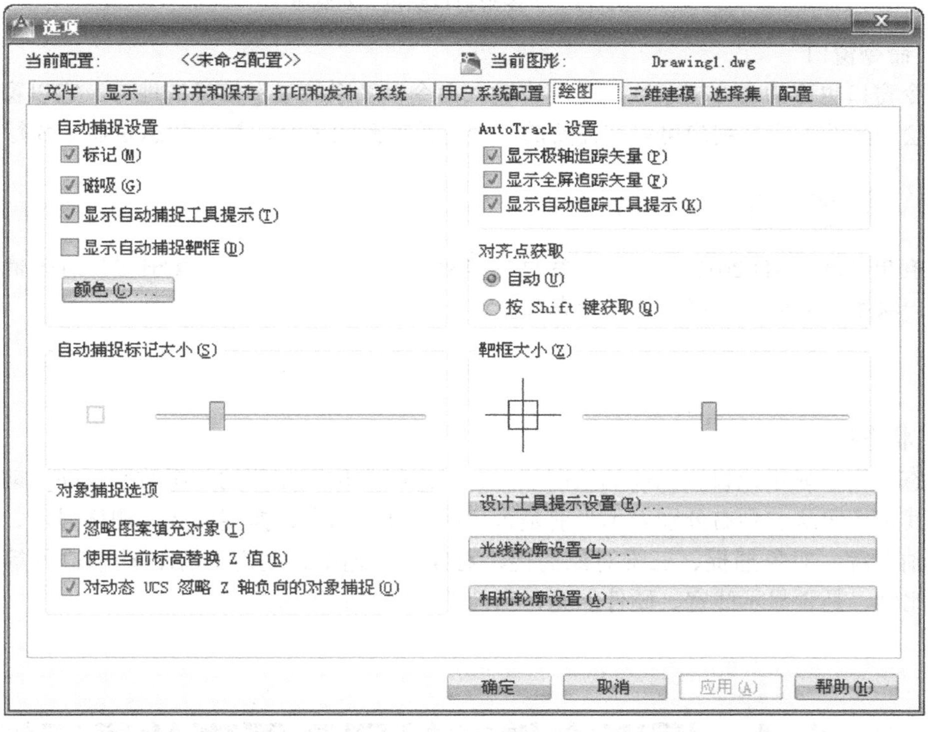

图1-14 “显示”选项卡

（2）修改绘图窗口的颜色。

在默认情况下，AutoCAD 2012 的绘图窗口是白色背景、黑色线条，用户可以根据自己的习惯来修改窗口的颜色。

具体步骤：选择“工具”→“选项”命令打开“选项”对话框，选择“显示”选项卡，单击“窗口”元素区域中的“颜色”按钮，弹出“图形窗口颜色”对话框。在“颜色”下拉列表中选择需要的颜色，即可完成窗口颜色的修改。如图 1-15 所示。

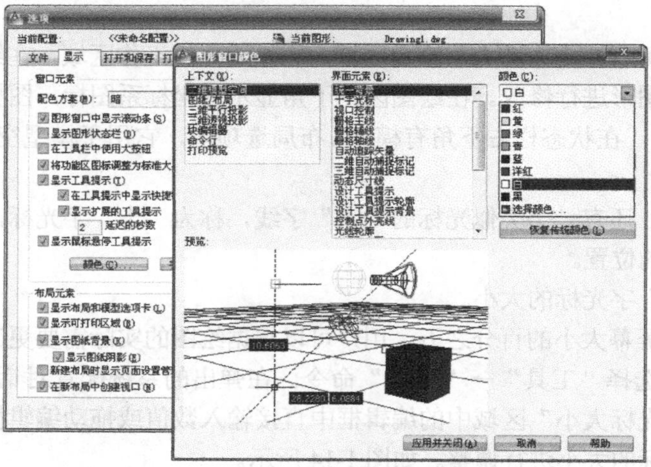

图1-15　“图形窗口颜色”对话框

7. 命令窗口

命令窗口也称为命令提示区，是用户输入命令以及系统显示信息的地方。它以窗口的形式放在绘图区的下方，用户可以在需要的时候将其拖到绘图区，默认状态是显示 3 行。

注意

在利用 AutoCAD 2012 时，命令窗口可能被隐藏，用户可按下“Ctrl+9”组合键将其显示出来，双击后命令窗口将会恢复原来位置。

8. 状态栏

状态栏用于显示或设置当前的绘图状态。状态栏上位于左侧的一组数字反映当前光标的坐标，其余按钮从左到右分别表示当前是否启用了推断约束、捕捉模式、栅格显示、正交模式、极轴追踪、对象捕捉、三维对象捕捉、对象捕捉追踪、动态 UCS、动态输入等功能以及注释比例、是否显示线宽、硬件加速、当前的绘图空间等信息。

1.4　图形文件的管理及图形的显示控制

用户在绘制图形时，受到屏幕大小以及绘图区域大小的限制，常常需要频繁地对图形进行放大或平移，以方便绘图，同时绘制的图形最终都要以文件的形式保存。本节主要阐述如何对图形实现控制以及对文件的管理。

1.4.1　CAD 图形文件的管理

文件的管理包括新建图形文件，打开、保存已有的图形文件，以及如何退出打开的文件。

1．新建图形文件

命令图标：

操作提示：菜单浏览器→新建或文件→新建

命令窗口：NEW

2．打开已有图形

命令图标：

操作提示：菜单浏览器→打开或文件→打开

命令窗口：OPEN

3．保存文件

（1）“保存”命令。

命令图标：

操作提示：菜单浏览器→保存或文件→保存

命令窗口：SAVE

（2）“另存为”命令。

命令图标：

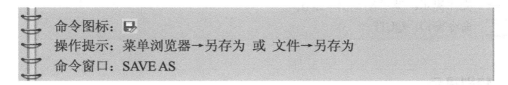

操作提示：菜单浏览器→另存为 或 文件→另存为

命令窗口：SAVE AS

4．文件的密码保护

用户在保存图形时，可以设置密码以实现对图形文件的保护，其操作如下：

（1）执行保存命令，打开“图形另存为”对话框。

（2）采用“Alt+L”快捷键方式选择“工具”中的“安全选项”命令，打开如图1-16所示的“安全选项”对话框。

（3）单击“密码”选项卡，在“用于打开此图形的密码或短语”文本框中输入相应密码，单击“确定”按钮，待“确认密码”对话框打开后再次输入密码，即可完成密码设置。

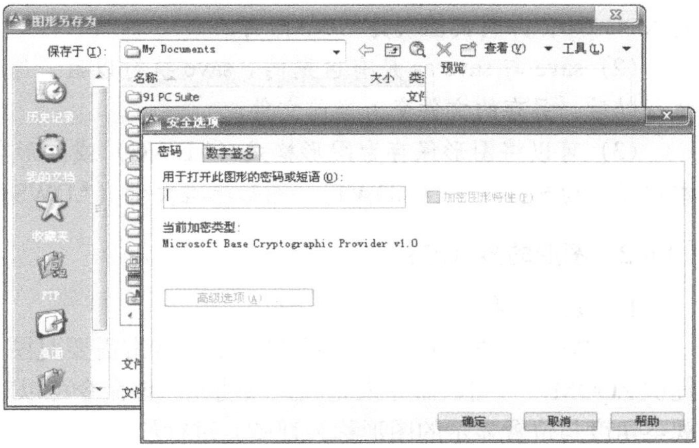

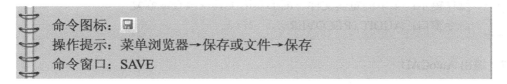

图1-16 “安全选项”对话框

5．关闭图形文件

命令图标：
操作提示：菜单浏览器→关闭或文件→关闭
命令窗口：CLOSE

6．检查、修复文件

因为某些原因，可能出现保存的文件出错的情况，这时候，可以用以下的方法来加以解决：

（1）将备份的文件调入；

（2）使用 AutoCAD 2012 提供的检查、修复功能 AUDIT 与 RECOVER。

调用命令的方法如下：

命令图标：
操作提示：菜单浏览器文件→图形实用工具→核查或修复
命令窗口：AUDIT / RECOVER

7．退出 AutoCAD

命令图标：
操作提示：菜单浏览器→退出
命令窗口：QUIT

特别提示

（1）如果系统参数 startup=1，启动 AutoCAD 2012 后将会弹出"创建新图形"对话框，用户可以使用样板、向导等创建新的图形文件。如用户不需要这种情况，可在命令窗口中，输入 startup，并将其值改为"0"即可。

（2）save 与 save as 是有区别的。save 执行以后，原来的文件仍为当前文件，而 save as 执行以后，另存的文件变为当前文件。

（3）可以将图形保存为图形格式（*.DWG）或图形交换格式（*.DXF）的当前及早期版本或保存为样板文件（*.DWT）、图形标准文件（*.DWS）。

1.4.2 图形的显示控制

1．视图缩放

用户在绘制图形时，为了绘图方便，常常需要对图形进行放大或缩小，AutoCAD 2012 提供 ZOOM——缩放命令来完成此项功能。该命令可以对视图（CAD 中，把按照一定比例、观察角度与位置显示的图形称为视图）进行放大或缩小，而对图形的实际尺寸不产生任何影响。如图 1-17 所示为"缩放"选项。用户使用以下方式激活此项功能：

> 操作提示：视图→缩放
> 命令窗口：ZOOM(Z)

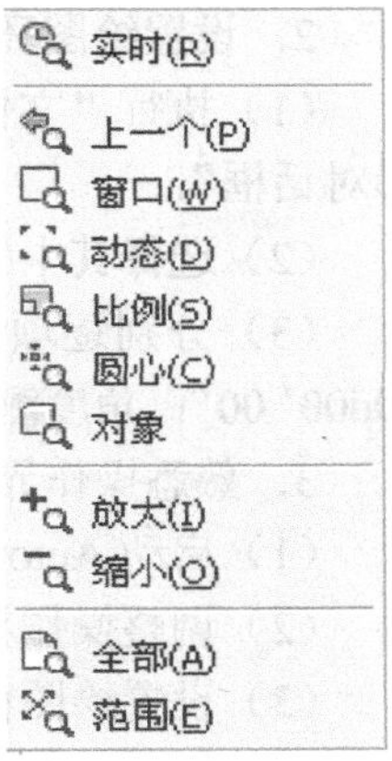

图1-17 “缩放”选项

具体说明：

（1）范围：此选项可以使图形充满屏幕。与全部缩放不同的是，此选项仅对图形范围，而不是绘图范围。

（2）窗口：此项为默认选项。系统把窗口内的图形放大到全屏显示。

（3）上一个：显示上一次显示过的视图，最多 10 次。

（4）实时：利用鼠标的移动，对当前视图进行缩放。上或左是放大；下或右是缩小。

（5）全部：以绘图范围显示全部的图形。

（6）动态：利用此选项，可以实现动态缩放及平移两个功能。

（7）比例：按照输入的比例，以当前视图中心为中心缩放视图。

（8）圆心：系统将按照用户制定的圆心点、比例或高度进行缩放。

（9）放大：默认的情况下，放大 2 倍。

（10）缩小：默认的情况下，缩小一半。

2. 平移图形

平移命令用于移动视图，以便用户更好地观察视图。如图 1-18 所示，我们可以使用以下方式来激活此项功能：

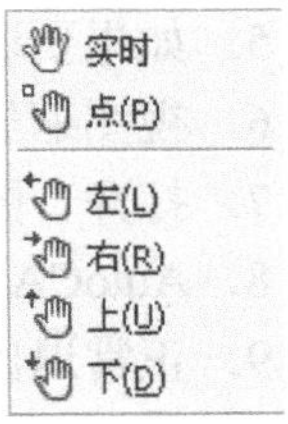

图1-18 “平移”选项

> 命令图标：
> 操作提示：视图→平移
> 命令窗口：PAN

执行上述命令后，光标显示为一个小手，按住鼠标左键拖动即可实现图形的平移。

习 题 1

1. 启动 AutoCAD 2012，并新建一个图形文件。

（1）要求 启动 AutoCAD 2012，创建一个新图形文件并保存在自己的文件夹中。

（2）操作提示：

① 在硬盘上新建一个文件夹。

② 双击桌面上的“AutoCAD 2012”程序图标，启动 AutoCAD 2012，新建一个图形文件。

③ 打开“图形另存为”对话框。

2．设置绘图环境，操作提示：

（1）执行“文件”—“新建”命令，系统打开一个新的绘图窗口，同时打开“创建新图形对话框”。

（2）选择其中的“高级设置”选项。打开“高级设置”对话框。

（3）分别逐项设置：单位为“小数”，精度为“0.00”；角度为“度 / 分 / 秒”，精度为“0d00’00”；角度测量为“其他”，数值为“135”；角度方向为“逆时针”；区域为“297×210”。

3．熟悉操作界面，操作提示：

（1）启动 AutoCAD 2012，进入绘图界面。

（2）调整操作界面大小。

（3）设置绘图窗口颜色与光标大小。

（4）打开、移动、关闭工具栏。

（5）尝试同时利用命令行、下拉菜单和工具栏绘制一条线型。

4．请指出 AutoCAD 2012 工作界面中标题栏、菜单栏、状态栏、菜单浏览器的位置及作用。

5．如果要取消 AutoCAD 命令，可以按下 ______ 键。

6．视图缩放的命令是 ________。

7．打开一图形文件，把它另存为 test1.dwg。

8．AutoCAD 2012 有哪些基本功能？

9．正常退出 AutoCAD 2012 的方法有哪些？

第 2 章 绘图环境初步设置

教学目标

1. 掌握 AutoCAD 2012 的命令输入方式；
2. 掌握 AutoCAD 2012 的图像对象选择；
3. 掌握 AutoCAD 2012 的辅助功能设置；
4. 掌握 AutoCAD 2012 的图层设置。

本章要点

要绘制符合制图标准的工程图样，必须学会设置所需要的绘图环境。本章主要介绍绘图环境的初步设置。设置绘图环境可以从“启动”对话框中的“缺省设置”进入绘图状态。

2.1 AutoCAD 2012 命令

在 AutoCAD 系统中，所有的功能都是通过命令来执行实现的，熟练使用 AutoCAD 命令有助于提高绘图的效率和精度。AutoCAD 2012 提供了命令行窗口、下拉菜单和功能选项卡三种命令输入方式，用户可以利用键盘、鼠标等输入设备以不同方式输入命令。

2.1.1 命令的输入方式

1．在命令窗口输入命令名

此种方法中，用户可以在 AutoCAD 2012 绘图窗口的底部命令行窗口中利用键盘输入命令或命令选项，相关信息将都显示在该窗口中。在命令行窗口出现“命令”提示符后，利用键盘输入 AutoCAD 命令，并回车确认，该命令立即被执行。

例如，输入绘制直线命令（LINE），操作如下：

AutoCAD 提示：LINE↙

指定第一点：

指点下一点或 [放弃（U）]：

在此例中，不带括号的命令选项为默认项，用户可以直接输入直线段的起点或在屏幕上指定一点，如果要选择其他选项，则需要输入相应的标识字符，如“放弃”，则需要输入“U”。在命令选项中的后面带有尖括号表示其内数值为默认数值。

特别提示

(1) 在命令窗口输入命令名的方法也可以直接输入相应命令的缩写字，如 L(Line)、C(Circle)、A(Arc)、Z(Zoom)、R(Redraw)、M(More)、PL(Pline)、E(Erase)。

(2) AutoCAD 窗口中的内容是只读的，用户不能对窗口中的内容进行修改。

2．利用下拉菜单和功能选项卡

除键盘外，鼠标也是 AutoCAD 2012 最常用的输入设备。在 AutoCAD 中，鼠标键是按照下述规则定义的。

拾取键：指鼠标左键，用于拾取屏幕上的点、菜单命令选项或工具栏按钮等。

确认键：通常指鼠标右键，相当于“Enter”键，用于结束当前的命令。

移动鼠标，当光标移至下拉菜单选项或工具栏的相应按钮，单击鼠标左键，相应的命令即会被执行。

用户在绘制图形时可以选择下拉菜单选项或在功能选项卡上单击相应的按钮，输入绘制图形的命令。另外，在绘图过程中，用户可以随时在绘图区单击鼠标右键，AutoCAD 将根据当前操作弹出一个快捷菜单，用户可选择执行相应的命令。

特别提示

AutoCAD 采取“实时交互”的命令执行方式，在绘图或图形操作过程中，用户应特别注意命令行窗口中显示的提示性文字，这些信息记录了 AutoCAD 与用户的交流过程。命令窗口中显示的命令默认为三行，用户想查看前面输入的命令可打开“文本窗口”来阅读。默认情况下，AutoCAD“文本窗口”处于关闭状态，用户利用“F2”功能键打开或关闭它。“文本窗口”中的内容是只读的，因此用户不能对文本窗口中的内容进行修改，但可以将它们复制并粘贴到命令行窗口或其他应用程序中（如 Word）。

2.1.2 命令的重复、终止、撤销与重做

在 AutoCAD 中，用户可以方便地重复执行同一条命令，终止正在执行的命令或撤销前面执行的一条或多条命令。此外，撤销前面执行的命令后还可以通过重做来恢复。

1．重复命令

在 AutoCAD 中，用户无论使用哪种方法输入一条命令后，都可利用下述方法实现命令的重复：

- 按空格键或回车键。当“命令”提示符出现时，再按一下空格键或回车键，就可重复这个命令。
- 在绘图区中单击鼠标右键，从弹出的快捷菜单中选择“重复”选项，此外用户也可以在命令行窗口单击鼠标右键，在弹出的快捷菜单中选择“近期使用的命令”选项，选择最近使用过的 6 个命令之一。

2．终止命令

终止命令可以采用下述三种方法：

(1) 自动终止。在命令执行过程中，用户在下拉菜单或工具栏调用另一命令，将自动终止正在执行的命令。

（2）按“Esc”键。在命令执行过程中，用户可以随时按“Esc”键终止命令的执行。

（3）利用鼠标右键。单击鼠标右键，选择“取消”命令。

3. 撤销命令

撤销前面的操作，用户可以使用提示方式：

> 命令图标：
> 操作提示：编辑→放弃
> 命令窗口：UNDO(U)

系统提示：

输入要放弃的操作数目或[自动（A）/控制（C）/开始（BE）/结束（E）/标记（M）/后退（B）/]<1>：5↙

由于命令的执行是依次进行的，所以当返回到以前的某一操作时，在这一过程中的所有操作都将被取消。

4. 重做命令

用户提示：

> 命令图标：
> 操作提示：编辑→重做
> 命令窗口：REDO

2.1.3 图形对象的选择

用户在对图形进行编辑操作时首先要确定编辑的对象，既在图形中选择若干图形对象构成选择集。在输入一个图形编辑命令出现“选择对象”提示时，可根据需要反复多次地进行选择操作，直至回车结束选择。为了提高选择的速度和准确性，AutoCAD提供了多种不同形式的选择对象方式，常用的选择方式有以下几种。

1. 直接选择对象

这是默认的选择对象方式，此时光标变成为一个小方框（称拾取框），将拾取框移至待选图形对象上单击鼠标左键，则该对象被选中。重复上述操作，可依次选取多个对象。被选中的图形对象以虚线亮度显示，以区别其他图形。利用该方式每次只能选取一个对象，且在图形密集的地方选取对象时，往往容易选错或多选。

2. 窗口（W）方式

该方式选中完全在窗口内的图形对象。通过光标给定一个矩形窗口，所有位于这个矩形窗口内的图形对象均被选中。

窗口方式选择对象常用下述方法：在选择对象时首先确定窗口的左侧角点，再向右拖动定义窗口的右侧角点，则定义的窗口为选择窗口，此时只有完全包含选择窗口中的对象才被选中。

3. 多边形窗口（WP）方式

键入“WP”，用多边形窗口方式选择对象，完全包括在窗口中的图形被选中。

4. 交叉（C、CP）窗口方式

该方式与用 W、WP 窗口方式选择对象的操作方法类似，不同点在于，在交叉窗口方式下，所有位于矩形（或多边形）窗口之内或者窗口边界相交的对象都将被选中。在选择对象时，如果首先确定窗口的右侧角点，再向左拖动定义窗口的左侧角点，则定义的窗口为交叉窗口，这种方法是选择对象的通常方法。

2.2 辅助功能

AutoCAD 中提供了强大的辅助绘图功能，用户可以利用这些功能快速准确地定位某些特殊的点（如端点、中点、圆心等）和特殊的位置（如水平位置、垂直位置），以方便绘图，如图 2-1 所示。这些功能从左依次为“推断约束”、“捕捉模式”、“栅格显示”、“正交模式”、“极轴追踪”、“对象捕捉”、“三维对象捕捉”、“对象捕捉追踪”、“动态输入”、“显示 / 隐藏透明度”“线宽”、“快捷特性”和“选择循环”。

图2-1　状态栏上辅助绘图功能

2.2.1 推断约束

“推断约束”可以在创建和编辑几何对象时自动应用几何约束。启用“推断约束”模式会自动在正在创建或编辑的对象与对象捕捉的关联对象或点之间应用约束。约束也只在对象符合约束条件时才会应用。推断约束后不会重新定位对象。

打开“推断约束”时，用户在创建几何图形时指定的对象捕捉将用于推断几何约束。但是，不支持下列对象捕捉：交点、外观交点、延长线和象限点。

注意

“固定”、“平滑”、“对称”、“同心”、“等于”、“共线”这几种形式无法推断约束。

2.2.2 捕捉和栅格功能

栅格类似于坐标纸，在坐标系中栅格布满图形界限之内的范围，能够显示出图幅的大小，当状态栏上的“栅格”按钮按下时，如图 2-2 所示，表示栅格功能已经打开，此时可明确图纸在计算机中的位置，以免用户将图形画在图纸之外。栅格只是一种辅助绘图工具，不是图形的一部分，所以不会被打印。用户可以通过工具菜单中的“草图设置”对话框设置栅格间距。

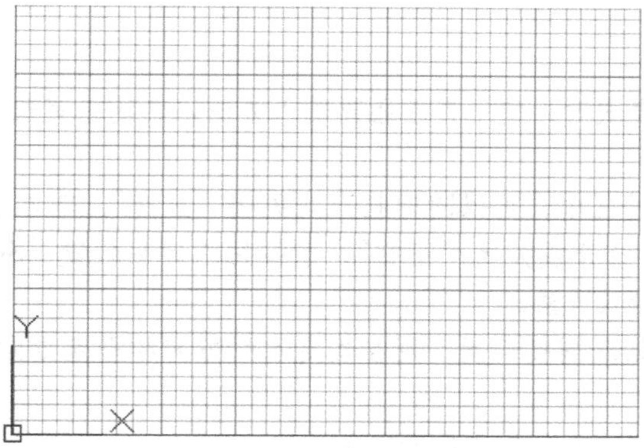

图2-2　栅格显示

“捕捉”的“栅格”功能一般同时使用。捕捉打开时，光标移动会受到栅格间距的限制，它会使鼠标给出的点都落在捕捉间距所定的点上。利用“草图设置”对话框可以设置不同的捕捉间距和栅格间距值，还可将栅格旋转任意角度。如图 2-3 所示。

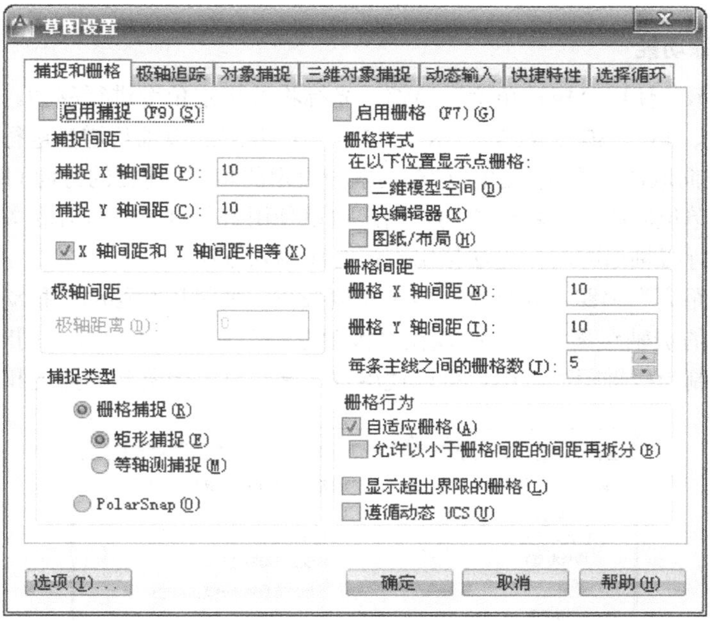

图2-3　“捕捉和栅格”选项卡

2.2.2 正交功能

“正交模式”可以将光标限制在水平或垂直方向上移动，以便于精确地创建和修改对象。创建或移动对象时，使用“正交”模式将光标限制在水平或垂直轴上。移动光标时，不管水平轴或垂直轴哪个离光标最近，拖引线将沿着该轴移动。

当前用户坐标系（UCS）的方向确定水平方向和垂直方向。在三维视图中，“正交”模式额外限制光标只能上下移动。在这种情况下，工具提示会为该角度显示 +Z 或 -Z。

特别提示

(1) 打开“正交”模式时，使用直接距离输入方法以创建指定长度的正交线或将对象移动指定的距离。

(2) 在绘图和编辑过程中，可以随时打开或关闭“正交”。输入坐标或指定对象捕捉时将忽略“正交”。要临时打开或关闭“正交”，请按住临时替代键“Shift”。使用临时替代键时，无法使用直接距离输入方法。

(3) 如果已打开等轴测捕捉设置，则在确定水平方向和垂直方向时该设置较 UCS 具有优先级。

(4) 按“F8”功能键可进行正交的开和关的切换。

注意

“正交”模式和极轴追踪不能同时打开。打开“正交”将关闭极轴追踪。

2.2.3 极轴追踪功能

如图 2-4 所示，使用“极轴角度”追踪，光标将按指定角度进行移动。可以使用极轴追踪沿着 90°、60°、45°、30°、22.5°、18°、15°、10°和 5°的极轴角增量进行追踪，也可以指定其他角度。0 方向取决于在“绘图单位”对话框中设定的角度。捕捉的方向（顺时针或逆时针）取决于设置测量单位时指定的单位方向。用户可以使用替代键临时打开和关闭极轴追踪。使用临时替代键进行极轴追踪时，无法使用直接距离输入方法。

使用“极轴距离”追踪，光标将沿极轴角度按指定增量进行移动。移动光标时，工具提示将显示最接近的极轴距离增量。必须在“极轴追踪”和“捕捉”模式同时打开的情况下，才能将点输入限制为极轴距离。用户可以使用替代键临时关闭所有的捕捉和追踪。

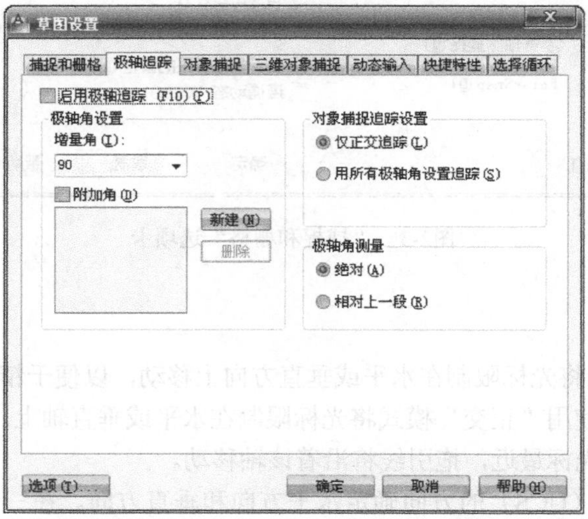

图2-4 “极轴追踪”选项卡

创建或修改对象时，可以使用“极轴追踪”以显示由指定的极轴角度所定义的临时对齐路径。在三维视图中，极轴追踪额外提供上下方向的对齐路径。在这种情况下，工具提示会为该角度显示 +Z 或 -Z。

光标移动时，如果接近极轴角，将显示对齐路径和工具提示。默认角度测量结果为 90°。可以使用对齐路径和工具提示绘制对象。与“交点”或“外观交点”对象捕捉一起使用极轴追踪，可以找出极轴对齐路径与其他对象的交点。

注意

极轴追踪和栅格捕捉不能同时打开。打开极轴追踪将关闭栅格捕捉。

2.2.4 对象捕捉

在 AutoCAD 中，用户不仅可以通过输入点的坐标绘制图形，还可以使用系统提供的对象捕捉功能捕捉图形对象上的某些特征点，从而快速、精确地绘制图形。对象捕捉可以分为两种方式，一种是“自动对象捕捉”方式，在如图 2-5 所示的“草图设置”对话框中，打开“对象捕捉”选项卡，将对象捕捉模式中相应的点选中，并且启动了对象捕捉，相应的对象捕捉点就起作用。另一种方式是“单一对象捕捉”，使用一次后便不再起作用，此种方式是通过使用“捕捉”工具栏上的“捕捉”按钮或使用“对象捕捉”快捷菜单实现。

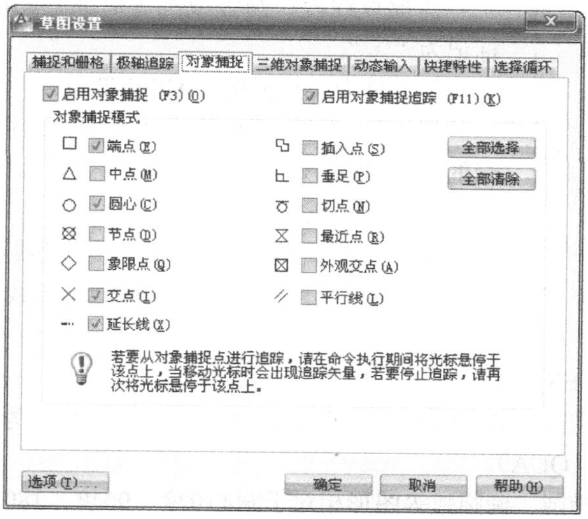

图2-5　“对象捕捉”选项卡

1．“对象捕捉”工具栏

“对象捕捉”工具栏是激活单一对象捕捉最常用的方式，如图 2-6 所示，在绘图过程中，当要求用户指定点时，单击该工具栏中相应的特征点按钮，再将光标移动到要捕捉的对象的特征点附近，就可以捕捉到所需要的点。

图2-6 “对象捕捉”工具栏

2.“对象捕捉”快捷菜单

当用户需要捕捉特殊点时，按下“Shift”键或“Ctrl”键，同时在绘图区中单击鼠标右键，即可打开对象捕捉快捷菜单。如图2-7所示。利用该菜单用户可以选择相应的对象捕捉模式。其中“两点之间的中点”用于捕捉选定的两点间的中间点，“点过滤器”用于捕捉满足指定坐标条件的点。

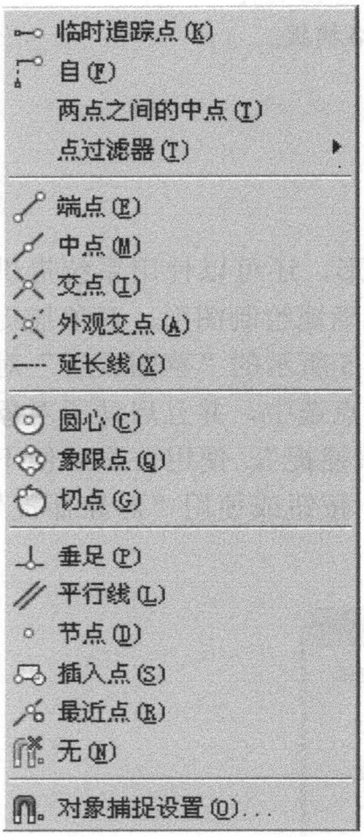

图2-7 “对象捕捉”快捷菜单

3．对象捕捉的种类和标记

AutoCAD 2012提供了多种对象捕捉模式，在AutoCAD 2012中打开对象捕捉时，把光标移动到图形上时，AutoCAD不仅会自动捕捉该实体上符合条件的几何特征点，而且还会显示相应的标记。

（1）端点捕捉（END）。

捕捉直线或圆弧等对象的端点或是捕捉多边行的最近一个角点。“端点”捕捉标记为“□”。

（2）中点捕捉（MID）。

捕捉直线、曲线等对象的中点。“中点”捕捉标记为“△”。

（3）交点捕捉（INT）。

捕捉直线段、圆弧或圆等对象之间的交点。“交点”捕捉标记为“×”。

（4）外观交点捕捉（APPINT）。

捕捉在二维图形中看上去是交点，而在三维图形中并不相交的点。“外观交点”捕捉标记为“⊠”。

（5）捕捉延长线（EXT）。

捕捉直线、圆弧、椭圆弧、多段线等图形延长线上的点。捕捉此点之前，应先停留在该对象的端点上，显示出一条辅助延长线后，方可捕捉。“捕捉延长线”捕捉标记为“--”。

（6）捕捉圆心（CEN）。

捕捉圆、圆弧、椭圆、椭圆弧等图形的圆心。“圆心”捕捉标记为“○”。

（7）捕捉象限点（QUA）。

捕捉圆、圆弧、椭圆、椭圆弧等图形相对于圆心0度、90度、180度、270度处的点。“象限点”捕捉标记为“◇”。

（8）捕捉切点（TAN）。

捕捉圆、圆弧、椭圆、椭圆弧、多段线或样条曲线的切点。“切点”捕捉标记为“$\bar{\bigcirc}$”。

（9）捕捉垂足（PER）。

绘制与已知直线、圆、圆弧、椭圆、椭圆弧、多段线或样条曲线等图形相垂直的直线。“垂足”捕捉标记为“⊾”。

（10）捕捉平行线（PAR）。

捕捉与一直线平行的直线上的点。“平行线”捕捉标记为“⫽”。

（11）捕捉插入点（INS）。

捕捉插入在当前图形中的文字、块、形或属性的插入点。“插入点”捕捉标记为“ъ”。

（12）捕捉节点（NOD）。

捕捉用画点命令（POINT）绘制的点。“节点”捕捉标记为“⊠”。

（13）捕捉最近点（NEA）。

捕捉图形上离光标最近的点。“最近点”捕捉标记为“⧖”。

（14）“捕捉自”（FRO）。

该模式是以一个临时参考点为基点，根据给定的距离值捕捉到所需的特征点。

（15）临时追踪点（TT）。

该模式先用鼠标在任意位置作一标记，再以此为参考点捕捉所需特征点。

（16）无捕捉（NON）。

关闭单一对象捕捉模式。

2.2.5 对象捕捉追踪

“对象捕捉追踪”可以沿指定方向（称为对齐路径）按指定角度或与其他对象的指定关系绘制对象。

使用对象捕捉追踪，可以沿着基于对象捕捉点的对齐路径进行追踪。已获取的点将显示一个小加号（+），一次最多可以获取七个追踪点。获取点之后，当在绘图路径上移动光标时，将显示相对于获取点的水平、垂直或极轴对齐路径。

默认情况下，对象捕捉追踪将设定为正交。对齐路径将显示在始于已获取的对象点的0°、90°、180°和270°方向上。但是，可以使用极轴追踪角度代替。对于对象捕捉追踪，将自动获取对象点。

特别提示

（1）可以通过状态栏上的“极轴”或“对象追踪”按钮打开或关闭自动追踪。使用临时替代键可以打开或关闭对象捕捉追踪，或关闭所有捕捉和追踪。

（2）与对象捕捉一起使用对象捕捉追踪。必须设定对象捕捉，才能从对象的捕捉点进行追踪。

2.2.6 动态输入

打开“动态输入”时，工具提示将在光标旁边显示信息，该信息会随光标移动动态更新。当某命令处于活动状态时，工具提示将为用户提供输入的位置。在输入字段中输入值并按“Tab”键后，该字段将显示一个锁定图标，并且光标会受用户输入的值约束。随后可以在第二个输入字段中输入值。另外，如果用户输入值然后按“Enter”键，则第二个输入字段将被忽略，且该值将被视为直接距离输入。完成命令或使用夹点所需的动作与命令提示中的动作类似。区别是用户的注意力可以保持在光标附近。

动态输入不会取代命令行。您可以隐藏命令行以增加绘图屏幕区域，但是在有些操作中还是需要显示命令行。按“F2”键可根据需要隐藏和显示命令提示和错误消息。另外，也可以浮动命令窗口，并使用“自动隐藏”功能来展开或卷起该窗口。

如图 2-8 所示，“动态输入”包括启用指针输入、标注输入和动态提示等内容。

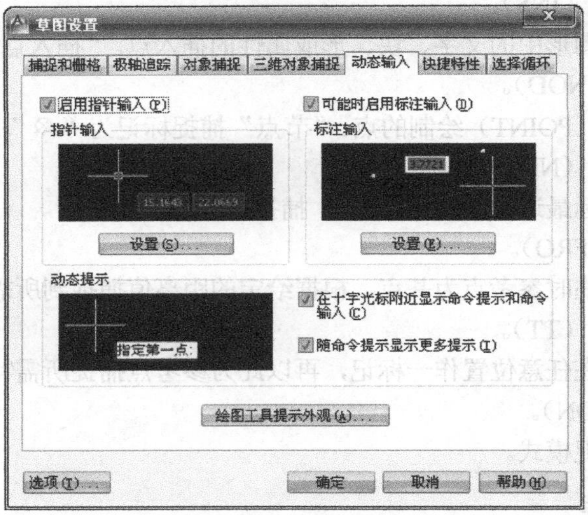

图2-8 “动态输入”选项卡

1．指针输入

当启用指针输入且有命令在执行时，“十”字光标的位置将在光标附近的工具提示中显示为坐标。可以在工具提示中输入坐标值，而不用在命令行中输入。

第二个点和后续点的默认设置为相对极坐标。不需要输入 @ 符号。如果需要使用绝对坐标，请使用磅字符（#）前缀。例如，要将对象移到原点，请在提示输入第二个点时，输入“#0,0”。

特别提示

使用指针输入设置可更改坐标的默认格式，以及控制指针输入工具提示何时显示。

2．标注输入

启用标注输入时，当命令提示输入第二点时，工具提示将显示距离和角度值。在工具提示中的值将随着光标的移动而改变。按“Tab”键可以移动到要更改的值。尺寸输入适用于ARC、CIRCLE、ELLIPSE、LINE和PLINE。

3．动态提示

启用动态提示时，提示会显示在光标附近的工具提示中。用户可以在工具提示（而不是在命令行）中输入响应。按下箭头键可以查看和选择选项。按上箭头键可以显示最近的输入。

注意

要在动态提示工具提示中使用粘贴文字，请输入字母，然后在粘贴输入之前用退格键将其删除。否则，输入将作为文字粘贴到图形中。

2.2.7 快捷特性

默认情况下，当双击某个对象时，会显示“快捷特性”选项板，而且该对象类型会在自定义用户界面（CUI）编辑器中启用“快捷特性”。在以下情况下，也会显示“快捷特性”选项板：当选定对象时、已为“快捷特性”启用选定对象的对象类型时、当 QPMODE 系统变量设置为 1 或 2 时或者将 PICKFIRST 系统变量设置为 1（开）时。

2.2.8 选择循环

如图 2-9 所示，“选择循环”允许选择重叠的对象，可以配置“选择循环”列表框的显示设置。若要过滤显示的子对象（顶点、边或面）的类型，请使用系统变量设置。

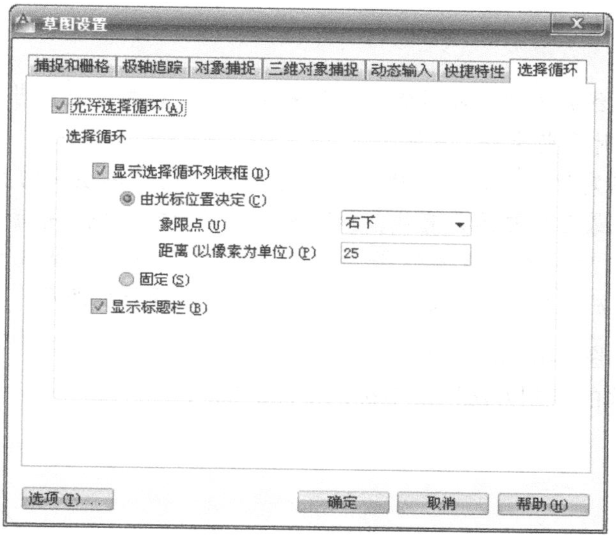

图2-9 “选择循环”选项卡

2.3 常用基本绘图命令

AutoCAD 采取“实时交互”的命令执行方式，用户在绘制图形时，需要根据所绘图形的要求输入一定的参数。本节以直线的绘制命令为例，阐述 AutoCAD 中利用命令绘制图形的基本方法。

2.3.1 直线的绘制方法

1. 命令提示

命令图标：

操作提示：绘图直线

命令窗口：LINE(L)

2．操作示例

任务一：用直线命令绘制A3图纸的边框

操作步骤：

命令：LINE(L)

指定一点：0，0↙ //指定一起始点

指定下一点或[放弃{U}]：420，0↙ //指定右下角点

指定下一点或[放弃{U}]：420，297↙ //指定右上角点

指定下一点或[闭合(C)/放弃(U)]：0，297↙ //指定左上角点

指定下一点或[闭合(C)/放弃(U)]：C↙ //闭合

特别提示

(1) 如果已知直线的方向，或用鼠标导向来指明下一点的方向，当出现“指定下一点或[放弃(U)]：”提示时可直接给定直线长度。

(2) 当出现“指定第一点：”的提示时回车响应，则最后绘制的直线或圆弧将作为所画直线的起点。如果最后所画的是直线，接下来与通常一样出现“指定一下点或[闭合(C)/放弃(U)]：”提示。如果最后所画的是圆弧，则该圆弧的终点就成为所画直线的起点，圆弧终点的切线方向决定所画直线方向，只要再给出直线的长度即可。

任务二：绘制如图2-10所示的图形。

目的：练习直线的绘制方法以及坐标系中点的输入方法。

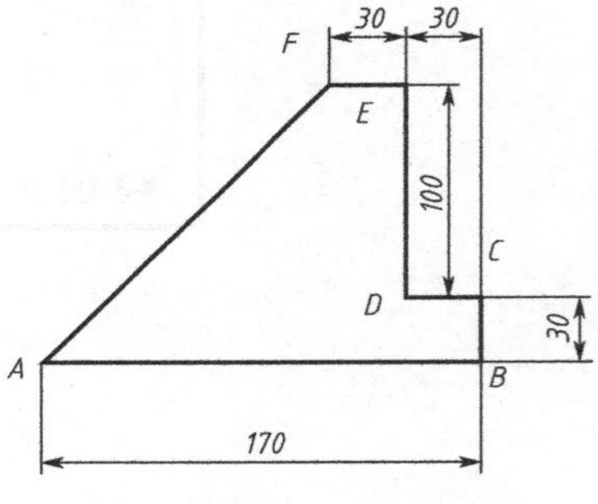

图2-10 直线绘制

绘图步骤：

命令：_line

指定第一点：利用鼠标给出起始点A或用输入坐标的方式给出点A

指定下一点或[放弃(U)]:170↙

//利用鼠标作导向或打开正交，用直接距离给出点*B*

指定下一点或[放弃(U)]:30↙

//利用鼠标作导向或打开正交，用直接距离给出点*C*

指定下一点或[闭合(C)/放弃(U)]:@-30，0↙ //利用相对直角坐标给出点*D*

指定下一点或[闭合(C)/放弃(U)]:@100<90↙ //利用极坐标方式给出点*E*

指定下一点或[闭合(C)/放弃(U)]:@-30，0↙ //利用相对直角坐标给出点*F*

指定下一点或[闭合(C)/放弃(U)]:C↙ //形成闭合图形

指定下一点或[闭合(C)/放弃(U)]:↙ //按回车键或选择右键菜单“确定”

特别提示

在提示行“指定下一点或[闭合(C)/放弃(U)]:”中输入“C”并回车，图形将首尾封闭并结束命令；若输入“U”并回车，将擦去最后画的一条线。用户在绘图时要注意命令行中

的提示性语句，它将给用户绘图带来方便。

2.3.2 删除图形

AutoCAD 的删除命令可以不留痕迹地擦除所绘制的图形。

命令图标：
操作提示：修改→直线
命令窗口：ERASE(E)

当发出“删除”命令后，用户需要选择要删除的对象，然后按回车或空格键结束对象选择，同时删除已选择的对象。

使用“OOPS”命令，可以恢复最后一次使用“删除”命令删除的对象。

特别提示

用户也可以先选择要删除的对象，然后单击“删除”按钮执行删除操作。

2.4 AutoCAD 的坐标系统

要精确绘制工程图，必须以某个坐标系作为参照，本节介绍 AutoCAD 2012 坐标系统和点的坐标表示方法。

2.4.1 世界坐标系与用户坐标系

Auto CAD 采用两种坐标系，如图 2-11 所示：世界坐标系（World Coordinate System, WCS）又称通用坐标系，如图 2-11（a）所示，用户坐标系（User Coordinate System，UCS）如图 2-11（b）所示。用户刚进入 AutoCAD 时的坐标系统就是世界坐标系，它是坐标系的基准，AutoCAD 默认的世界坐标系 *X* 轴正向水平向右，*Y* 轴正向水平向上，*Z* 轴与屏幕垂直，正向由屏幕向外。

（a）WCS　　（b）UCS

图2-11　AutoCAD 2012坐标系

用户坐标系，是一种相对坐标系。与世界坐标系不同，用户坐标系可选取任意一点为坐标系原点。在绘图过程中，AutoCAD 通过坐标系图标显示当前坐标系统。

2.4.2 坐标的表示方法

在 AutoCAD 2012 中，点的坐标可以用直角坐标、极坐标、球面坐标和柱面坐标表示，每一种坐标又可以分为相对坐标和绝对坐标。其中常用的是绝对直角坐标、绝对极坐标、相对直角坐标和相对极坐标 4 种表示方法。在二维绘图中，可暂不考虑点的 *Z* 坐标。

1．绝对直角坐标

指当前点相对坐标原点（0,0,0）的坐标值。在绘图过程需要输入某一点的坐标时，可以直接在命令行输入点的“*X*，*Y*”坐标值，坐标值之间要用逗号隔开，方向用正负号来表示。

2．绝对极坐标

用“距离＜角度”表示。其中距离为当前点相对坐标原点的距离，角度表示当前点和坐标原点连线与 *X* 轴正向的夹角。

3．相对直角坐标

相对直角坐标是指当前点相对于某一点的坐标的增量。相对直角坐标前加“@”符号。相对于前一点 *X* 坐标向右为正，向左为负；*Y* 坐标向上为正，向下为负。例如 *A* 点的绝对坐标为“10,15”，*B* 点相对 *A* 点的相对直角坐标为“@5,-2”，则 *B* 点的绝对直角坐标为“15,13”。

4．相对极坐标

相对极坐标用“@ 距离＜角度”表示，例如“@4.5 ＜ 30”表示当前到下一点的距离为 4.5，当前点与下一点连线与 *X* 轴正向夹角为 30° 。AutoCAD 中默认设置的角度正方向为逆时针方向，水平向右为 0° 。

2.4.3 坐标系中点与距离值的输入方法

1．点的输入

绘图过程中，常需要给出点的具体位置，AutoCAD 提供了以下几种输入点的方法：

（1）利用鼠标移动光标，通过单击左键在屏幕上直接给出点。

（2）用键盘直接在命令窗口中输入点的坐标。直角坐标的输入方式：“*X*,*Y*”和“@*X*,*Y*”，极坐标的输入方式：“长度＜角度”和“@ 长度＜角度”。

（3）用捕捉方式捕捉屏幕上已有图形的特殊点。

（4）利用鼠标做导向，用光标的移动来指明所要指定点的方向，然后用键盘输入距离。

2. 距离值的输入方法

在绘制图形时，有时需要提供高度、宽度、半径、长度等距离值。AutoCAD 提供了两种输入距离的方法，一种是用键盘在命令窗口中直接输入距离数值，另一种是在屏幕上拾取点，以两点的距离值定出所需要的数值。

2.5 图层的创建与使用

2.5.1 图层概述

一张完整的机械图样，是由图形、相关尺寸、文字说明和图框、标题栏组成的，但图形又是由中心线、虚线、剖面线等线型绘制而成，用户常常需要将工程图样中的不同线条设置成不同的样式和颜色，以增加图形的可读性，这就要用到图层。图层可以看作是一张没有厚度的透明纸，一个工程图样中可能用多个图层，可以想象是多张透明纸的叠加，用户在每个图层里面根据需要进行设计，最终完成完整的图形。

1. 图层的特点

（1）用户可以在一幅图中指定任意数量的图层，对图层数量没有限制。

（2）用户可以对每一图层定义一个名称，以便管理。

（3）各图层具有相同的坐标系、绘图界限以及显示时的缩放倍数。

（4）一般情况下，同一图层上的对象应是一种线型、一种颜色。

（5）用户只能在当前图层进行“打开”、“关闭”、“冻结”、“锁定”等管理操作。

2. 图层的属性

（1）线型。在每一个图层上用户都应根据所设置的对象要求设置图中线型，不同的图层可以设置成不同的线型也可以设置成相同的线型，在创建图层时，默认设置线型为“实线（Continuous）”。

（2）线宽。用户在设计图形时，需要通过设置不同的线宽来增加图形的可读性，在AutoCAD 中，不同的图层可以设置成不同的线宽也可以设置成相同的线宽，在创建图层时，默认设置线宽为“0.25”。

（3）颜色。每一个图层都应有不同的颜色，以便区别不同的图形对象，在 AutoCAD 中，默认图层的颜色设置为白色，当绘图背景设置为白色时，其显示为黑色。

2.5.2 图层设置

用户提示：

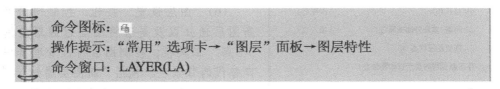

命令图标：
操作提示：“常用”选项卡→“图层”面板→图层特性
命令窗口：LAYER(LA)

1. 输入图层命令后，弹出“图层特性管理器”对话框，在该对话框中对“图层”中的相关要素进行设置。如图 2-12 所示。

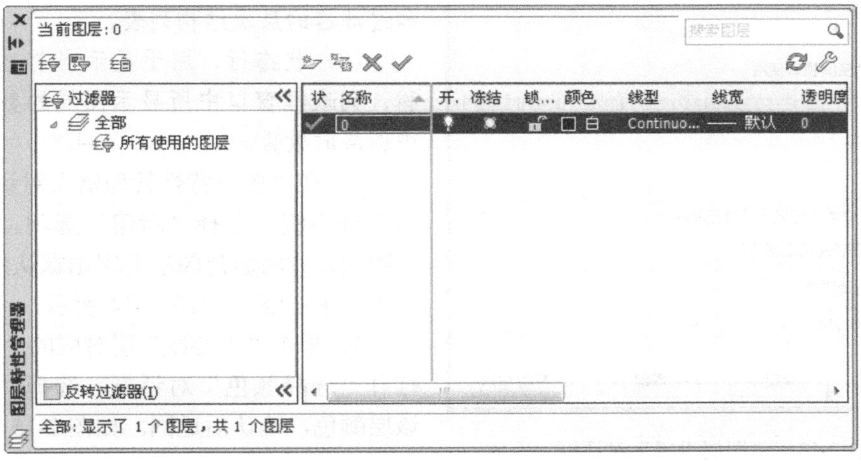

图2-12 “图层特性管理器”对话框

特别提示

“图层特性管理器”对话框中选项的主要功能：

对话框上面的一排按钮分别是：“新建特性过滤器”、“新建组过滤器”、“图层状态管理器”、“新建图层”、“在所有视口中都被冻结的新图层视口”、“删除图层”、“置为当前”、“刷新”、“图层设置”按钮。中部左侧为树状图窗口；右侧为列表框窗口；下面为状态行。

(1)“新建特性过滤器”按钮：用于打开“图层过滤器对话框”，通过该对话框可实现对图层进行过滤，用户可以在“过滤器定义”列表框中设置图层名称、状态、颜色、线型及线宽等过滤条件。

(2)“新建组过滤器”按钮：用于创建一个图层过滤器，其中包括用户选定并添加到该过滤器的图层。

(3)“图层状态管理器”按钮：用户可以通过该按钮打开“图层状态管理器”对话框并通过该对话框实现对已命名图层状态的管理。

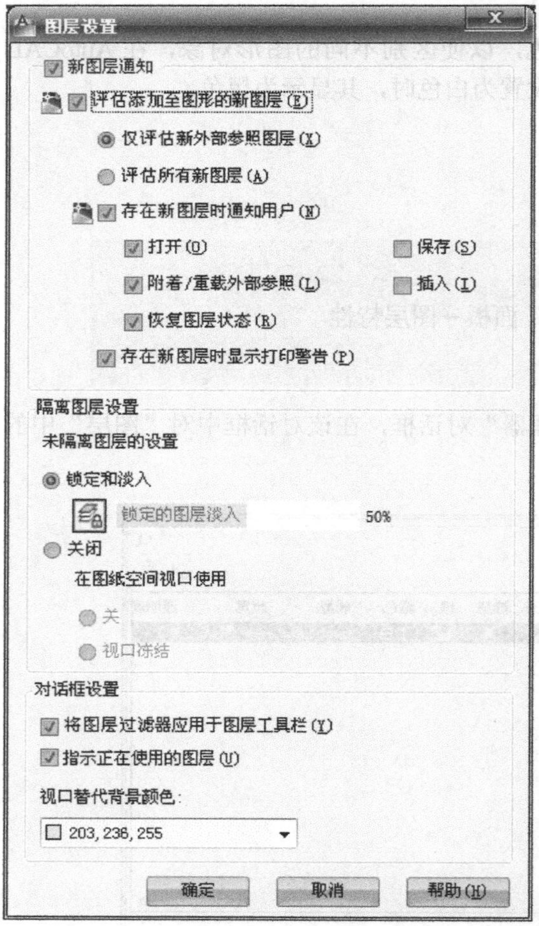

图2-13 “图层设置”对话框

(4)“新建图层”按钮：用于创建新的图层。

(5)“置为当前”按钮：用于设置当前图层，用户在“图层状态管理器”对话框中选择某一图层，然后单击该按钮，则该图层即被设置为当前工作图层。

(6)“图层设置”按钮：控制何时发出新图层通知以及是否将图层过滤器应用到“图层”工具栏；控制图层特性管理器中视口替代的背景色。包括“新图层通知”、“隔离图层设置”和“对话框设置”三部分。如图 2-13 所示。

(7) 树状图窗口：用于显示图形中图层和过滤器的层次结构列表。

(8) 状态行：用于显示当前过滤器的名称，列表框窗口中所显示图层的数量和图形中图层的数量。

2. 在“图层特性管理器”对话框中，单击鼠标右键，选择“新建”选项，创建一个新图层，并将新建图层名字由默认的“图层 1”改为“中心线”。如图 2-14 所示。

3. 单击“中心线”层对应的“颜色”项，打开“选择颜色”对话框，选择“蓝色”为该层颜色，确认后返回。如图 2-15 所示。

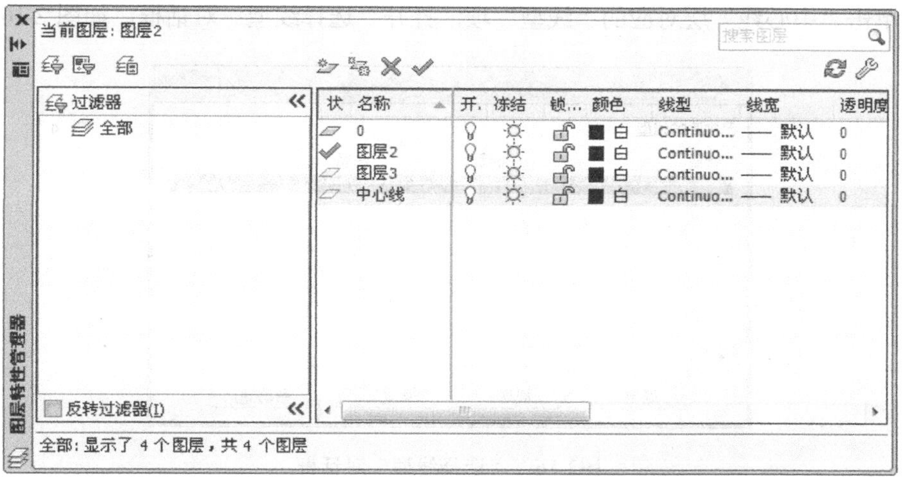

图2-14 “图层特性管理器”对话框

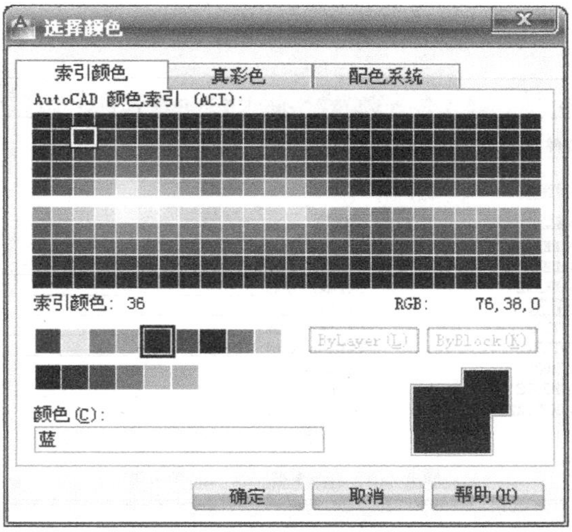

图2-15 “选择颜色”对话框

特别提示

(1) 用户设置颜色。在“图层特性管理器”对话框中单击该图层的颜色图标，即可打开“选择颜色”对话框。

> 操作提示：格式→颜色
> 命令窗口：COLOR

(2)“选择颜色”对话框中的“索引颜色”为用户提供了255种颜色，用户可以选择所需要的颜色，也可以使用“真彩色”和“配色系统”自己配色。

4. 单击“中心线”层对应的“线型”项，打开“选择线型”对话框。如图2-16所示。

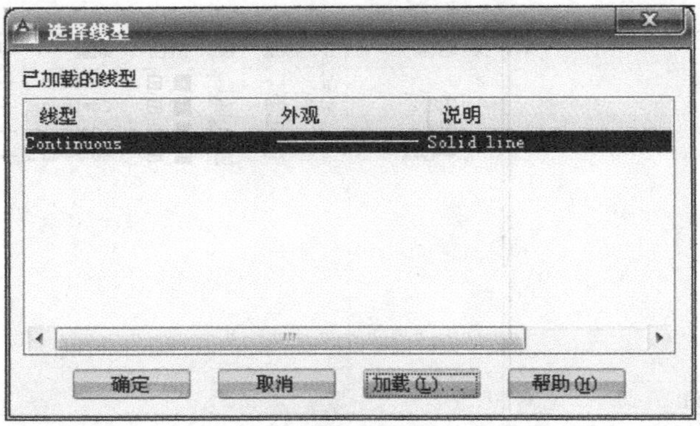

图2-16　“选择线型”对话框

5. 在“选择线型”对话框中，单击“加载”按钮，打开“加载或重载线型”对话框，选择CENTER线型，确认并退出，如图2-17所示。在“选择线型”对话框中选择CENTER为该层线型确认并返回“图层特性管理器”对话框。

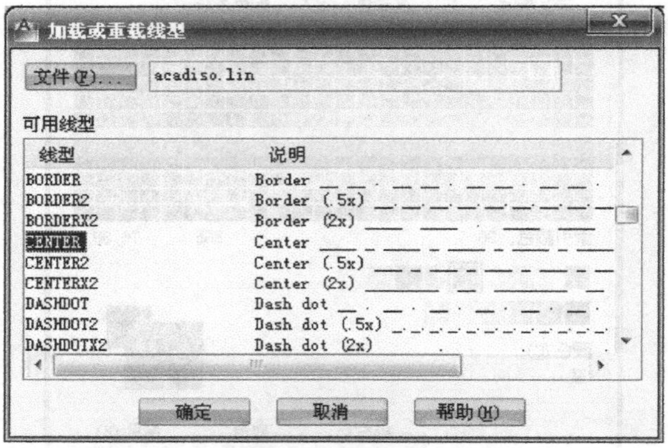

图2-17　“加载或重载线型”对话框

特别提示

CAD中线型的设置方法：

(1) 直接设置线型。CAD中的线型系统已预先设置好，用户可以通过线型管理器来设置线型。

输入命令：

> 操作提示：格式→线型
> 命令窗口：LINETYPE

输入命令后，系统即可打开“选择线型”管理器对话框，用户可以选择所需要的线型，如果列表中没有满意的线型，可单击“加载”按钮，打开“加载或重载线型”对话框，从当前线型库中选择需要加载的线型，确认后，该线型即会被加载到“选择线型”对话框中。如果用户一次加载多种线型，可在选择线型时按“Shift”键或“Ctrl”键进行连续选择或多项选择。如图 2-18 所示。

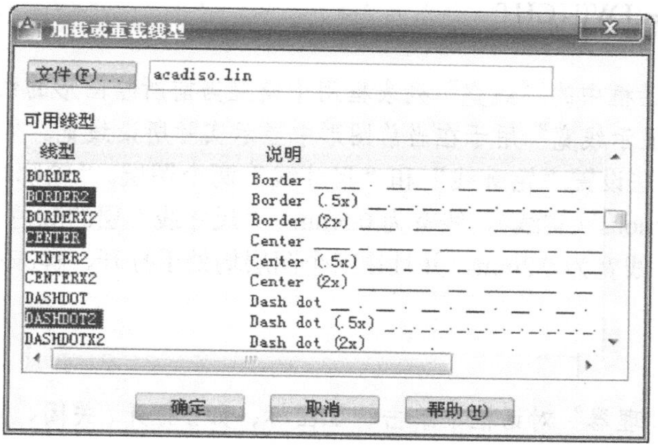

图2-18 加载多种线型

(2) 在“图层特性管理器”中设置线型，即本例中所用到的方法。

6. 单击“中心线”层对应的“线宽”项，打开“线宽”对话框，选择 0.20mm 线宽，单击“确定”按钮并退出，如图 2-19 所示。

特别提示

图层中线宽的设置同线型的设置操作类似，也具有两种方法，一种是利用“图层特性管理器”对话框中的“线宽”选项按钮。另一种方法是直接输入命令打开如图 2-20 所示的“线宽设置”对话框。

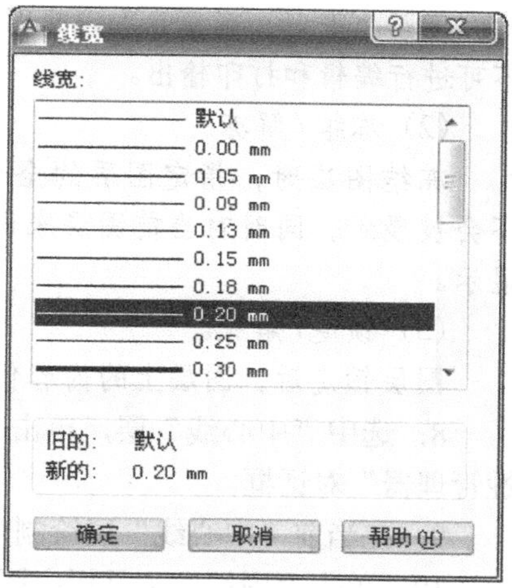

图2-19 “线宽”对话框

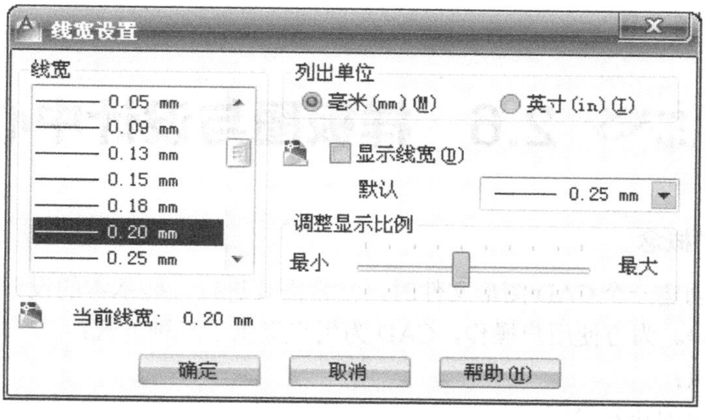

图2-20 “线宽设置”对话框

具体设置方法：

> 操作提示：格式→线宽
> 命令窗口：LWETGHT

“线宽设置”对话框中的“线宽”列表框用于设置当前所绘图形的线宽，“列出单位”用于确定线宽单位，“显示线宽”用于在当前图形中显示实际所设线宽。

7. 用同样的方法设置“轮廓线”和“尺寸线”两个图层。“轮廓线”层的颜色设置为红色，线型为 Continuous（实线），线宽为 0.5mm；“尺寸线”层的颜色设置为黑色，线型为 Continuous（实线），线宽为 0.2mm，并且让三个图层均处于打开、解冻和解锁状态。

特别提示

在“图层特性管理器”对话框中单击特征图标，如打开 / 关闭、冻结 / 解冻、锁定 / 解锁等可控制图层的状态。

（1）打开 / 关闭。

图层打开时，可显示和编辑图层上的内容；图层关闭时，图层上的内容全部隐藏。用户不可进行编辑和打印输出。

（2）冻结 / 解冻。

冻结图层时，指定图层的全部图形被冻结，并消失不见，冻结图层上的实体打印时不会被显示，同时对当前图层来说则不允许被冻结。图层解冻后，图层上的图形将会重新显示。

（3）锁定 / 解锁。

图层锁定后，图层上的内容仍然可见，并且能够捕捉或绘图、打印，但不能被编辑。

8. 选中“中心线”层，单击“当前”按钮，将其设置为当前层，确认后关闭“图层特性管理器”对话框。

9. 在当前“中心线”层绘制两条中心线。

10. 单击“图层”工具栏中图层下拉列表的下拉按钮，将“轮廓线”设置为当前图层并绘制主要图形。

2.6 样板图与设计中心

2.6.1 样板图的概念

此类用户在创建一个 CAD 图形文件时，常常需要进行一些基本的设置，诸如绘图单位、角度、图幅大小等。为方便用户操作，CAD 为用户提供了三种方式：

（1）利用样板；

（2）使用系统的缺省设置；

（3）使用向导。

使用样板，就是创建的新图形将继承样板图中的所有设置，避免用户每创建一个图形就需要设置的麻烦。给用户绘制图形带来方便。

AutoCAD 系统为用户提供了风格多样的样板文件，用户可在“创建新图形”对话框中使用样板文件，样板文件一般存放在 Template 文件夹中，用户也可以通过“浏览”按钮打开“选择样板”对话框来查找样板文件。如图 2-21 所示。

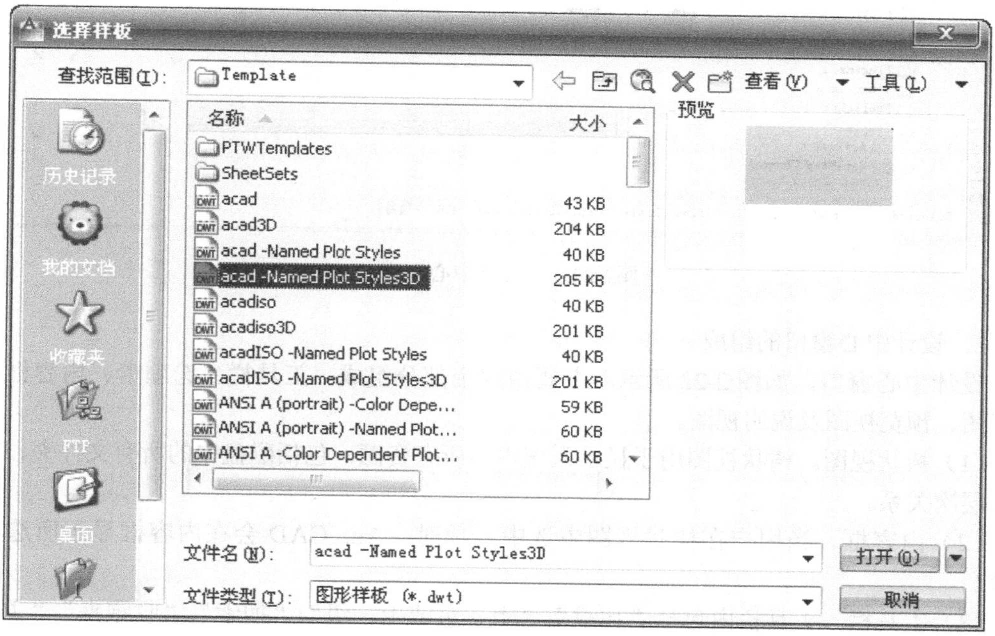

图2-21 “选择样板”对话框

2.6.2 AutoCAD 设计中心

AutoCAD 设计中心（AutoCAD Design Center，ADC）提供了管理、查看和重复利用图形的强大工具与工具选项板的功能。用户可以浏览本地系统、网络驱动器，甚至从 Internet 上下载文件。使用 AutoCAD 设计中心和工具选项板，可以将符号库中的符号或一张设计图中的图层、图块、文字样式、线型、布局等复制到当前图形文件中。利用设计中心的“搜索”功能可以方便地查找已有图形文件存放地方的图块、文字样式、尺寸样式、图层等。

1．设计中心的启动

> 工具栏：
> 下拉菜单：工具→选项板→设计中心
> 命令窗口：ADCENTER

输入命令后，即可打开“设计中心”窗口。

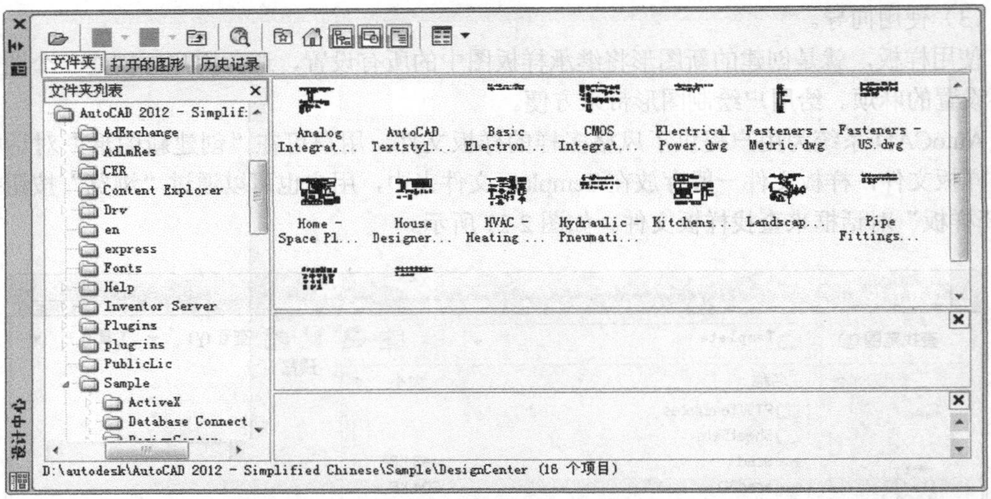

图2-22 “设计中心”窗口

2．设计中心窗口的组成

设计中心窗口，如图2-22所示，主要由六个部分组成：工具栏、选项卡、内容框、树状视图、预览视图及说明视图。

（1）树状视图。树状视图用于显示系统内的所有资源，包括磁盘中的所有文件夹、文件以及层次关系。

（2）内容框。当用户在树状视图中选中一项时，AutoCAD会在内容框显示所选项的内容。

（3）工具栏。工具栏内包括“加载”、“上一页或上一级”、“搜索”、“收藏夹”、“主页”、“树状图切换”、“预览”、“说明”和“视图”等按钮。其中通过“加载”按钮可以打开“加载”对话框，用户可利用该对话框从Windows桌面、收藏夹中加载文件，通过“搜索”按钮可以打开“搜索”对话框，从而设置要查找的内容。

（4）选项卡。选项卡的主要功能如下：

①“文件夹”选项：用于显示出文件夹。

②“打开的图形”选项卡：用于显示当前已经打开的图形及相关内容。

③“历史纪录”选项卡：用于显示用户最近浏览过的图形。

④“联机设计中心”选项卡：用于显示对应的在线帮助。

3．AutoCAD设计中心的使用

（1）查找图形文件。利用AutoCAD设计中心的查找功能，用户可以根据指定的条件和范围来搜索图形或其他内容。用户单击“设计中心”工具栏的“搜索”按钮，即可打开“搜索”对话框。

①“搜索”下拉列表框：用于确定查找对象的类型。

②“位于”下拉列表框：用于确定搜索的路径。

③ 用户在完成搜索条件的设置后，可单击“立即搜索”按钮进行搜索，也可以随时单击“停止”按钮来中断搜索，也可以利用“新搜索”按钮来清除搜索条件并重新设置。

④ 系统在查找到符合条件的项目后，用户可以双击指定的项目或利用鼠标将指定的项

目拖到内容区中或在指定的项目上单击右键弹出快捷菜单，选择“加载到内容区中”。

（2）利用设计中心打开图形文件。在 AutoCAD 2012 设计中心，用户可以很方便地打开所选的图形文件，具体有两种方法：

① 利用快捷菜单打开图形。在设计中心的内容框中用鼠标右键单击所选图形文件的图标，打开快捷菜单，在快捷菜单中选择“在应用程序窗口中打开”选项，可将所选图形文件打开并设置为当前图形。

② 利用拖动方式打开图形。在设计中心的内容框中，单击需要打开的图形文件的图标，将其拖动到 AutoCAD 主窗口中除绘图框以外的任何地方，AutoCAD 即打开该图形文件并设置为当前图形。

习　题　2

1．什么是极轴追踪，如何设置极轴角？

2．如何设置对象捕捉模式？同时捕捉的特征点是否越多越好？

3．如何设置系统的自动保存文件的时间间隔？

4．练习设置绘图环境、绘图单位、绘图界限。试将绘图区的背景颜色从默认的黑色改变为白色。

5．绘制下图，不标注尺寸。

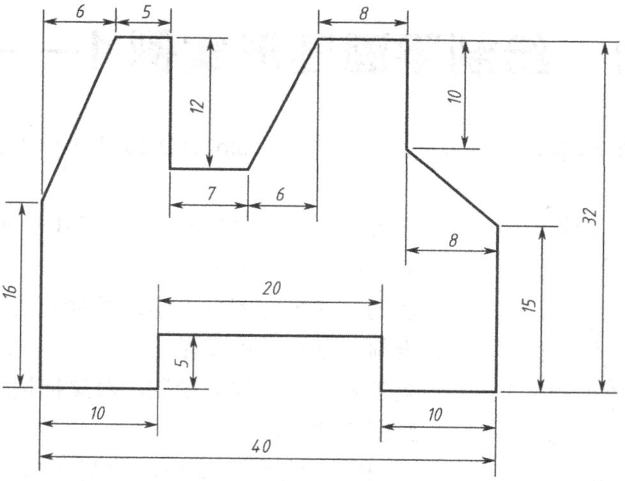

第 3 章

绘制平面图形

教学目标

1. 熟练掌握绘图命令和编辑命令的运用；
2. 按照制图要求，绘制三视图和轴测图；
3. 掌握几何约束的运用；
4. 熟练、准确、快速绘制平面图形。

本章要点

平面图形是指在二维平面空间绘制的图形，主要由一些基本图形元素组成，如点、直线、圆弧、圆、椭圆、矩形、多边形等几何元素。AutoCAD 提供了大量的绘图及修改工具，可以帮助用户完成平面图形的绘制。本章主要通过一些绘制平面图形的实例，介绍 AutoCAD 常用的绘图及修改命令，使用户尽快掌握 AutoCAD 绘制平面图形的一般作图步骤，为今后的学习打下一个良好的基础。

3.1 绘制平面图形实例 1——点的绘制

点是组成图形最基本的实体对象之一。利用 AutoCAD 2012 可以方便地绘制各种形式的点。

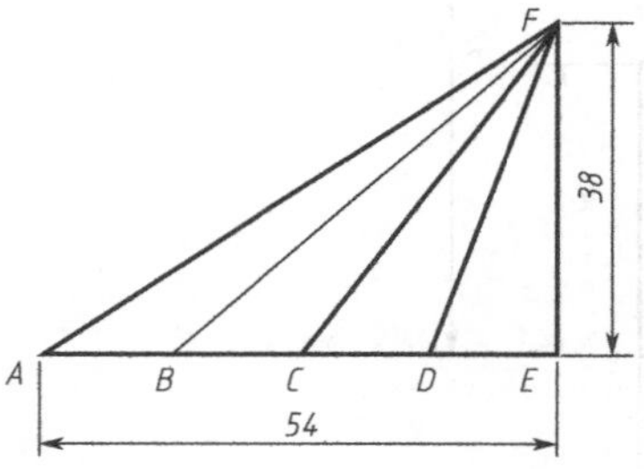

图3-1 平面图形

任务：绘制平面图形，如图 3-1 所示，其中 *B*、*C*、*D* 三点分别为直线 *AE* 的四等分点。

目的：通过此图形，学习绘制点的方法，其中包括等分点的绘制，点的样式设置。

具备知识：直线的绘制，对象捕捉功能的应用。

绘图步骤分解：

1. 利用直线绘制命令，绘制直线 *AEF*，如图 3-2 所示。
2. 将 *AE* 四等分。

> 操作提示：绘图→定数等分
> 命令窗口：DIVIDE

AutoCAD 提示：

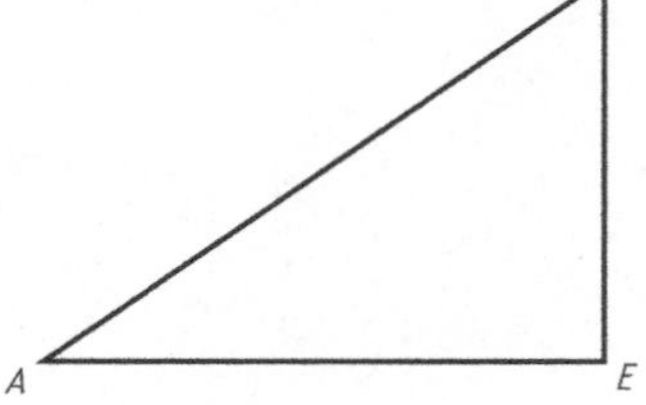

图3-2 三角形

选择要定数等分的对象：<u>单击 AE 直线</u>　　　　//选择目标
输入线段数目：<u>4↙</u>　　　　//等分线段数为 4

3．变换点的样式。

操作提示：格式→点样式

执行该命令将打开“点样式”对话框，如图 3-3 所示，选择除前两种以外任何一种即可。图形变为如图 3-4 所示形式。

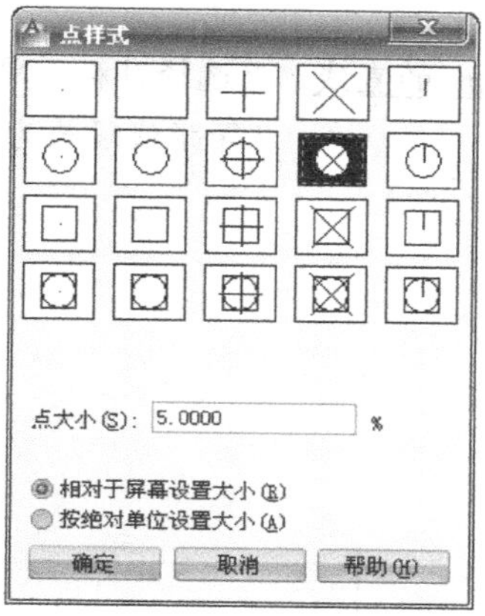

图3-3 “点样式”对话框

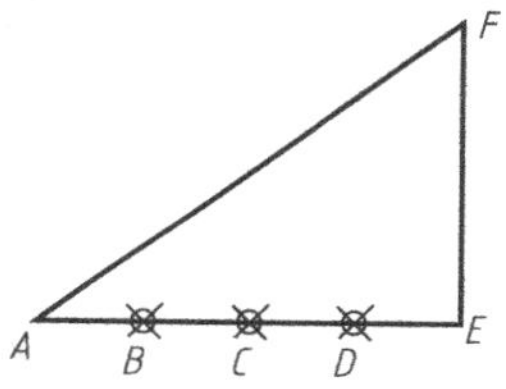

图3-4 显示点的样式

4．连接 *FB*、*FC* 和 *FD* 三直线，图形变为如图 3-5 所示形式。
输入直线命令：
AutoCAD 提示：
Line 指定第一点：<u>利用端点捕捉，找到 F 点</u>　　//确定目标点 *F*
指定下一点：<u>利用节点捕捉，找到 B 点</u>　　//确定目标点 *B*
同理绘制出 *FC* 和 *FD* 两条直线。

5．删除 *B*、*C*、*D* 三点，图形变为如图 3-6 所示形式。
方法 1：将 *B*、*C*、*D* 三点选择后，直接按键盘“Delete”键删除。
方法 2：将点样式恢复到原来的样式。
图形绘制完成。

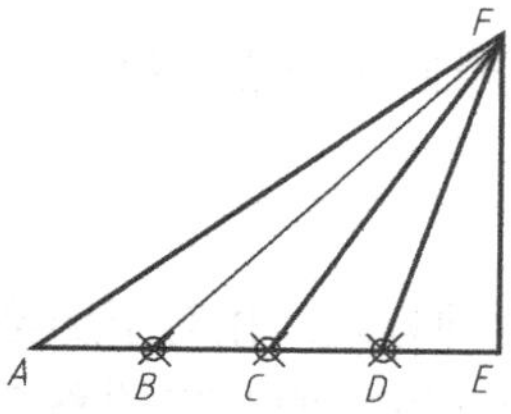

图3-5 直线的绘制图

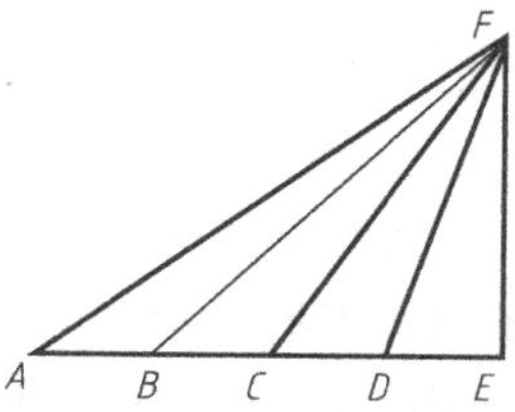

图3-6 完成的图形

补充知识：

（1）点除了可以用于等分线段，还可以用于等分圆弧、圆、椭圆弧、多段线和样条曲线等。如图 3-7 所示为 8 等分圆的情况。

（2）绘制点时除了上述讲的定数等分外，还可以对直线或圆弧进行定距等分，如图 3-8 所示。

操作提示：绘图→点→定距等分
命令窗口：MEASURE

方法步骤如下：

AutoCAD 提示：

选择要定距等分的对象：选择图中长为 54mm 的直线　//选择目标，单击直线的左端

指定线段的长度：20↙　//等距线段长为 20mm

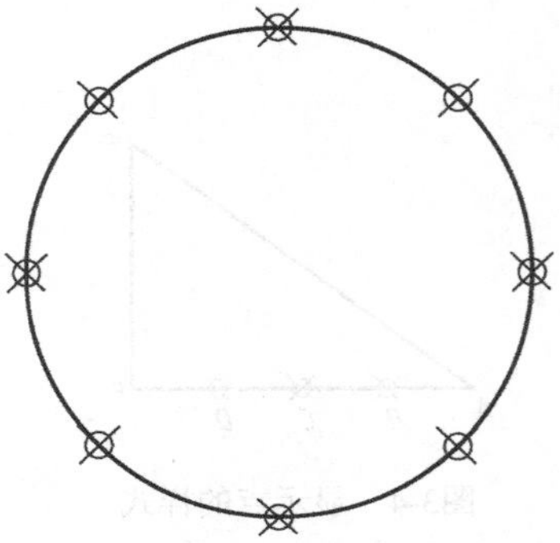

图3-7　等分圆

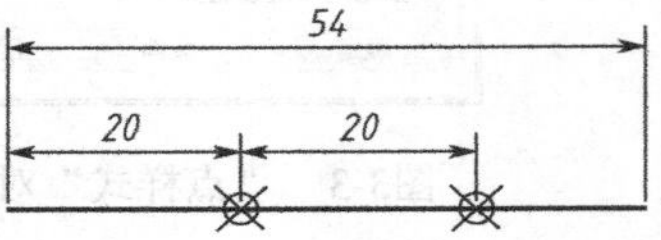

图3-8　定距等分线段

（3）绘制单独的点。

操作提示：绘图→点→点样式

（4）绘制多个点。

操作提示：绘图→点→多个点
命令窗口：POINT

执行绘制命令后，可在绘图区域内单击左键，绘制多个点。执行多点绘制时，只能按“Esc”键结束命令。

（5）“点样式”对话框中“点大小”的设置。

“点大小”用于设置点的显示大小。该设置有两种方式：相对于屏幕设置点的大小和按绝对单位设置点的大小。AutoCAD 将点的显示大小存储在 PDSIZE 系统变量中。以后绘制的点对象将使用新值。

① 相对于屏幕设置大小。按屏幕尺寸的百分比设置点的显示大小。当进行缩放时，点的显示大小并不改变。

② 按绝对单位设置大小。按"点大小"下指定的实际单位设置点显示的大小。进行缩放时，AutoCAD 显示的点的大小随之改变。

特别提示

(1) 定距等分点不一定均分实体。

(2) 定距等分或定数等分的起点随对象类型变化。

① 对于直线或非闭合的多段线，起点是距离选择点最近的端点。

② 对于闭合的多段线，起点是多段线的起点。

③ 对于圆，起点是以圆心为始点，当前捕捉角度为方向的捕捉路径与圆的交点。例如，如果捕捉角度为 0，那么圆等分从三点（时钟）的位置开始并沿逆时针方向继续。

3.2 绘制平面图形实例 2——多段线、构造线

多段线是由一组等宽或不等宽的直线和圆弧组成的复合实体。而构造线又称参照线，是向两个方向无限延长的直线，它一般用作绘图的辅助线。

任务 1：绘制平面图形，如图 3-9 所示。

目的：通过绘制此图形，学习多段线的绘制方法。

具备知识：对象捕捉功能的应用。

绘图步骤分解：

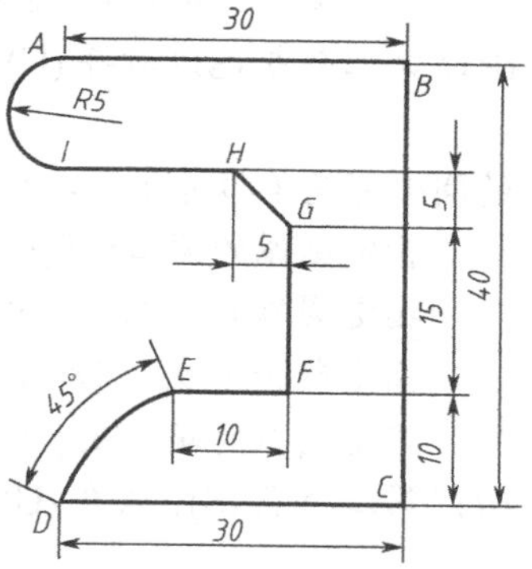

图3-9 平面图形

命令图标：

操作提示：绘图→多段线

命令窗口：PLINE(PL)

AutoCAD 提示：

指定起点：<u>单击绘图区内一点，作为多段线的起点 A</u> //A 点作为多段线的起点

指定下一点或 [圆弧 (A)/ 半宽 (H)/ 长度 (L)/ 放弃 (U)/ 宽度 (W)] : <u>@30<0 ↙</u>

// 使用相对极坐标命令绘制线段 *AB*，得到 *B* 点

指定下一点或 [圆弧 (A)/ 半宽 (H)/ 长度 (L)/ 放弃 (U)/ 宽度 (W)] : <u>@40<-90 ↙</u>

// 使用相对极坐标命令绘制线段 *BC*，得到 *C* 点

指定下一点或 [圆弧 (A)/ 半宽 (H)/ 长度 (L)/ 放弃 (U)/ 宽度 (W)] : <u>@30<180 ↙</u>

// 使用相对极坐标命令绘制线段 *CD*，得到 *D* 点

指定下一点或 [圆弧 (A)/ 半宽 (H)/ 长度 (L)/ 放弃 (U)/ 宽度 (W)] : <u>A ↙</u>

// 下一步开始绘制圆弧 *DE*，所以选择圆弧（A）

指定圆弧的端点或 [圆弧 (A) / 圆心 (CE) / 闭合 (CL)/ 方向 (D)/ 半度 (H)/ 直线 (L)/ 半径

(R) / 第二个点 (S) / 放弃 (U)/ 宽度 (W)] : A↙

指定包含角度: - 90↙

// 根据已知条件，可推算出圆弧的包含角为 - 90°

指定圆弧的端点或 [圆心 (CE)/ 半径 (R)] : @10，10↙

// 根据已知条件，绘制出 *DE* 段圆弧

指定圆弧的端点或 [圆弧 (A)/ 圆心 (CE) / 闭合 (CL)/ 方向 (D)/ 半度 (H)/ 直线 (L)/ 半径 (R) / 第二个点 (S)/ 放弃 (U)/ 宽度 (W)] : L↙ // 下一步开始绘制线段，起点为 *E*

指定下一点或 [圆弧 (A)/ 半宽 (H) / 长度 (L) / 放弃 (U)/ 宽度 (W)] : @10<0↙

// 使用相对极坐标命令绘制线段 *EF*，得到 *F* 点

指定下一点或 [圆弧 (A)/ 半宽 (H)/ 长度 (L)/ 放弃 (U)/ 宽度 (W)] : @15<90

// 使用相对极坐标命令绘制线段 *FG*，得到 *G* 点

指定下一点或 [圆弧 (A)/ 半宽 (H)/ 长度 (L)/ 放弃 (U)/ 宽度 (W)] : @-5，5↙

// 使用相对坐标命令绘制线段 *GH*，得到 *H* 点

指定下一点或 [圆弧 (A)/ 半宽 (H)/ 长度 (L)/ 放弃 (U)/ 宽度 (W)] : @15<180↙

// 使用相对极坐标命令绘制线段 *HI*，得到 *I* 点

指定下一点或 [圆弧 (A)/ 半宽 (H)/ 长度 (L)/ 放弃 (U)/ 宽度 (W)] : A↙

// 下一步绘制圆弧 *IA*，已知半径为 5

指定圆弧的端点或 [圆弧 (A) / 圆心 (CE) / 闭合 (CL) / 方向 (D) / 半度 (H) / 直线 (L) / 半径 (R) / 第二个点 (S) / 放弃 (U) / 宽度 (W)] : CE↙

// 根据已知条件，选择一个已知的选项，由于圆弧的圆心可简单推算出来，故选择选项圆心 (CE)

指定圆弧的圆心: @0，5↙

指定圆弧的端点或 [角度 (A) / 长度 (L)] : A↙

指定包含角度: - 180↙ // 指定圆弧的包含角度，即将圆弧 *IA* 绘制完成

指定圆弧的端点或 [圆弧 (A) / 圆心 (CE) / 闭合 (CL) / 方向 (D) / 半度 (H) / 直线 (L) / 半径 (R) / 第二个点 (S) / 放弃 (U) / 宽度 (W)] : CL↙

// 由于在整个绘制图形过程中，中间没有断开过，故可选闭合 (CL) 结束图形的绘制

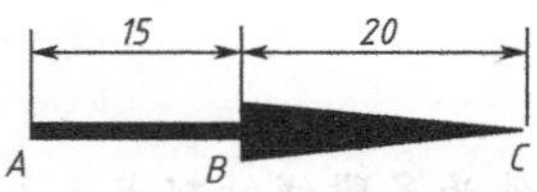

图3-10 多段线的应用

图形绘制完成。

补充知识：

（1）由例题可知，在绘制多段线的过程中，可用到的选项比较多，即绘制同一图样的方法比较多。

（2）对于多段线中各段线条可以有不同的线宽，并且线宽可以是渐变的。如图 3-10 所示绘制的箭头图形，*AB* 段的线宽为 1mm，*BC* 段 *B* 端的宽度为 4，*C* 端的宽度为 0。

绘图步骤如下：

AutoCAD 提示：

指定起点: 单击绘图区内一点，作为多段线的起点 A //*A* 点作为多段线的起点

指定下一点或 [圆弧 (A) / 半宽 (H) / 长度 (L) / 放弃 (U) / 宽度 (W)] : W↙

// 由于要求改变线宽，所以选择选项宽度 (W)

指定起点宽度 <0.0000> : 1↙ //根据已知条件，设定起点线宽为 1
指定端点宽度 <1.0000> : ↙ //端点线宽为 1，取默认值
指定下一点或 [圆弧 (A) / 半宽 (H) / 长度 (L) / 放弃 (U) / 宽度 (W)] : 15↙
//打开正交模式，将光标移向 *A* 点的右方，输入 15，得到 *B* 点
指定下一点或 [圆弧 (A) / 半宽 (H) / 长度 (L) / 放弃 (U) / 宽度 (W)] : W↙
//由于要求改变线宽，所以选择选项宽度 (W)
指定起点宽度 <0.0000> : 4↙ //根据已知条件，设定起点线宽为 4
指定端点宽度 <4.0000> : 0↙ //根据已知条件，设定端点线宽为 0
指定下一点或 [圆弧 (A) / 半宽 (H) / 长度 (L) / 放弃 (U) / 宽度 (W)] : 20↙
//打开正交模式，将光标移向 *B* 点的右方，输 20，得到 *C* 点
指定下一点或 [圆弧 (A) / 半宽 (H) / 长度 (L) / 放弃 (U) / 宽度 (W)] : ↙
//回车结束图形的绘制

图形绘制完成。

任务 2：绘制平面图形，如图 3-11 所示。

目的：通过绘制此图形，学习如何利用构造线进行辅助绘图。

具备知识：修剪命令和对象捕捉功能的应用。

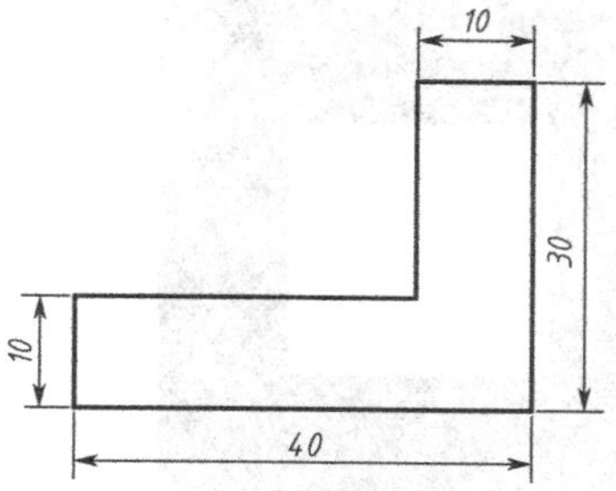

图3-11 平面图形

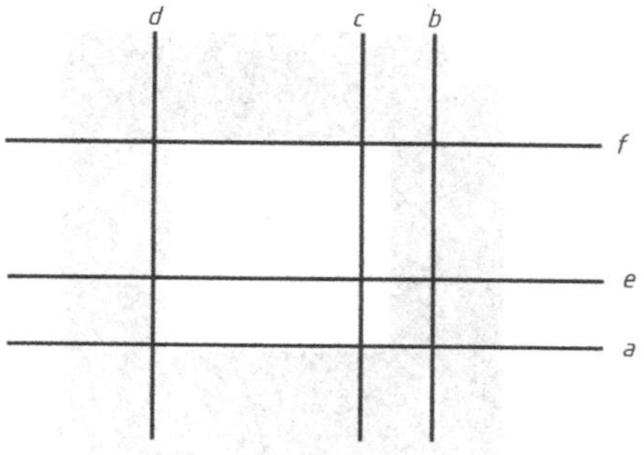

图3-12 布置构造线

绘图步骤分解：

1．绘制构造线 *a*、*b*、*c*、*d*、*e* 和 *f*。如图 3-12 所示。

命令图标：
操作提示：绘图→构造线
命令窗口：XLINE(XL)

AutoCAD 提示：
指定通过点或 [水平 (H) / 垂直 (V) / 角度 (A) / 二等分 (B) / 偏移 (O)] : H↙
//画一条水平的构造线
指定通过点：单击绘图区内一点 //得到构造线 *a*
指定通过点： ↙ //回车结束构造线的绘制（再次回车重新输入构造线命令）
指定通过点或 [水平 (H) / 垂直 (V) / 角度 (A) / 二等分 (B) / 偏移 (O)] : V↙
//画一条水平的构造线

指定通过点: 单击绘图区内一点　　　　// 得到构造线 *b*

指定通过点: ↙　　　　// 回车结束构造线的绘制（再次回车重新输入构造线命令）

指定通过点或 [水平 (H) / 垂直 (V) / 角度 (A) / 二等分 (B) / 偏移 (O)] : O ↙

// 作与构造线定距的线

指定偏移距离或 [通过 (T)]< 通过 > : 10 ↙

选择直线对象: 选择线 a　　　　// 光标拾取

指定向哪侧偏移: 单击 a 线上方一点　　　　// 得到直线 *e*

选择直线对象: 选择线 b　　　　// 光标拾取

指定向哪侧偏移: 单击 b 线左方一点　　　　// 得到直线 *c*

选择直线对象: ↙　　　　// 回车结束对象选择

同理可得到与 *a* 平行的相距为 30 的构造线 *f*，与 *b* 平行的相距为 40 的构造线 *d*（步骤略）。

2．利用修剪命令，完成由图 3-12 到图 3-11 的绘制。

特别提示

（1）当多段线的宽度大于 0 时，如果绘制闭合的多段线，一定要用“闭合”选项才能使其完全封闭。否则起点与终点会出现一段缺口，如图 3-13 所示。

（a）未使用“闭合”选项　　　　（b）使用“闭合”选项

图3-13　封口区别

（2）多段线的起点宽度值以上一次输入值为默认值，而终点宽度值是以起点宽度值为默认值。

（3）当使用分解命令对多段线进行分解时，多段线的线宽信息将丢失。

（4）构造线一般用于绘图辅助线，常用于绘制三视图。

（5）构造线还可以绘制一条或一组指定角度的构造线，选择选项“角度 (A)”即可。

3.3　绘制平面图形实例 3——绘制圆、移动、镜像、复制和修剪

任务：绘制平面图形，如图 3-14 所示。

目的：通过此图形，学习绘制圆及圆弧的方法，学习移动、镜像、复制命令及其应用。

具备知识：直线的绘制，捕捉的应用。

绘图步骤分解：

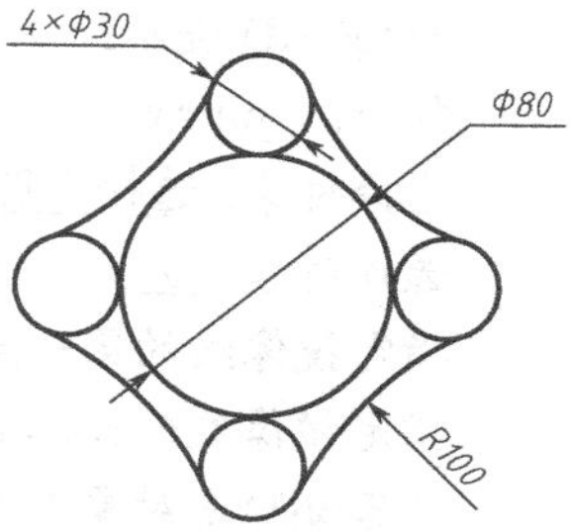

图3-14　平面图形

1．绘制直径为 80 的圆。

命令图标：

操作提示：绘图→圆

命令窗口：CIRCLE (C)

AutoCAD 提示：

命令：_circle 指定圆的圆心或 [三点 (3P) / 两点 (2P) / 相切、相切、半径 (T)]：

　　// 在绘图区内任取一点作为圆心

指定圆的半径或 [直径 (D)]<5．000>：40↙　　// 输入半径值为 20

2．绘制直径为 30 的圆。

方法与绘制直径为 80 的圆相同，圆心位置可在绘图区内任取一点。

3．利用移动命令移动小圆。

命令图标：

操作提示：修改→移动

命令窗口：MOVE (M)

AutoCAD 提示：

命令：_move

选择对象：选择小圆　　// 选择要移动的图形

选择对象：↙　　// 确定不选物体时按回车键

指定基点或位移：<对象捕捉 开>　　// 打开“对象捕捉”，捕捉到小圆象限点

指定位移的第二点或 <用第一点作位移>：　// 移动鼠标捕捉到大圆上对应的象限点

以上步骤如图 3-15 所示。

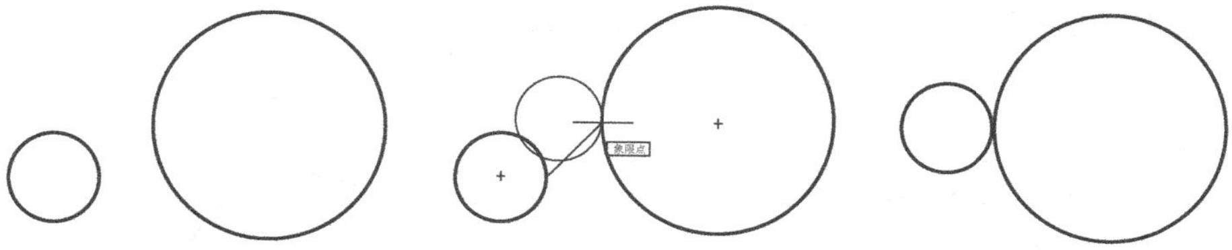

图3-15　图形的平移过程

4．利用镜像命令绘制第二个小圆。

命令图标：

操作提示：修改→镜像

命令窗口：MIRROR (MI)

AutoCAD 提示：

命令：_mirror

选择对象：选择小圆　　　　　　　　　　　　　　　　// 选择要镜像的图形

选择对象：↙　　　　　　　　　　　　　　　　　　　// 确定不选物体时按回车键

指定镜像线的第一点：　　　　　　　　　　　　　　// 选择大圆上下象限点中的一个

指定镜像线的第二点：　　　　　　　　　　　　　　// 选择大圆上下象限点中的另一个

是否删除源对象？ [是 (Y) 否 (N)]<N>：↙　// 确定不删除物体时按回车键

图形如图 3-16 所示。

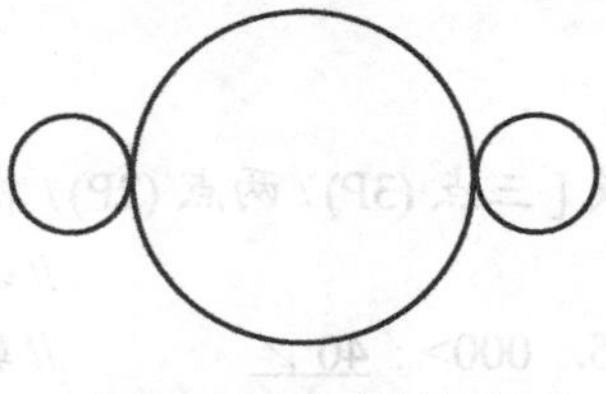

图3-16　图形的镜像

5．利用复制命令绘制第三个小圆。

命令图标：

操作提示：修改→复制

命令窗口：COPY (CO)

AutoCAD 提示：

命令：_copy

选择对象：选择左侧小圆　　　　　　　　　　　　// 选择其中一个小圆

选择对象：↙　　　　　　　　　　　　　　　　　// 确定不选物体时按回车键

指定基点或位移，或者 [重复 (M)]：　　　　　// 捕捉左侧小圆上面的象限点，移动光标到大圆下象限点处。

图形如图 3-17 所示。

利用镜像命令绘制另一个小圆，如图 3-18 所示。

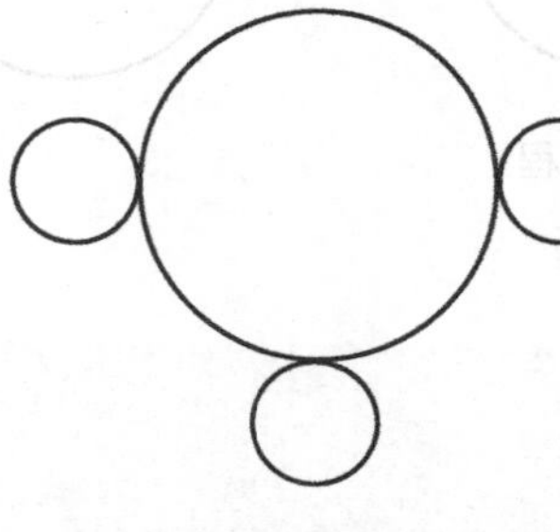

图3-17　图形的复制

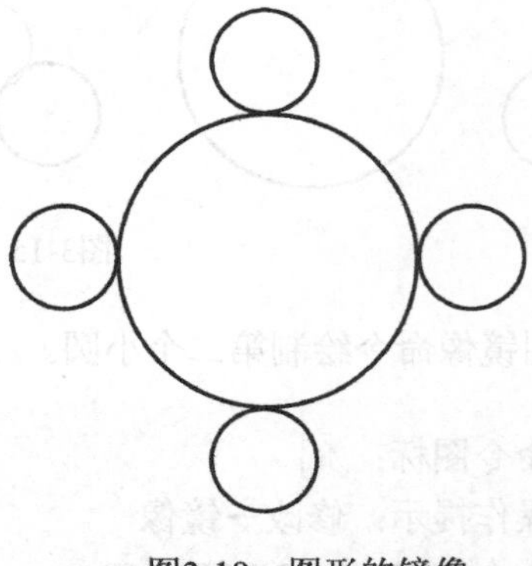

图3-18　图形的镜像

6．利用绘制圆命令绘制外切圆。

AutoCAD 提示：

命令：_circle 指定圆的圆心或 [三点 (3P) / 两点 (2P) / 相切、相切、半径 (T)] : T↙

// 根据已知条件，选择此选项

指定对象与圆的第一个切点：

// 任选一个小圆上的一点

指定对象与圆的第二个切点：

// 任选相邻小圆上的一点

指定圆的半径 <6.0000> : 100↙

// 输入半径值 100

同理绘制出其他三个外切圆，如图 3-19 所示。

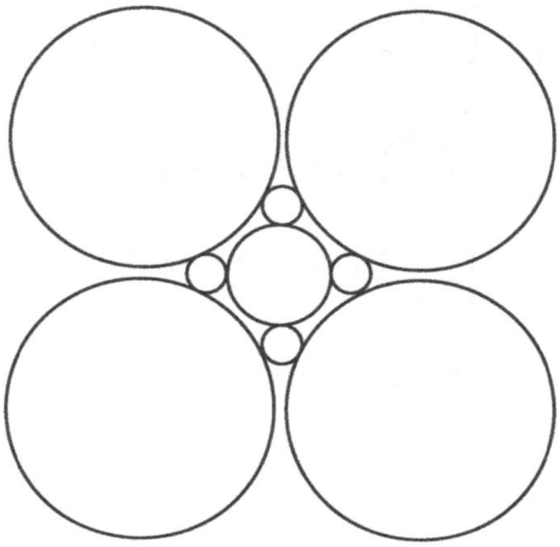

图3-19　外切圆的绘制

7．利用修剪命令修剪图形。

命令图标：

操作提示：修改→修剪

命令窗口：TRIM (TR)

AutoCAD 提示：

命令：_trim

当前设置：投影 =UCS，边 = 无

选择剪切边 ...　　// 提示以下的选择为选择剪切边

选择对象：选择对角点：　　// 光标在绘图区图形的外侧任选一点，采用窗选的方式，选择全部图形

选择对象：↙　　// 确定不选物体时按回车键

选择要修剪的对象，或 [投影 (P) / 边 (E) / 放弃 (U)] : 选择被剪部分。

// 最后回车结束修剪命令。

图形如图 3-20 所示。

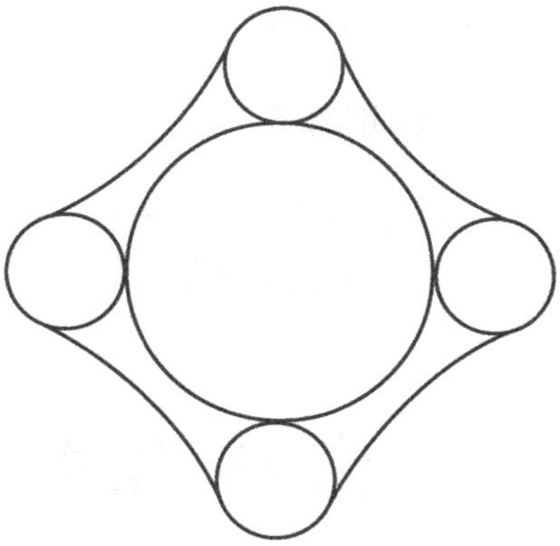

图3-20　修剪后的图形

补充知识：

（1）有关圆的补充知识

① 绘制圆的方式。AutoCAD 提供了 6 种绘制圆的方式，如图 3-21 所示。图 3-22 给出了 6 种绘圆方式的示例。

② 相切、相切、半径：圆的半径为已知，绘制一个与两对象相切的圆。AutoCAD 以指定的半径绘制圆，其切点与选定点的距离最近。

（2）有关复制命令的补充知识

利用复制命令可以一次复制多个选择集，如图 3-23 所示。

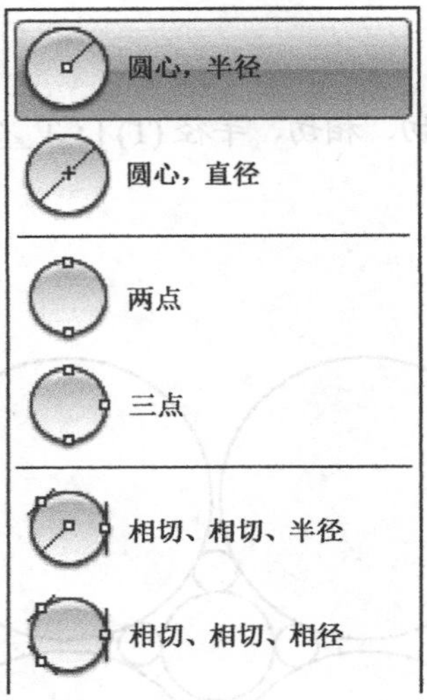

图3-21　圆的6种绘制方式

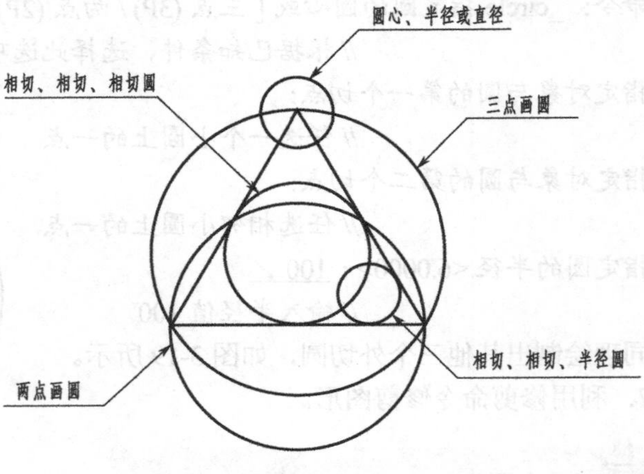

图3-22　绘制圆的方式

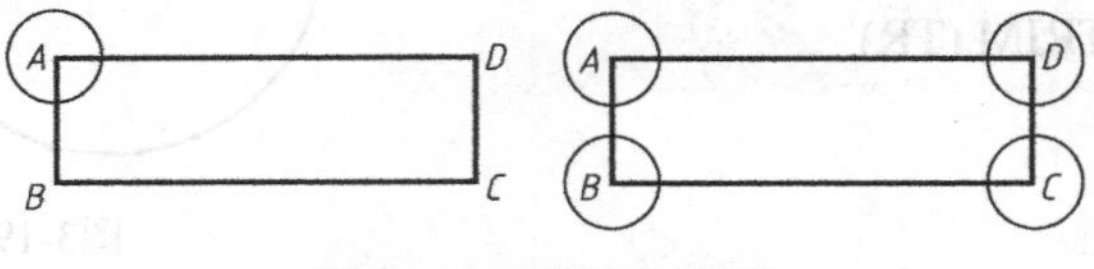

图3-23　重复复制对象

AutoCAD 提示：
命令: _copy
选择对象: 选择小圆
选择对象: ↙　　　　　　　　　　　　　　　// 回车结束选择对象
指定基点或位移，或者 [重复 (M)] : M ↙　　// 此选项可对选定对象进行多次复制
指定基点: 捕捉圆心点 A。
指定位移的第二点: 分别捕捉 B、C、D 三点　　// 将圆分别复制到 *B*、*C*、*D* 处
完成图形绘制。

特别提示

（1）绘制圆时，当圆切于直线时，不一定和直线有明显的切点，可以是直线延长后的切点。
（2）修剪图形时最后的一段或单独的一段是无法修剪的，可以用删除命令删除。

3.4　绘制平面图形实例 4——绘制正多边形

在 AutoCAD 中可以精确绘制出 3 ～ 1024 边数的正多边形，并提供了边长、内接圆、外切圆三种绘制方式，该功能绘制的正多边形是封闭的单一实体。

任务：绘制如图 3-24 所示图形，此图形内包含正三边形、正四边形、正五边形和正六边形。

目的：通过此图形，学习正多边形的三种绘制方法。

具备知识：圆的绘制，捕捉的应用。

绘图步骤如下：

1．绘制直径为 18 的圆。（作图步骤省略）

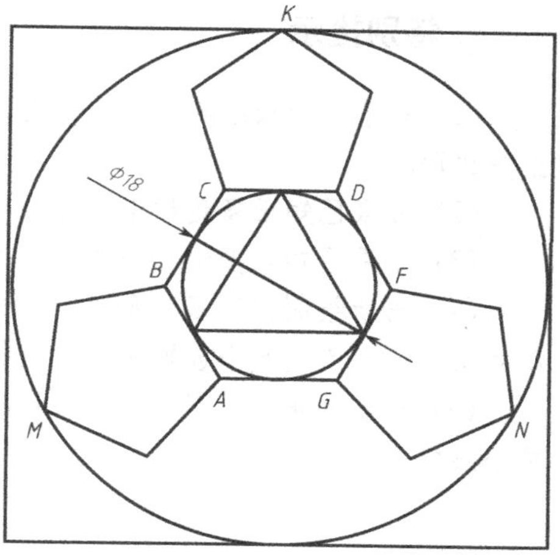

图3-24　正多边形的应用

命令图标：

操作提示：绘图→正多边形

命令窗口：POLYGON(POL)

2．绘制圆内接正三角形。

AutoCAD 提示：

命令: _polygon 输入边的数目 <6> : 3↙

指定正多边形的中心点或 [边 (E)] : 捕捉圆心　　// 圆心即正三角形的中心

输入选项 [内接于圆 (I) / 外切于圆 (C)] : I↙　　// 此正三角形内接于圆

指定圆的半径: 9↙　　// 由已知条件，圆的半径为 9

3．绘制圆外切正六边形。

命令: _polygon 输入边的数目 <3> : 6↙

指定正多边形的中心点或 [边 (E)] : 捕捉圆心　　// 圆心即正六边形的中心

输入选项 [内接于圆 (I) / 外切于圆 (C)]<I> : C↙　　// 此正六边形外切于圆

指定圆的半径: 9↙　　// 由已知条件，圆的半径为 9

4．绘制指定边长的正五边形。

命令: _polygon 输入边的数目 <6> : 5↙

指定正多边形的中心点或 [边 (E)] : E↙　　// 由已知条件，选择此项

指定边的第一个端点: 捕捉正六边形上点 A

指定边的第二个端点: 捕捉正六边形上点 B

同理绘制出另外两个正五边形。

5．绘制过 *K*、*M*、*N* 三点的圆。

命令: _circle 指定圆的圆心或 [三点 (3P) / 两点 (2P) / 相切、相切、半径 (T)] : 捕捉小圆的圆心作为该圆的圆心

指定圆的半径或 [直径 (D)]<9．0000> : 捕捉 K、M、N 三点中的一点

6．绘制圆的外切正方形。

命令: _polygon 输入边的数目 <5> : 4↙

指定正多边形的中心点或 [边 (E)] : 捕捉圆心　　// 圆心即正四边形的中心

输入选项 [内接于圆 (I) / 外切于圆 (C)]<C> : 直接回车　　// 上次默认操作

指定圆的半径: 捕捉 K、M、N 三点中的一点

图形绘制完成。

特别提示

(1) 当已知边长绘制正多边形时，在提示下输入一条边的两个端点，将按逆时针方向绘正多边形。

(2) 如果已知正多边形中心与每条边（内接）端点之间的距离，则可以指定其半径。

(3) 如果已知正多边形中心与每条边（外切）中点之间的距离，则可以指定其半径。

(4) 当所绘制的正多边形是水平放置时，可直接输入内接或外切多边形的半径；当所绘制的正多边形不是水平放置时，可控制点的确定以相对极坐标确定比较方便；

(5) 绘制的正多边形是一条多段线，编辑时是一个整体，可以通过分解命令使它分解成单个线段。

3.5 绘制平面图形实例5——绘制矩形、绘制圆弧、绘制椭圆、偏移和分解

任务：绘制平面图形，如图3-25所示。

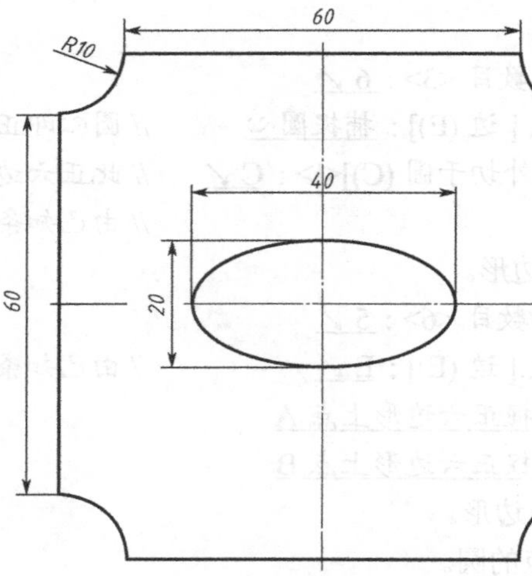

图3-25 平面图形

目的：通过此图形，学习绘制圆弧、矩形和椭圆，掌握偏移和分解命令的应用。

具备知识：构造线的绘制，捕捉命令的应用。

绘图步骤分解：

命令图标：
操作提示：绘图→矩形
命令窗口：RECTANG(REC)

1．绘制 80×80 的矩形。

AutoCAD 提示：

命令：_rectang

指定第一个角点或 [倒角 (C) / 标高 (E) / 圆角 (F) / 厚度 (T) / 宽度 (W)]：在绘图区内单击左键　　　　　　　　　　　　　// 作为矩形的左上角点

指定另一个角点或 [尺寸 (D)]：@80，-80↙　// 输入右下角相对于左上角的相对坐标

2．将矩形分解。

所绘制的矩形，系统作为一个整体来处理，要想修改其中某个元素，应先对矩形进行分解。

命令图标：

操作提示：修改→分解

命令窗口：EXPLODE(X)

AutoCAD 提示：

命令：_rectang

选择对象：选择矩形　　　　　　// 选择要分解的图形

选择对象：↙　　　　　　　　　// 回车结束对象的选择

矩形分解为四段直线。

3．利用偏移命令绘制直线。

命令图标：

操作提示：修改→偏移

命令窗口：OFFSET(O)

AutoCAD 提示：

命令：_offset

指定偏移距离或 [通过 (T)] < 通过 >：10↙

　　　　　　　　　　// 输入两直线的距离

选择要偏移的对象或 < 退出 >：选择矩形中的直线 a

　　　　　　　　　　// 选择用来作偏移的已知直线

指定点以确定偏移所在一侧：将光标移到直线的右侧单击左键

　　　　　　　　　　// 指向直线偏移的方向，得到直线 *e*，重复偏移命令操作，得到直线 *f*、*g*、*h*。

选择要偏移的对象或 < 退出 >：↙　　　// 回车结束偏移命令

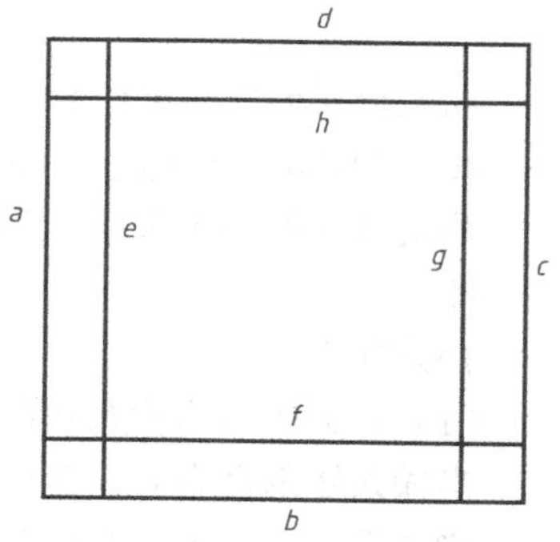

图3-26　偏移命令的应用

绘制的图形如图 3-26 所示。

4．利用绘制圆弧命令绘制四段圆弧，如图3-27所示。

> 命令图标：
> 操作提示：“常用”选项卡→“绘图”面板→圆弧
> 命令窗口：ARC(A)

AutoCAD提示：

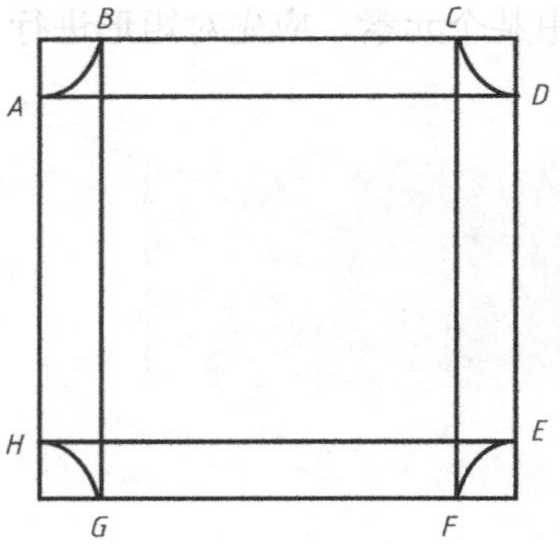

图3-27　圆弧的绘制

命令：_arc 指定圆弧的起点或 [圆心 (C)]：<对象捕捉开> A↙

// 由于此圆弧为逆时针绘制，故选 *A* 点为圆弧的起点

指定圆弧的第二点或 [圆心 (C) / 端点 (E)]：E↙

// 由已知条件选此项

指定圆弧的端点：捕捉B点　　//*B* 点为圆弧的端点

指定圆弧的圆心或 [角度 (A) / 方向 (D) / 半径 (R)]：R↙

// 由已知条件选此项

指定圆弧的半径：10↙　　// 回车即得到圆弧

同理绘制出其他三段圆弧。

5．利用修剪命令修剪图形多余部分。（步骤省略）

6．利用构造线绘制矩形的中心线。（在正交模式下绘制，步骤省略）

7．绘制椭圆。

> 命令图标：
> 操作提示：“常用”选项卡→“绘图”面板→椭圆
> 命令窗口：ELLIPSE(EL)

AutoCAD提示：

命令：_ellipse 指定椭圆的轴端点或 [圆弧 (A) / 中心点 (C)]：C↙

// 椭圆中心为中心线交汇点，故选择此项

指定椭圆的中心点：<对象捕捉开> 捕捉中心线交汇点

指定轴的端点：@0，10↙　　// 使用相对坐标，输入椭圆短半轴的长度值

指定另一条半轴长度或 [旋转 (R)]：20↙　// 输入椭圆长半轴的长度值

图形绘制完成。

补充知识：

（1）有关矩形的补充知识——矩形各选项的含义

当输入矩形命令时，命令行出现如下提示信息：

指定第一个角点或 [倒角 (C) / 标高 (E) / 圆角 (F) / 厚度 (T) / 宽度 (W)]：

① 指定第一个角点：定义矩形的一个顶点。

② 指定另一个角点：定义矩形的另一个顶点。

③ 倒角 (C)：绘制带倒角的矩形。

④ 标高 (E)：矩形的高度。

⑤ 圆角 (F)：绘制带圆角的矩形。

⑥ 厚度 (T)：矩形厚度。

⑦ 宽度 (W)：定义矩形的线宽。

各选项含义如图 3-28 所示。其中标高、厚度选项用于绘制三维空间中的矩形。

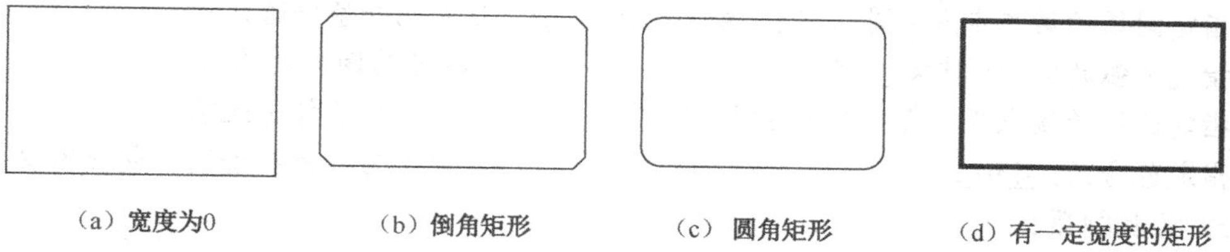

图3-28 绘制矩形

(2) 有关圆弧的补充知识

① 绘制圆弧的方式。AutoCAD 提供了 11 种圆弧的绘制方式，如图 3-29 所示。

② 命令选项。圆弧的各命令选项通过图 3-30 所示图例进行说明。

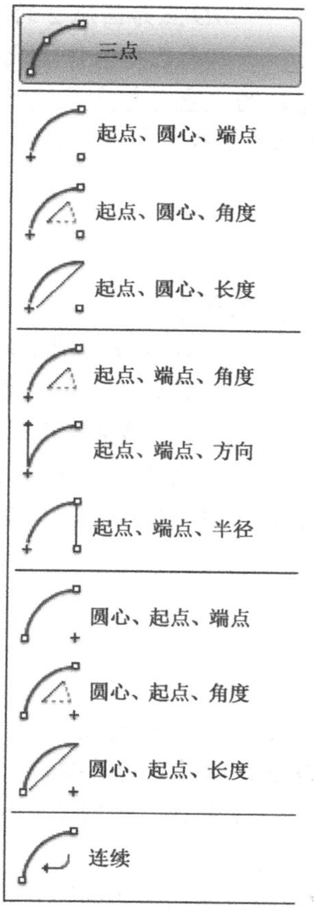

图3-29 圆弧选项的应用

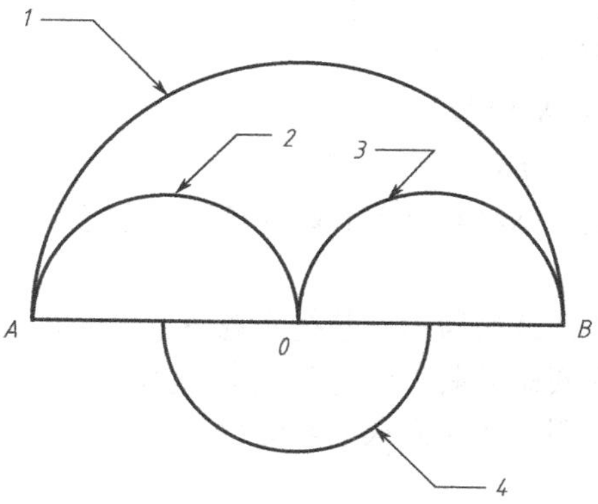

图3-30 绘制圆弧的方式

绘图步骤如下：

a. 绘制直线 *AB*。

b. 绘制圆弧 1。

AutoCAD 提示：

命令: _arc

指定圆弧的起点或 [圆心 (C)] : ＜对象捕捉开＞ 捕捉直线上点 A

// 选 *A* 点为圆弧的起点

指定圆弧的第二点或 [圆心 (C) / 端点 (E)] : C↙ // 由已知条件选此项

指定圆弧的圆心: 捕捉 O 点 //*O* 点为圆弧的圆心

指定圆弧的端点或 [角度 (A) / 弦长 (L)] : A↙ // 由已知条件选此项

指定包含角: -180↙ // 圆弧为顺时针绘制，包含角取负值

c. 绘制圆弧 2。

AutoCAD 提示：

命令: _arc

指定圆弧的起点或 [圆心 (C)] : ＜对象捕捉开＞ 捕捉直线上点 A

// 选 *A* 点为圆弧的起点

指定圆弧的第二点或 [圆心 (C) / 端点 (E)] : E↙ // 第二点未知，选择端点

指定圆弧的端点: 捕捉直线 *AB* 的中点 O 点 //*O* 点为圆弧 2 的端点

指定圆弧的圆心或 [角度 (A) / 方向 (D) / 半径 (R)] : D↙ // 由已知条件选此项

指定圆弧的起点切向: ＜正交模式开＞ 光标拖向直线 AB 的上方，单击鼠标左键

// 圆弧在 *A* 点的切线方向垂直 *AB*，方向向上

d. 绘制圆弧 3。

AutoCAD 提示：

命令: _arc

指定圆弧的起点或 [圆心 (C)] : ＜对象捕捉开＞ 捕捉直线上点 B

// 选 *A* 点为圆弧的起点

指定圆弧的第二点或 [圆心 (C) / 端点 (E)] : E↙ // 第二点未知，选择端点

指定圆弧的端点: 捕捉直线 AB 的中点 O 点 //*O* 点为圆弧 3 的端点

指定圆弧的圆心或 [角度 (A) / 方向 (D) / 半径 (R)] : A↙ // 由已知条件选此项

指定包含角: 180↙ // 圆弧为逆时针绘制，包含角取正值

e. 绘制圆弧 4。

AutoCAD 提示：

命令: _arc

指定圆弧的起点或 [圆心 (C)] : C↙ // 选择圆弧的圆心

// 选 *A* 点为圆弧的起点

指定圆弧的圆心: 捕捉直线 AB 的中点 O 点 //*O* 点为圆弧 4 的圆心

指定圆弧的起点: 捕捉圆弧 2 的圆心 // 圆弧 2 的圆心为圆弧 4 的起点

指定圆弧的端点或 [角度 (A) / 弦长 (L)] : 捕捉圆弧 2 的圆心

// 圆弧 2 的圆心为圆弧 4 的端点

完成图形绘制。

③ 圆弧命令选项中“弦长”的含义。

绘制圆弧时，在命令行的“指定弦长：”提示下输入的弦长是基于起点和端点之间的

直线距离绘制劣弧或优弧。如果弦长为正值，AutoCAD从起点逆时针绘制劣弧。如果弦长为负值，AutoCAD顺时针绘制优弧。

（3）有关椭圆的补充知识。

① 绘制椭圆的方法。

AutoCAD提供了绘制椭圆的方式为：1）长轴和短轴的长度值；2）中心点及长轴和短轴的长度值；3）利用旋转方式绘制椭圆。该选项主要用来绘制与圆所在平面有一定夹角平面上的圆投影成的椭圆，如图3-31所示。其中角度的范围在0°～89.4° 之间，绘制一圆，大于89.4° 则无法绘制椭圆。

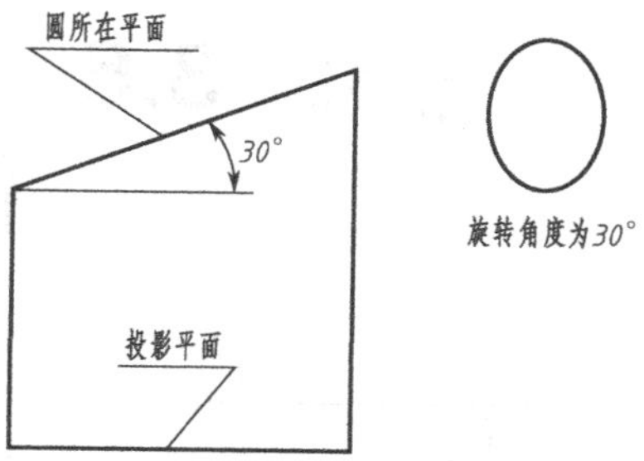

图3-31 投影原理及投影椭圆

② 绘制椭圆弧的方法。AutoCAD提供了两种绘制椭圆弧的方式为：

a. 利用绘制椭圆命令绘制椭圆弧。

AutoCAD提示：

命令：_ellipse

指定椭圆的轴端点或 [圆弧 (A) / 中心点 (C)] : A↙

指定椭圆弧的轴端点或 [中心点] : 单击绘图区内任一点

指定轴的另一个端点：单击绘图区内另一点

指定另一条半轴长度或 [旋转 (R)] :

//输入另一条半轴的长度或在绘图区内单击一点确定

指定起始角度或 [参数 (P)]：30↙

//如果先画长轴，则长轴的端点处为角度量的0点，逆时针为正。如果先画短轴，则从绘制短轴开始的端点逆时针首先遇到的长轴的端点为角度度量的0点。

指定终止角度或 [参数 (P)/ 包含角度 (I)]：60↙ //终止角的算法同上。

b. 利用绘制椭圆弧命令绘制椭圆弧。

绘图方法：单击命令图标上图标，以下步骤与绘制椭圆相同。（略）

特别提示

（1）绘制倒角矩形时，当输入的倒角距离大于矩形的边长时，不能绘制出倒角。

（2）绘制圆角矩形时，当输入的半径值大于矩形边长时，倒圆角不会生成。

（3）绘制圆弧时，当命令行的“指定包含角：”指示下所输入的角度的正负将影响圆弧的绘制方向，输入正值为逆时针方向，输入负值为顺时针方向。

（4）偏移命令在选择实体时，每次只能选择一个实体。

（5）偏移命令中的偏移距离值，默认上次输入的值。

（6）偏移命令不仅可以用于偏移直线，而且可用于偏移圆、椭圆、正多边形、矩形，生成上述实体的同心结构。

3.6 绘制平面图形实例 6——倒角与倒圆角

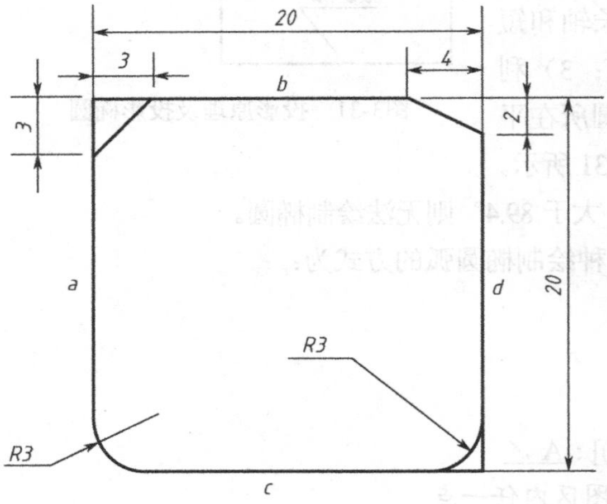

图3-32 平面图形

任务：绘制如图 3-32 所示的平面图形。

目的：通过绘制此图形，学习倒角、倒圆角命令及其应用。

具备知识：矩形的绘制。

绘图步骤分解：

1．绘制矩形。

利用绘制矩形命令，绘制长为 20，宽为 20 的矩形。

2．对矩形进行倒角。

（1）对矩形的左上角进行倒角

命令图标：
操作提示：修改→倒直角
命令窗口：CHAMFER(CHA)

AutoCAD 提示：

命令：_chamfer

（“修剪”模式）当前倒角距离 1＝5.0000，距离 2＝4.0000

//提示当前所处的倒角模式及数值

选择第一条直线或 [放弃 (U) / 多段线 (P) / 距离 (D) / 角度 (A) / 修剪 (T) / 方式 (E)/ 多个 (M)]: T↙ //根据图中尺寸，应对其进行修改

输入修剪模式选项 [修剪 (T) / 不修剪 (N)]< 修剪 > : N↙ //更改修剪模式为不修剪

选择第一条直线或 [放弃 (U) / 多段线 (P) / 距离 (D) / 角度 (A) / 修剪 (T) / 方式 (E)/ 多个 (M)]: D↙ //根据已知条件，选择距离方式输入距离。

指定第一个倒角距离 <5.0000>： 3↙ //根据已知条件，第一个倒角距离为 3

指定第二个倒角距离 <3.0000>： ↙ //第二个倒角距离也为 3，直接回车

选择第一条直线或 [放弃 (U) / 多段线 (P) / 距离 (D) / 角度 (A) / 修剪 (T) / 方式 (E)/ 多个 (M)]: 选择直线 a

选择第二条直线：选择直线 b

（2）对矩形的右上角进行倒角。

（“不修剪”模式）当前倒角距离 1＝3.0000，距离 2＝3.0000

//提示当前所处的倒角模式及数值

选择第一条直线或 [放弃 (U) / 多段线 (P) / 距离 (D) / 角度 (A) / 修剪 (T) / 方式 (E)/ 多个 (M)]: T↙ //根据图中尺寸，应对其进行修改

输入修剪模式选项 [修剪 (T) / 不修剪 (N)]< 修剪 > : T↙ //更改修剪模式为不修剪

选择第一条直线或 [放弃 (U) / 多段线 (P) / 距离 (D) / 角度 (A) / 修剪 (T) / 方式 (E)/ 多个

(M)]: D↙

指定第一个倒角距离 <5.0000>： 4↙ //根据已知条件，第一个倒角距离为4

指定第二个倒角距离 <4.0000>： 2↙ //第二个倒角距离为2

选择第一条直线或 [放弃(U)/多段线(P)/距离(D)/角度(A)/修剪(T)/方式(E)/多个(M)]: 选择直线b

选择第二条直线： 选择直线d

（3）对矩形的右下角进行倒圆角。

> 命令图标：
> 操作提示：修改→圆角
> 命令窗口：FILLET(F)

AutoCAD提示：

命令： _fillet

当前设置：模式=修剪，半径=5.0000

//提示当前所处的倒角模式及倒角半径值

选择第一个对象或 [放弃(U)/多段线(P)/半径(R)/修剪(T)/多个(M)]： T↙

//根据图中条件，应对其进行修改

输入修剪模式选项 [修剪(T)/不修剪(N)]<修剪>: N↙ //更改修剪模式为不修剪

选择第一个对象或 [放弃(U)/多段线(P)/半径(R)/修剪(T)/多个(M)]： R↙

//查看圆角半径值

指定圆角半径 <5.0000>： 3↙ //输入半径值3

选择第一个对象或 [放弃(U)/多段线(P)/半径(R)/修剪(T)/多个(M)]： 选择直线d

选择第二个对象： 选择直线c

（4）对矩形的左下角进行倒圆角。

命令： _fillet

当前设置：模式=不修剪，半径=3.0000

//提示当前所处的倒角模式及倒角半径值

选择第一个对象或 [放弃(U)/多段线(P)/半径(R)/修剪(T)/多个(M)]： T↙

//根据图中条件，应对其进行修改

输入修剪模式选项 [修剪(T)/不修剪(N)]<修剪>: N↙ //更改修剪模式为不修剪

选择第一个对象或 [放弃(U)/多段线(P)/半径(R)/修剪(T)/多个(M)]： 选择直线c

选择第二个对象： 选择直线a //直径取默认值，直接回车

图形绘制完成。

特别提示

（1）当倒角和倒圆角时，选择“多段线”选项，图形中由多段线绘制的部分全部被倒角或倒圆角。

（2）执行倒角命令时，当两个倒角距离不同的时候，要注意两条线的选中顺序。

(3) 若倒圆角半径大于某一边时，圆角不能生成。

(4) 倒圆角命令可以应用圆弧连接，如图 3-33 所示。

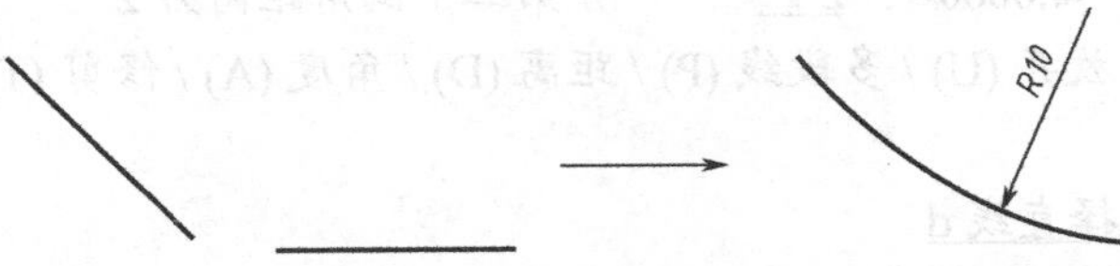

图3-33　圆弧连接

3.7　绘制平面图形实例 7——样条曲线和图案填充

任务：绘制平面图形，如图 3-34 所示。

目的：通过绘制此图形，学习样条曲线和图案填充的方法。

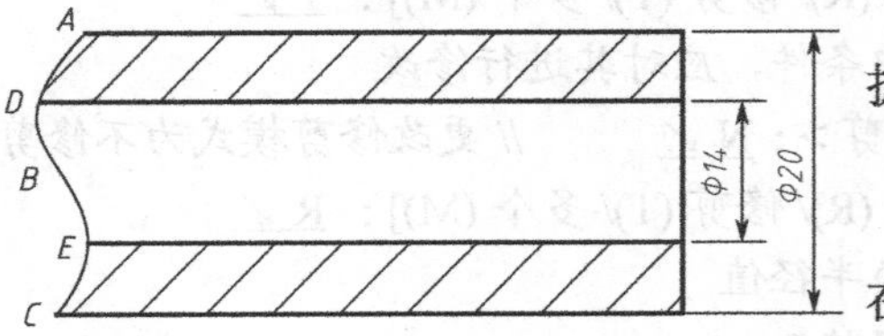

图3-34　平面图形

具备知识：直线的绘制，图层的应用，对象捕捉功能的应用。

绘图步骤分解：

例题中直线的绘制、偏移命令、剪切命令已经在前几节内容中介绍，本节主要讲解图中左侧样条曲线的绘制方法和图案填充的用法。

1．绘制样条曲线。

命令图标：

操作提示：绘图→样条曲线

命令窗口：SPLINE(SPL)

AutoCAD 提示：

命令：_spline

指定第一个点或 [对象 (O)]：<对象捕捉> 单击 A 点　　//A 作为样条曲线的第一点

指定下一点：单击 D 附近的点

指定下一点 [闭合 (C) / 拟合公差 (F)]< 起点切向 >：单击 E 点附近的点

指定下一点 [闭合 (C) / 拟合公差 (F)]< 起点切向 >：↙　　// 回车选择

指定下一点 [闭合 (C) / 拟合公差 (F)]< 起点切向 >：移动光标，改变曲线起点的切线方向

指点端点方向：移动光标，改变曲线终点的切线方向

// 使曲线形状达到令人满意的效果

2．图案填充。

命令图标：
操作提示：绘图→图案填充
命令窗口：BHATCH(H)

进行上述操作后打开“图案填充和渐变色”对话框，如图3-35所示。在对话框中对各选项进行设置。单击“添加：拾取点”，对话框消失，提示行提示“选择内部点”，此时单击要添加图案的封闭区域，即图形的上、下部分，按回车键结束操作，“图案填充和渐变色”对话框再次出现，单击“预览”按钮，对话框消失，可对填充情况进行预览。此时系统提示：“拾取或按‘Esc’键返回到对话框或＜单击右键接受图案填充＞：”，如果结果不符合要求，则按“Esc”键重新回到“图案填充和渐变色”对话框，可重新进行图案填充，如果结果符合要求，则单击“确定”按钮或单击鼠标右键结束图形的绘制。

图3-35　“图案填充和渐变色”对话框

补充知识：

（1）样条曲线主要用于绘制机械制图中的波浪线、截交线、相贯线，以及地理图中的地貌等。

（2）图案填充和绘制其他对象一样，图案所使用的颜色和线型将使用当前图层的颜色和线型。

（3）AutoCAD 提供实体填充以及 50 多种行业标准填充图案，可以使用它们区分对象的部件或表现对象的材质。另外，AutoCAD 还提供了 14 种符合 ISO 标准的填充图案。系统提供了三种类型的图案可供用户选择，如图 3-36 所示。

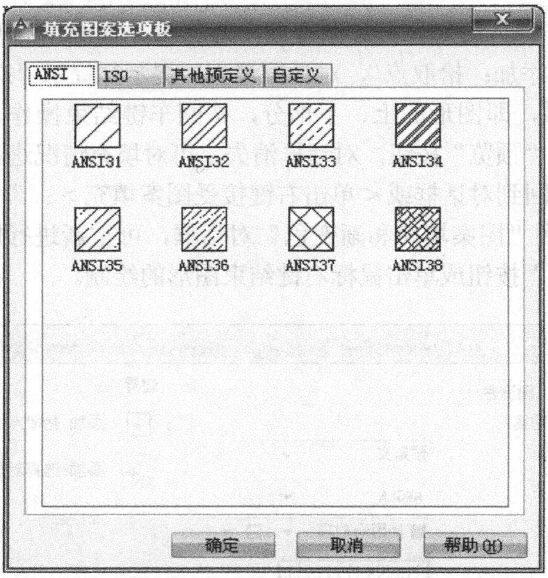

图3-36 “填充图案选项板”对话框

（4）定义要填充图案区域的方法

① 利用“图案填充和渐变色”对话框中的“添加：拾取点”按钮。在要填充图案的区域内拾取一个点，系统自动产生一个围绕该拾取点的边界。

② 利用“图案填充和渐变色”对话框中的“添加：选择对象”按钮。通过选择对象的方式来产生一个封闭的填充边界。

（5）“图案填充和渐变色”对话框中其他选项的含义

①“删除边界”按钮：该按钮只有在点选边界后才可用。在填充边界内部存在的更小边界或文字实体，AutoCAD 自动把它们作为边界。系统默认情况下，自动检测边界，并将其排除在图案填充区之外。如果希望在边界中填充图案，可以单击“删除孤岛”按钮。如图 3-37 所示为不删除边界与删除边界的区别。

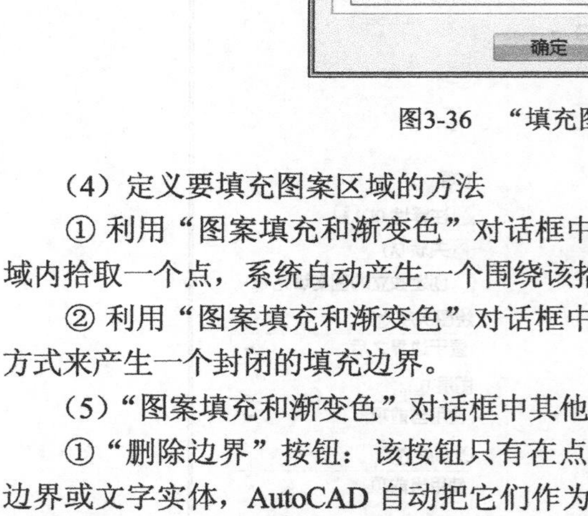

（a）不删除边界　　（b）删除边界

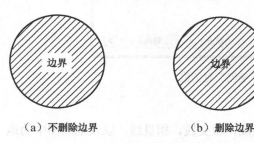

图3-37 不删除边界与删除边界

②“查看选择集”按钮。单击该按钮将显示当前定义的选择集。用户未选择边界时，该选项不可用。

③“继承特性”按钮。单击该按钮，系统要求用户在图中选择一个已有的填充图案，然后将其图案的类型和属性设置作为当前的填充设置。此功能对于在不同阶段绘制多个同样的图案填充非常有用。但是，非关联的

图案和属性无法继承。

④“选项”区。关联：填充图案与边界实体具有关联性，当调整图案的边界时，填充图案会随之调整。

创建独立的图案填充：填充图案与边界实体不具有关联性，当调整图案的边界时，填充图案不会随之调整。如图 3-38 所示，关联与独立的区别。

（6）设置孤岛。

单击“图案填充和渐变色”对话框右下角的按钮，将显示更多选项，如设置孤岛和边界保留信息，如图 3-39 所示。

在“孤岛”选项区域中，选中“孤岛检测”复选框，可以指定在最外层边界内填充对象的方法，其中包括“普通”、“外部”和“忽略”三种方式，其填充方式的效果如图 3-40 所示。

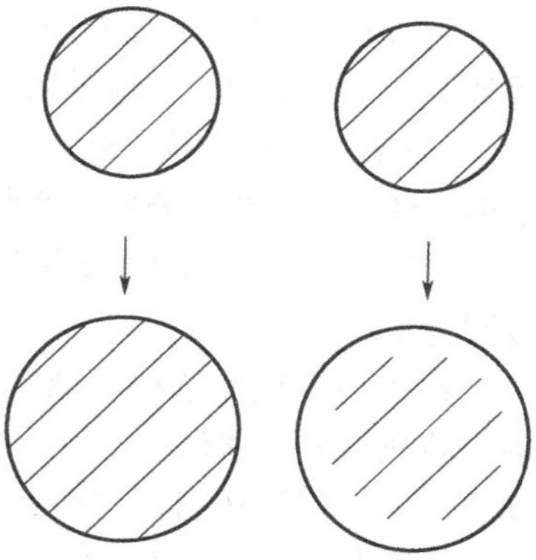

（a）关联　（b）独立

图3-38　关联与独立的区别

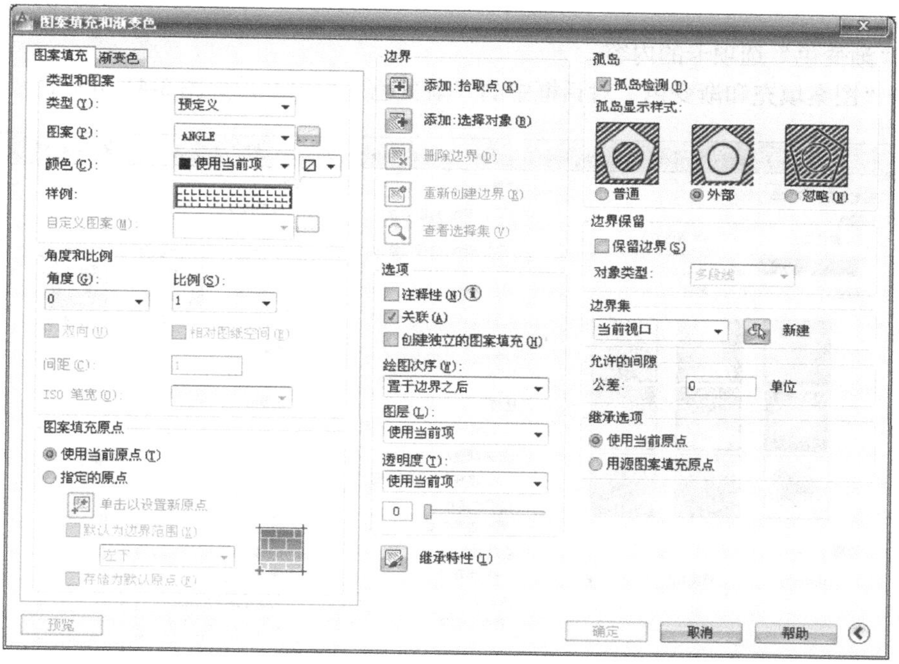

图3-39　展开的“图案填充和渐变色”对话框

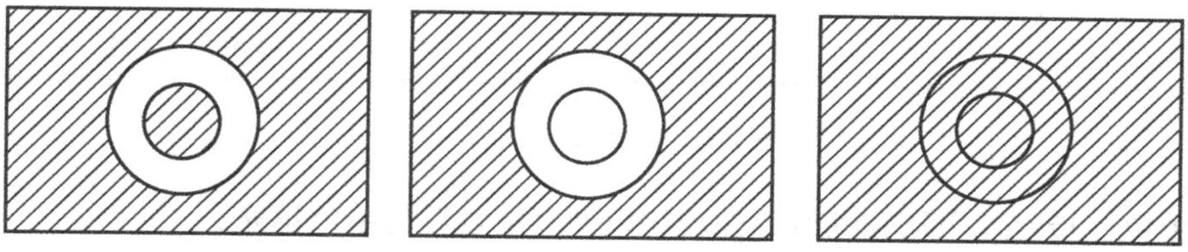

（a）普通　（b）外部　（c）忽略

图3-40　孤岛的3种填充效果

“普通”方式：从最外边界向里面绘制填充线，遇到与之相交的内部边界时断开填充线，遇到下一个内部边界时再继续绘制填充线，系统变量HPNAME设置为N。

“外部”方式：从最外边界向里面绘制填充线，遇到与之相交的内部边界时断开填充线，不再继续往里绘制填充线，系统变量HPNAME设置为0。

“忽略”方式：忽略边界内的对象，所有内部结构都被填充线覆盖，系统变量HPNAME设置为1。

在“边界集”选项区域中，可以定义填充边界的对象集，AutoCAD将根据这些对象来确定填充边界。默认情况下，系统根据“当前视口”中的所有可见对象确定填充边界。也可以单击“新建”按钮，切换到绘图窗口，然后通过指定对象类定义边界集，此时“边界集”下拉列表框中将显示为“现有集合”选项。

在“允许的间隙”选项区域中，通过“公差”文本框设置允许的间隙大小。在该参数范围内，可以将一个几乎封闭的区域看作是一个闭合的填充边界。默认值为“0”，这时对象是完全封闭的区域。

“继承选项”选项区域用于确定在使用继承属性创建图案填充时图案填充原点的位置。

（7）“渐变色”选项卡的内容。

单击“图案填充和渐变色”对话框中的“渐变色”选项卡，如图3-41所示。

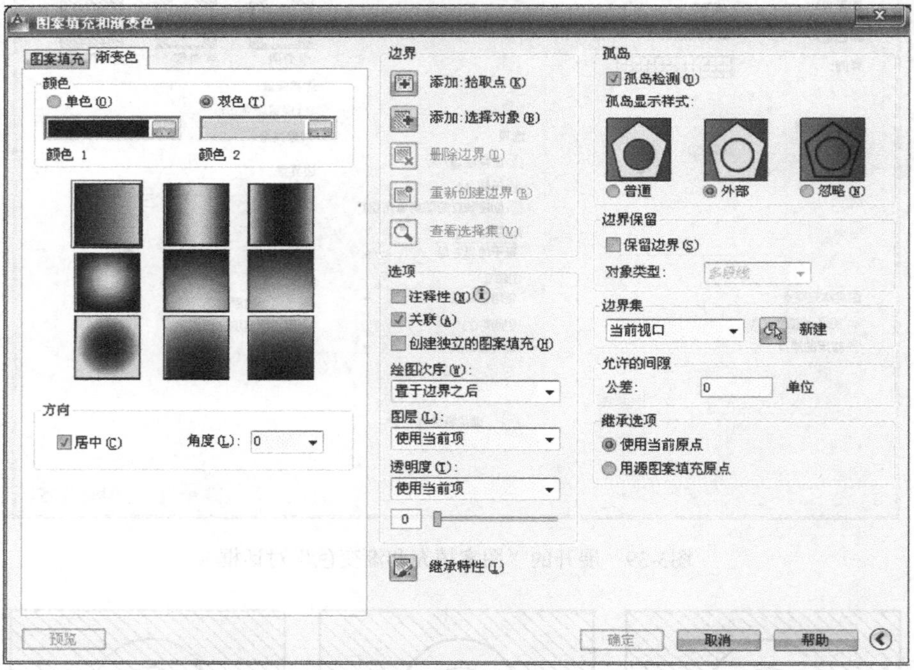

图3-41 “渐变色”选项卡

① 单色：指定使用从较深着色到较浅色调平滑过渡的单色填充。

② 双色：指定在两种颜色之间平滑过渡的双色渐变填充。

③“着色”条：指定一种颜色的色调（选定颜色与白色的混合）或着色（选定颜色与

黑色的混合），用于渐变填充。

④ 居中：指定对称的渐变配置。

⑤ 角度：指定渐变填充的角度。此选项与指定给图案填充的角度互不影响。

特别提示

（1）填充边界可以是圆、椭圆、多边形等封闭的图形，也可以是由直线、曲线、多段线等围成的封闭区域。

（2）边界图形必须封闭，若不封闭，则无法进行图案填充。

3.8 绘制平面图形实例 8——比例缩放与查询

任务：求如图 3-42 所示平面图形中 *L* 的值。

目的：通过求矩形的未知边长，学习比例缩放与查询命令的应用。

具备知识：矩形的绘制，捕捉的应用。

绘图步骤分解：

1．使用相对极坐标绘制长宽比为 2:1 的矩形，例如可设置矩形长为 40，宽为 20。

2．过矩形的三个顶点绘制其外接圆（三点绘制圆）。

3．以该外接圆的圆心为圆心，绘制一个直径为 150 的同心圆。

4．利用构造线命令做矩形的对角线，并交直径为 150 的圆于 *A*、*B*、*C*、*D* 四点。如图 3-43 所示。

以上绘图步骤已经在前几节讲述过，本节将重点讲述比例缩放命令和查询命令的应用。

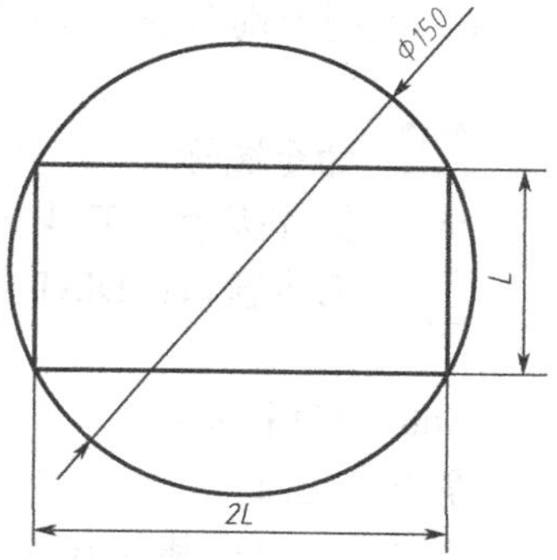

图3-42　平面图形

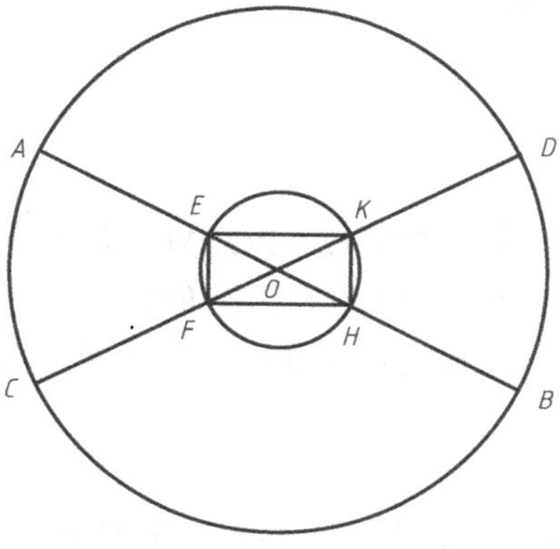

图3-43　构造线绘制矩形对角线

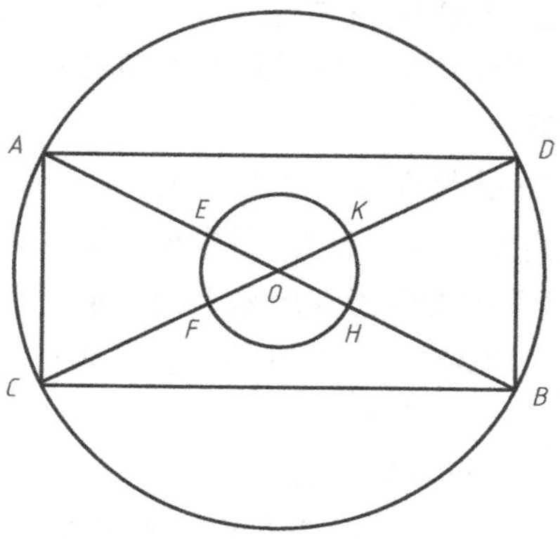

图3-44　缩放操作

5．利用缩放命令，绘制出符合要求的图形。

命令图标：

操作提示：修改→缩放

命令窗口：SCALE(SC)

AutoCAD 提示：

命令：_scale

选择对象：选择矩形 找到 1 个　　　　　　　　　// 选择要进行缩放的矩形

选择对象：↙　　　　　　　　　　　　　　　　　// 回车结束对象选择

指定基点：选择圆心 O　　　　　　　　　　　　// 捕捉缩放过程中不变的点

指定比例因子或 [复制 (C) / 参照 (R)]：R↙

// 由于比例因子没有直接给出，但缩放后的实体长度和宽度位置已获得

指定参照长度 <16.3205>：捕捉 O 点

指定第二点：捕捉 E 点

指定新长度：捕捉 A 点

缩放操作如图 3-44 所示。

6．使用查询命令，计算矩形的周长。

命令图标：

操作提示：工具→查询→距离

命令窗口：DIST

AutoCAD 提示：

命令：_dist

指定第一点：捕捉 B 点　　　　　　　//B 点作为未知边的起点

指定第二点：捕捉 D 点　　　　　　　//D 点作为未知边的端点

距离 = 67.0820，XY 平面中的倾角 = 90，与 XY 平面的夹角 = 0

X 增量 = 0.0000，Y 增量 = 67.0820，Z 增量 = 0.0000

执行上述操作后，可得到 L=67.0820。

补充知识：

（1）有关比例缩放的补充知识。

① 比例缩放真正改变了图形的大小，和图形显示中缩放（ZOOM）命令的缩放不同，ZOOM 命令只改变图形在屏幕上的显示大小，图形本身大小没有任何变化。

② 采用比例因子缩放时，比例因子为 1 时，图形大小不变；小于 1 时，图形将缩小；大于 1 时，图形将会放大。

（2）有关查询补充知识。

① 查询面积。可以查询某封闭区域的面积和周长，并可以根据情况增加或减少某部分的面积。如图 3-45 所示计算图中矩形和圆的总面积。

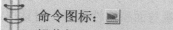

命令图标：
操作提示：工具→查询→面域
命令窗口：AREA

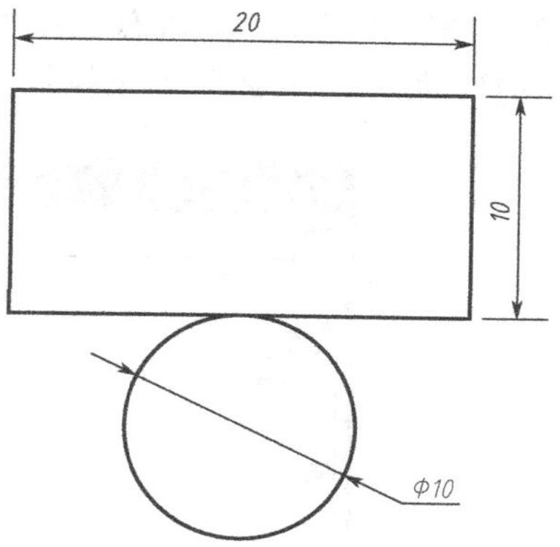

图3-45 查询图形的面积

AutoCAD 提示：
命令：_area
指定第一个角点或 [对象 (O)/ 加 (A) / 减 (S)]：A↙
// 选择两个以上的对象，将其面积相加
指定第一个角点或 [对象 (O) / 减 (S)]：O↙
// 选择一个封闭的对象
（“加”模式）选择对象：选择矩形
面积 = 200.0000, 周长 = 60.0000, 总面积 = 200.0000
（“加”模式）选择对象：选择圆
面积 = 78.5398, 圆周长 = 31.4159, 总面积 = 278.5398
（“加”模式）选择对象：↙ // 回车结束选择
指定第一个角点或 [对象 (O) / 减 (S)]：↙ // 回车结束查询
图形查询完成。

② 查询点坐标。

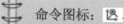

命令图标：
操作提示：“工具”选项卡→“查询”面板→点坐标
命令窗口：ID

执行上述操作后，单击屏幕上某一点，即得到该点的坐标值。

③ 查询面域 / 质量特性。该命令能够实现对实体或面域特征的质量特性进行查询。如图 3-46 所示，查询该实体的体积。

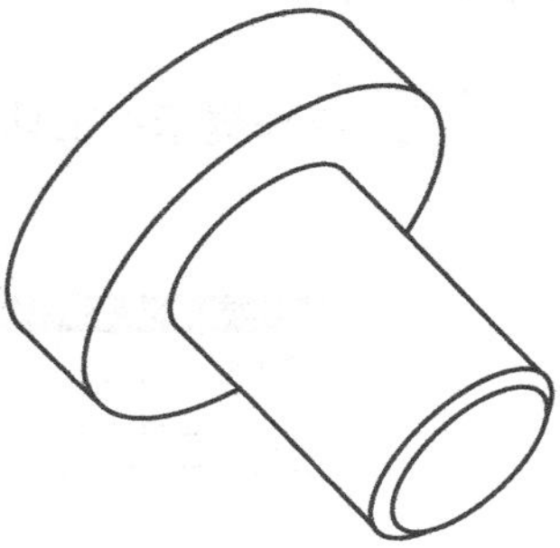
图3-46 查询实体的质量特性

命令图标：
操作提示：“工具”选项卡→“查询”面板→面域 / 质量特性
命令窗口：MASSPROP

AutoCAD 提示：
命令：_massprop
选择对象：选择图 3-46 中图形 找到 1 个 // 选择要查询的图形
选择对象：↙ // 回车结束对象的选择

执行上述操作后，打开如图 3-47 所示文本窗口。该文本窗口显示了有关所选面域的一些信息。如面积、周长、质心、惯性矩、惯性积等。由文本窗口可知所求图形的体积为 21873.8624。在状态栏中有如下提示：“是否将分析结果写入文件？ [是 (Y) / 否 (N)]< 是 >： Y↙” 如果执行 Y 操作，会打开“创建质量与面积特性文件”对话框。

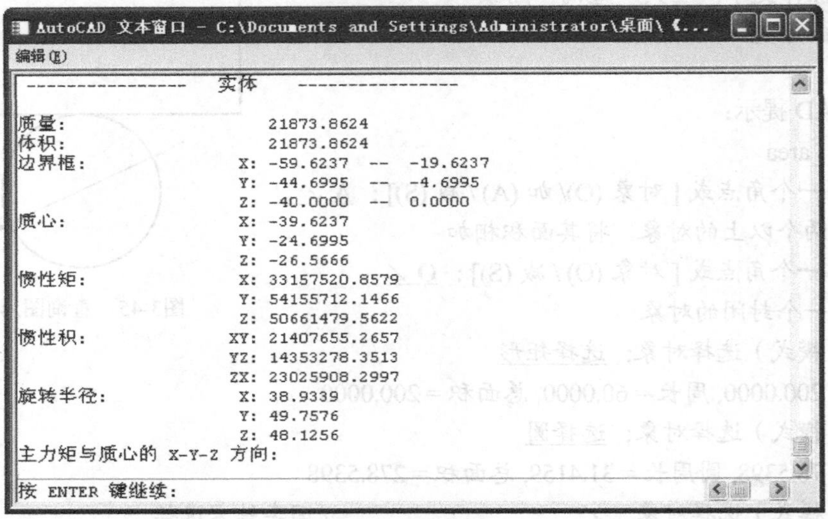

```
AutoCAD 文本窗口 - C:\Documents and Settings\Administrator\桌面\ {...
编辑(E)
 ----------------    实体    ----------------

质量:                    21873.8624
体积:                    21873.8624
边界框:               X: -59.6237   --   -19.6237
                      Y: -44.6995   --   -4.6995
                      Z: -40.0000   --   0.0000
质心:                 X: -39.6237
                      Y: -24.6995
                      Z: -26.5666
惯性矩:               X: 33157520.8579
                      Y: 54155712.1466
                      Z: 50661479.5622
惯性积:              XY: 21407655.2657
                     YZ: 14353278.3513
                     ZX: 23025908.2997
旋转半径:             X: 38.9339
                      Y: 49.7576
                      Z: 48.1256
主力矩与质心的 X-Y-Z 方向:
按 ENTER 键继续:
```

图3-47　文本窗口

④ 查询时间。AutoCAD 提供的查询命令还可以对图形的各项时间进行统计，如图 3-48 所示。

操作提示：工具→查询→时间

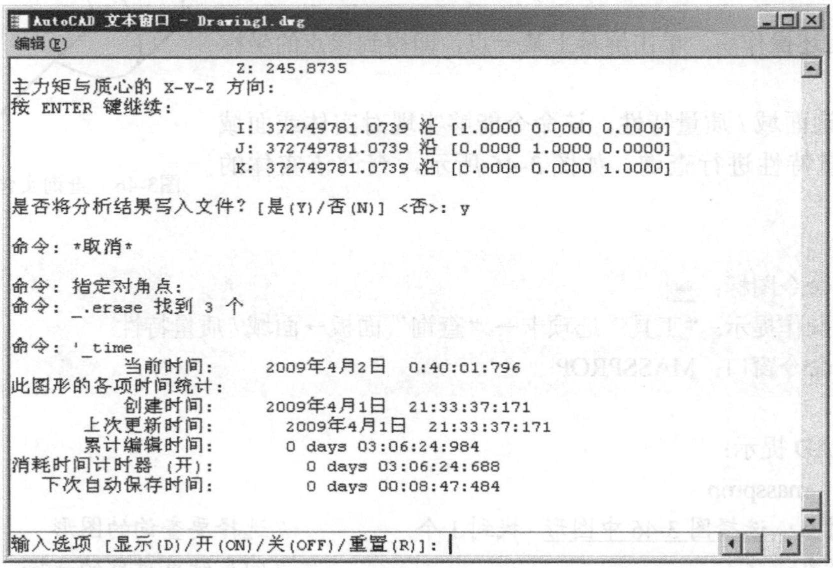

```
AutoCAD 文本窗口 - Drawing1.dwg
编辑(E)
                      Z: 245.8735
主力矩与质心的 X-Y-Z 方向:
按 ENTER 键继续:
                      I: 372749781.0739 沿 [1.0000 0.0000 0.0000]
                      J: 372749781.0739 沿 [0.0000 1.0000 0.0000]
                      K: 372749781.0739 沿 [0.0000 0.0000 1.0000]

是否将分析结果写入文件? [是(Y)/否(N)] <否>: y

命令: *取消*

命令: 指定对角点:
命令: _.erase 找到 3 个

命令: '_time
             当前时间:      2009年4月2日  0:40:01:796
此图形的各项时间统计:
             创建时间:      2009年4月1日  21:33:37:171
         上次更新时间:        2009年4月1日  21:33:37:171
         累计编辑时间:        0 days 03:06:24:984
消耗时间计时器 (开):            0 days 03:06:24:688
     下次自动保存时间:          0 days 00:08:47:484

输入选项 [显示(D)/开(ON)/关(OFF)/重置(R)]:
```

图3-48　时间信息窗口

⑤ 快速计算器。如图 3-49 所示，执行各种算术、科学和几何计算，创建和使用变量，并转换测量单位。单击计算器上的“更多 / 更少”按钮，将只显示输入框和“历史记录”区域。可以使用展开 / 收拢箭头打开和关闭区域。还可以控制“快速计算器”的大小、位置和外观。

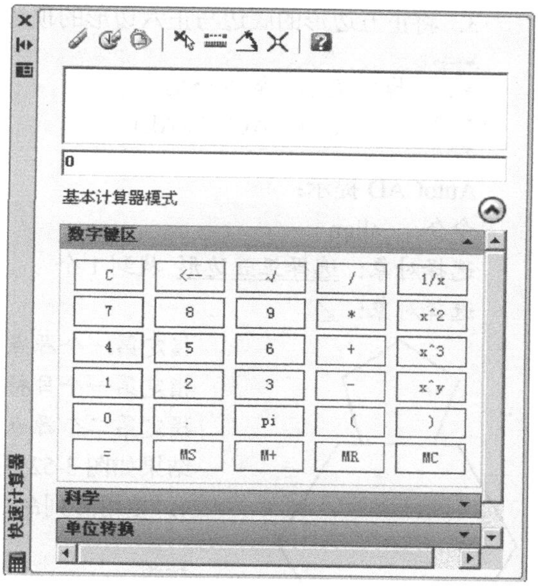

图3-49 “快速计算器”对话框

3.9 绘制平面图形实例 9——对齐与阵列

任务：绘制平面图形，如图 3-50 所示。

目的：通过绘制此图形，掌握对齐与阵列命令的应用。

具备知识：正多边形的绘制，对象捕捉的应用。

绘图步骤分解：

1. 绘制边长为 12 的正六边形。
2. 绘制内切圆半径为 5 的正五边形，如图 3-51 所示。

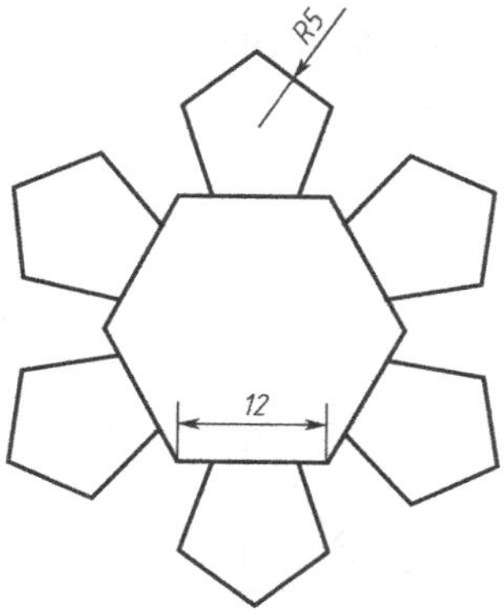

图3-50 平面图形

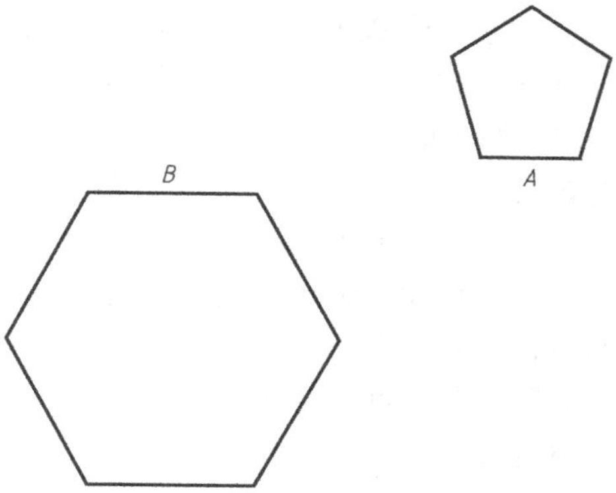

图3-51 正多边形的绘制

3．将正五边形的底边与正六边形的顶边对齐。

操作提示：修改→对齐
命令窗口：ALIGN(AL)

AutoCAD 提示：
命令：_align
选择对象：选择正五边形 找到 1 个　　　　//选择要移动的实体
选择对象：↙　　　　//回车结束对象的选择
指定第一个源点：选择正五边形底边中点 A
指定第一个目标点：选择正六边形顶边中心点 B
指定第二个源点：↙
结果如图 3-52 所示。

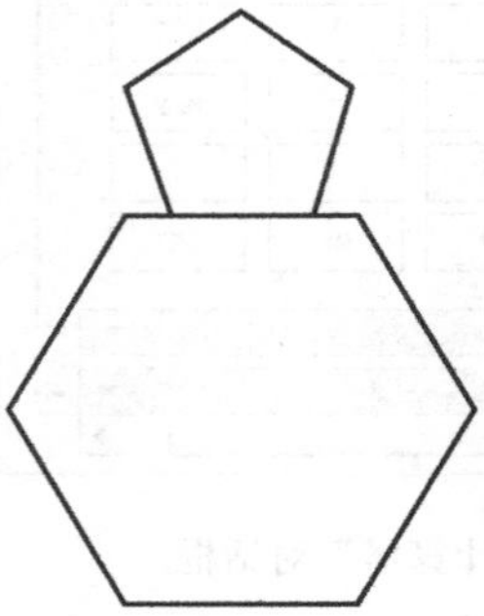
图3-52　对齐命令的应用

4．使用阵列命令绘制其他 5 个正五边形。

命令图标：
操作提示：修改→阵列
命令窗口：ARRAY(AR)

根据图形变化特点，本实例图形选择环形阵列，具体操作步骤如下：
AutoCAD 提示：
命令：_arraypolar
选择对象：找到 1 个
选择对象：
类型＝极轴 关联＝是
指定阵列的中心点或 [基点 (B)/ 旋转轴 (A)]: 光标选择正六边形的几何中心点↙
输入项目数或 [项目间角度 (A)/ 表达式 (E)] <4>: A ↙
指定项目间的角度或 [表达式 (EX)] <90>: 60 ↙
指定项目数或 [填充角度 (F)/ 表达式 (E)] <4>: 6 ↙
按 Enter 键接受或 [关联 (AS)/ 基点 (B)/ 项目 (I)/ 项目间角度 (A)/ 填充角度 (F)/ 行 (ROW)/ 层 (L)/ 旋转项目 (ROT)/ 退出 (X)] < 退出 >: ↙
绘制出实例图形。

补充知识：

（1）有关对齐的补充知识。

对齐命令是移动、旋转、比例缩放三个命令的组合。例题中引用的是对齐命令中的“移动”运用。如图 3-53 所示的旋转对齐和比例缩放对齐。

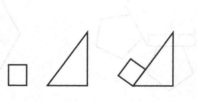

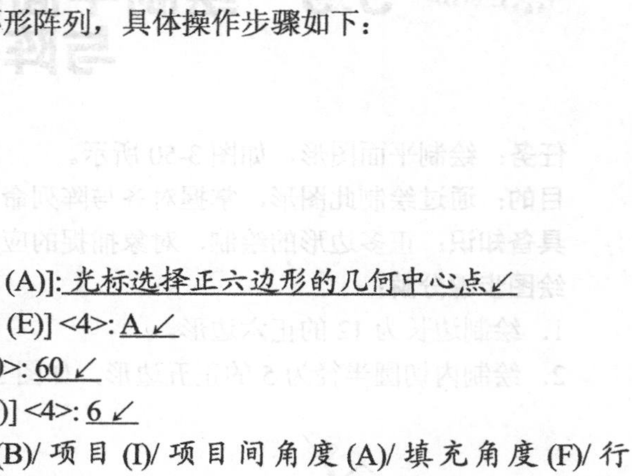
（a）平面图形　（b）旋转对齐　（c）缩放对齐
图3-53　对齐命令的应用

（2）有关阵列的补充知识。

AutoCAD 2012 阵列包括三种：矩形阵列、路径阵列和环形阵列。

① 矩形阵列。在移动光标时，可增加或减少阵列中的列数和行数以及行间距和列间距。默认情况下，阵列的层数为 1。可以围绕 *X Y* 平面中的基点旋转阵列。在创建时，行和列的轴相互垂直；对于关联阵列，可以在以后编辑轴的角度。

AutoCAD 操作提示：

命令：_arrayrect

选择对象：

类型 = 矩形 关联 = 是

为项目数指定对角点或 [基点 (B)/ 角度 (A)/ 计数 (C)] < 计数 >:

指定对角点以间隔项目或 [间距 (S)] < 间距 >:

按 Enter 键接受或 [关联 (AS)/ 基点 (B)/ 行 (R)/ 列 (C)/ 层 (L)/ 退出 (X)] < 退出 >:

② 路径阵列。在路径阵列中，项目将均匀地沿路径或部分路径分布。路径可以是直线、多段线、三维多段线、样条曲线、螺旋、圆弧、圆或椭圆。

AutoCAD 操作提示：

命令：_arraypath

选择对象：

类型 = 路径 关联 = 是

选择路径曲线：

输入沿路径的项数或 [方向 (O)/ 表达式 (E)] < 方向 >:

指定沿路径的项目之间的距离或 [定数等分 (D)/ 总距离 (T)/ 表达式 (E)] < 沿路径平均定数等分 (D)>:

按 Enter 键接受或 [关联 (AS)/ 基点 (B)/ 项目 (I)/ 行 (R)/ 层 (L)/ 对齐项目 (A)/Z 方向 (Z)/ 退出 (X)] < 退出 >:

③ 环形阵列。项目将围绕指定的中心点或旋转轴以循环运动均匀分布。阵列的绘制方向取决于为填充角度输入的是正值还是负值。

AutoCAD 操作提示：

命令：_arraypolar

选择对象：

类型 = 极轴 关联 = 是

指定阵列的中心点或 [基点 (B)/ 旋转轴 (A)]:

输入项目数或 [项目间角度 (A)/ 表达式 (E)] <4>:

指定填充角度 (+= 逆时针、-= 顺时针) 或 [表达式 (EX)] <360>:

按 Enter 键接受或 [关联 (AS)/ 基点 (B)/ 项目 (I)/ 项目间角度 (A)/ 填充角度 (F)/ 行 (ROW)/ 层 (L)/ 旋转项目 (ROT)/ 退出 (X)] < 退出 >:

特别提示

(1) 使用“缩放对齐”时，其要选择的最后一个目标点应为缩放后图形的一个极限位置点。

(2) 对于环形阵列，对应圆心角可以不是360°，阵列的包含角度为正时将按逆时针方向阵列，为负时将按顺时针方向阵列。

(3) 在环形阵列中，阵列项数包括原有实体本身。

(4) 在矩形阵列中，通过设置阵列角度可以进行斜向阵列。

3.10 绘制平面图形实例 10——面域

面域指的是具有边界的平面区域，它是一个面对象，内部可以包含孔。从外观来看，面域和一般的封闭线框没有区别，但实际上面域就像是一张没有厚度的纸，除了包括边界外，还包括边界内的平面。

任务： 绘制如图 3-54 所示的图形并进行面域 / 质量特性查询

目的： 通过图形的绘制，学习面域的创建方法及面域数据的提取方法。

具备知识： 正多边形和圆的绘制，阵列和修剪命令的应用，对象捕捉功能的应用，查询功能的应用。

绘图步骤分解：

1．绘制边长为 12 的正六边形。

2．在正六边形 *AB* 边绘制直径为 6 的圆。

3．利用阵列命令中的“环形阵列”绘制其他 5 个圆，如图 3-55 所示。

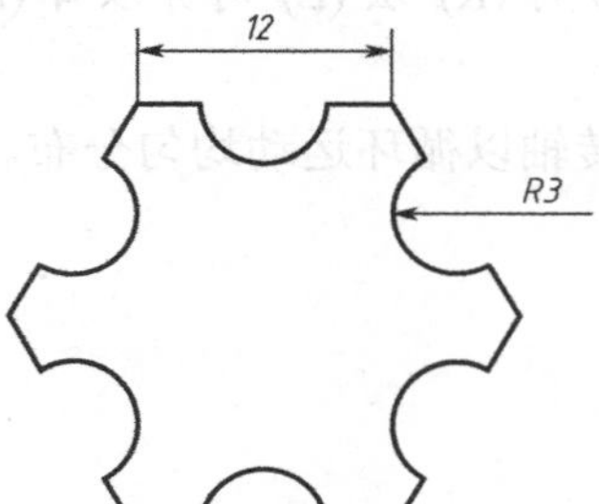

图3-54 平面图形

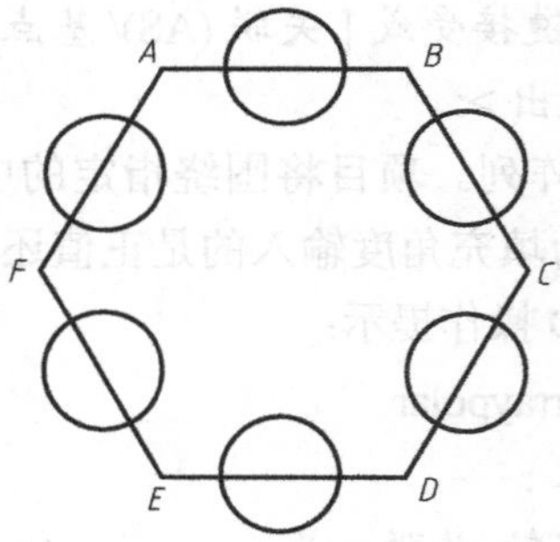

图3-55 阵列命令绘制圆

4．利用修剪命令绘制出任务图形。

5．创建面域。

AutoCAD 提示：

命令：_region

选择对象：<u>指定对角点：使用窗选方式，选择题目中的平面图形</u> 找到 12 个

//选择要创建面域特征的对象

选择对象：↙ //回车结束对象的选择

已提取 1 个环。已创建 1 个面域 //运行结果显示

7. 利用查询命令中的“面域 / 质量特性”查询该平面图形，显示结果如图 3-56 所示。

命令图标：

操作提示：绘图→面域

命令窗口：REGION

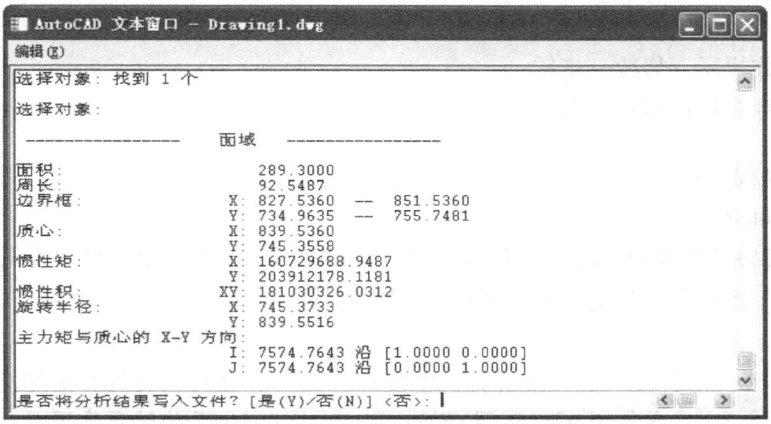

图5-56 “面域/质量特性”查询结果显示

补充知识：

（1）面域是以封闭边界创建的二维封闭区域。组成面域的边界必须共面，而且不能相交。

（2）面域可以通过“绘图 / 边界创建”来创建。

3.11 绘制平面图形实例 11——旋转

任务：绘制如图 3-57 所示的三组图形。

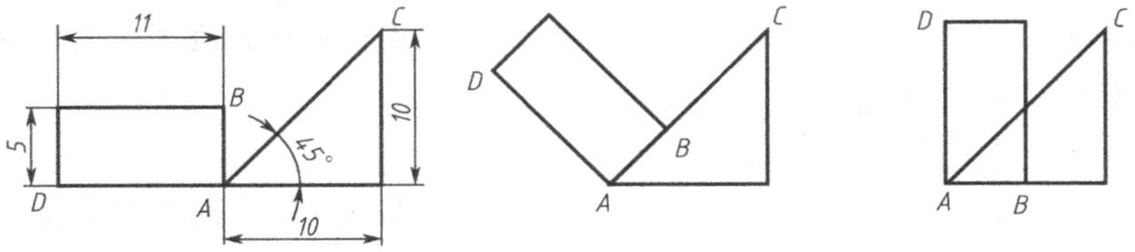

（a）图形的绘制 （b）旋转图形 （c）旋转图形

图3-57 平面图形的编辑

目的：通过绘制此图形，学习旋转命令及其应用。

具备知识：直线和矩形的绘制，捕捉的应用。

绘图步骤分解：

1．绘制图3-57（a）。

（1）绘制矩形。利用绘制矩形命令，绘制长为11、宽为5的矩形。

（2）绘制三角形。利用绘制直线命令，以*A*点为起点，绘制如题目要求的正三角形。

2．绘制图3-57（b）。

对矩形进行旋转。

命令图标：
操作提示：修改→旋转
命令窗口：ROTATE(RO)

AutoCAD提示：

命令：_rotate

UCS当前的正角方向：ANGDIR=逆时针ANGBASE=0 //提示当前相关设置

选择对象：选择刚绘制的矩形3-57(a) 找到1个

选择对象：↙ //回车结束选择

选择基点：<对象捕捉开>捕捉矩形的A点 //指定旋转过程中保持不动的点

指定旋转角度，[或复制(C)/参照(R)]：R↙ //由于旋转角度不能直接确定

指定参照角<0>：捕捉矩形的A点

指定第二点：捕捉矩形的B点

指定新角度：捕捉矩形的C点

完成图形绘制。

3．绘制图3-57（c）。

将图3-57（b）中的矩形经过旋转变成图（c）。

AutoCAD提示：

命令：_rotate

UCS当前的正角方向：ANGDIR=逆时针ANGBASE=0 //提示当前相关设置

选择对象：选择矩形 找到1个

选择对象：↙ //回车结束选择

选择基点：<对象捕捉开>捕捉矩形的A点 //指定旋转过程中保持不动的点

指定旋转角度，[或复制(C)/参照(R)]：R↙ //由于旋转角度不能直接确定

指定参照角<0>：捕捉矩形的A点

指定第二点：捕捉矩形的D点

指定新角度：90↙ //将*AD*旋转到与*X*轴正向成90°角

完成图形绘制。

特别提示

（1）当使用角度旋转时，旋转角度有正负之分，逆时针为正值，顺时针为负值。

（2）使用参照旋转时，当出现最后一个提示“指定新角度：”时，可直接输入要转到的

角度，X 轴正向为 0°。

3.12 绘制平面图形实例 12——打断与合并

任务：绘制如图 3-58 所示的图形。

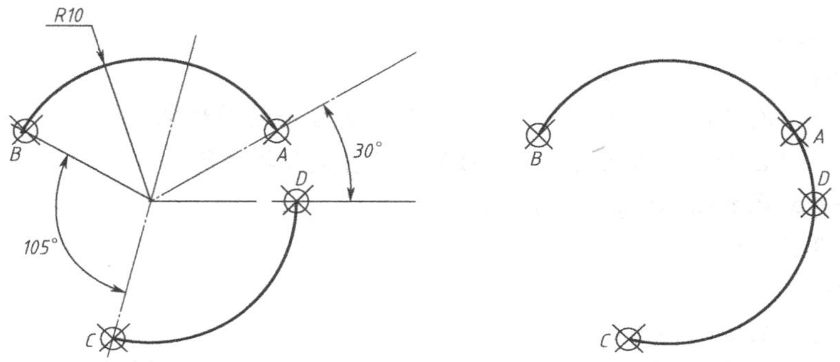

（a）打断图形　　（b）合并图形

图3-58　图形绘制

目的：通过绘制此图形，学会使用打断命令和合并命令编辑图形。
具备知识：圆和构造线的绘制，对象捕捉功能的应用。
绘图步骤分解：

1．利用绘制圆命令绘制半径为 10 的圆。

2．利用绘制构造线命令绘制四条构造线，交于圆 A、B、C、D 四点。

AutoCAD 提示：

命令：_xline

指定通过点或 [水平 (H) / 垂直 (V) / 角度 (A) / 二等分 (B) / 偏移 (O)]：A↙

//题图条件给出角度

输入构造线的角度 (0) 或 [参照 (R)]：30↙

指定通过点：捕捉圆心，并交圆于 A 点

其他三个点的位置同以上步骤。

3．利用打断命令绘制题目中的图形。

> 命令图标：□
> 操作提示：修改→打断
> 命令窗口：BREAK (BR)

AutoCAD 提示：

命令：_break

选择对象：<对象捕捉开>捕捉圆上的点B　　　　//将*B*点作为第一打断点

指定第二个打断点或[第一个点(F)]：捕捉圆上的点A　　//将*A*点作为第二打断点

同理打断*BC*段圆弧。

4．利用合并命令绘制图3-58（b）。

命令图标：⇥⇤

操作提示："常用"选项卡→"修改"面板→合并

命令窗口：JOIN (J)

AutoCAD提示：

命令：_join

选择源对象：选择圆弧CD　　　　//将*CD*作为合并的源对象

选择圆弧，以合并到源或进行[闭合(L)]：选择圆弧段AB

选择要合并到源的圆弧：↙找到1个

结果如图3-58（b）所示。

补充知识：

（1）有关打断命令的补充知识。

当命令行提示"指定第二个打断点或[第一个点(F)]："时，默认情况下，以选择对象时的拾取点作为第一个断点，需要指定第二个断点。如果直接选取对象上的另一点或者在对象的一端之外拾取一点，将删除对象上位于两个拾取点之间的部分。

在确定第二个打断点时，如果在命令行输入@，可以使第一个、第二个断点重合，从而将对象一分为二。

（2）有关"打断于点"的补充知识。

在"修改"工具栏中单击"打断于点"按钮□，可以将对象在一点处断开成两个对象。

执行该命令时，选择需要被打断的对象，然后指定打断点，即可从该点打断对象。

如图3-59所示，从*B*点处打断圆弧。打断前圆弧段为一个整体，打断后圆弧段从打断点位置分为两个部分。

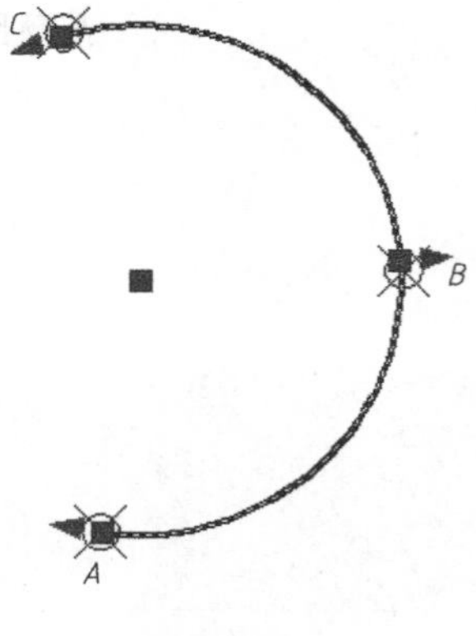

（a）打断前

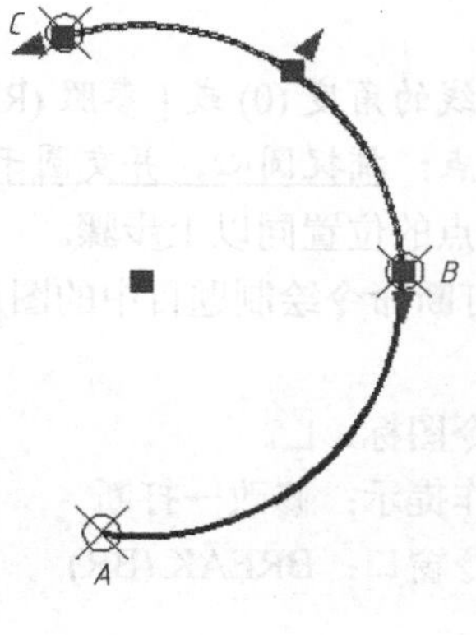

（b）打断后

图3-59　打断于点

（3）有关合并命令的补充知识。

合并命令可以将直线、圆、椭圆弧和样条曲线等独立的线段合并为一个对象，并可以将圆弧延长封闭。

一般来说，该命令可以合并两条不连续的直线段（两直线对象必须共线）；可以合并具有相同圆心和半径的多条连续或不连续的弧线段；可以合并连续或不连续的椭圆弧线段；可以封闭椭圆弧；可以合并一条或多条连续的样条曲线（样条曲线对象必须位于同一平面内，并且必须首尾相连），如图 3-60 所示。

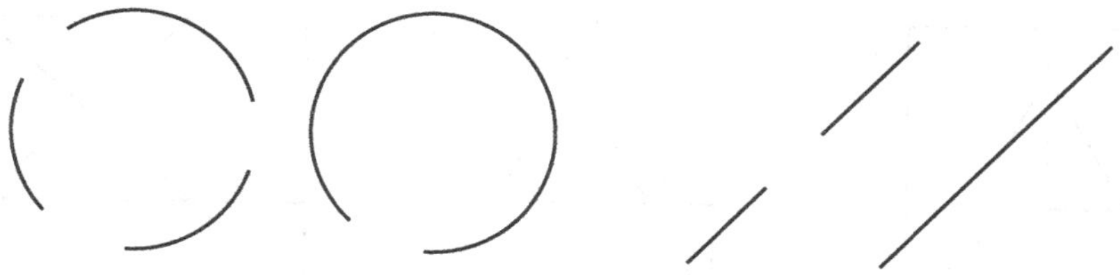

图3-60　合并对象示例

特别提示

（1）对圆或椭圆执行打断命令时，拾取点的顺序很重要，因为打断总是沿逆时针方向执行，选择的第一点逆时针到第二点所对应的部分消失。

（2）一个完整的圆或椭圆不能在同一点被打断。

（3）“打断于点”仅用于将直线或圆弧一分为二，并不去除中间部分。

（4）不同类型的图形对象是可以合并的，但不是所有不同类型的对象都可以合并，比如直线和圆弧就无法合并。多段线可以和多段线、圆弧以及直线合并，注意如果多段线合并前已经进行了曲线化（拟合或样条曲线），则合并后多段线自动进行非曲线化，如图 3-61 所示。

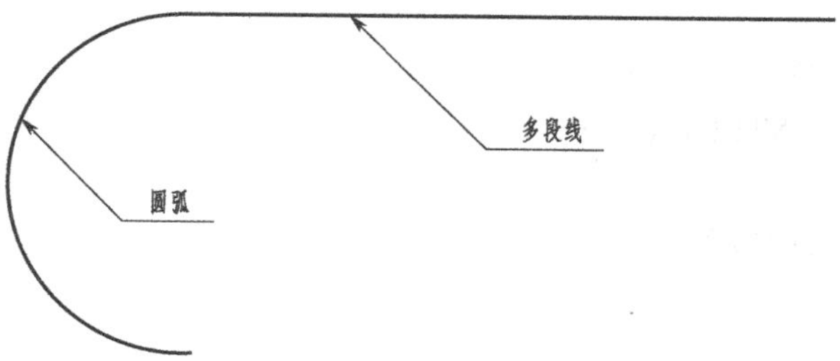

图3-61　合并多段线和圆弧

（5）进行合并操作时，有些可以有间隙，比如直线之间、圆弧之间等，但是多段线与样条曲线和其他图形对象合并时不允许有间隙。

3.13 绘制平面图形实例13——延伸与拉伸

任务：绘制以下三组平面图形，如图3-62（a）、（b）、（c）所示。

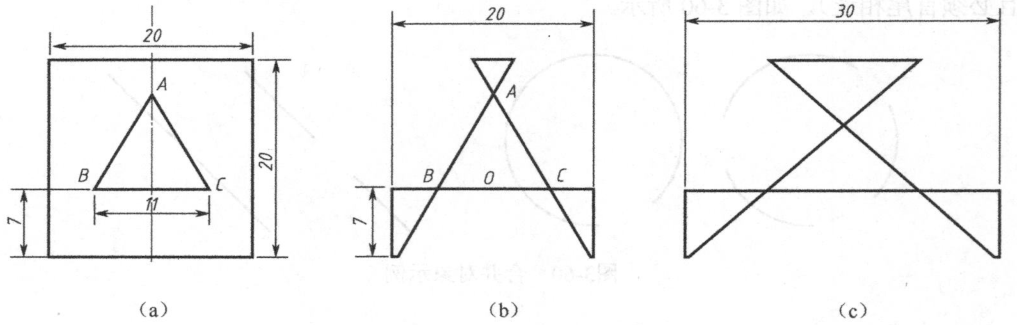

图3-62 平面图形

目的：通过绘制此图形，学习延伸和拉伸内容。

具备知识：矩形和正多边形的绘制，会使用捕捉及对象捕捉追踪功能绘制图形。

绘图步骤分解：

1．绘制基本平面图形，如图3-62（a）所示。

根据已知图形尺寸，利用矩形命令、正多边形命令、捕捉及对象捕捉追踪功能绘制图形。

2．利用分解命令，分解正三角形。

3．将图3-62（a）经过编辑变为图3-62（b）所示图形。

> 命令图标：[延伸图标]
> 操作提示：修改→延伸
> 命令窗口：EXTEND (EX)

（1）此过程使用延伸命令，步骤如下。

AutoCAD提示：

命令：_extend

当前设置：投影＝无，边＝延伸　　　　//提示当前设置

选择边界的边…

选择对象或＜全部选择＞：单击正三角形外的矩形 找到1个

　　　　　　　　　　　　//将矩形作为延伸边界

选择对象：↙　　　　　　//回车结束边界的选择

选择要延伸的对象，或[栏选(F)/窗交(C)/投影(P)/放弃(U)]：单击直线AB的A端

选择要延伸的对象，或[栏选(F)/窗交(C)/投影(P)/放弃(U)]：单击直线AB的B端

选择要延伸的对象，或[栏选(F)/窗交(C)/投影(P)/放弃(U)]：单击直线BC的B端

选择要延伸的对象，或 [栏选 (F) / 窗交 (C) / 投影 (P) / 放弃 (U)]：单击直线 BC 的 C 端
选择要延伸的对象，或 [栏选 (F) / 窗交 (C) / 投影 (P) / 放弃 (U)]：单击直线 CA 的 C 端
选择要延伸的对象，或 [栏选 (F) / 窗交 (C) / 投影 (P) / 放弃 (U)]：单击直线 CA 的 A 端
结果如图 3-63 所示。

（2）利用修剪命令将多余的线段删除，结果如图 3-62（b）所示。

4．将图 3-62（b）经过编辑变为图 3-62（c）所示图形。

此过程用拉伸命令完成，步骤如下。

命令图标：

操作提示：修改→拉伸

命令窗口：STRETCH (S)

AutoCAD 提示：

命令：_stretch
以交叉窗口或交叉多边形选择要拉伸的对象 ... //提示选择对象的方式
选择对象：利用交叉窗口选择图形 // 如图 3-64 所示。
指定对角点：找到 5 个
选择对象：↙ // 回车结束对象选择
指定基点或 [位移 (D)]<位移>：单击图形中 BC 线段的中点 O // 指定拉伸基点
指定位移的第二个点或 <用第一个点作位移>：<正交模式 开> 10 ↙
// 将光标移向基点的右方，输入距离值 10

结果如图 3-62（c）所示。

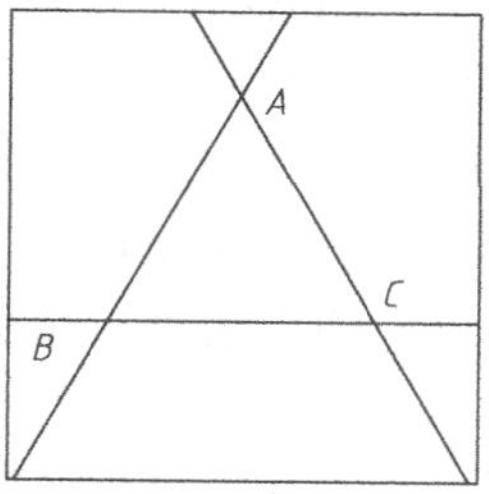

图3-63　延伸编辑图形

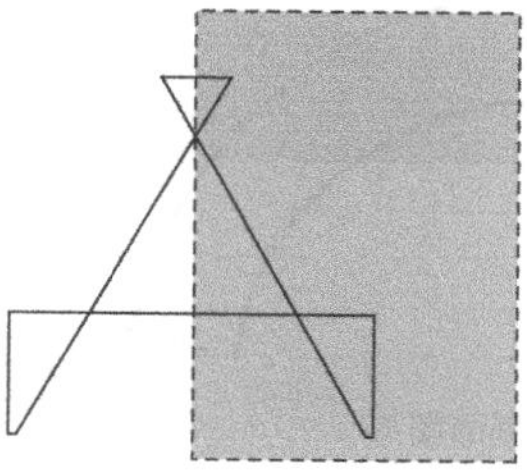

图3-64　交叉窗选图形

补充知识：

（1）延伸命令中各选项的含义与修剪命令相同。

（2）拉伸命令可方便地对图形进行拉伸或压缩，但只能拉伸由直线、圆弧、多段线等命令绘制的带端点的图形。

特别提示

使用拉伸命令时，选择对象必须用交叉窗口或交叉多边形选择方式。其中必须选择好端点是否应该包含在被选择的窗口中，如果端点被包含在窗口中，则该点会同时被移动，否则

该点不会被移动，如图 3-65 所示。

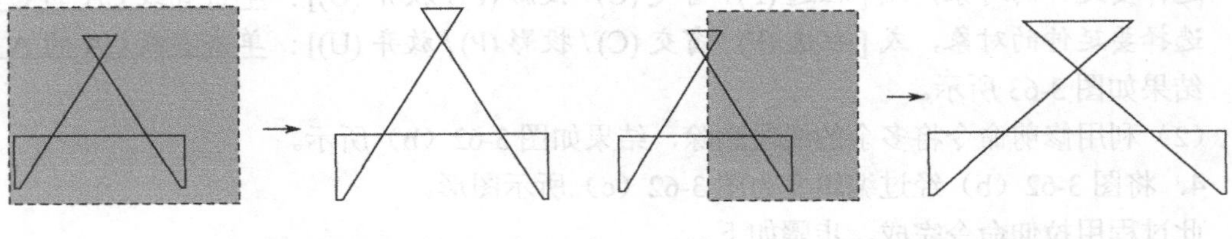

（a）全部端点包含在选择的窗口中　（b）半数端点包含在选择的窗口中

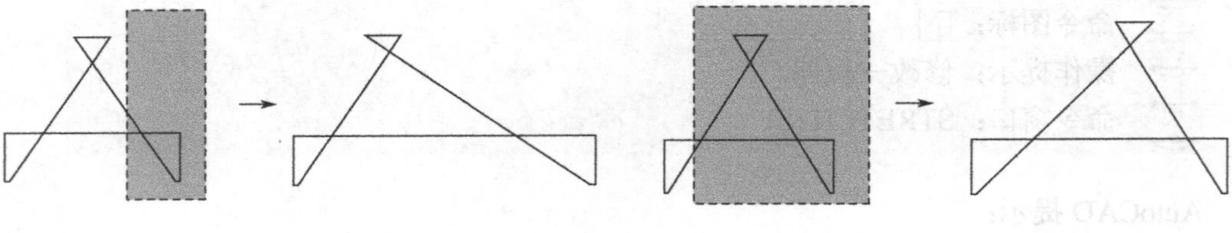

（c）少数端点包含在选择的窗口中　（d）多数端点包含在选择的窗口中

图3-65　“拉伸”窗选方式生成的图形

3.14　绘制平面图形实例 14——拉长

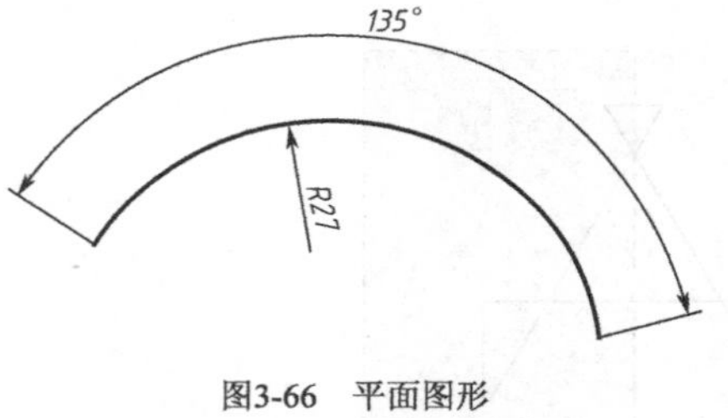

图3-66　平面图形

任务：绘制如图 3-66 所示的图形，包角为 135°。

目的：通过图形编辑操作，学习拉长及其应用。

具备知识：圆弧的绘制。

绘图步骤分解：

1．绘制任意一半径为 27 的圆弧。

利用圆弧命令中的“起点、端点、半径”方式绘制圆弧。

2．利用拉长命令对图形进行编辑。步骤如下：

命令图标：

操作提示：修改→拉长

命令窗口：LENGTHEN (LEN)

AutoCAD 提示：

命令：_lengthen

选择对象或 [增量 (DE)/ 百分数 (P)/ 全部 (T)/ 动态 (DY)] : T↙

// 已知圆弧变化后的角度

指定总长度或 [角度 (A)] <1.0000)> : A↙

指定总角度 <57>：135 ↙　　　　//由已知条件，输入新的角度
选择要修改的对象或 [放弃 (U)]：选择圆弧　　//光标捕捉圆弧
选择要修改的对象或 [放弃 (U)]：↙　　//回车结束选择
图形绘制完成。

补充知识：

（1）拉长命令可以修改圆弧的包角和直线、圆弧、开放的多段线、椭圆弧、开放的样条曲线的长度。改变方式有增量式、总量式、百分比式、动态式。

（2）各选项含义如下。

增量（DE）：该选项通过增量方式来拉长图形对象。

百分数（P）：以相对于原长度的百分比来修改直线或者圆弧的长度。

全部（T）：该选项通过输入新的总长或包角来拉长图形对象。用这种方式来修改直线或圆弧达到定长或一定包角非常方便。

动态（DY）：通过动态方式来拉长图形对象。

特别提示

(1) 使用拉长命令，延长或缩短时从被选择对象的近距离端开始。

(2) 使用拉长命令中“增量 (DE)”选项时，延长的长度可正可负。正值时，实体被拉长，负值时实体被缩短。

(3) 使用拉长命令中“百分数 (PP)”选项时，百分数为 100 时，实体长度不发生变化；百分数小于 100 时，实体被缩短；大于 100 时，实体被拉长。

3.15 绘制平面图形实例 15——几何约束

任务：绘制如图 3-67 所示的图形。

目的：通过图形绘制操作，学习“几何约束”参数设置。

具备知识：圆的绘制、直线绘制、正交模式。

绘图步骤分解：

1. 分别绘制直径为 40 和 20 的圆。
2. 利用几何约束“同心”进行参数设置。

命令图标：
操作提示：参数→几何约束→同心
命令窗口：_GcConcentric

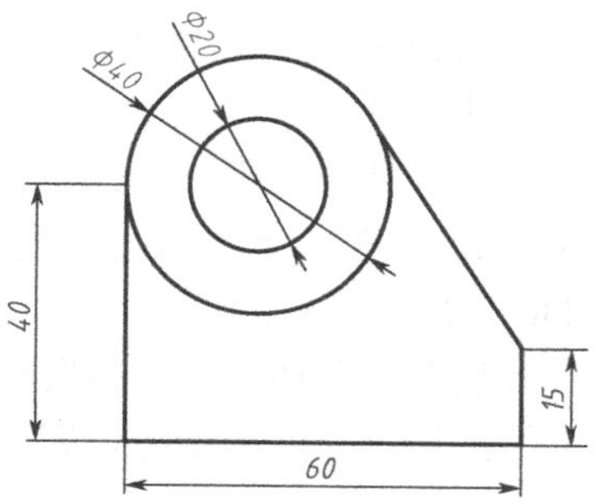

图3-67　平面图形

AutoCAD 提示：
命令：_GcConcentric

选择第一个对象：选择直径为 20 的圆

选择第二个对象：选择直径为 40 的圆

结果如图 3-68 所示。

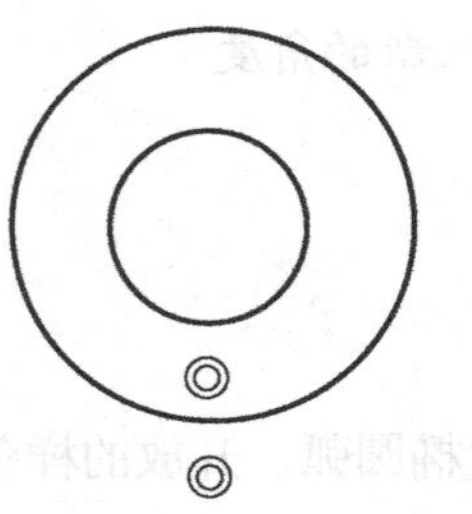

图3-68 “同心”几何约束操作

3．打开“正交模式”，调用“直线”命令，捕捉直径为 40 圆的第三象限点，并依次绘制 40、60 和 15 线段，最后，利用“捕捉”命令将直线绘制到“切点”上。

补充知识：

（1）几何约束包含“重合”、“垂直”、“平行”、“相切”、“水平”等 12 种约束关系，主要是将几何对象关联在一起，或者指定固定的位置或角度，如图 3-69 所示。

（2）可以手动或自动将多个几何参数应用于对象。

（3）应用约束后，只允许对该几何图形进行不违反此类约束的更改。

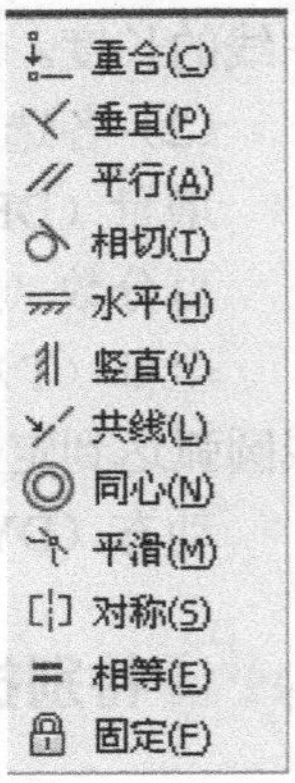

图3-69 几何约束

特别提示

在某些情况下，应用约束时选择两个对象的顺序十分重要。通常，所选的第二个对象会根据第一个对象进行调整。例如，应用垂直约束时，选择的第二个对象将调整为垂直于第一个对象。

3.16 绘制平面图形综合实例 1——平面图形

绘制平面图时，首先应该对图形进行线段分析和尺寸分析，根据定形尺寸和定位尺寸，确定绘图顺序，按照先绘制定位尺寸（基准线）、再绘制定形尺寸（轮廓线）的绘图顺序完成图形。

任务： 绘制如图 3-70 所示的平面图形。

目的： 通过绘制此图形，训练直线、圆、圆弧、偏移命令以及修剪、圆角命令的使用方法，以及含有连接圆弧的平面图形的绘制方法，提高绘图速度。

具备知识： 基本绘图命令、编辑命令和图层管理知识。

图形分析：

要绘制该图形，应首先分析尺寸类型。定位尺寸（基准线）：88、78、250、15°、30°、*R*102；定形尺寸（轮廓线）：*R*5、*R*28、*R*12、*R*24、ϕ80、ϕ128 及连接圆弧 *R*50、*R*30、*R*7、*R*25 等。

设置绘图环境，包括图纸界限、图层（线型、颜色、线宽）等的设置。按照任务中给定的图形尺寸，图纸应设置为 A4（210×297），图层至少包括中心线层、轮廓线层、尺寸线层等。

本例中的绘图基准是图形的中心线，然后使用直线、圆、圆弧命令绘制出各个轮廓线，再用修剪命令完成图形。

绘图步骤分解：

1. 新建一张图纸，按该图形的尺寸，图纸大小应设置成A4，竖放，因此图形界限设置成210×297。

2. 显示图形界限。

单击“全部缩放”按钮，运行“图形缩放”命令中的“全部”选项。图形栅格的界限将填充当前视口。或者在命令窗口输入“Z”，回车，再输入“A”，回车。

3. 设置对象捕捉。

在状态栏的“对象捕捉”按钮上单击鼠标右键，选择“设置…”，在弹出的“草图设置”对话框中，选择“交点”、“切点”、“圆心”、“端点”，并启用对象捕捉，单击“确定”按钮。

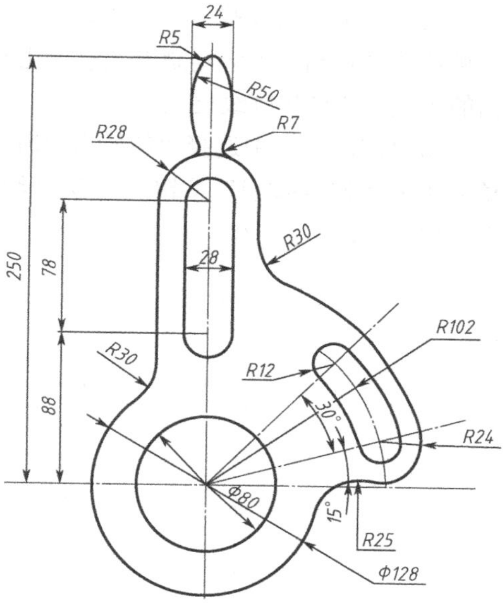

图3-70 平面图形

4. 设置图层。

按图形要求，打开“图层特性管理器”，设置以下图层、颜色、线型和线宽：

图层名	颜色	线型	线宽
轮廓	绿色	Continuous	0.50mm
中心线	红色	Center	默认
尺寸线	白红	Continuous	默认

5. 绘制中心线。

（1）选择图层。通过“图层”工具栏，将“中心线”层设置为当前层。单击“图层”工具栏图层列表后的下拉按钮，在中心线上单击，则中心线为当前层，如图3-71所示。

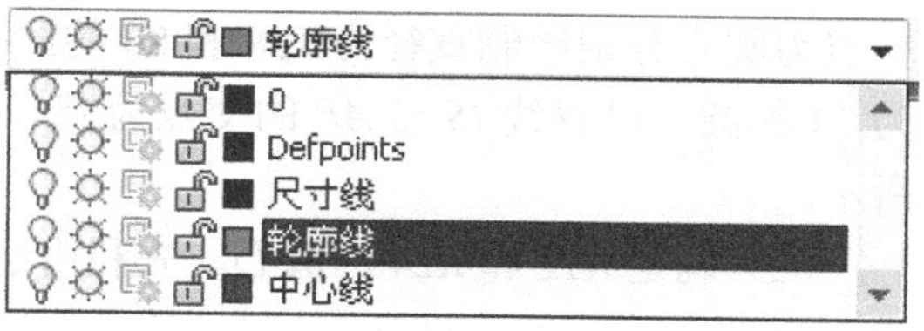

图3-71 图层选择

（2）绘制垂直中心线*AB*和水平中心线*CD*

打开正交，调用直线命令，在屏幕中上部单击，确定*A*点，绘制出垂直中心线*AB*。

在合适的位置绘制出水平直线*CD*，如图3-72所示。

6. 绘制其他基准线。

该图形的中部尺寸*R*28的连接直线段和左右宽度为28的直线段，可以用垂直中心线向左右偏移的方法获得轮廓线，右端*R*12和*R*24两段圆弧的圆心位置可以将水平中心线“旋转(复制)”的方法获得。

（1）在状态栏中输入命令“O”（或在命令图标中单击“偏移”按钮），调用偏移命令，将直线*AB*分别向左右各偏移28个单位和14个单位，获得直线*JK*、*MN*及*QR*、*OP*；将*CD*向上偏移88个单位和250个单位分别获得直线*EF*、*GH*，再将刚偏移所得直线*EF*向上偏移78个单位，获得直线*IS*。

（2）在偏移的过程中，读者会注意到，偏移所得到的直线均为点画线，因为偏移实质是一种特殊的复制，不但复制出元素的几何特征，同时也会复制出元素的特性。因此要将复制出的图线改变到轮廓线层上。

从“图层”栏中选择“轮廓”，使用直线命令在绘图区内任意绘制一条直线，并单击菜单栏中的“特性匹配”按钮，选择绘制的直线后，再选择要改变图线的基准线。结果如图 3-73 所示。

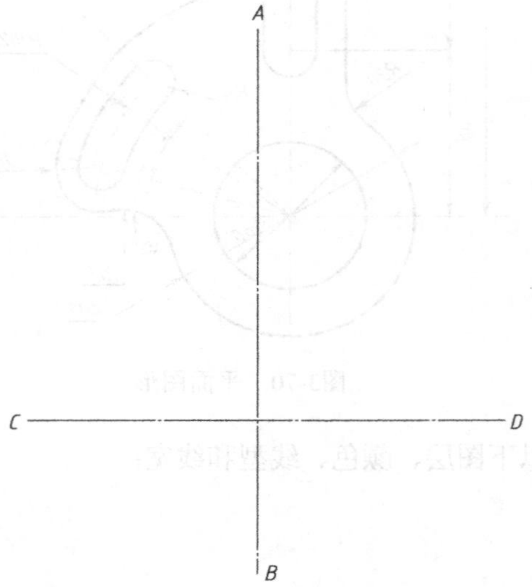

图3-72　绘制中心线

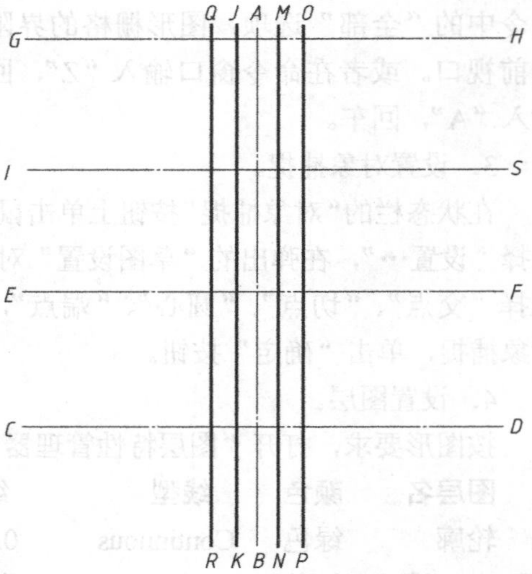

图3-73　绘制基准线

7．绘制轮廓线。

（1）将“轮廓”层作为当前层，调用圆命令，启动对象捕捉功能，以直线 *AB* 与 *CD* 的交点为圆心分别绘制直径为 128 和 80 的同心圆；以直线 *EF* 与 *AB* 的交点为圆心绘制半径为 14 的圆；以直线 *IS* 与 *AB* 的交点为圆心分别绘制半径为 14 和 28 的同心圆，如图 3-74 所示。

（2）确定 *R*12 和 *R*24 的圆心。先利用绘制圆命令绘制 *R*12 基准圆，再在状态栏中输入命令“RO”(或在命令图标中单击“旋转”按钮)，调用旋转命令，将直线 *CD* 作为旋转对象，当状态栏中出现“指定旋转角度，或 [复制 (C)/ 参照 (R)] <15>：”时，选择“复制”选项，输入旋转角度 15°，得到一个新的基准线并交基准圆于 O_1，O_1 即为 *R*12 的圆心位置点。同理，绘制 *R*24 的圆心位置点 O_2。为使基准线清晰，特使用修剪命令将基准圆剪裁至合适位置。如图 3-75 所示。

（3）调用圆命令，以交点 O_1 为圆心，绘制半径为 12 的圆；以交点 O_2 为圆心分别绘制半径为 12 和 24 的同心圆，如图 3-76 所示。

（4）绘制两个半径为 12 的圆的连接弧。在状态栏中输入命令“A”(或在命令图标中单击“圆弧”按钮)，调用绘制圆弧命令，选择“起点、端点、半径”的方式，绘制上、下两个连接圆弧，如图 3-77 所示。

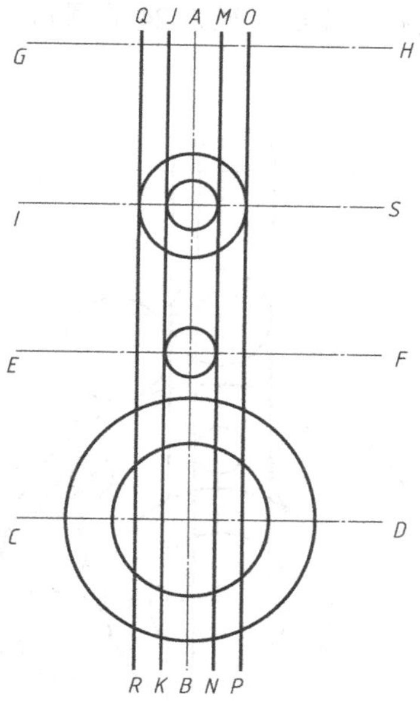

图3-74　绘制已知圆

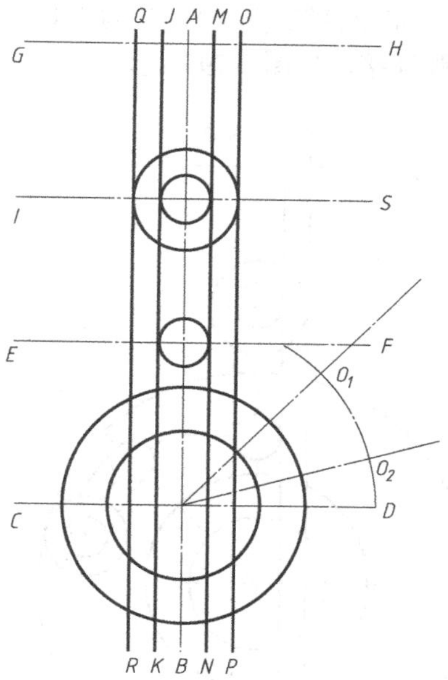

图3-75　确定圆心位置

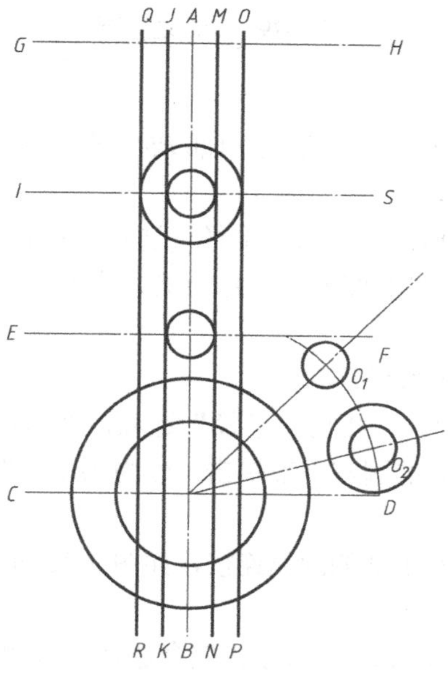

图3-76　绘制已知圆

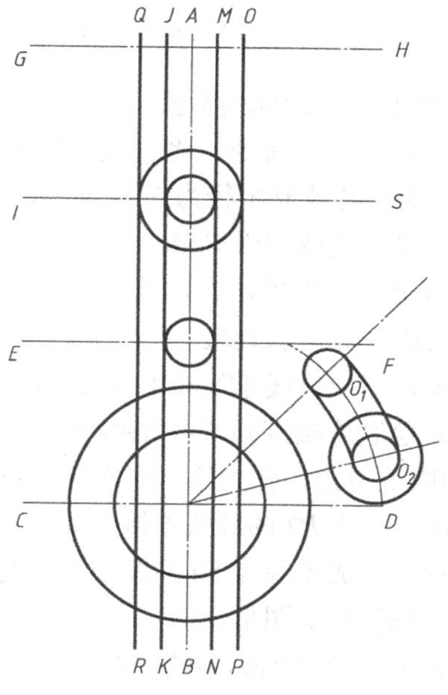

图3-77　绘制连接弧

（5）绘制轮廓辅助圆。利用圆命令和捕捉对象功能，绘制半径为 24 的圆的辅助切圆，如图 3-78 所示。

8．绘制连接圆弧 *R*30 和 *R*25。

调用圆命令，选择“相切、相切、半径”选项，在直线 *OP* 上单击作为第一个对象，在刚绘制的辅助切圆的右上部单击，作为第二个对象，输入半径值后，完成 *R*30 圆弧连接。

同理，完成直线 *QR* 和直径为 128 的圆的圆弧连接；完成半径为 24 的圆和直径为 128 的圆的圆弧连接，如图 3-79 所示。

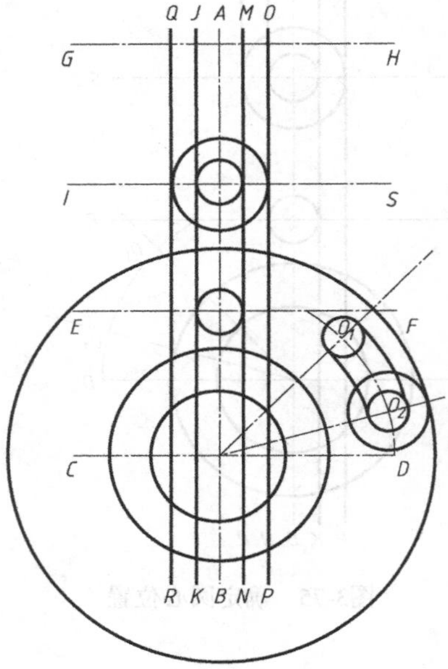

图3-78　绘制辅助切圆

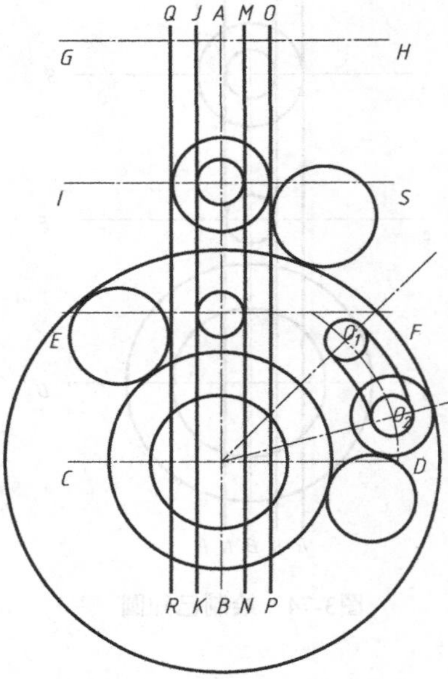

图3-79　绘制连接圆弧

9．绘制图形顶部椭圆弧。

（1）调用偏移命令，将直线 *GH* 向下偏移 5 个单位，得到与顶部 *R*5 圆弧的圆心位置，并以交点为圆心绘制半径为 5 的圆，如图 3-80 所示。

（2）绘制连接圆弧 *R*50。调用圆命令，选择“相切、相切、半径”选项，在直线 *JK* 上单击作为第一个对象，在刚绘制的半径为 5 的圆的左上部单击，作为第二个对象，输入半径值，完成 *R*50 圆弧连接。

同理，完成直线 *MN* 和半径为 5 的圆的右上部的圆弧连接。

（3）绘制连接圆弧 *R*7。调用圆命令，选择“相切、相切、半径”选项，在刚绘制半径为 50 的圆上单击，作为第一个对象，再在半径为 28 的圆左上部单击，作为第二个对象，输入半径值，完成 *R*7 的圆弧连接。

同理，完成半径为 50 的圆和半径为 28 的圆的右上部的圆弧连接，如图 3-81 所示。

10．编辑修剪图形。

（1）使用命令图标中的“修剪”命令，以“交叉窗选”的方式完全选择所有图形元素，剪切各圆、直线和圆弧为题目要求的结果。若是滚轮鼠标，利用滚轮来调节图形局部元素的大小来进行修剪，如图 3-82 所示。

（2）使用“Delete”键删除修剪后余留下的元素，并用夹点编辑或打断的方法调整中心线的长度，完成最后的图形，如图 3-83 所示。

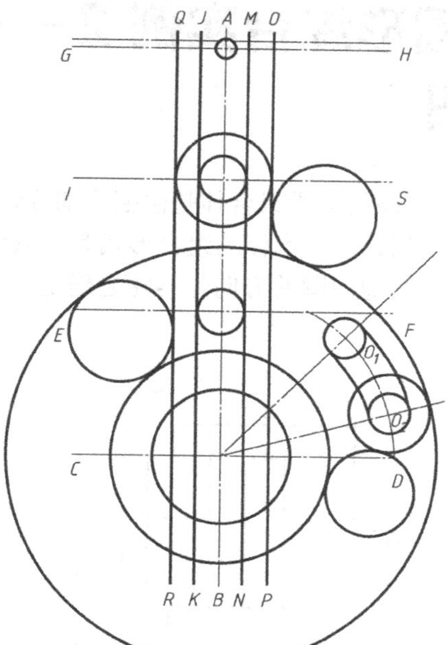

图3-80　绘制圆

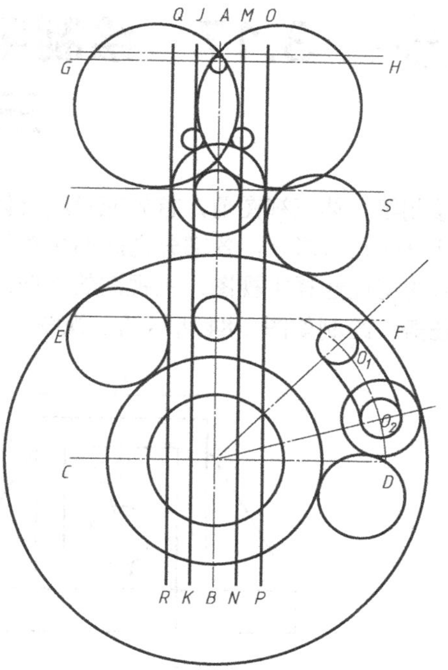

图3-81　绘制圆弧连接

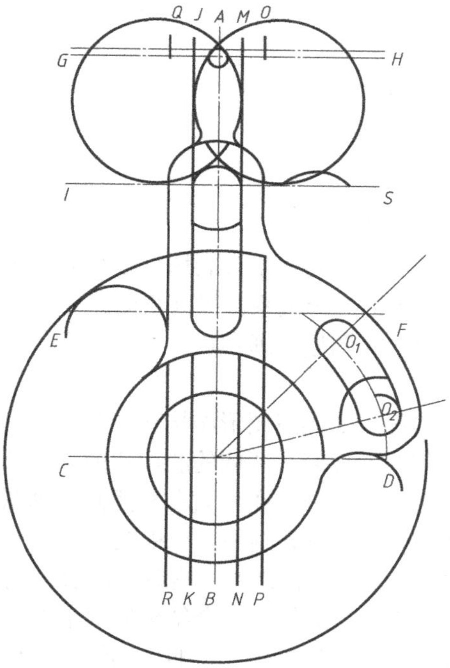

图3-82　修剪后图形

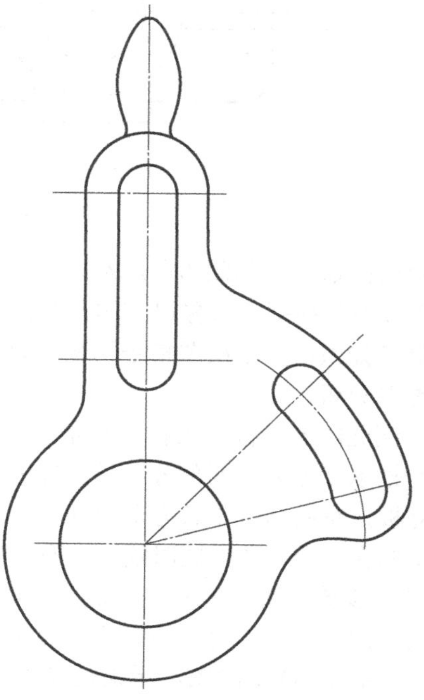

图3-83　完成绘制

11．保存图形。

单击“保存”按钮，选择合适的位置，以“图 3-70”为名保存。

3.17 绘制平面图形综合实例 2——三视图

绘制组合体三视图前，首先应对组合体进行形体分析。分析组合体是由哪几部分组成的，每一部分的几何形状，各部分之间的相对位置关系，相邻两基本体的组合形式等。然后根据组合体的特性选择主视图，主视图的方向确定之后，其他视图的方向也就随之确定。

任务：绘制如图 3-84 所示的三视图。

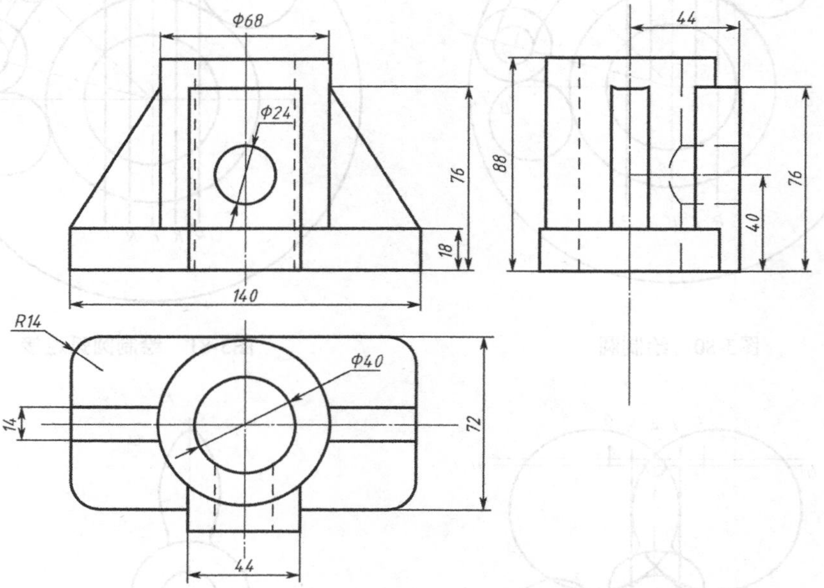

图3-84 轴承座三视图

目的：通过绘制此图形，熟悉三视图的绘制方法和技巧，学会利用“构造线”——即“辅助线”和对象捕捉、对象追踪的方法，来保证三视图的三等关系，提高绘图速度。

具备知识：基本绘图指令、编辑命令、环境设置和图层管理知识。

图形分析：

绘制此图形，首先应利用形体分析方法，读懂图形，弄清图形结构和各图形间的对应关系。此轴承座可分为四部分，长方体的底座、上部的圆柱筒、两侧的肋板和前部带圆孔的长方体立板，空心筒位于长方形板的正上方，肋板对称部分分布在圆筒左右两侧。画图时应按每个结构在三个视图中同时绘制，不要一个视图画完之后再去画另一个视图。

绘制该图形时，应首先绘制出中心线，确定出三视图的位置，然后绘制底板的外形结构，其次绘制圆筒，再次绘制两侧的肋板，前部立板，最后绘制各个结构的细小部分。

在 AutoCAD 下画图，无论是多大尺寸的图形，都可以按照 1∶1 的比例绘制。根据该图形的图形界限可以设置成 A3 纸横放。图层应该包括用到的线型和辅助线。

绘图步骤分解：

1．绘图环境设置。

（1）设置图形界限。新建一张图纸，按该图形的尺寸，图纸大小应设置成 A3，横放，因此图形界限设置为420×297。然后再单击“标准工具栏”上的“全部缩放”按钮，运行“图形缩放”命令中的“全部”选项。

（2）设置对象捕捉。在草图设置对话框中，选择“交点”、“端点”、“中点”、“圆心”等，并启用对象捕捉。

2．设置图层。

按图形要求，打开“图层特性管理器”对话框，设置轮廓线层、中心线层、虚线层、辅助线层及尺寸线层等，线型、颜色、线宽如图3-85所示。

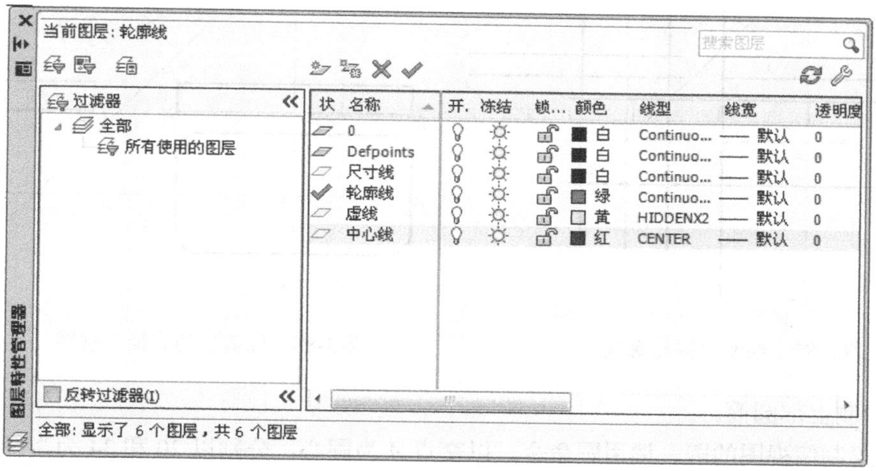

图3-85　图层特性窗口

3．绘制中心线等基准线和辅助线。

（1）绘制基准线。选择中心线层，调用直线命令，绘制出主视图和俯视图的左右对称中心线*BE*，俯视图的前后对称中线*FA*，左视图的前后对称中心线*CD*。在轮廓线层，绘制主视图、左视图的底面基准线*GH*、*IJ*。

（2）绘制辅助线。选择辅助线层，调用构造线命令，通过*FA*与*CD*的交点*C*，绘制一条−45°的构造线，结果如图3-86所示。

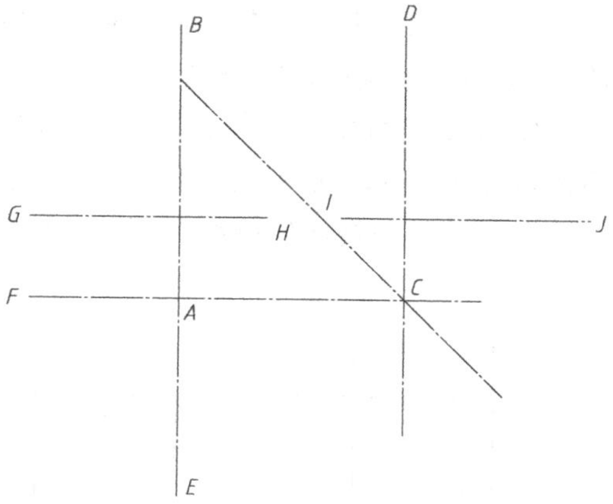

图3-86　绘制基准线及辅助线

4．绘制底板外形。

绘制底板时，可暂时画出其大致结构，待整个图形的大体结构绘制完成后，再绘制细小结构。

（1）利用偏移命令绘制轮廓线。

① 调用偏移命令，将*GH*、*IJ*向上偏移复制18个单位，*AB*直线向左侧、右侧各偏移复制70个单位，*FA*直线向上方、下方偏移复制36个单位，*CD*直线向左侧、右侧各偏移复制36个单位。

② 选择刚刚偏移到得到的点画线型轮廓线，打开“图层”工具栏上的图层列表，将所选择的线调整到轮廓线层。结果如图3-87所示。

（2）用修剪、圆角命令完成底板外轮廓绘制。

用修剪命令、圆角命令修剪三个视图，结果如图3-88所示。

如果觉得三个视图同时偏移后再修剪，图形较乱，感到无从下手，可每个视图分别操作，但这样作图比较慢。

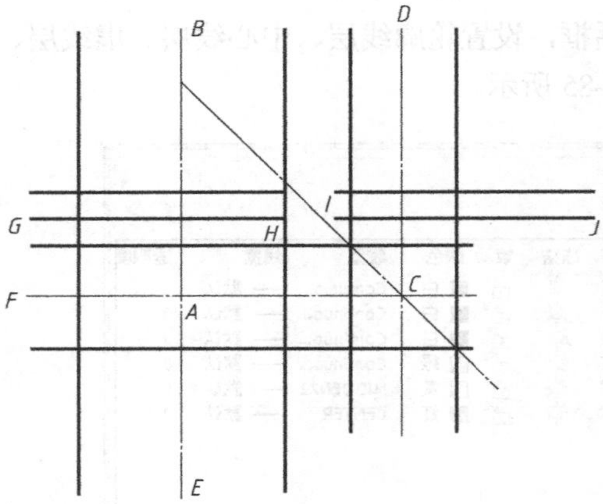

图3-87　绘制底板轮廓线

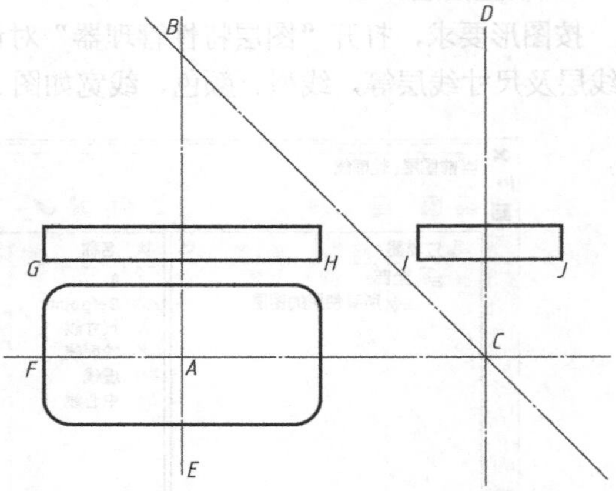

图3-88　修剪后的底板三视图

5．绘制上部圆筒。

（1）绘制俯视图的圆。调用圆命令，以交点 *A* 为圆心，分别以20和34为半径绘制直径为 $\phi 40$ 和 $\phi 68$ 的圆。

（2）绘制主视图和左视图上端直线。

① 画主视图和左视图上端直线。在“编辑”工具栏中单击“偏移”按钮，调用偏移命令，将 *GH*、*IJ* 向上偏移复制88个作图单位。

② 画主视图圆筒内、外圆柱面的转向轮廓线。在“绘图”工具栏中单击“构造线”按钮，调用构造线命令，捕捉俯视图上 *1*、*2*、*3*、*4* 各点绘制铅垂线。

（3）绘制左视图轮廓线。调用偏移命令，将偏移距离分别设置为20和34，对中心线 *CD* 向两侧偏移复制。

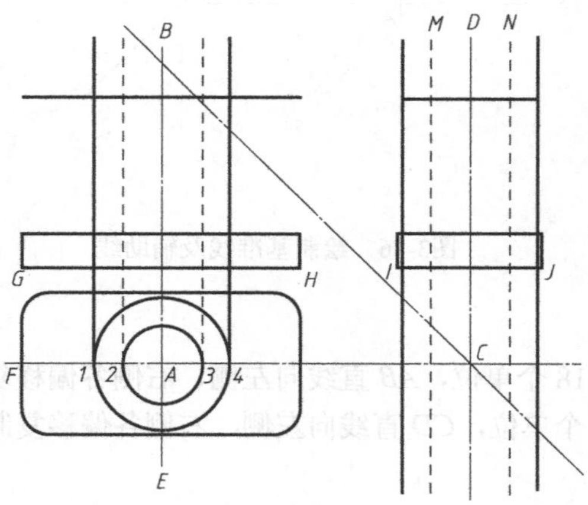

图3-89　绘制圆筒三视图

（4）将内孔线调整到虚线层。利用图层工具栏或特性窗口将内孔线调整到虚线层，结果如图3-89所示。

（5）修剪图形。参照前面修剪步骤，用修剪命令修剪主视图和左视图，结果如图3-90所示。

6．绘制左右肋板。

肋板在俯视图上和左视图上的前后轮廓线投影，可根据尺寸通过偏移对称中心线直接画出，而肋板斜面在主视图和左视图上的投影则是通过三视图的投影关系获得。

（1）俯视图、左视图上偏移复制肋板前后面投影。在“编辑”工具栏中单击“偏移”按钮，调用偏移命令，将中心线 *FC* 向上、下各偏移复制 7 个单位，将中心线 *CD* 向左、右各偏移复制 7 个单位。

（2）确定肋板在主视图、左视图上的最高位置的辅助线。调用偏移命令，将基准线 *GH*、*IJ* 向上偏移复制 58 个单位，得到辅助直线 *PQ*、*RS*。

（3）主视图中，确定肋板的最高位置点。调用构造线命令，捕捉交点 *5*，绘制铅垂线，铅垂线与 *PQ* 的交点为 *6*。直线 *56* 即是圆筒在主视图上的内侧线位置。结果如图 3-91 所示。

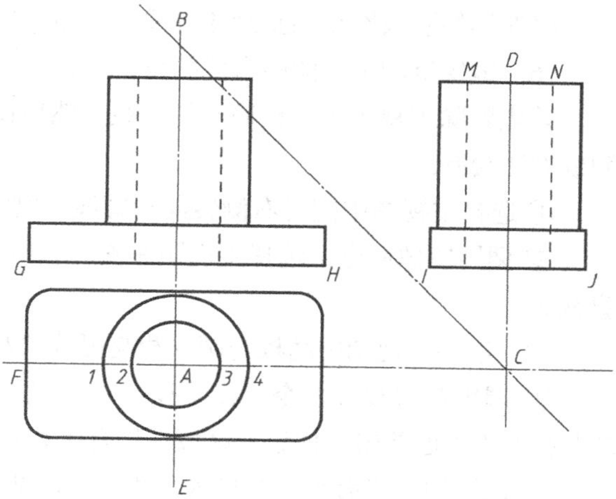

图3-90 绘制圆筒三视图

（4）绘制主视图上肋板斜面投影。

① 调用窗口缩放命令，放大主视图肋板的顶尖部分。

② 调用直线命令，画线连接顶尖点 *6* 和下边缘点 *X*，绘制出主视图中肋板斜面投影，如图 3-92 所示。

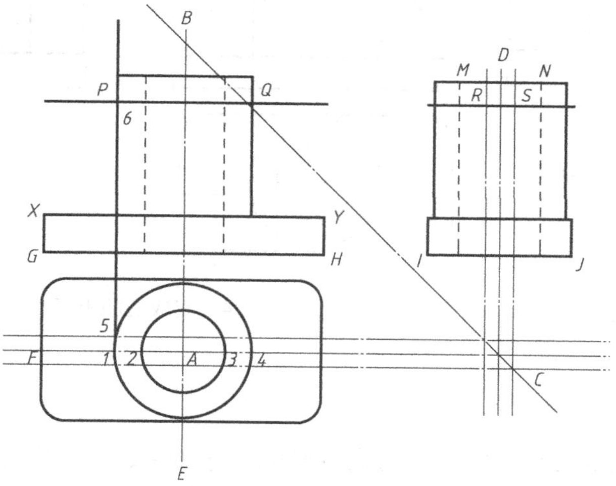

图3-91 绘制肋板三视图

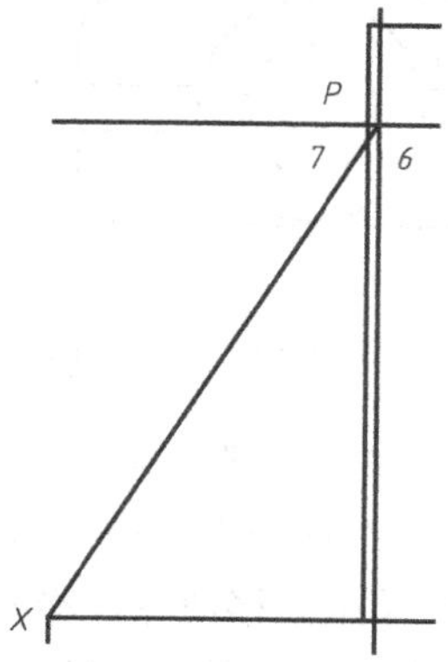

图3-92 连接主视图中的斜线

（5）修剪三个视图中多余的线。调用修剪命令，将主视图的左侧肋板投影，俯视图及左视图中肋板投影修剪成适当长短，在修剪过程中，可随时调用“实时平移”、“实时放大”、“缩放上一窗口”命令，以便于图形编辑。

删除偏移辅助线 *RS*。

将偏移的肋板侧线调整到轮廓线层。结果如图 3-93 所示。

（6）镜像复制主视图中右侧肋板。

首先删除主视图中圆柱筒右侧的线，然后镜像复制右侧线和肋板投影线。也可像画左侧肋板方法绘制。

① 选择主视图中圆筒右侧转向轮廓线，删除。

② 调用镜像命令，选择主视图左侧的三根线，以中心线 *AB* 为镜像轴线，镜像复制三根直线。

（7）绘制左视图中肋板与圆筒相交弧线 *R9S*。

① 调用窗口放大命令，在主视图 *Q* 点的左上角附近单击，向右下拖动鼠标，在左视图 *S* 点右下角附近单击，使这一区域在屏幕上显示。

② 调用构造线命令，选择水平线选项，捕捉圆筒右侧转向轮廓线与右肋板交点 8，绘制水平线，水平线与 *CD* 交点 9。

③ 调用圆弧命令，用三点弧方法，捕捉左视图上端点 *R*，交点 9，端点 *S*，绘制相贯线 *R9S*。

④ 删除辅助线 89，结果如图 3-94 所示。

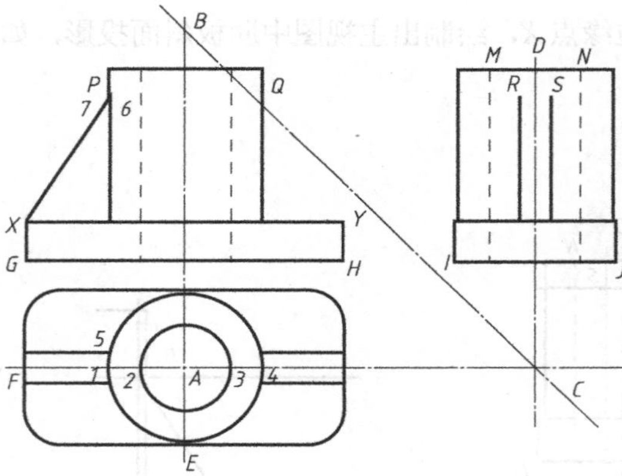

图3-93　修剪后的肋板三视图

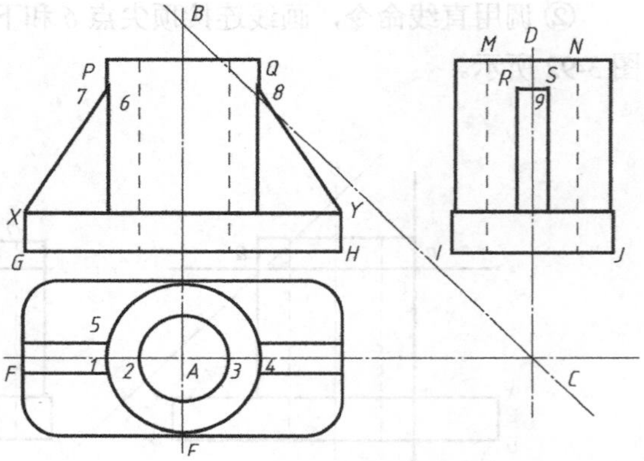

图3-94　完成的肋板三视图

7．绘制前部立板。

（1）绘制前部立板外形的已知线。

① 调用偏移命令，输入偏移距离 22，向左、右方向各偏移复制中心线 *AB*，绘制主视图和俯视图中前板的左右轮廓线。

② 调用偏移命令，输入偏移距离为 76，向上偏移复制基准线 *GH*、*IJ*，得到前板上表面在主视图、左视图中的投影轮廓线。

③ 调用偏移命令，输入偏移距离 44，向下偏移复制俯视图的中心线 *FC*，向右偏移复制左视图的中心线 *CD*，在俯视图和左视图中得到前部立板在俯视图和左视图中前表面的投影。

④ 调用修剪和倒角命令，修剪图形，结果如图 3-95 所示。

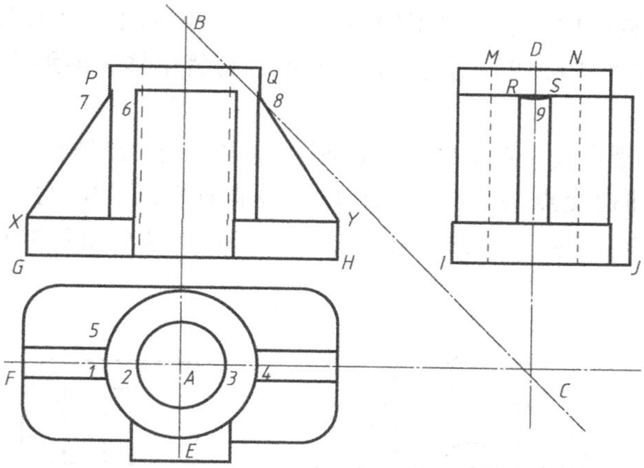

图3-95　绘制前部立板三视图-1

（2）绘制左视图前部立板与圆筒交线 *UV*。

利用对象捕捉和对象追踪功能，用直线命令绘制左视图中前板与圆筒的交线。

① 画左视图中垂线。同时打开“对象捕捉”、“正交”、“对象捕捉追踪”功能，调用直线命令，当命令提示“指定第一点：”时，在 *10* 点附近移动鼠标，当出现交点标记时向右移动鼠标，出现追踪蚂蚁线，移动 -45° 辅助线上出现交点标记时单击鼠标左键，如图 3-96 所示。再向上移动鼠标，在左视图上方单击，绘制出垂直线 *UV*。

② 调用修剪命令，修剪图形，得到前部立板在左视图中的投影，如图 3-97 左视图所示。

（3）绘制前部立板圆孔。首先绘制各视图中圆孔的定位中心线，主视图中的圆，在左视图和俯视图中偏移复制中心线，获得孔的转向轮廓线，再利用辅助线绘制左视图的相贯线。

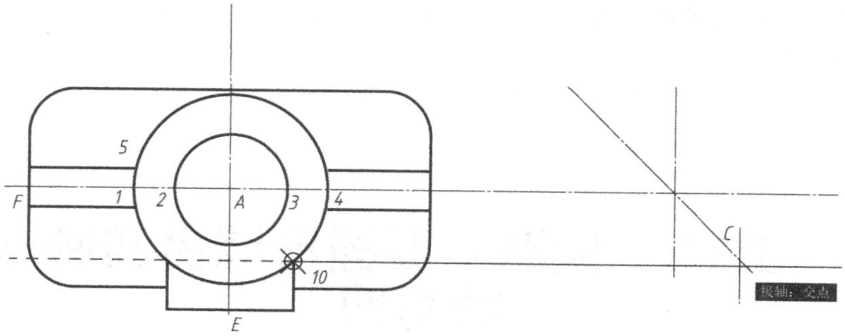

图3-96　绘制前部立板三视图-2

① 调用偏移命令，输入偏移距离“40”，向上偏移复制基准线 *GH*、*IJ*，再将偏移所得到的直线改为到中心线层，调整到合适的长短。

② 绘制主视图中的圆。调用圆命令，以交点 *Z* 为圆心，“12”为半径绘制主视图中孔的投影。

③ 绘制圆孔在俯视图中投影。调用偏移命令，输入偏移距离“12”，将俯视图中的左右对称中心线 *AE* 分别向两侧偏移复制。再将偏移所得到的直线改到虚线层，修剪到合适的长短。

④ 绘制圆孔在左视图中投影。调用偏移命令，输入偏移距离“12”，将左视图中基准线 *IJ* 向上偏移所得到的水平中心线分别向上、下复制。再将偏移所得到的直线改到虚线层，修剪合适的长短。

⑤ 绘制左视图的相贯线。在辅助线层，利用前面用到的绘制前部立板与圆筒在左视图中交线 *UV* 的方法，捕捉交点 *11*，绘制左视图中垂直辅助线 *13*，得到与中心线的交点 *13*。在虚线层，用三点法绘制圆弧，选择点 *12*、*13*、*14* 三点，结果如图 3-97 所示。

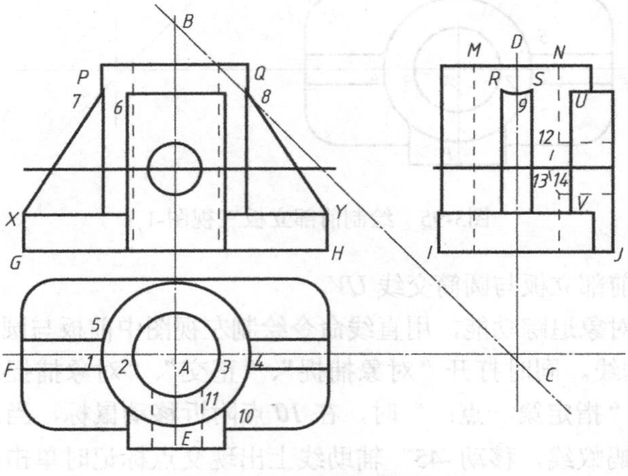

图3-97　绘制前部立板三视图

8．编辑图形。

（1）删除多余的线。

（2）调用打断命令，在主视图和俯视图中间，打断中心线 *BE*。

（3）调整各图中心线到合适的长短，完成全图，如图 3-84 所示。

9．保存图形。

调用保存命令，以“图 3-84”为名保存图形。

3.18　绘制平面图形综合实例 3——轴测图

轴测图又称立体图，常用的有正等测和斜二测。绘制轴测图同时也要对图形进行形体分析，分析组合体的组成，然后作图。

在工程设计中，轴测图是一种常见的绘图方法，它看似三维图形，但实际上是二维图形。

AutoCAD 在绘制正等轴测图时，专门设置了“等轴测捕捉”的栅格捕捉样式。而画斜二轴测图时利用 45° 的极轴追踪很容易绘制。所以这里只介绍正等轴测图的绘制方法。

任务：绘制如图 3-98 所示的轴测图。

目的：通过绘制此图形，熟悉轴测图的绘制方法和技巧。

具备知识：基本绘图命令、编辑命令、栅格捕捉的设置方法。

图形分析：

该图形表示的是一个正等轴测图。水平方向是一个长方体的板上开两个圆形通孔，并倒有圆角。垂直方向是一个内含通孔的圆柱体。中间连接部分有肋板和两个含倒圆角的长方体板组成，其中，水平方向的长方体与圆柱体相切。

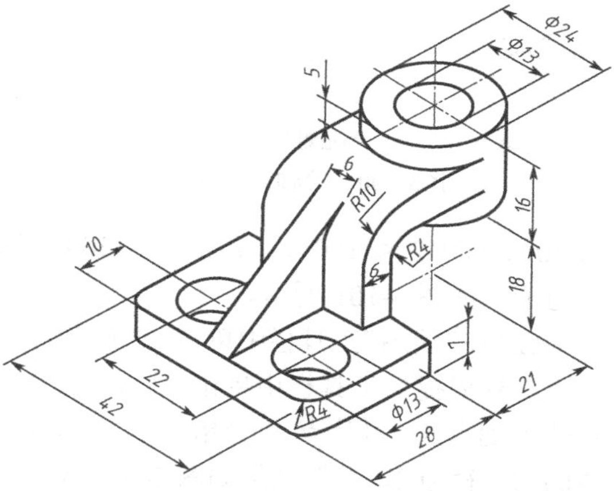

图3-98　轴测图

绘图步骤分解：

1．新建图形

创建一张新图，选择默认设置。

2．设置对象捕捉

绘制该图形时，会常用到“端点”、“中点”、“交点”、“圆心”和“象限点”，打开“草图设置”对话框，选择“对象捕捉”选项卡，设置以上捕捉选项。

3．设置图层

该图形只用到了粗实线，所以可以只设置一个“轮廓线”层，线型为Continuous，线宽为0.5mm。

4．设置捕捉类型和样式

在状态栏的“捕捉”或“栅格”按钮上单击鼠标右键，弹出“草图设置”对话框，在“捕捉和栅格”选项卡上，将“捕捉类型和样式”设置为“等轴测捕捉”，并在“捕捉间距”选项区域中将 *X* 和 *Y* 捕捉间距设为“1”，如图3-99所示。

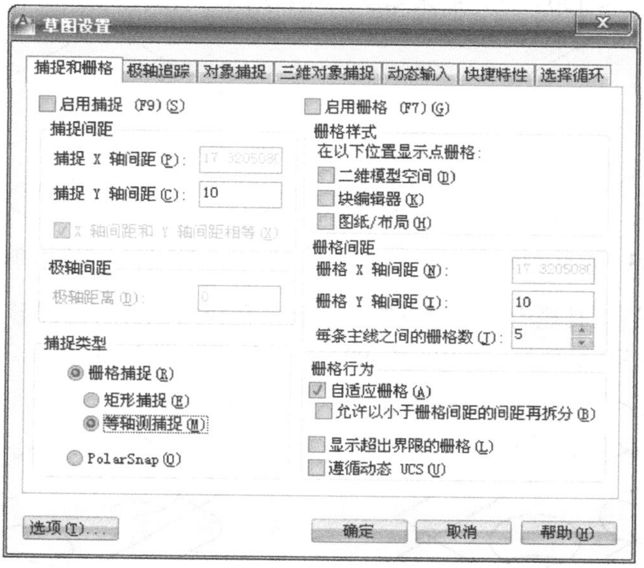

图3-99　“草图设置”对话框

此时光标变成了等轴测方向，如图3-100所示。光标方向可通过“F5”键切换。本图先

图3-100　等轴测光标

将等轴测面的上平面设置为当前平面。

5．绘制水平底面。

（1）在“绘图”工具栏中单击“直线”按钮，并在绘图窗口中任意位置单击，确定直线的起点。并使用相对极坐标，依次指定点（@28＜30）、（@42＜150）、（@28＜-150）、（@42＜-30），在等轴测模式下绘制一个封闭的四边形，如图3-101所示。

（2）在“绘图”工具栏中单击“椭圆”按钮，并在命令行输入I，切换到等轴测图绘制模式。在“对象捕捉”工具栏中单击“临时追踪点”按钮，然后从点*1*开始沿30°方向追踪4个单位得到点*5*，再从点*5*开始沿150°方向追踪4个单位，单击确定圆心位置。指定等轴测图圆的半径为4，绘制结果如图3-102所示。

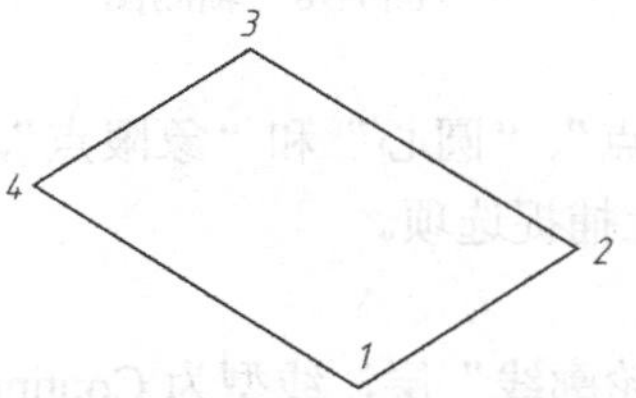

图3-101　绘制四边形

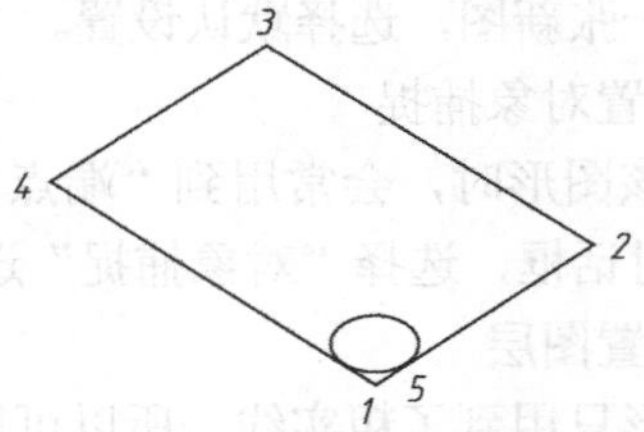

图3-102　绘制等轴测圆

（3）使用同样方法，从点*1*开始沿30°方向追踪10个单位得到临时点，再从该点开始沿150°方向追踪10个单位，单击确定圆心位置，绘制一个半径为“6.5”的等轴测圆，结果如图3-103所示。

（4）在“修改”工具栏中单击“复制”按钮，选择半径为“4”的圆，以该圆的圆心为基点，将其复制到点（@34＜150）处，结果如图3-104所示。

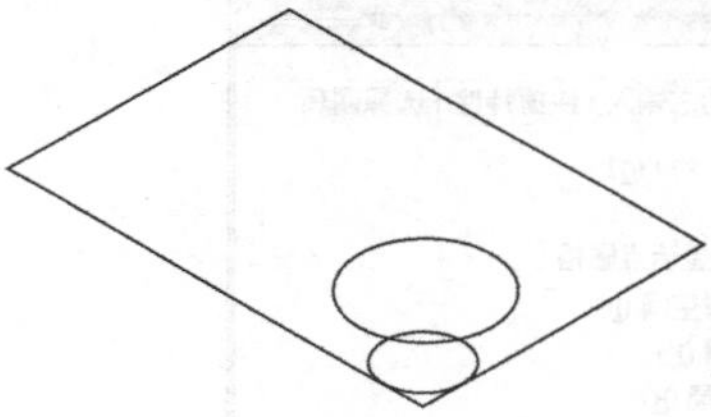
图3-103　绘制半径为10的圆

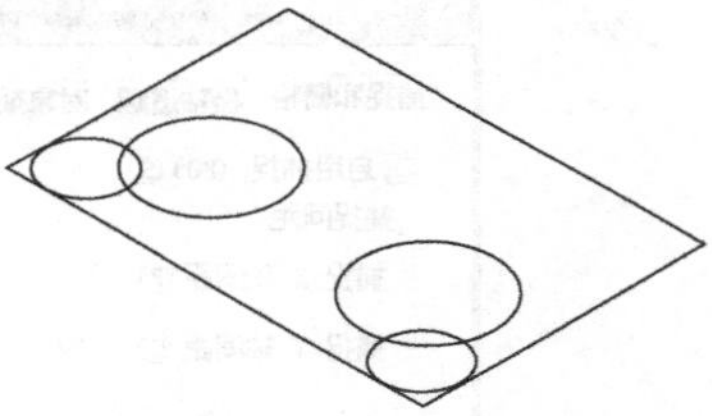
图3-104　复制绘制的圆

（5）在“修改”工具栏中单击“复制”按钮，选择绘制的所有图形，以半径为“4”的圆的圆心为基点，将其复制到点（@7＜-90）处，结果如图3-105所示。

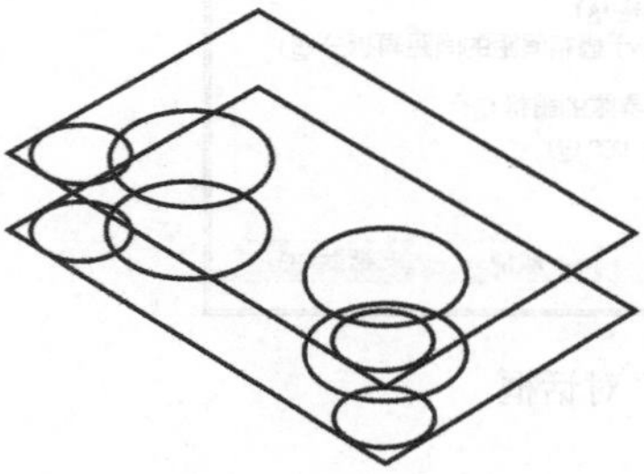
图3-105　复制图形

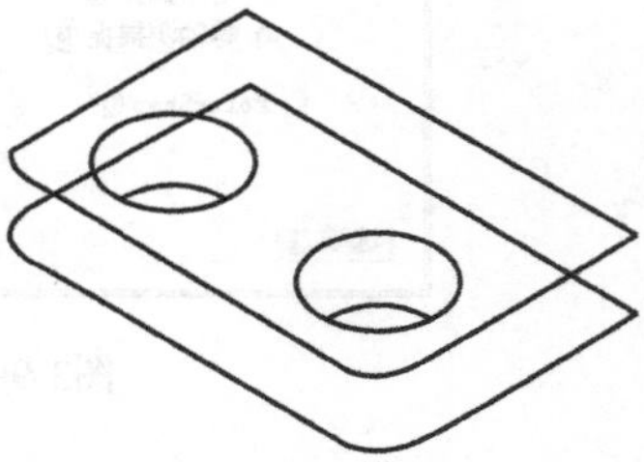
图3-106　修剪后的图形

（6）在“修改”工具栏中单击“修剪”按钮，参照图 3-106 修剪图形。

（7）在“绘图”工具栏中单击“直线”按钮，在“对象捕捉”工具栏中单击“捕捉到象限点”按钮，在轴测图中捕捉第一个象限点为直线的起点，再在“对象捕捉”工具栏中单击“捕捉到象限点”按钮，然后在轴测图中捕捉第二个象限点作为直线的终点，绘制一条外公切线，如图 3-107 所示。

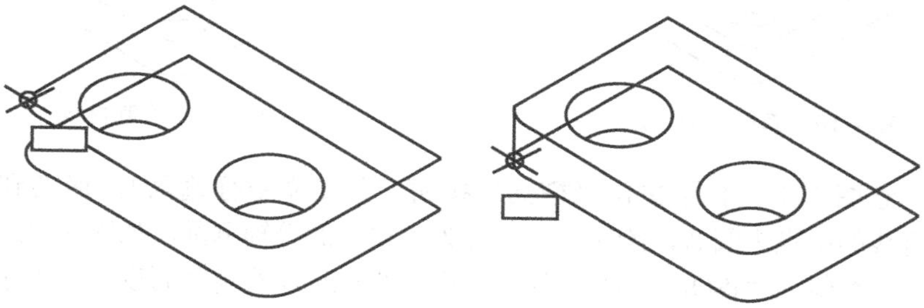

图3-107　绘制外公切线

（8）在“修改”工具栏中单击“修剪”按钮或“删除”按钮，参照图 3-108 所示。

（9）在“绘图”工具栏中单击“直线”按钮，在图中添加一条直线，结果如图 3-109 所示，这样支架的底部就完成了。

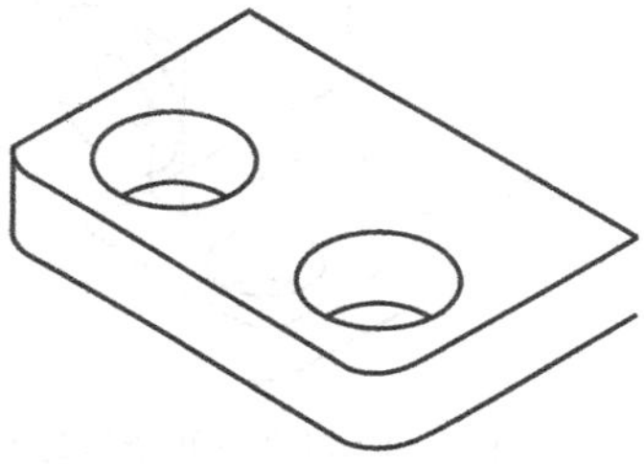

图3-108　修剪后的图形

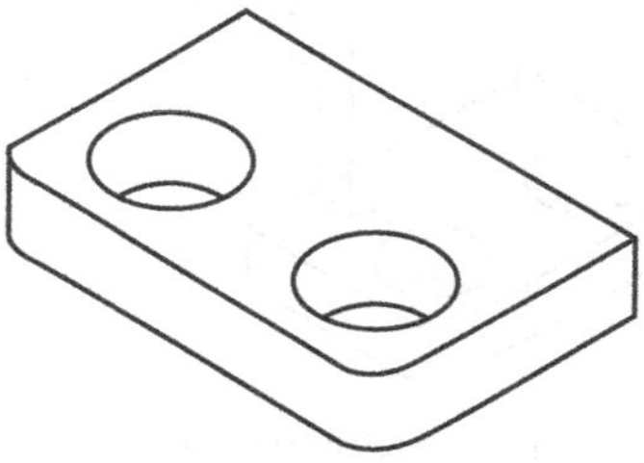

图3-109　绘制直线

6. 绘制中间连接部分和圆柱体部分。

（1）在命令行输入“ISOPLANE 命令”，并在“输入等轴测图平面设置”提示下，将当前等轴测面设置为右平面。

（2）在“绘图”工具栏中单击“直线”按钮，在“对象捕捉”工具栏中单击“捕捉自”按钮，捕捉点 *2*，然后依次指定点（@9 ＜ 150）、（@16 ＜ 90）、（@21 ＜ 30）、（@6 ＜ 90）、（@27 ＜ 150）、（@22 ＜ -90）、（@6 ＜ 30），绘制一个 L 型，如图 3-110 所示。

（3）在命令行输入“ISOPLANE”命令，并在“输入等轴测平面设置”提示时，将当前等轴测面设置为左平面。

（4）在“绘图”工具栏中单击“直线”按钮，以点 *6* 为起点，然后依次指定点（@24 ＜ 150）、（@22 ＜ 90）、（@27 ＜ 30）、（@24 ＜ -30），绘制直线并与 L 型图形相连接，如图 3-111 所示。

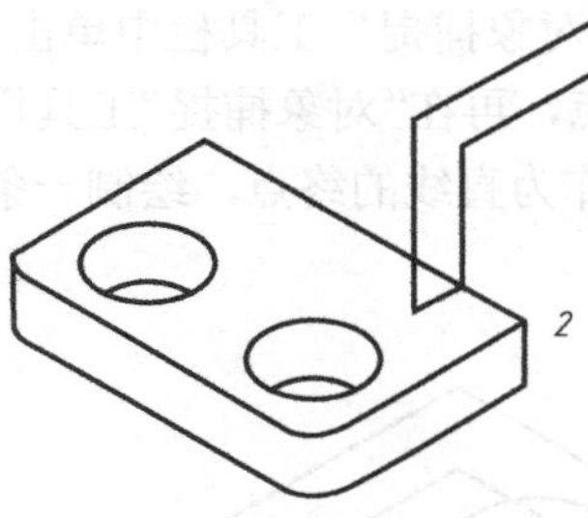

图3-110 修剪后的图形

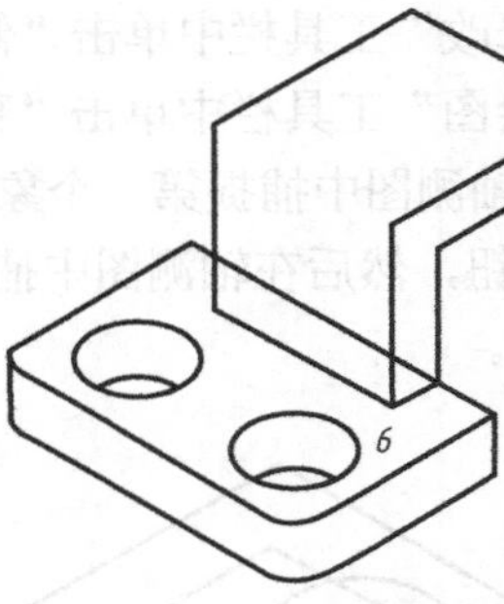

图3-111 绘制直线

（5）在“绘图”工具栏中单击“椭圆”按钮，并在命令行输入I，切换到等轴测圆绘制模式。以直线的中点为圆心，绘制一个半径为“12”的等轴测圆，如图3-112所示。

（6）在命令行输入“ISOPLANE”命令，并在“输入等轴测平面设置”提示时，将当前等轴测面设置为右平面。在“绘图”工具栏中单击“椭圆”按钮，并在命令行输入I，切换到等轴测圆绘制模式，并在如图3-113所示位置绘制半径为“4”和半径为“10”的等轴测圆（圆的中心的确定方法参照步骤2）。

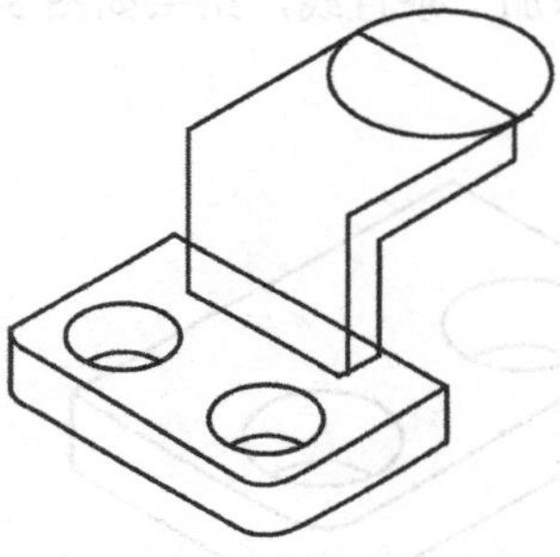

图3-112 绘制等轴测圆

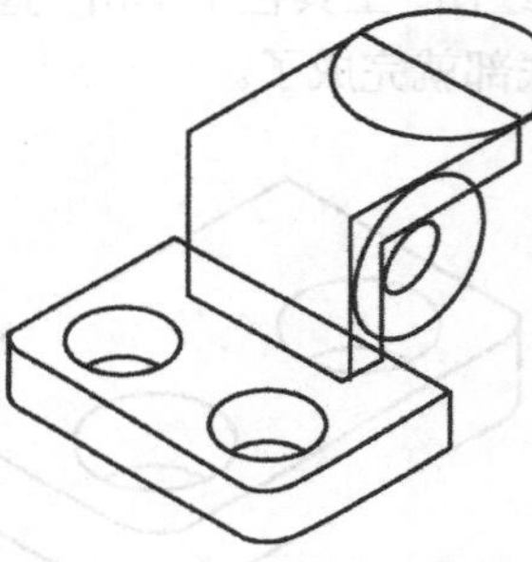

图3-113 绘制另外两个等轴测圆

（7）在“修改”工具栏中单击“复制”按钮，分别以等轴测圆的圆心为基点，将半径为12的圆在向上（90°）5个单位和向下（-90°）11个单位处分别复制一份；将半径为10的圆在150°方向24个单位处复制一份，结果如图3-114所示。

（8）在“修改”工具栏中单击“修剪”按钮或“删除”按钮，参照图3-115所示修剪图形。

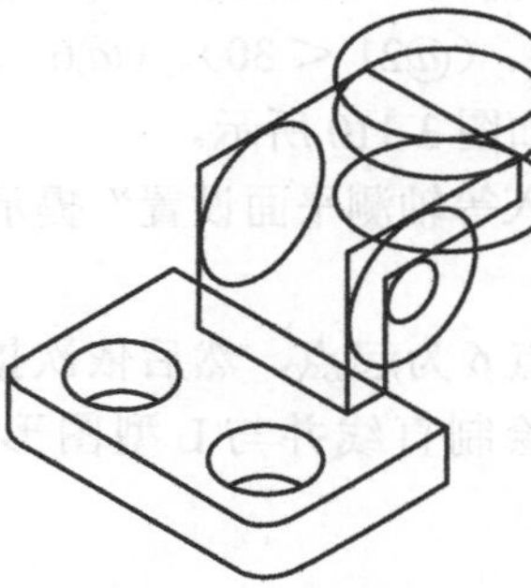

图3-114 复制等轴测圆

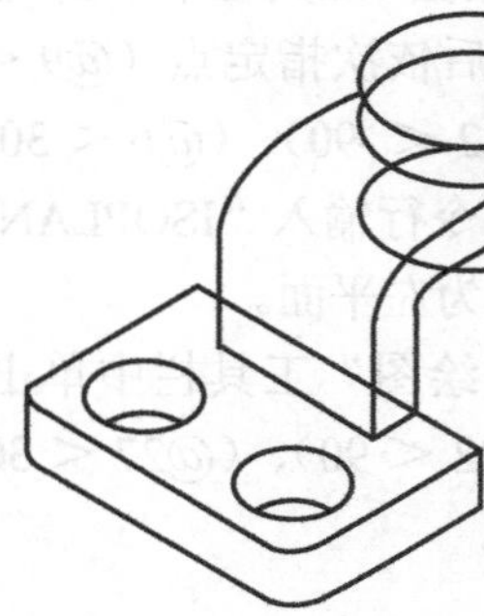

图3-115 修剪图形

（9）在“绘图”工具栏中单击“直线”按钮，参照步骤（7），绘制等轴测圆的两条外公切线，如图 3-116 所示。

（10）在“修改”工具栏中单击“修剪”按钮或“删除”按钮，参照图 3-117 修剪图形。

（11）连续按“F5”键，直至命令行显示“< 等轴测平面上 >”，将等轴测面的上平面设置为当前平面。在“绘图”工具栏中单击“椭圆”按钮，并在命令行输入 I，切换到等轴测圆绘制模式。并以半径为 12 的等轴测圆的圆心为圆心，绘制一个半径为 6.5 的等轴测圆，如图 3-118 所示。

（12）连续按“F5”键，直至命令行显示“< 等轴测平面右 >”，将等轴测面的右平面设置为当前平面。在“修改”工具栏中单击“复制”按钮，以点 *6* 为基点，该处的直线和与之相连的圆弧在 150° 方向 9 个单位处复制一份，结果如图 3-119 所示。

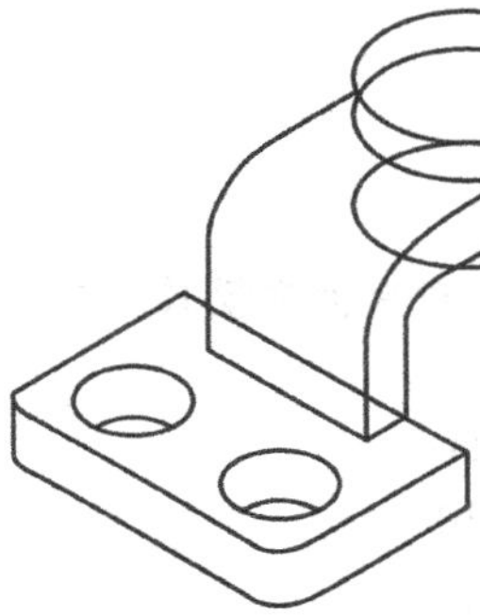

图3-116　绘制外公切线

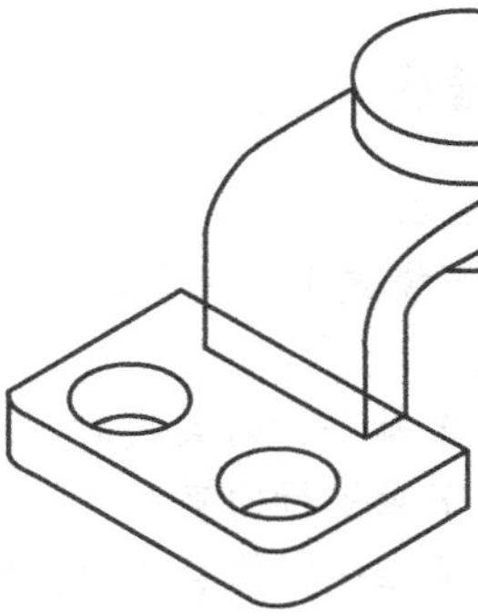

图3-117　修剪图形

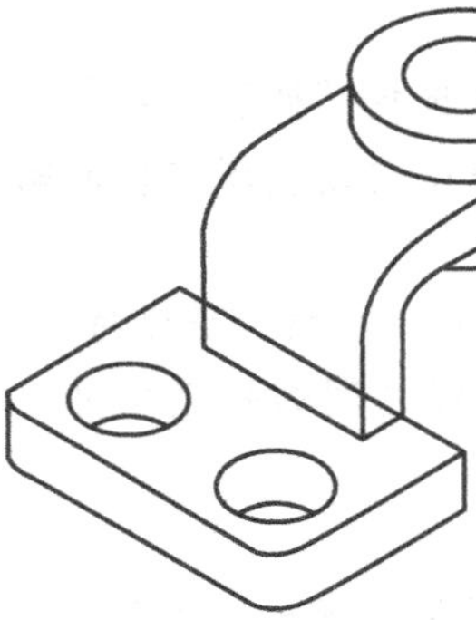

图3-118　绘制等轴测圆

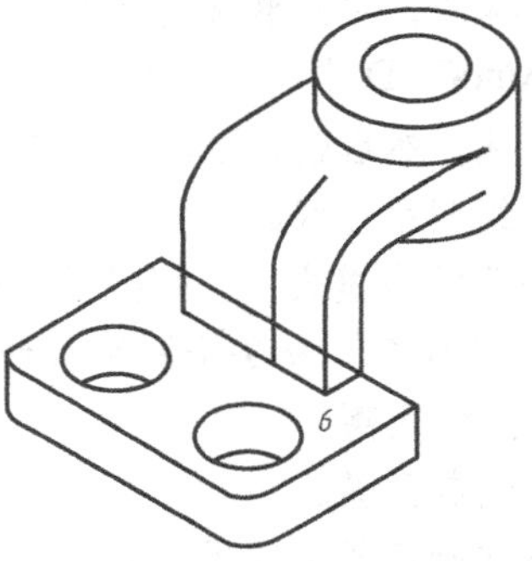

图3-119　复制图形

（13）在“绘图”工具栏中单击“直线”按钮，以点 *7* 为直线的起点，依次指定点（@22 ＜ -150）和圆的切点，绘制直线如图 3-120 所示。

（14）在“修改”工具栏中单击“复制”按钮，以点 *7* 为基点，将绘制的切线部分在 150° 方向 6 个单位处复制一份，结果如图 3-121 所示。

（15）在“修改”工具栏中单击“修剪”按钮或“删除”按钮，参照题图。

7. 保存图形。

选择“文件”/“保存”命令，保存等轴测图。

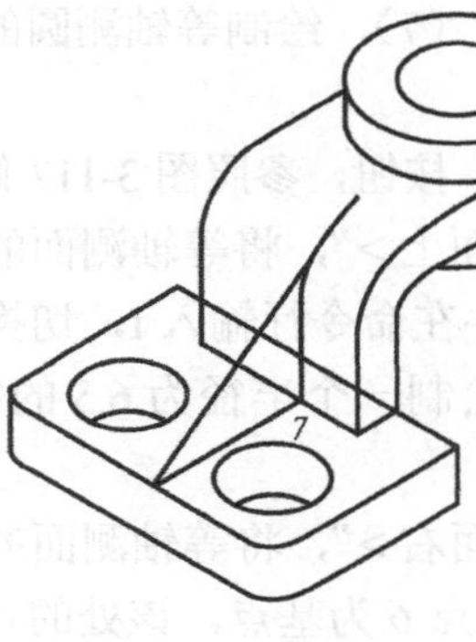

图3-120　绘制直线

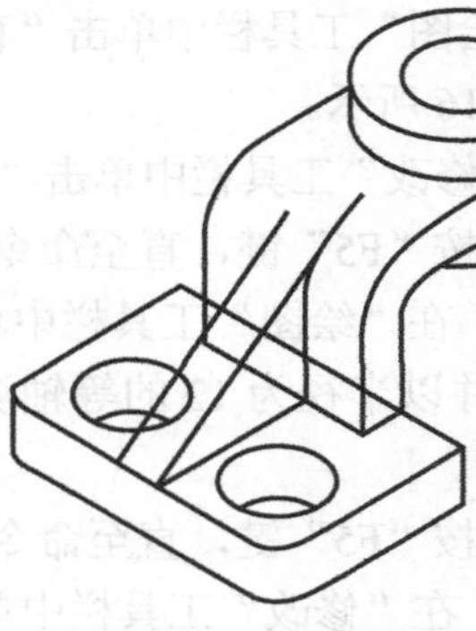

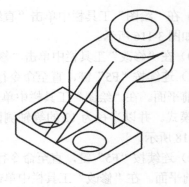

图3-121　复制直线

特别提示

(1) 绘制直线。

在轴测投影模式下绘制直线的最简单方法就是使用捕捉、对象捕捉模式及相对坐标。应注意以下几点。

① 绘制与 X 轴平行的直线时，极坐标角度应为 30° 或 -150°。

② 绘制与 Y 轴平行的直线时，极坐标角度应为 -150° 或 30°。

③ 绘制与 Z 轴平行的直线时，极坐标角度应为 90° 或 -90°。

(2) 绘制圆。

正交视图中绘制的圆在轴测投影图中将变为椭圆。因此，若要在一个轴测面内画圆，必须画一个椭圆，并且椭圆的轴在此等轴面内。

在 AutoCAD 中，为了方便绘制轴测投影图中的椭圆，可选择“椭圆命令”中的“等轴测圆”选项，然后输入圆心的位置、半径或直径，这时椭圆就会自动出现在当前轴测面内。

(3) 绘制平行线。

在轴测投影模式下，“复制”命令主要用于复制图形和绘制平行线。需要特别注意的是，如果使用“偏移”命令绘制平行线时，偏移距离为两条平行线之间的垂直距离，而不是沿 30° 方向上的距离。

(4) 绘制圆弧。

圆弧在轴测投影视图中以椭圆弧的形式出现。因此，在绘制圆弧时，可首先绘制一个整圆，然后使用“修剪”或“打断”工具，去掉多余部分即可。

习　题　3

1. 平面图形绘制练习。

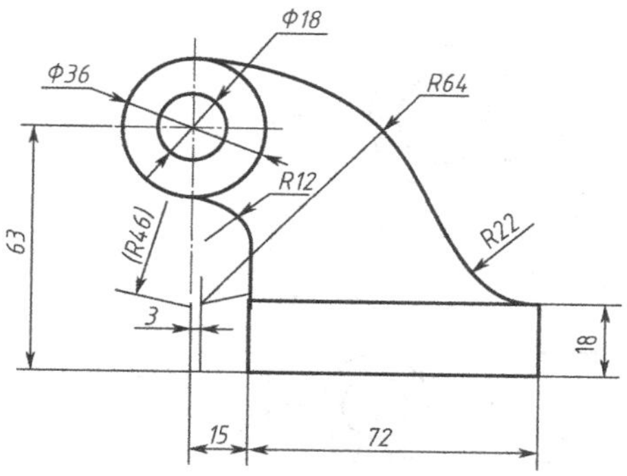
Φ18
Φ36
R64
R12
(R46)
R22
63
3
18
15
72
(a)

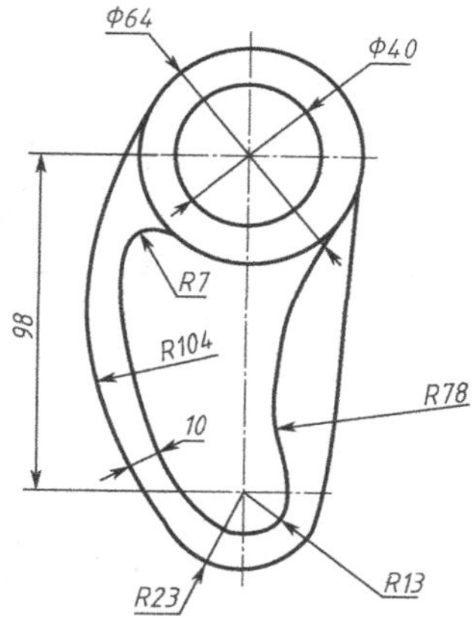
Φ64
Φ40
R7
98
R104
R78
10
R23
R13
(b)

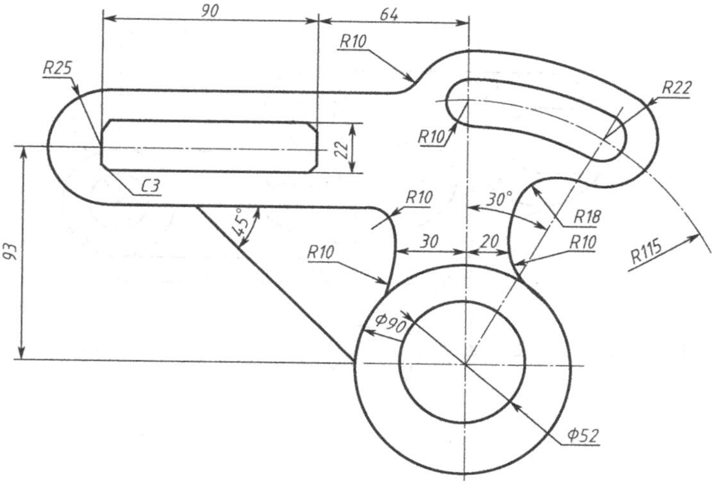
90
64
R10
R25
R22
R10
22
C3
R10
30°
45°
R18
93
R10
30
20
R10
R115
Φ90
Φ52
(c)

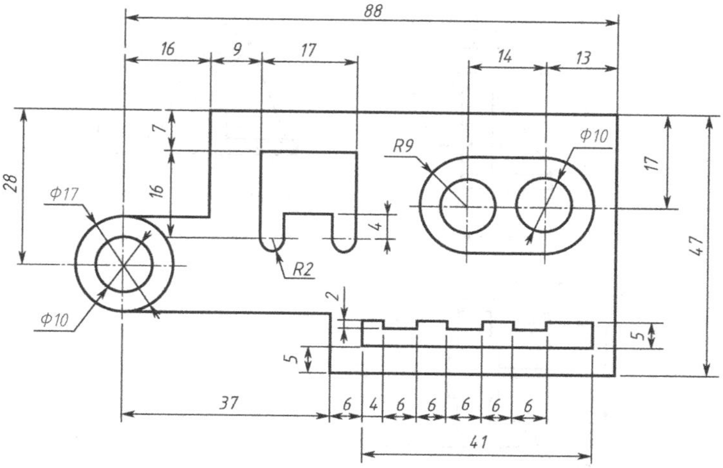
88
16
9
17
14
13
7
R9
Φ10
28
Φ17
16
17
4
47
R2
2
Φ10
5
5
37
6
4
6
6
6
6
6
41
(d)

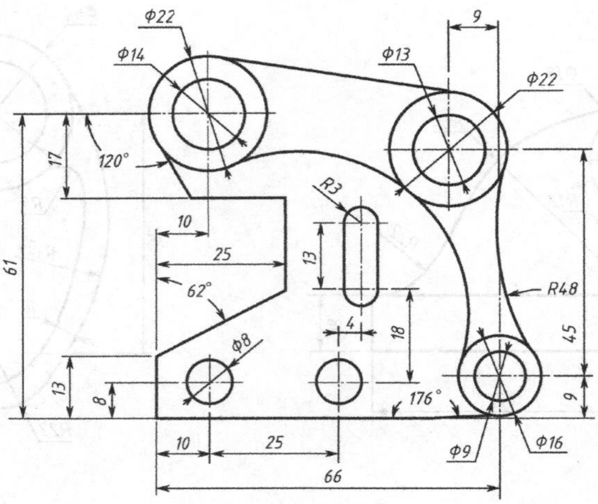

(e)

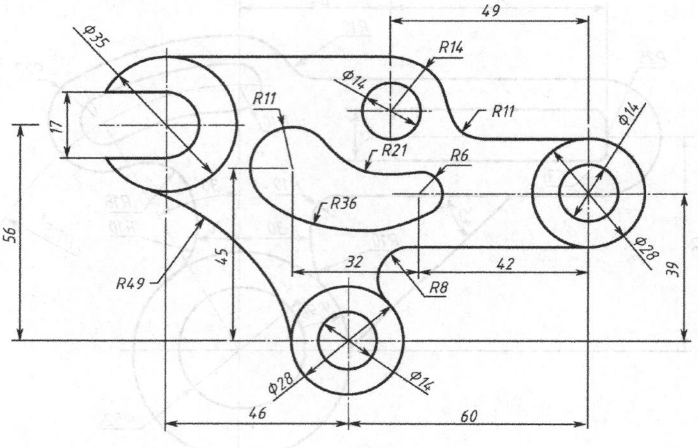

(f)

2. 三视图绘制练习。

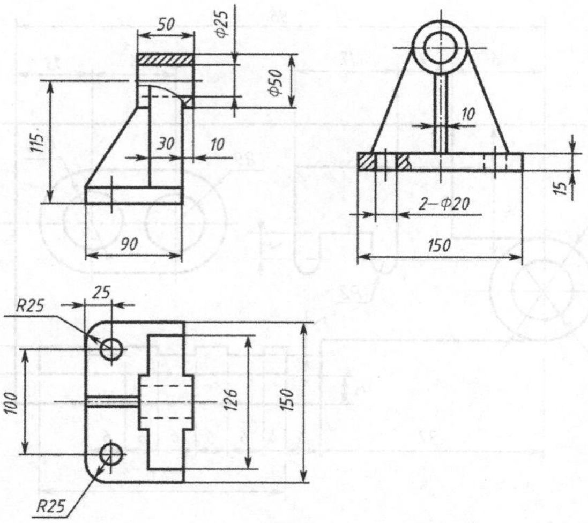

(a)

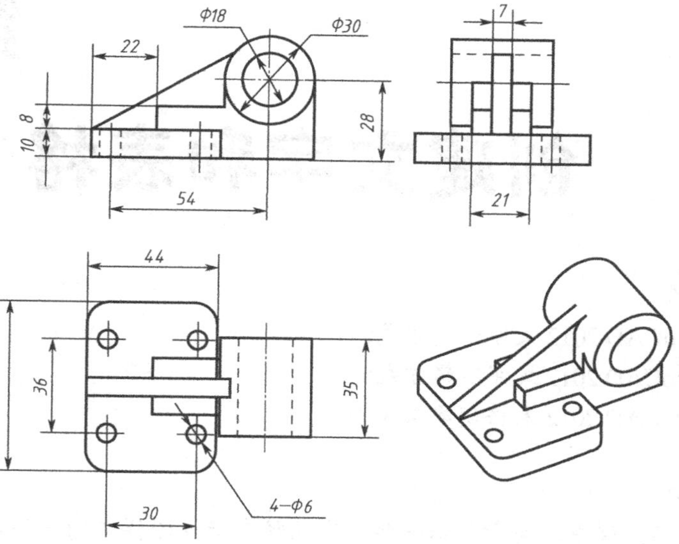

（b）

3．轴测图绘制练习。

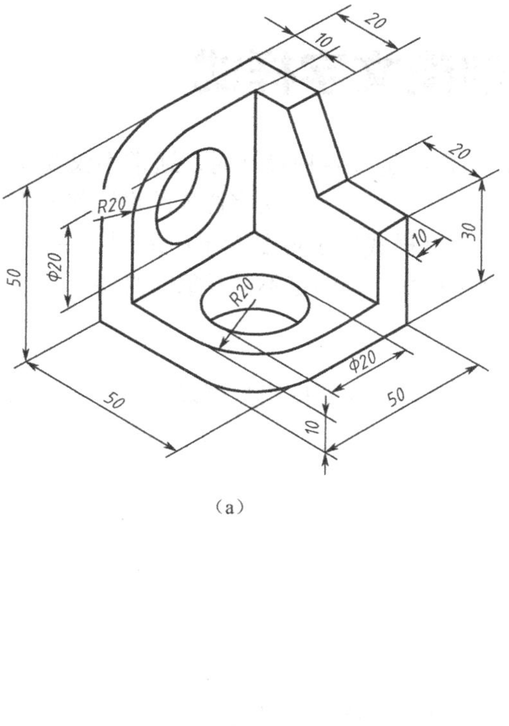

（a）

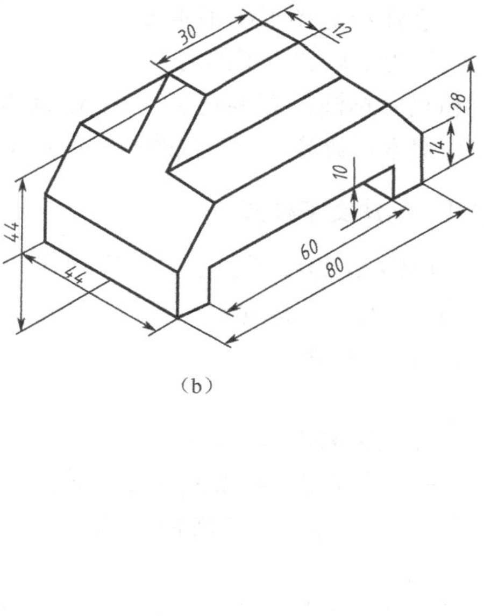

（b）

第 4 章

创建文字和表格

教学目标

1. 掌握 AutoCAD 2012 文字创建方式;
2. 掌握 AutoCAD 2012 文字编辑方式;
3. 掌握 AutoCAD 2012 表格创建及编辑。

本章要点

在一个完整的图样中，通常包括一些文字注释来标注图样中的一些非图形信息。例如，机械工程图样中的技术要求、装配说明等。本章将介绍文字样式和表格的创建方法和编辑方法。

4.1 创建文字样式

文字注释是图形中很重要的一部分内容，用户在进行各种设计时，通常不仅要绘出图形，同时为了增加图形的可读性，还要在图形中标注一些文字。文字样式的设置就成为进行文字和尺寸标注的首要任务。在 AutoCAD 中，文字样式用于控制图形中所用文字的字体、高度和宽度系数等。在一幅图形中可定义多种文字样式，以满足不同对象的需要。

4.1.1 创建文字样式

AutoCAD 2012 提供了“文字样式”对话框，通过该对话框用户可以方便、直观地定制需要的文本样式，或是对已有样式进行修改。

1．输入命令。

命令图标：A

操作提示：格式→文字样式

命令窗口：STYLE(ST)

通过上述方法，用户即可打开如图 4-1 所示的“文字样式”对话框。

2．默认情况下，文字样式名为 Standard，字体为 txt.shx，高度为 0，宽度比例为 1。如要生成新的文字样式，用户可在该对话框中单击“新建”按钮，打开“新建文字样式”对话框，在“样式名”编辑框中输入文字样式名称，如图 4-2 所示。

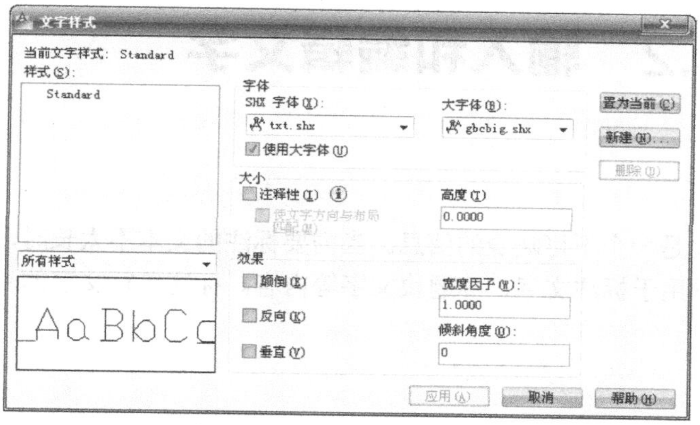

图4-1 “文字样式”对话框

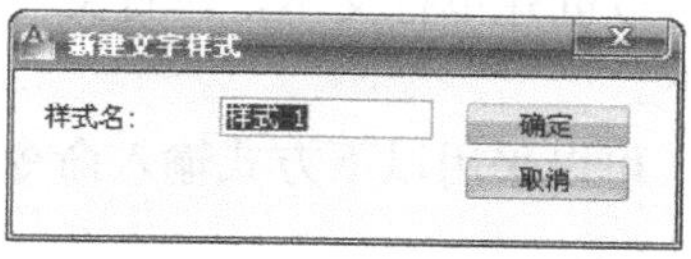

图4-2 “新建文字样式”对话框

3. 单击“确定”按钮，返回“文字样式”对话框。

4. 在“字体”设置区中，设置字体名、字体样式和高度。

5. 单击“应用”按钮，将对文字样式进行的设置应用于当前图形。

6. 单击“关闭”按钮，保存样式设置。

4.1.2 “文字样式”中各选项的设置

1.“字体”设置区。

“字体”设置区中的选项用来确定文本样式使用的字体文件、字体风格及字高等。

（1）“字体名”：用于选择字体。

（2）选择“使用大字体”复选框，可创建支持汉字等大字体的文字样式，此时“大字体”下拉列表框被激活，从中选择大字体样式，用于指定大字体的格式，如汉字等亚洲型大字体。常用的大字体样式为 gbcbig.shx。

（3）“高度”：用于设置输入汉字的高度。若设置为 0，输入文字时将提示指定文字高度。若字体高度设置好后，用户将不能再设置字体高度。

2. “效果”设置区。

用户可以通过该区中的选项设置字体的效果，如颠倒、反向、垂直和倾斜等。在具体设置时应注意。以下几点。

（1）“倾斜角度”：该选项与输入文字时“旋转角度（R）”的区别在于，“倾斜角度”是指字符本身的倾斜度，“旋转角度（R）”是指文字行的倾斜度。

（2）“宽度因子”（宽度比例）：用于设置字体宽度。如将仿宋改设为长仿宋体，其宽度因子应设置为 0.67。

（3）颠倒、反向、垂直效果可应用于已输入的文字，而高度、宽度比例和倾斜角度效果只能应用于新输入的文字。“颠倒”复选框用于确定字体是否倒置标注；“反向”复选框用于确定是否将文本文字反向标注；“垂直”复选框用于确定文本是水平标注还是垂直标注。

3.“删除”：单击该按钮，可删除指定的文字样式。

4.2 输入和编辑文字

4.2.1 输入单行文字

用户在绘图过程中，文字标注是一个不可缺少的信息。当需要标注的文本不太长时，用户可以创建单行文本，单行文字常用于标注文字、标题块文字等内容。标注单行文字的步骤如下。

可以采用以下方式输入命令：

命令图标：A|
操作提示：绘图→文字→单行文字
命令窗口：DTEXT(DT)

AutoCAD 提示：

当前文字样式：Standard 当前文字高度：3.5000　　//显示当前文字样式的高度

指定文字的起点或[对正(J)/样式(S)]：单击一点

//在绘图区域中确定文字的起点或选项

指定高度 <3.5000>: 输入字高度值　　//输入文字高度

指定文字的旋转角度 <0>: 输入角度值　　//输入文字旋转的角度

输入文字内容后，按回车键换行。如果希望结束文字输入，可再次按回车键。

4.2.2 设置单行文字的对齐方式

在创建单行文字时，AutoCAD 将提示：

指定文字的起点或[对正（J）/样式（S）]：

其中，输入“J”选择“对正”选项，可以设置文字对齐方式；输入“S”选择“样式”选项，可以设置文字使用的样式。

输入“J”，AutoCAD 提示：

输入选项[对齐(A)/调整(F)/中心(C)/中间(M)/右(R)/左上(TL)/中上(TC)/右上(TR)/左中(ML)/正中(MC)/右中(MR)/左下(BL)/中下(BC)/右下(BR)]：TL↙

//键入选项关键字“TL”，选择左上对齐方式

指定文字的左上点：单击一点　　//指定一点作为文字行顶线的起点

依前述再依次输入字高、旋转角度并输入相应文字内容即可。

特别提示

“指定文字的起点”：用于指定文字标注的起点，并默认为左对齐方式。

(1) 对正（J）：用于指定文字的对齐方式。

(2) 对齐（A）：选择该选项后，AutoCAD 将提示用户确定文字行的起点和终点。输入结束后，系统将自动调整各行文字高度以使文字适于放在两点之间。

(3) 调整 (F)：用于确定文字行的起点和终点。文字高度保持不变，系统将自动调整宽度系数以使文字适于放在两点之间。

(4) 左上 (TL)：文字对齐在第一个文字单元的左上角点。文字注写默认的选项是“左上“方式。

(5) 左中 (ML)：文字对齐在第一个文字单元左侧的垂直中点。

(6) 左下 (BL)：文字对齐在第一个文字单元左下角点。

(7) 正中 (MC)：文字对齐在文字行垂直中点和水平中点。

(8) 中上 (TC)：文字的起点在文字行顶线的中间，文字向中间对齐。

(9) 中心 (C)：用于指定文字行基线的中点，文字向中间对齐。

4.2.3 输入多行文字

单行文本只适用于需要标注的文本不太长时，当用户需要创建较为复杂的文字说明，如图样的技术要求时，就需要通过文字编辑器来编辑多行文字。多行文字编辑器相当于Windows的写字板，包括一个“文字格式”工具栏和一个文字输入编辑器窗口，可以方便地对文字进行录入和编辑。

标注多行文字的命令：

操作提示：绘图→文字→多行文字
命令窗口：MTEXT(MT)

AutoCAD 提示：

当前文字样式 :Standard 当前文字高度：2.5

指定第一角点 :<u>单击一点</u> // 在绘图区域中要注写文字处指定第一角点

指定对角点或 [高度 (H)/ 对正 (J) / 行距 (L)/ 旋转 (R)/ 样式 (S)/ 宽度 (W)]:

指定默认项“对角点”后，AutoCAD 将以两个点为对角点所形成的矩形区域作为文字行的宽度，并打开“文字格式”对话框及文字输入、编辑框，如图 4-3 所示。其具体操作步骤如下。

(1) 在“文字格式”对话框中，可选择“样式”、“字体”、“文字高度”等，同时还可以对输入的文字进行加粗、倾斜、加下划线、文字颜色等设置。可对段落位置不同的对齐方式，字母标记和序号标记给文字加编号，并可用按钮给文字添加项目符号等。还可对输入的字符进行字符间距设置和字符缩放操作。

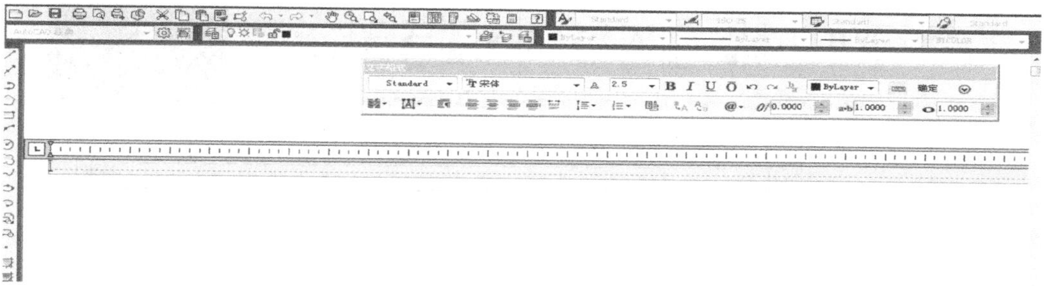

图4-3 “文字格式”对话框及文字输入、编辑框

（2）在文字输入、编辑框使用 Windows 文字输入法输入文字内容。

（3）输入特殊文字和字符。

在文字输入、编辑框中单击鼠标右键，则弹出右键快捷菜单，如图 4-4 所示。选择“符号”，弹出如图 4-5 所示的符号列表；或直接单击“格式”按钮，可以同样列出如图 4-5 所示的符号列表。如果表中所给出的符号不能满足要求，单击“其他”，利用字符影射进行操作。

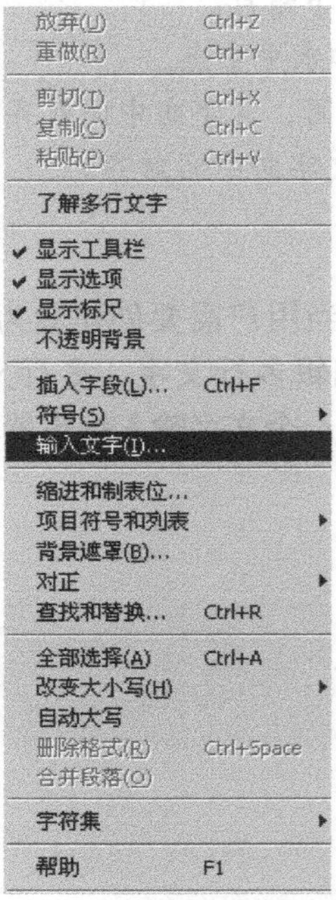

图4-4　多行文字编辑快捷菜单

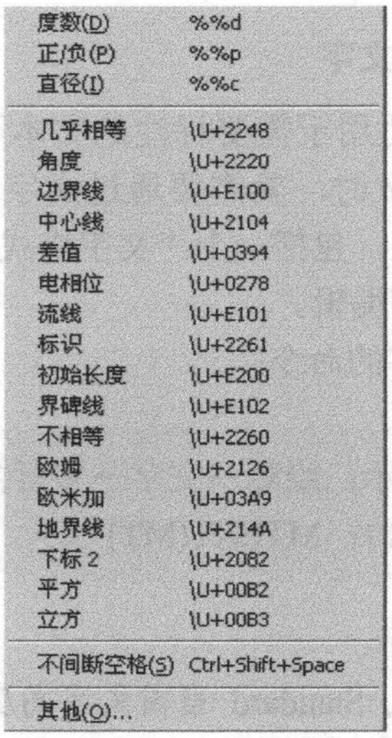

图4-5　符号列表

特别提示

（1）创建堆叠文字。文字堆叠有三种形式：一种是水平堆叠，有分数线形式；第二种是水平堆叠，中间无分数线形式；第三种即斜分数的形式。只有当文字中输入“/”、“#”、“^”这三种堆叠符号之一并选中要堆叠的文字时，“堆叠”按钮才被激活。利用“多行文字编辑器”对话框上的“堆叠”按钮，创建堆叠文字（一种垂直对齐的文字或分数）的操作过程及效果，可见图 4-6 及其文字内容的说明。

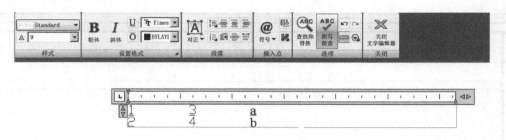

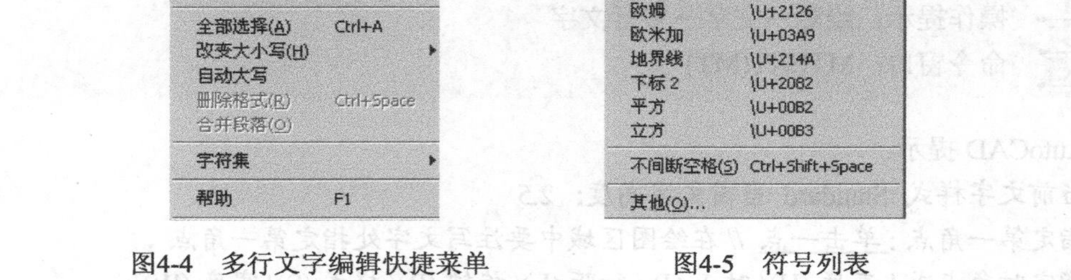

图4-6　文字的堆叠

如输入并选中“123/456”后单击按钮，得到“$\frac{123}{456}$”；

如输入并选中“3#4”后单击按钮，得到“3/4”；

如输入并选中“M2^”后单击按钮，得到“M^2”；

如输入并选中“A^2”后单击按钮，得到“A^2”。

(2) 在文字输入、编辑框中，通过键入 %%d、%%p 、%%c 可以在图样中输出特殊符号“° ”、“±”、“ϕ”。

(3) 文字查找与替换：在“查找和替换”对话框中，可以进行多行文字的查找和替换，如图 4-7 所示。

其操作是：在文字输入、编辑窗口中单击鼠标右键，在快捷菜单中选择“查找和替换”，在弹出的“查找和替换”对话框中，在“查找内容”框中输入要替换成的文字，如“形式”。若要逐个查找和替换，可用“查找下一个”和“替换”按钮实现。若全部替换则单击“全部替换”按钮。之后提示“搜索已完成”，单击“确定”按钮，完成查找和替换任务。

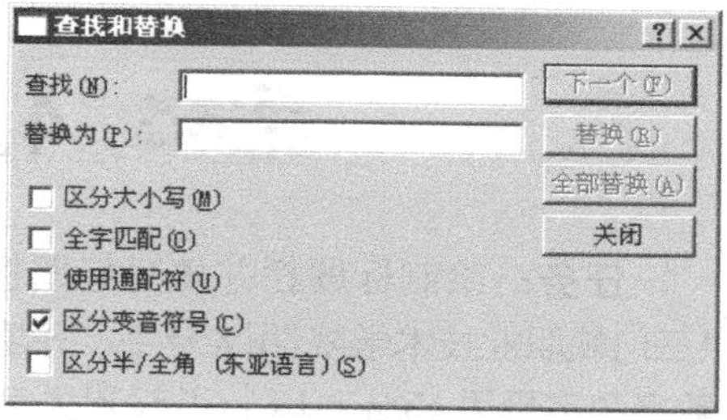

图4-7 “查找和替换”对话框

(4) 插入大段文字。当需要输入的文字很多时，Windows 自带的可以用记事本软件书写成 .txt 文档，然后插入到图形文件中。方法是：在文字输入、编辑窗口中单击右键，选择“输入文字”，在弹出的“选择文件”对话框中，选中需要的文件后，单击“打开”按钮，就将大段已经编好的文字插入到当前的图形文件中了。

(5) 设置背景遮罩。在输入的文字需要添加背景颜色时，可以在多行文字输入和编辑窗口中单击鼠标右键，选择“背景遮罩”，在弹出的“背景遮罩”对话框中，选择“使用背景遮罩”选项，“边界偏移因子”控制的是遮罩的范围，再选择合适的背景颜色，如“黄色”，单击“确定”按钮即完成背景的设置。

(6) 对正编辑。利用“文字格式”工具栏上的各种“对正”按钮可以方便地设置各种对齐方式。

4.2.4 编辑单行文字

对单行文字的编辑主要包括两个方面：修改文字特性和文字内容。要修改文字内容，可直接双击文字，此时进入如图 4-8 所示的编辑文字状态，即可对要修改的文字内容进行修改。要修改文字的特性，可通过修改文字样式来获得文字的颠倒、反向和垂直等效果。如果同时修改文字内容和文字的特性，通过“特性”修改最为方便。

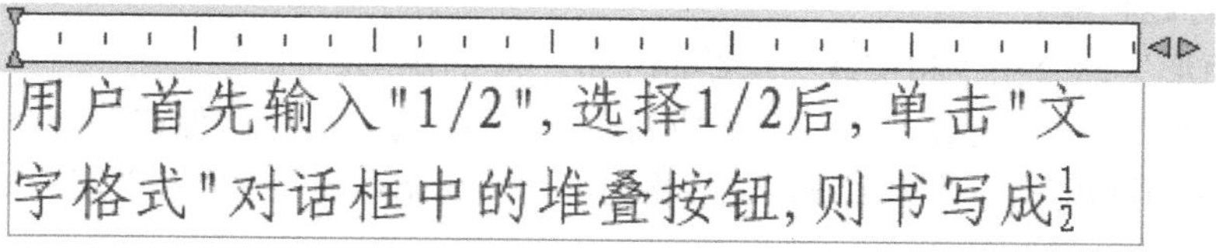

用户首先输入"1/2",选择1/2后,单击"文
字格式"对话框中的堆叠按钮,则书写成$\frac{1}{2}$

图4-8 编辑文字状态

4.2.5 编辑多行文字

编辑多行文字的方法比较简单，可双击图样中已输入的多行文字，或者选中在图样中已输入的多行文字并单击鼠标右键，从弹出的快捷菜单中选择“编辑多行文字”，打开“文字格式”编辑器对话框，然后编辑文字。

如果修改文字样式的垂直、宽度比例与倾斜角度设置，将影响到图形中已有的用同一种文字样式注写的多行文字，这与单行文字是不同的。因此，对用同一种文字样式注写的多行文字的某些文字的修改，可以重建一个新的文字样式来实现。

4.3 文字标注实例

任务：绘制标题栏并填写标题栏内文字。如图4-9所示，其中零件名“阀体”用7号字，“三门峡职业技术学院”用8号字，并填满整个格，其余用5号字。字体：所有汉字用长仿宋体，数字和字母用 gbenor.shx；并设置大字体：gbcbig.shx；根据需要设置合适的对齐方式。

目的：学习掌握单行文字的输入与编辑。

具备知识：基本绘图与编辑命令及图层的应用等。

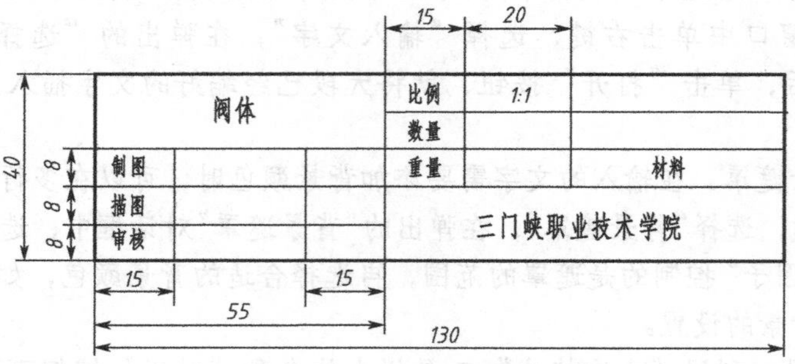

图4-9 文字标注实例

绘图步骤分解：

1．创建图层。

打开“图层管理器”对话框，在“图层管理器”中创建如下图层：

（1）“粗实线”层，颜色为黑色，线宽为0.50mm，线型为Continuous，其他不变；

（2）“细实线”层，颜色为黑色，线宽为默认，线型为Continuous；

（3）“文字”层，颜色为红色，线宽为默认，线型为Continuous。

2．绘制标题栏线。

使用“矩形”命令在“粗实线”层绘制130×40的矩形。

使用“分解”命令将矩形断开，分解成为四个实体对象，使用“偏移”命令复制标题栏的内部直线，再使用修剪命令修剪图线，最后将内部的图线调整到“细实线”层，如图4-9所示。

3．标注文字。

（1）设置文字样式。

单击下拉菜单：“格式”“文字样式”，建立下面两种文字样式：

样式名	字体	字高	宽度比例
汉字	仿宋__GB2312	0	0.67
GB	gbenor.shx（大字体 gbcbig.shx）	0	1

（2）填写图名文字“阀体”。

从键盘输入命令：

命令：_dt↙

当前文字样式：汉字 当前文字高度：0.0000

指定文字的起点或 [对正 (J)/ 样式 (S)]：J↙

输入选项 [对齐 (A)/ 调整 (F)/ 中心 (C)/ 中间 (M)/ 右 (R)/ 左上 (TL)/ 中上 (TC)/ 右上 (TR)/ 左中 (ML)/ 正中 (MC)/ 右中 (MR)/ 左下 (BL)/ 中下 (BC)/ 右下 (BR)]：M↙

//在提示的快捷菜单选项中选择“中间（M）”

指定文字的中间点：名称框的中间点单击

指定高度 <0.0000>：7↙ //给定文字高度

指定文字的旋转角度 <0>：↙ //选择默认旋转角度

然后输入“阀体”，两次回车，结束命令。

（3）填写文字“制图”、“审核”、“比例”、“材料”等项目。

键盘输入“dt”，调用“单行文字”命令：

命令：_dt↙

TEXT

当前文字样式：汉字 当前文字高度：7.0000

指定文字的起点或 [对正（J）/ 样式（S）]： //在“绘制”文字格中左下角位置单击

指定高度 <7. 0000>:5↙ //给定新的高度值

指定文字的旋转角度 <0>：↙

填写“制图”后按两次回车，结束命令。

当然也可以将光标置于其他格中，填写其他文字。这里介绍利用“复制”和“编辑”的方法，这可使填写的文字更加整齐。

调用“复制”命令，以“制图”所在格的左上角点为基准点，复制出如图 4-9 所示位置的文字，然后将各位置上的“制图”编辑成相应的文字。

（4）填写比例值和材料名称。

将“GB”文字样式设置为当前样式，填写比例为“1∶1”。

当填写文字前忘记将当前样式设置为“GB”时，可以在运行命令的过程中，选择已有的文字样式。操作如下：

命令：_dt↙

当前文字样式：汉字 当前文字高度：5.0000

指定文字的起点或 [对正（J）/ 样式（S）]：S↙ //选择其他文字样式

输入样式名或 [？]<汉字>：？↙ //当记不清文字样式名时输入“？”号查询

输入要列出的文字样式 <*>：↙ //回车，弹出文本窗口

在窗口中查询到所需要的样式名后，在命令中输入，然后继续编辑文字。

在书写完文字后，如果认为文字样式不对，可用前面介绍的方法进行文字样式修改。

（5）填写单位名称。填写单位名称“三门峡职业技术学院”时，由于文字较多，又不能太小，所以在填写时使用“调整”（F）”对正方式，结果如图4-9所示。

4.4 表格样式及创建表格

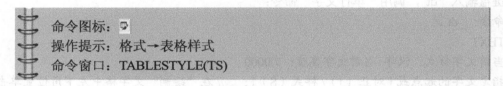

在机械图样中经常要用到表格，如标题栏、零件图中的参数表、装配图中的明细表等。AutoCAD 2012可通过创建表格命令来创建数据表，从而取代先前利用绘制线段和文本来创建表格的方法。用户可直接利用表格样式创建表格，也可自定义或修改已有的表格样式。

4.4.1 新建表格样式

表格样式用于控制一个表格的外观属性。用户可以通过修改已有的表格样式或重建表格样式来满足绘制表格的需要。可利用“表格样式”命令定义表格样式。通过以下方法之一启用“表格样式”命令。

可以采用以下几种方式输入命令：

命令图标：

操作提示：格式→表格样式

命令窗口：TABLESTYLE(TS)

执行上述命令后，系统弹出“表格样式”对话框，如图4-10所示。对话框中“新建”按钮用于新建表格样式，“修改”按钮用于对已有表格样式进行修改。

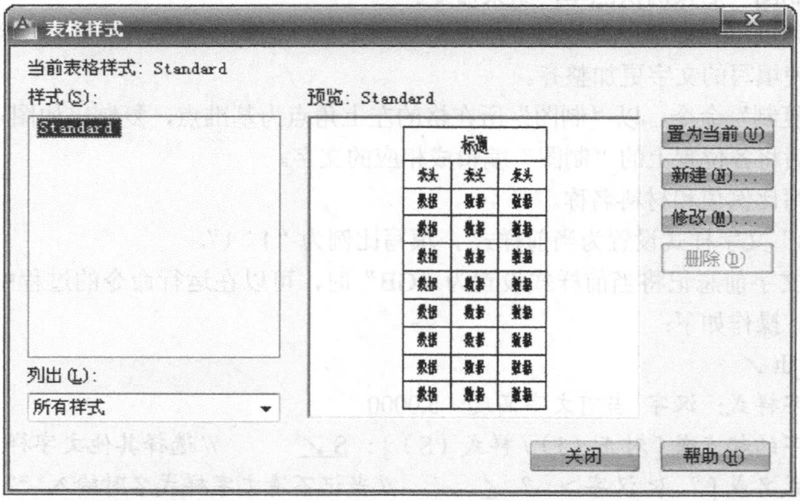

图4-10 “表格样式”对话框

下面以定义一个用于创建新建标题栏的“标题栏”表格样式为例，说明其操作方法和步骤。

（1）单击“新建”按钮，系统打开“创建新的表格样式”对话框，如图 4-11 所示。在“新样式名”文本框中输入“标题栏”，单击“继续”按钮，系统打开“新建表格样式”对话框，如图 4-12 所示。

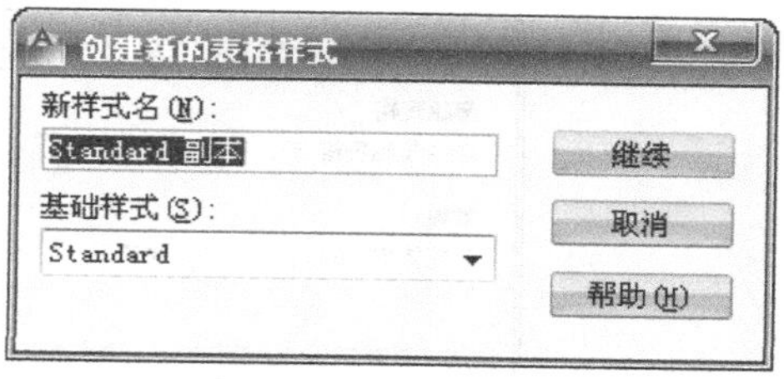

图4-11 “创建新的表格样式”对话框

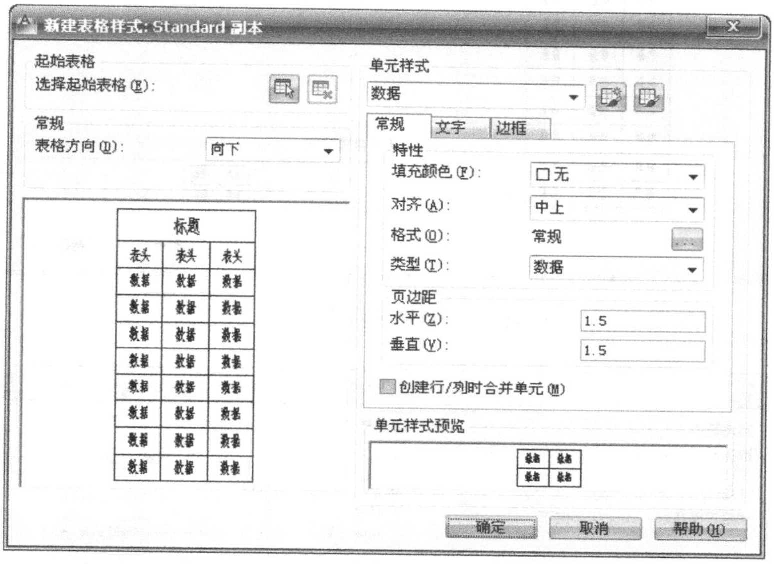

图4-12 “新建表格样式”对话框（1）

（2）设置对话框中各选项组参数，具体如下。

“起始表格”选项组：可以在图形中指定一个表格用作样例来设置此表格样式的格式，图形中没有表格时可不选。

“常规”选项组：用于设置表格方向，有“向上”和“向下”2 个选项，这里选择“向下”。

“单元样式”选项组：在“单元样式”下拉列表中有“标题”、“表头”、“数据”3 个选项，可分别用于设置表格标题、表头和数据单元的样式。3 个选项中包含有“基本”、“文字”和“边框”3 个选项卡。

选择“数据”选项组的“常规”选项卡，在“特性”选项中可设置单元的填充颜色、对齐、格式和类型等项；“页边距”选项组用于设置单元边界与单元内容的间距，如图 4-12 所示。

选择“数据”选项组的“文字”选项卡，在“特性”选项中可设置文字样式、文字高度、文字颜色和文字角度，如图 4-13 所示。

选择“数据”选项组的“边框”选项卡，在“特性”选项中可设置数据边框线的各种形式，包括线宽、线型、颜色、是否双线、边框线有无等选项，如图 4-14 所示。在“线宽”下拉列表中选择 0.25mm，在“线型”下拉列表中选择“Continuous”，单击内边框按钮⊞，将设置应用于内边框线；再在“线框”下拉列表中选择 0.50mm，在“线型”下拉列表中选择“Continuous”，单击内边框按钮回，将设置应用于外边框线。

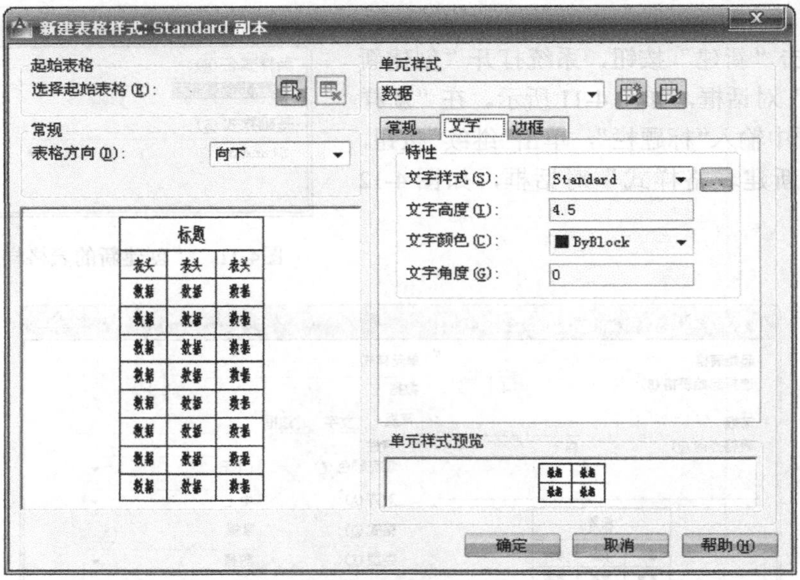

图4-13 “新建表格样式”（2）

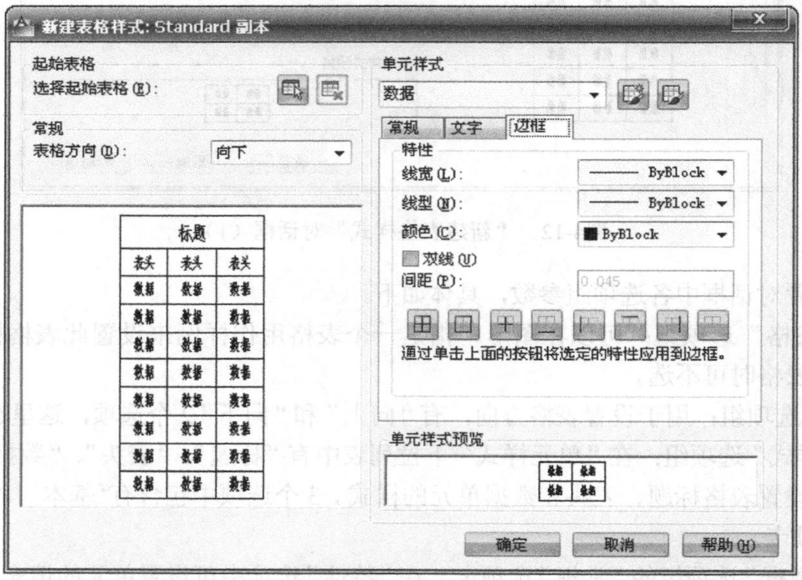

图4-14 “新建表格样式”（3）

“标题”和“表头”选项的内容及设置方法同上所述。标题栏表格不包含标题和表头，所以可不必对“标题”和“表头”选项进行设置。

4.4.2 创建表格

在设置好表格样式后，可以利用“表格”命令创建表格。可使用下列方法之一启用“表格”命令：

命令图标：

操作提示：绘图→表格

命令窗口：TABLE (TB)

下面以创建如图 4-15 所示标题栏表格为例，说明创建表格的方法和步骤。

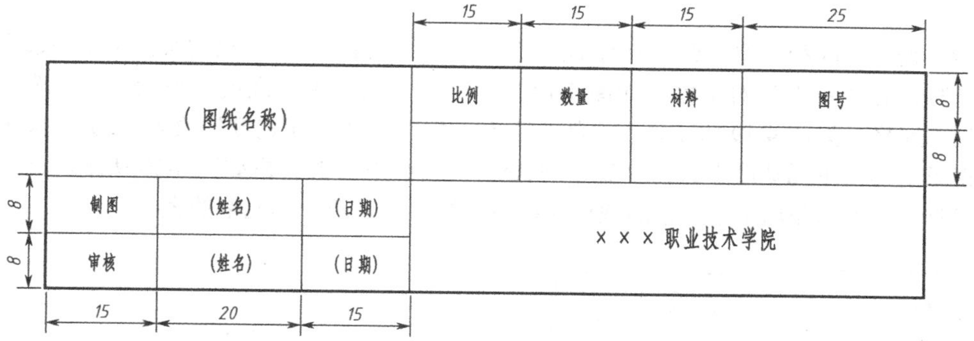

15
15
15
25
（图纸名称）
比例
数量
材料
图号
8
8
制图
(姓名)
(日期)
审核
(姓名)
(日期)
×××职业技术学院
15
20
15

图4-15　标题栏格式

（1）执行“表格”命令后，系统打开“插入表格”对话框，如图 4-16 所示。在“表格样式”下拉列表框中选择“标题栏”样式，“插入选项”选择“从空表格开始”，“插入方式”选择“指定插入点”，“列和行设置”选项组中分别输入“7”列、列宽“15”，数据行“4”、行高“1”，单元格样式全部选择“数据”，如图 4-16 所示。单击“确定”按钮，系统在指定的插入点自动插入一个空表格，并显示多行文字编辑器，如图 4-17 所示，用户可逐行逐列地输入相应的文字或数据。单击“确定”按钮，先退出文字编辑器。

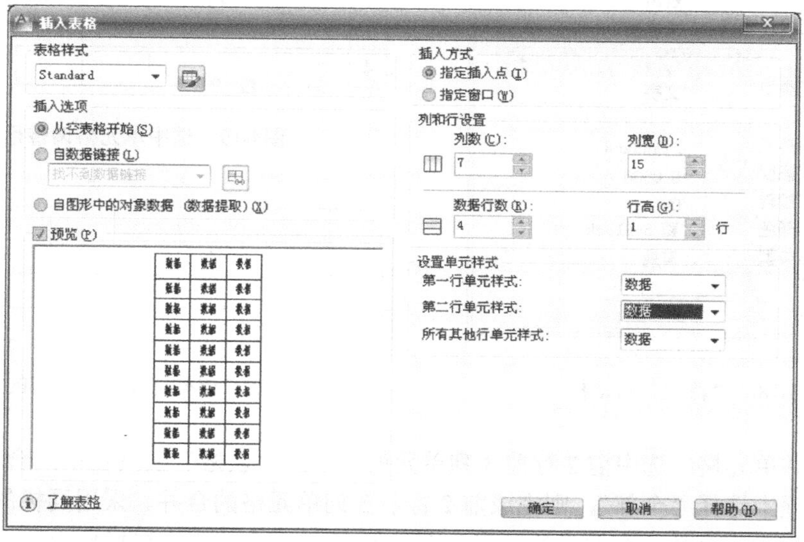

图4-16　“插入表格”对话框

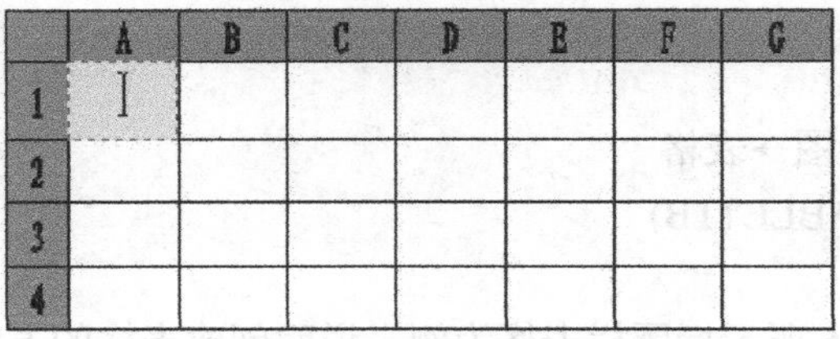

图4-17　空表格和多行文字编辑器

（2）调整行高和列宽：选中所有单元格，单击鼠标右键，在弹出的快捷菜单中选择“特性”选项，在“特性”对话框（如图4-18所示）中，将“单元高度”设为“8”。选中表格第2列单元格，如图4-19所示，在“特性”对话框中将“单元宽度”改为“20”。采用同样方法将第7列“单元宽度”改为“25”。调整行高和列宽后的表格如图4-20所示。调整行高和列宽时，也可以在选中单元格后通过移动单元格夹点来改变单元格的大小。

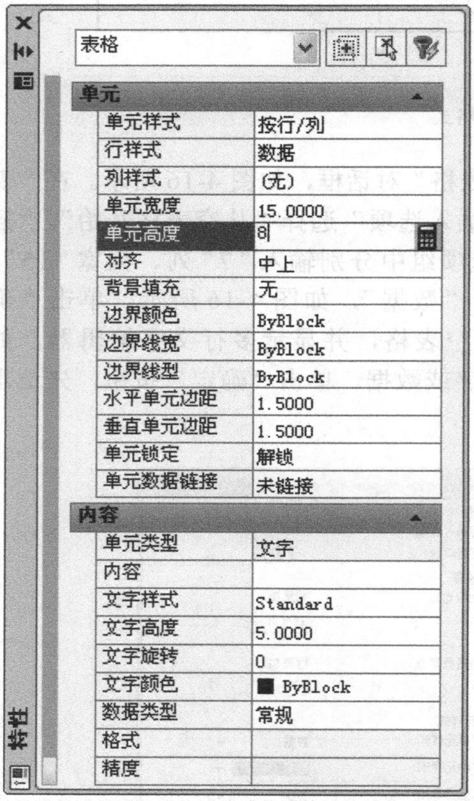

图4-18　“特性”对话框

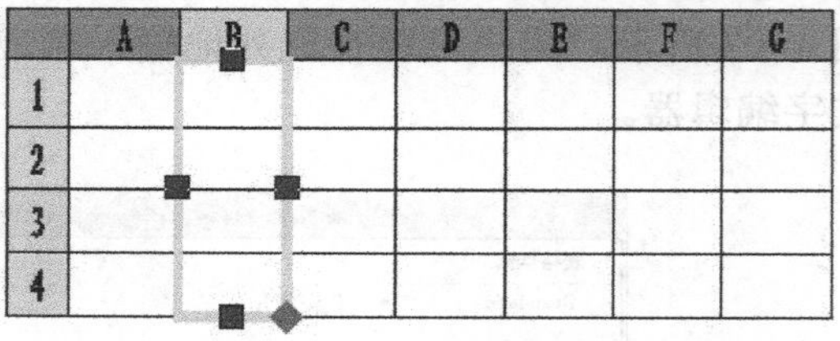

图4-19　选中单元格调整行高

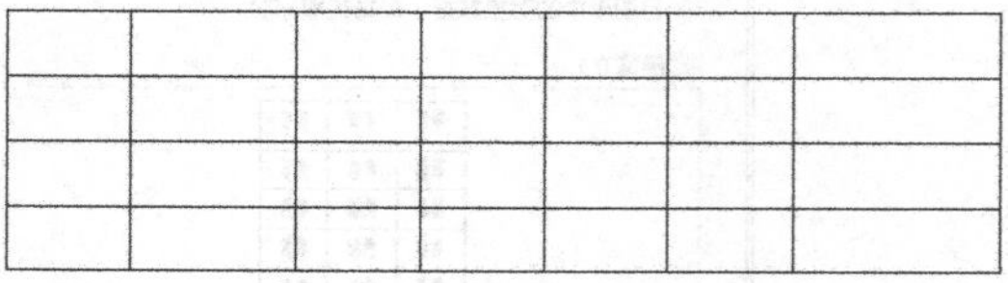

图4-20　调整行高和列宽后的表格

（3）合并单元格：选中前2行前3列单元格，单击“表格”工具栏中的合并单元按钮，在弹出的选项中选择“全部”，则完成前2行前3列单元格的合并。采用同样的方法将需要合并的单元格进行合并，合并后的表格如图4-21所示。合并单元格操作也可在选择要合并的单元格后单击鼠标右键，在弹出的快捷菜单中选择“合并→全部”命令。

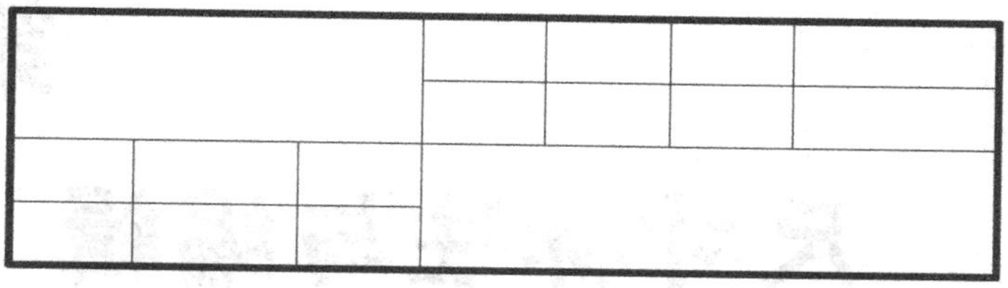

图4-21 合并单元格后的表格

（4）填写单元格文字：在表格单元格内双击，系统弹出多行文字编辑器，即可输入或对单元格已有文字进行编辑。单元格中的文字默认表格样式中设置的样式和字高，但也可在多行文字编辑中改变单元格的文字样式。

习 题 4

创建如下图所示的标题栏。用 LIMITS 命令设置 A4 图幅；用 DTEXT 命令，选择“中间”对正模式定位（使文字居中），填写如图所示标题栏。

要求如下

图名：“几何作图”——10 号字

单位：“机电一体化技术教研室”——7 号字

制图：（绘图者名字）——5 号字

校核：（校核者名字）——5 号字

比例：1∶1——3 号字

单元格格式：参照图 4-15 所示

<table>
<tr><td colspan="3" rowspan="2">几何作图</td><td>比例</td><td>1:1</td><td></td></tr>
<tr><td>数量</td><td></td><td></td></tr>
<tr><td>制图</td><td></td><td></td><td>重量</td><td></td><td>材料</td></tr>
<tr><td>描图</td><td></td><td></td><td colspan="3" rowspan="2">×××机电一体化技术教研室</td></tr>
<tr><td>审核</td><td></td><td></td></tr>
</table>

第 5 章

尺寸标注与编辑

教学目标

1. 掌握 AutoCAD 2012 尺寸标注的步骤；
2. 掌握 AutoCAD 2012 标注样式的设置；
3. 掌握 AutoCAD 2012 尺寸标注的编辑。

本章要点

AutoCAD 2012 提供了简洁、快速、方便的尺寸标注。本章主要介绍尺寸标注的步骤，标注样式管理器，创建和修改尺寸标注样式，常用尺寸标注方法，编辑尺寸标注等。通过本章学习，要熟练掌握标注样式管理器创建和修改尺寸标注的样式，针对不同的图形对象，按照图形尺寸的要求，完成各种尺寸标注。

5.1 尺寸标注步骤

在 AutoCAD 中标注尺寸，可通过操作下拉菜单“标注”和“标注”工具栏中“尺寸标注”命令来完成，如图 5-1 所示。

在 AutoCAD 中，对图形进行尺寸标注应遵循以下步骤：

- 建立尺寸标注层；
- 创建用于尺寸标注的文字样式；
- 设置尺寸标注的样式；
- 捕捉标注对象并进行尺寸标注。

图5-1　“尺寸标注”命令

1．创建标注层。

在 AutoCAD 中编辑、修改工程图样时，由于各种图线与尺寸混杂在一起，使得其操作非常不方便。为了便于控制尺寸标注对象的显示与隐藏，在 AutoCAD 中应为尺寸标注创建独立的图层，运用图层技术使其与图形的其他信息分开，以便于操作。

2．建立用于尺寸标注的文字样式。

为了方便在尺寸标注时修改所标注的各种文字，应建立专用于尺寸标注的文字样式。在建立尺寸标注文字类型时，应将文字高度设置为 0，如果文字类型的默认高度值不为 0，则

“标注样式”对话框中“文字”选项卡中的“文字高度”命令将不起作用。

3．设置尺寸标注样式。

标注样式是尺寸标注对象的组成方式。诸如标注文字的位置和大小，箭头的形状等。设置尺寸标注样式可以控制尺寸标注的格式和外观，有利于执行相关的绘图标准。

（1）默认的尺寸标注样式。

在 AutoCAD 中，如果在绘图时选择公制单位，则系统自动提供一个默认的 ISO-25（国际标准化组织）标注样式。单击“样式”工具栏命令图标，在弹出的“标注样式管理器”对话框中可看到如图 5-2 中“预览：ISO-25”窗口所示的标注样式。单击该对话框中的 修改(M)... 按钮，出现“修改标注样式”对话框，如图 5-3 所示。单击各选项卡可以显示各选项卡设置的详细内容。

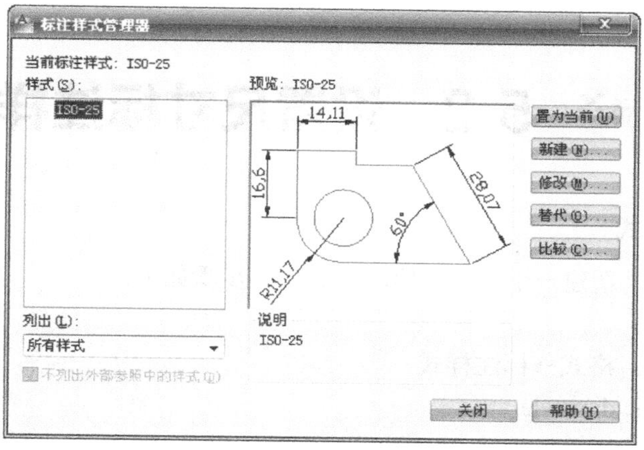

图5-2 “标注样式管理器”对话框

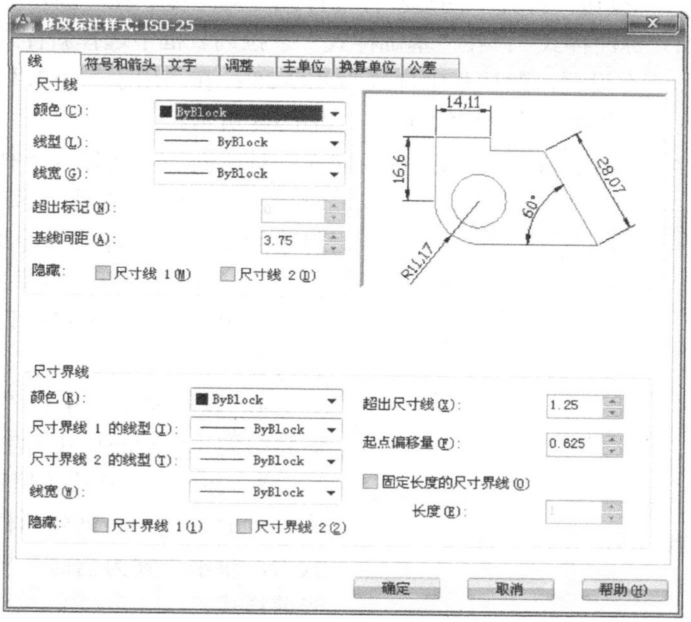

图5-3 “修改标注样式”对话框

①“符号和箭头”：用于设置尺寸线、尺寸界线、箭头和圆心标记的格式和位置。

②“文字”：用于设置标注文字的外观、位置和对齐方式。

③“调整”：用于设置文字与尺寸线的管理规则以及标注特征比例。

④“主单位”：用于设置线性尺寸和角度标注单位的格式和精度等。

⑤“换算单位”：用于设置换算单位的格式。

⑥“公差”：用于设置公差值的格式和精度。

各选项的详细操作将在后面详细叙述。

（2）新建标注样式。

在AutoCAD中，除了使用ISO默认的样式外，用户还可以根据需要建立自己的标注样式，因为ISO的标准毕竟与我国的标准不尽相同。其具体设置步骤将在后面具体讲述。

5.2 设置尺寸标注样式

5.2.1 新建标注样式

在AutoCAD中，新建一个自己的标注样式，其步骤如下：

> 操作提示：格式→标注样式
> 命令提示：dimstyle

1．打开“标注样式管理器”对话框，如图5-2所示。

2．单击 新建(N)... 按钮，打开“创建新标注样式”对话框。在“新样式名”编辑框中输入新的样式名称如“标注样式”；在“基础样式”下拉列表框中选择新样式的副本，在新样式中包含了副本的所有设置，默认基础样式为ISO-25；在“用于”下拉列表框中选择“所有标注”项，以应用于各种尺寸类型的标注，如图5-4所示。

3．单击“继续”按钮，打开“新建标注样式”对话框。在该对话框中，如图5-5所示。选择文字标注样式是“标注尺寸文字”（用前述的文字标注样式命令所设置），文字高度为3.5。利用“符号和箭头”、“文字”、“主单位”等6个选项卡可以设置标注样式的所有内容。

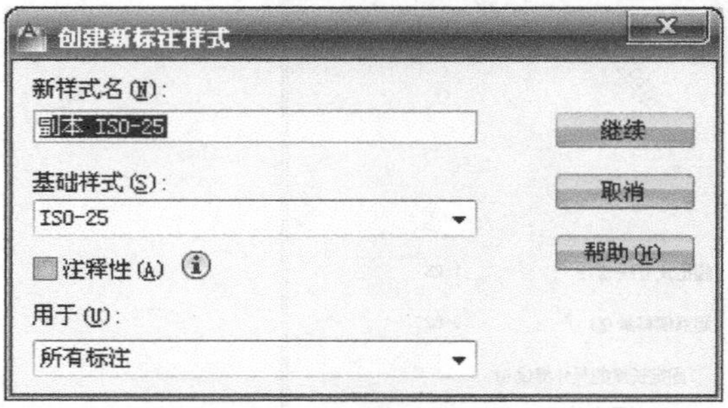

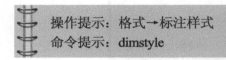

图5-4 “创建新标注样式”对话框

4．设置完毕，单击“确定”按钮，这时将得到一个新的尺寸标注样式。

5．在“标注样式管理器”对话框的“样式”列表中选择新创建的样式（如“标注样式”），单击“置为当前”按钮，将其设置为当前样式。

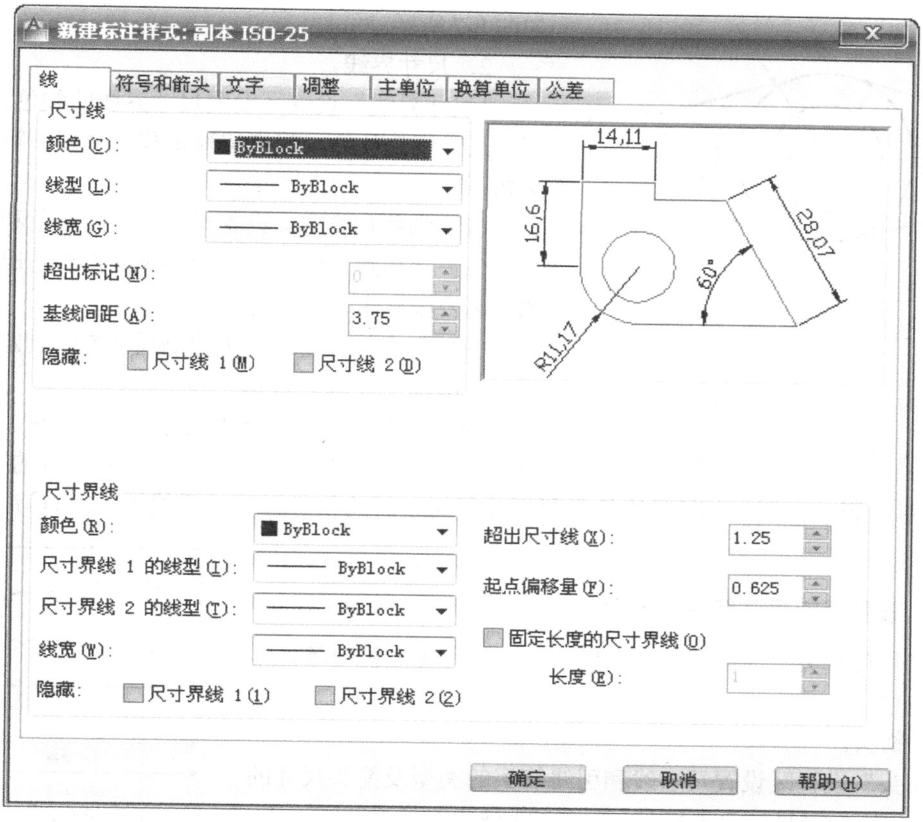

图5-5　新建标注样式

5.2.2 设置“线”选项卡

利用“新建标注样式”对话框中的“线”选项卡，可以设定尺寸线及尺寸界线的格式和位置，如图 5-5 所示。

1．尺寸线。

“尺寸线”设置区设置尺寸线的颜色、线宽、超出标记、基线间距和隐藏情况等，设置时要注意以下几点。

（1）颜色和线宽：用于设置尺寸线的颜色和线宽。默认情况下，尺寸线的颜色和线宽都是“ByBlock”（随块）。

（2）超出标记：在使用倾斜、建筑标记、积分箭头或无箭头时，用于控制尺寸线延长到尺寸界线外面的长度。

（3）基线间距：在使用基线型尺寸标注时，用于控制两条尺寸线之间的距离，如图 5-6 所示。

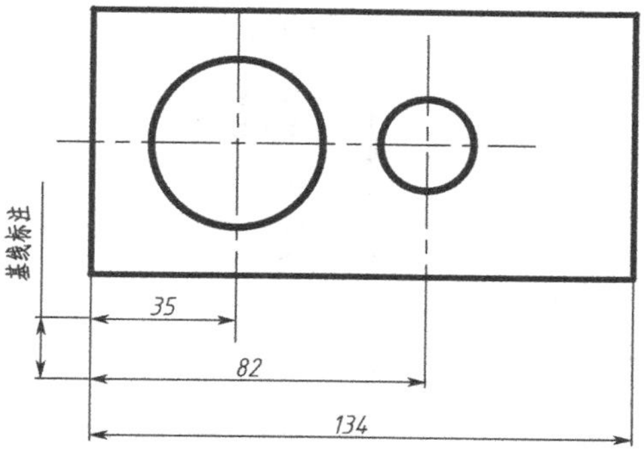

图5-6　设置基线间距

（4）隐藏：通过选择“尺寸线 1”和“尺寸线 2”复选框，可以控制尺寸线两个组成部分的可见性。在 AutoCAD 中，尺寸线被标注文字分成两部分，即使标注文字未被放置在尺寸线内也是如此，

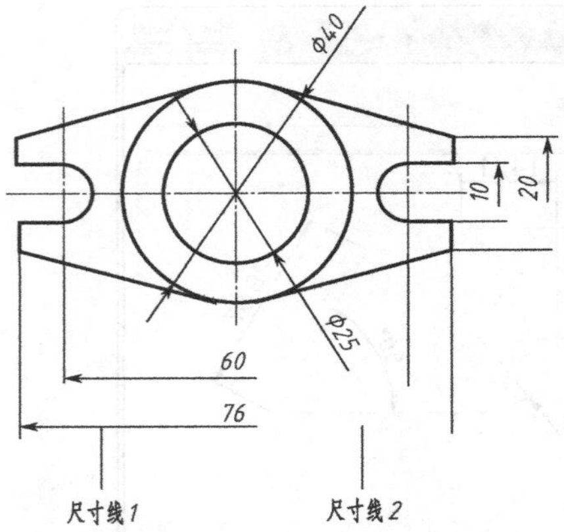

图5-7　隐藏尺寸线2

如图 5-7 所示。

2．尺寸界线。

“尺寸界线”设置区设置尺寸界线的颜色、线宽、超出尺寸线的长度、起点偏移量和隐藏控制等，其意义如下。

（1）颜色和线宽：设置尺寸界线的颜色和线宽。

（2）超出尺寸线：用于控制尺寸界线超出尺寸线的距离，国标中设该值为 2 ～ 3mm。

（3）起点偏移量：用于控制尺寸界线到定义点的距离，国标中设该值为 0。

（4）隐藏：通过选择“尺寸界线 1”和“尺寸界线 2”，可以控制第 1 条和第 2 条尺寸界线的可见性，定义点不受影响，图 5-8 所示的是隐藏尺寸界线 1 时的状况。尺寸界线 1、2 与标注时的起点有关。

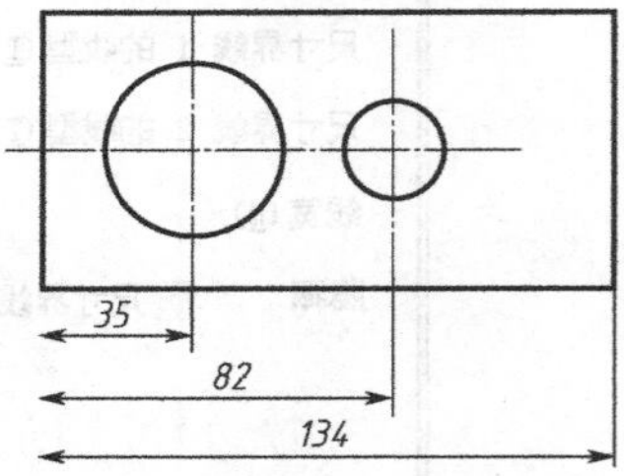

图5-8　隐藏尺寸界线

5.2.3　设置“符号和箭头”选项卡

“符号和箭头”选项卡用于设置箭头、半径标注折弯等，常规设置如图 5-9 所示。

1．箭头。

“箭头”设置区设置尺寸线和引线箭头的类型及箭头尺寸的大小，在 AutoCAD 中，系统提供了约 20 种箭头。通常情况下，尺寸线的两个箭头应一致。

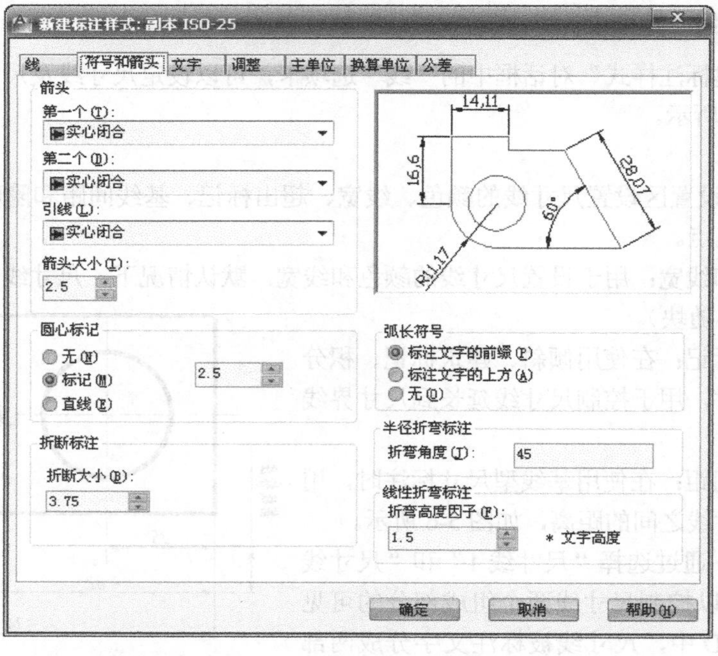

图5-9　“符号和箭头”选项卡

2．圆心标记。

“圆心标记”设置区设置圆心标记的类型、大小和有无。可通过下拉列表框进行选择。其中，圆心标记类型若选择“标记”，则在圆心位置以短十字线标注圆心，该十字线的长度由“大小”编辑框设定；若选择“直线”，则圆心标注线将延伸到圆外，“大小”编辑框用于设置中间小十字标记和标注线延伸到圆外的尺寸。

5.2.4 设置“文字”选项卡

“文字”选项卡用于设置尺寸标注中尺寸数值的形式、文字位置和对齐方式，参数设置如图 5-10 所示。

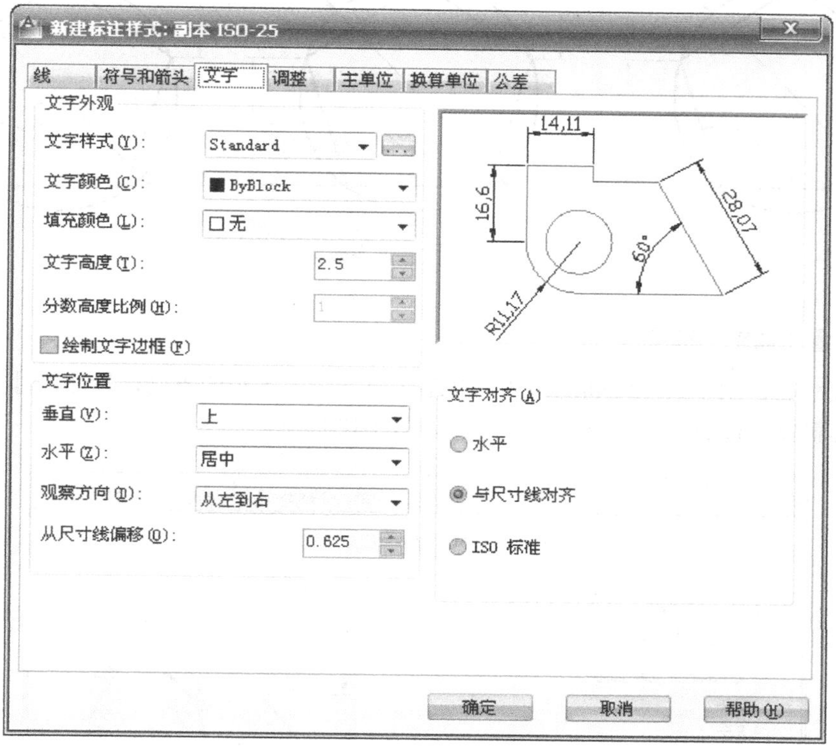

图5-10　设置“文字”选项卡

1．文字外观。

（1）文字样式：设定注写尺寸时使用的文字样式。如果事先已经通过“格式→文字样式…”设置好了，则可以直接单击文字样式列表框右边的按钮选择所需要的样式即可。如果事先没有设置，则应单击文字样式列表右边的按钮，再设置文字样式。

（2）文字颜色：设置文字的颜色（一般选随层）。

（3）文字高度：设定尺寸数值的高度（一般 A3 图纸设置为 5 ～ 7，字高应按国标系列选择）。

（4）绘制文字边框：勾选该复选框则尺寸数值外边增加边框。

2．文字位置。

（1）垂直：设置文字在垂直方向上的位置。

（2）水平：设置文字在水平方向上的位置。

（3）从尺寸线偏移：设置尺寸数值和尺寸线之间的间距。

3. 文字对齐。

（1）水平：文字一律水平放置。

（2）与尺寸线对齐：文字方向与尺寸线平行。

（3）ISO 标准：当文字在尺寸界线内时，文字与尺寸线对齐；当文字在尺寸线外时，文字成水平放置。其含义如图 5-11 所示。

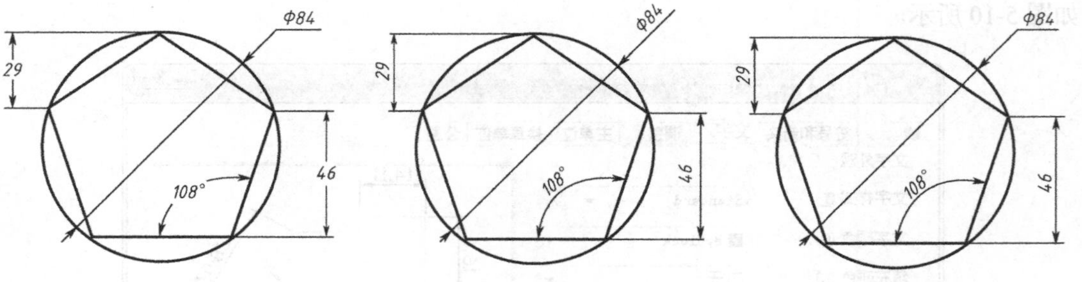

图5-11　文字对齐效果

5.2.5 设置“调整”选项卡

标注尺寸时，由于尺寸线间的距离、文字大小、箭头大小的不同，标注尺寸的形式要适应各种情况就要进行适当的调整。参数设置如图 5-12 所示。

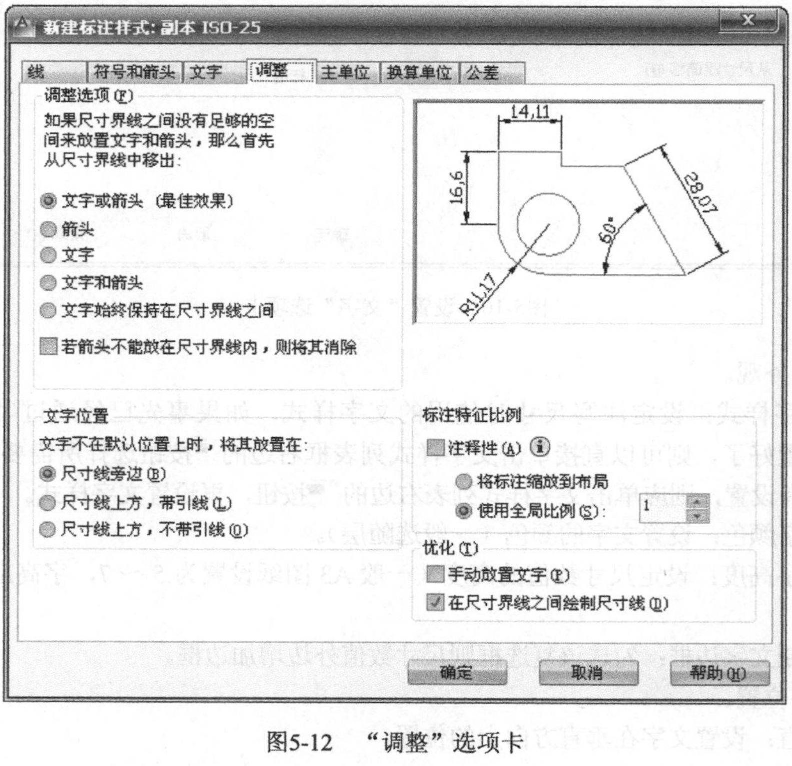

图5-12　“调整”选项卡

1．调整选项。

（1）文字或箭头（最佳效果）：当尺寸界线之间空间不够放置尺寸文字和箭头时，AutoCAD 自动选择最佳放置效果。

（2）箭头：当尺寸界线之间空间不够放置尺寸文字和箭头时，首选将箭头从尺寸线间移出去。

（3）文字：当尺寸界线之间空间不够放置尺寸文字和箭头时，首选将文字从尺寸线间移出去。

（4）文字和箭头：当尺寸界线之间空间不够放置尺寸文字和箭头时，首选将文字和箭头从尺寸线间移出去。

（5）文字始终保持在尺寸界线之间：不论尺寸界线之间空间是否足够放置文字和箭头，将文字始终保持在尺寸线之间。

（6）若不能放在尺寸界线内，则消除箭头：勾选该复选框则当尺寸界线之间空间不够放置文字和箭头时，将箭头消除。

2．文字位置。

（1）尺寸线旁边：当文字不在默认位置时，将文字放置在尺寸线旁边。

（2）尺寸线上方，带引线：当文字不在默认位置时，将文字放置在尺寸线上方，加指引线。

（3）尺寸线上方，不带引线：当文字不在默认位置时，将文字放置在尺寸线上方，不加指引线。

其含义如图 5-13 所示。

图5-13　文字位置的不同设置

3．标注特征比例。

（1）使用全局比例：设置尺寸元素的比例因子，使之与当前图形的比例因子相符。

（2）将标注缩放到布局：让 AutoCAD 按照当前模型空间和图纸空间的比例设置比例因子。

4．优化。

（1）手动放置文字：如果勾选此复选框则在标注时尺寸数值将随着光标移动到需要的位置上。

（2）在尺寸界线之间绘制尺寸线：不论尺寸界线之间空间如何，强制在尺寸界线之间绘制尺寸线。

5.2.6 设置“主单位”选项卡

“主单位”选项卡用于在标注尺寸时，选择不同的单位格式，设置不同的精度位数，控制前缀、后缀、设置角度单位格式等。参数设置如图 5-14 所示。

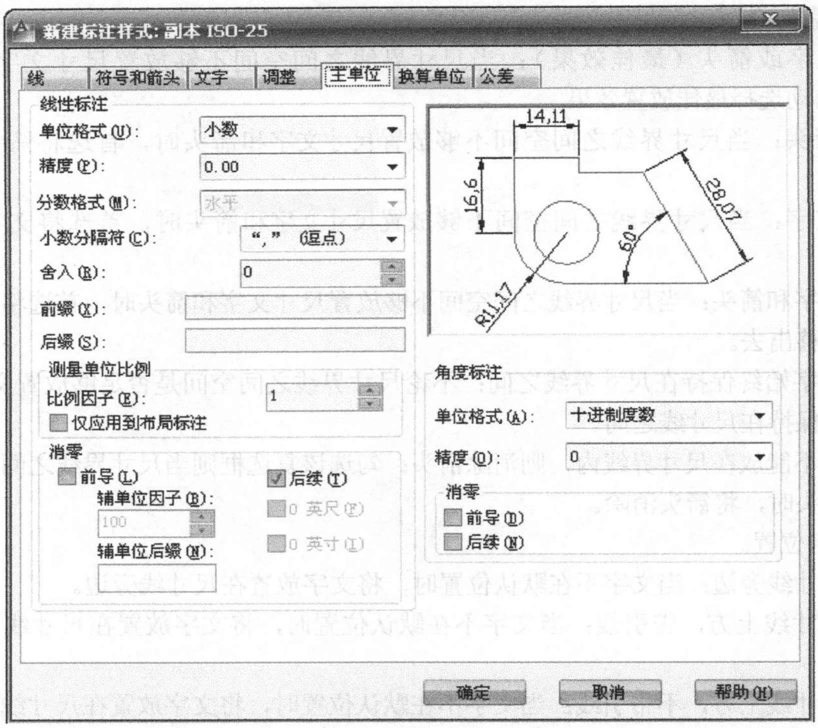

图5-14 “主单位”选项卡

1．线性标注。

（1）单位格式：设置除角度外标注类型的单位格式（一般选择“小数”）。

（2）精度：设置主单位的位数（一般选择整数，即“0”）。

（3）分数格式：在单位格式为分数时有效，设置分数的堆叠格式。

（4）小数分隔符：设置小数部分和整数部分的分隔符（一般选择句点“.”）。

（5）舍入：设定小数精确位数，将超出长度的小数舍去。

（6）前缀：一般在多处使用时设置。

（7）后缀：用于设置增加在数字后的字符。

2．测量单位比例。

（1）比例因子：设置除角度外的所有标注测量值的比例因子。如设定比例因子为0.5，则AutoCAD在标注尺寸时，自动将测量的值乘上0.5标注出来。

（2）消零：若勾选“前导”复选框，则将小数点前的零消去，如0.256变为.256；若勾选“后续”复选框，则将小数点最后面的零消去，如0.2560变为0.256。

3．角度标注。

（1）单位格式：设置角度的单位格式。

（2）精度：设置角度精度倍数。

（3）消零：同上。

5.2.7 设置“公差”选项卡

尺寸公差是经常需要标注的内容，特别是在机械图样的零件图中，公差是必不可少的。

要标注公差，首先应在“公差”选项卡中进行相应的设置。具体参数的设置如图 5-15 所示。

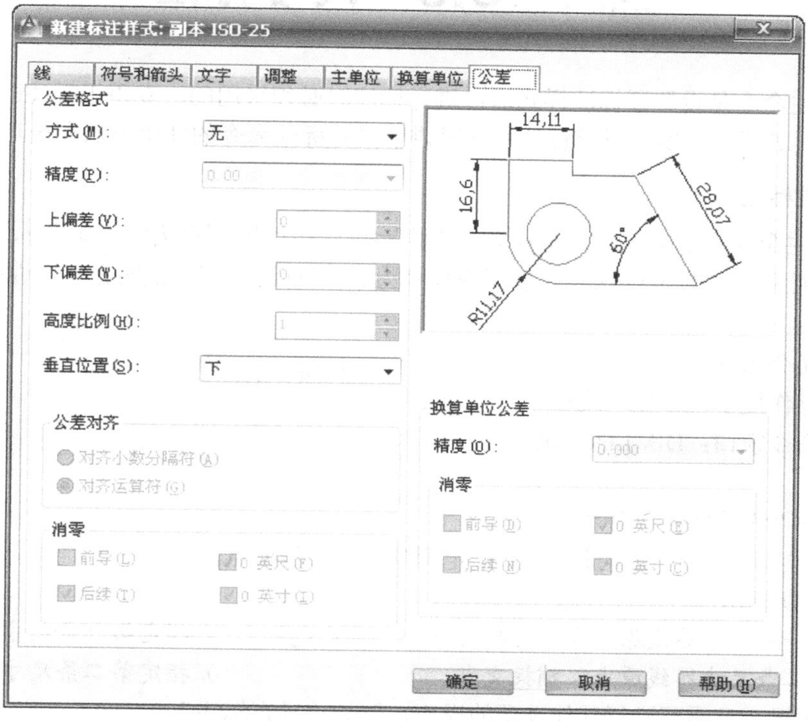

图5-15 设置“公差”选项卡

1. “公差格式”区“方式”下拉列表选取“无”（在没有公差时使用）。

2. “公差格式”区“方式”下拉列表选取“对称”。

（1）“精度”：设置小数后的位数。

（2）“上偏差”：在文本框中输入公差值，如“0.2”，则最终显示的公差为“±0.2”。

（3）“高度比例”：公差字高与此值的积为最终高度，常用值为“0.5”。

（4）“垂直位置”：公差值与数据值的相对位置，常用选项为“中”。

3. “公差格式”区“方式”下拉列表选取“极限偏差”。

（1）“精度”：设置小数后的位数。

（2）“上偏差”：在文本框中输入公差值，允许用正、负号。

（3）“上偏差”：在文本框中输入公差值，允许用正、负号。

（4）“高度比例”：公差字高与此值的积为最终高度，常用值为“0.5”。

（5）“垂直位置”：公差值与数据值的相对位置，常用选项为“中”。

如果设精度的小数为两位，在偏差文本框“上偏差”中输入“0.02”，“下偏差”中输入“-0.01”，高度比例取“0.5”，垂直位置取“中”，则采用线性标注标出的结果如图 5-16 所示。

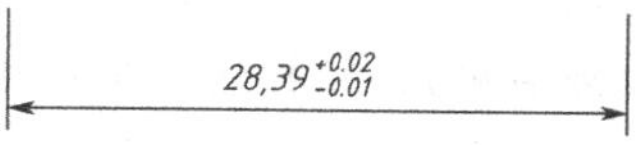

图5-16 极限偏差

5.3 尺寸标注

尺寸标注命令是设置了标注样式后，进行标注时必须采用的，专用于标注的集合。本节有针对性地对若干图形实例进行标注，同时讲解尺寸标注命令的使用方法和技巧。

5.3.1 线性标注

线性标注命令用于标注用户坐标系 *XY* 平面中的两个点之间距离的测量值，可以指定点或选择一个对象，如图 5-17 所示。以图中尺寸为 20 的标注为例，说明建立线性标注的步骤。

命令图标：⊢⊣
操作提示：标注→线性
命令窗口：DIMLINEAR

1. 发出“线性标注”命令。
2. 在标注图样中使用捕捉功能，指定两条尺寸界线原点。

AutoCAD 提示：

指定第一条尺寸界线原点或<选择对象>：<u>捕捉交点</u>　　//指定第一条尺寸界线原点
指定第二条尺寸界线原点：<u>捕捉交点</u>　　//指定第二条尺寸界线原点

3. 根据提示及需要进行其他选项的操作，例如“垂直标注”。

指定尺寸线位置或[多行文字（M）/文字（T）/角度（A）/水平（H）/垂直（V）/旋转（R）]：V↙　　//指定线性标注的类型创建垂直标注

4. 拖动确定尺寸线的位置，标注出尺寸 20，结果如图 5-17 所示。

特别提示

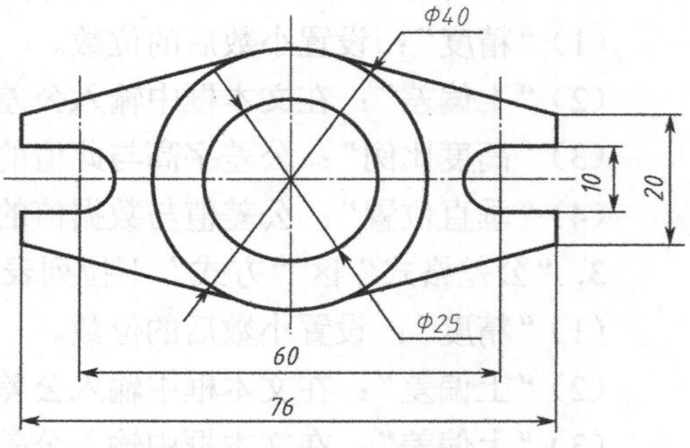

图5-17　线性标注

在创建线性标注时，要注意以下几点：

(1) 线性标注有 3 种方式，即水平 (H)、垂直 (V) 和旋转 (R)。其中，水平方式用于测量平行于水平方向两个点之间的距离；垂直方式用于测量平行于垂直方向两个点之间的距离；旋转方式用于测量倾斜方向上两个点之间的距离，此时需要输入旋转角度。因此，即使测量点相同，使用这 3 种方式得到的标注结果也会不同，如图 5-18 所示。同时，在标注时通过将光标移至不同的位置，可由系统自动指定标注水平尺寸还是垂直尺寸。将光标移至图形的上方（或下方），则标注垂直尺寸；将光标移至图形的左侧（或右侧），则标注水平尺寸。

(2) 多行文字 (M)：在线性标注的命令提示行中输入 M，可打开“多行文字编辑器”对话框。其中，尖括号“<>”表示在标注输出时显示系统自动测量生成的标注文字，用户可以将其删除再输入新的文字，也可以在尖括号前后输入其他内容，如图 5-19 所示。通常情况下，当需要在标注尺寸中添加其他文字或符号时，需要选择此选项，如在尺寸前加 ϕ 等。

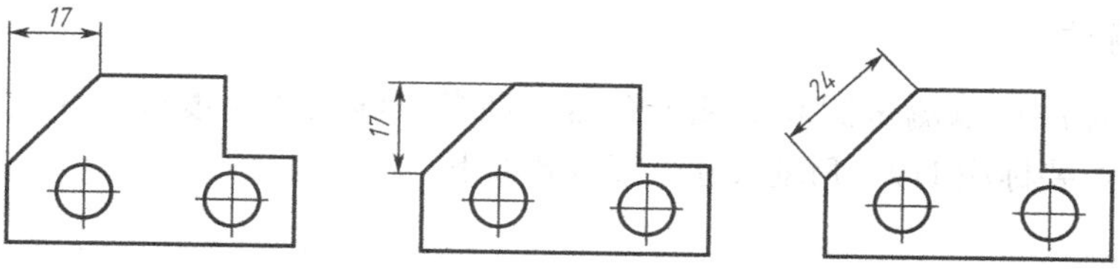

（a）水平　　（b）垂直　　（c）旋转

图5-18　线性标注的3种方式

图5-19　使用多行文字编辑器修改添加文字

尖括号“<>”用于表示 AutoCAD 自动生成的标注文字，如果将其删除，则会失去尺寸标注的关联性。当标注对象改变时，标注尺寸数字不能自动调整。

（3）文字（T）：在命令提示行中输入 T，可直接在命令提示行输入新的标注文字。

此时可修改标注尺寸或添加新的内容。

（4）角度（A）：在命令提示行中输入 A，可指定标注文字的角度，如图 5-20 所示中的尺寸 20。

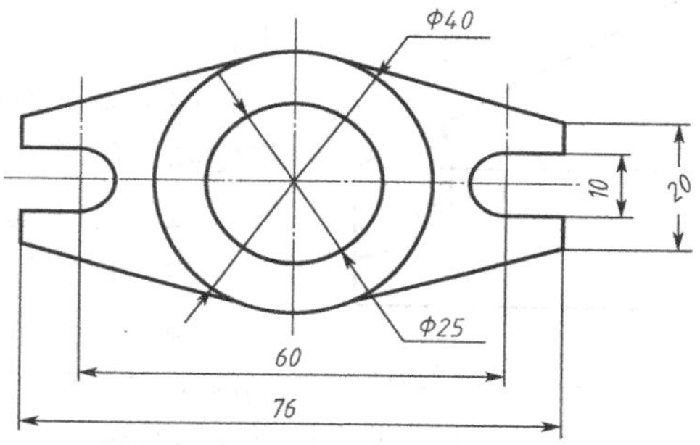

图5-20　指定标注文字的角度

5.3.2 对齐标注

在使用线性标注尺寸时，若直线的倾斜角度未知，那么使用该方法将无法得到准确的测量结果，这时可使用对齐标注命令，如图 5-21 所示图例。其步骤如下。

命令图标：
操作提示：标注→对齐
命令窗口：DIMALIGNED

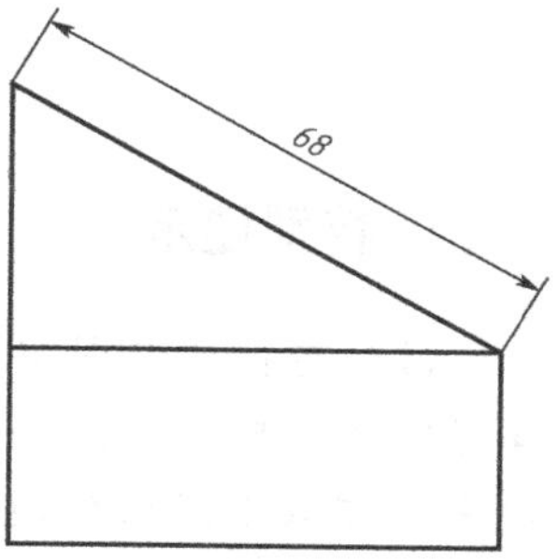

图5-21　对齐标注

在此，AutoCAD 提示与线性标注相同。

1．利用捕捉在图样中指定第一条尺寸界线原点。

2．指定第二条尺寸界线原点。

3．拖动鼠标，在尺寸线位置处单击，确定尺寸线的位置，其标注结果如图 5-21 所示。

5.3.3 角度标注

使用角度标注可以测量圆和圆弧的角度、两条直线间的角度或者3点间的角度。如图5-21所示，若要标注119° 角度尺寸，其步骤如下：

命令图标：△
操作提示：标注→角度
命令窗口：DIMANGULAR

AutoCAD 提示：

选择圆弧、圆、直线或 <指定顶点>：单击直线 //选择标注对象的一条直边

选择第二条直线：单击直线 //选择另一条斜边

指定标注弧线位置或 [多行文字 (M)/ 文字 (T)/ 角度 (A)]：单击一点 //确定标注位置

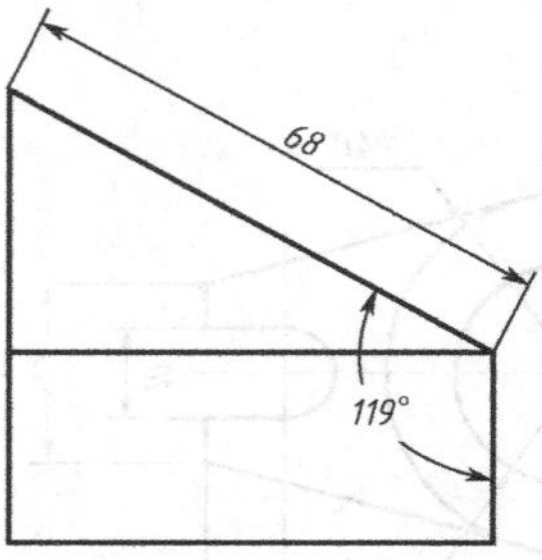

图5-22 角度标注

结果如图5-22所示。

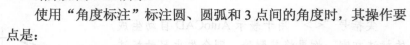

使用"角度标注"标注圆、圆弧和3点间的角度时，其操作要点是：

（1）标注圆时，首先在圆上单击确定第1个点（如点 *1*），然后指定圆上的第2个点（如点 *2*），再确定放置尺寸的位置。

（2）标注圆弧时，可以直接选择圆弧。

（3）标注直线间夹角时，选择两直线的边即可。

（4）标注3点间的角度时，按回车键，然后指定角的顶点 *1* 和另两个点 *2* 和 *3*。角度标注的各种效果如图5-23所示。

（5）在机械制图中，角度尺寸的尺寸线为圆弧的同心弧，尺寸界线沿径向引出。

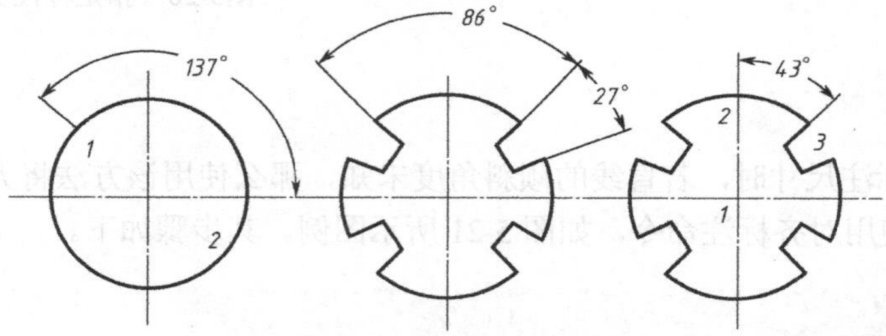

图5-23 角度标注（一）

特别提示

（1）在机械制图中，国标要求角度的数字一律写成水平方向，注在尺寸线中断处，必要时可以写在尺寸线上方或外边，也可以引出，如图5-24所示。

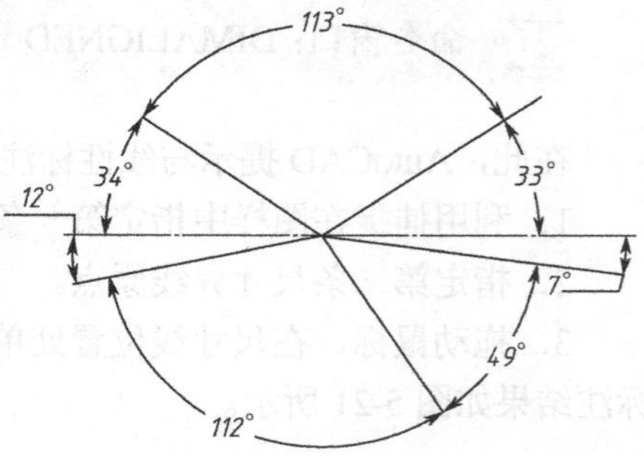

图5-24 角度标注（二）

（2）为了满足国标要求，在使用AutoCAD设置标注样式时，用户可以用下面的方法创建角度尺寸样式，步骤如下。

① 单击标注或样式工具栏：发出设置“标注样式”命令，打开“标注样式管理器”对话框。

② 单击 新建(N)... 按钮，打开“创建新标注样式”对话框，在“用于”下拉列表框中选择“角度标注”选项，如图5-25所示。

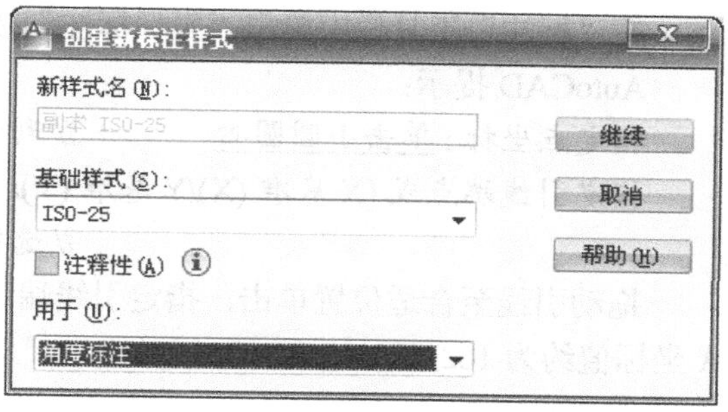

图5-25 “创建新标注样式”对话框

③ 单击“继续”按钮，打开“新建标注样式”对话框。在“文字”选项卡的“文字对齐”设置区中，选择“水平”单选按钮，如图5-26所示。单击“确定”按钮，将新建样式置为当前，这时就可以使用该角度标注样式来标注角度尺寸了。

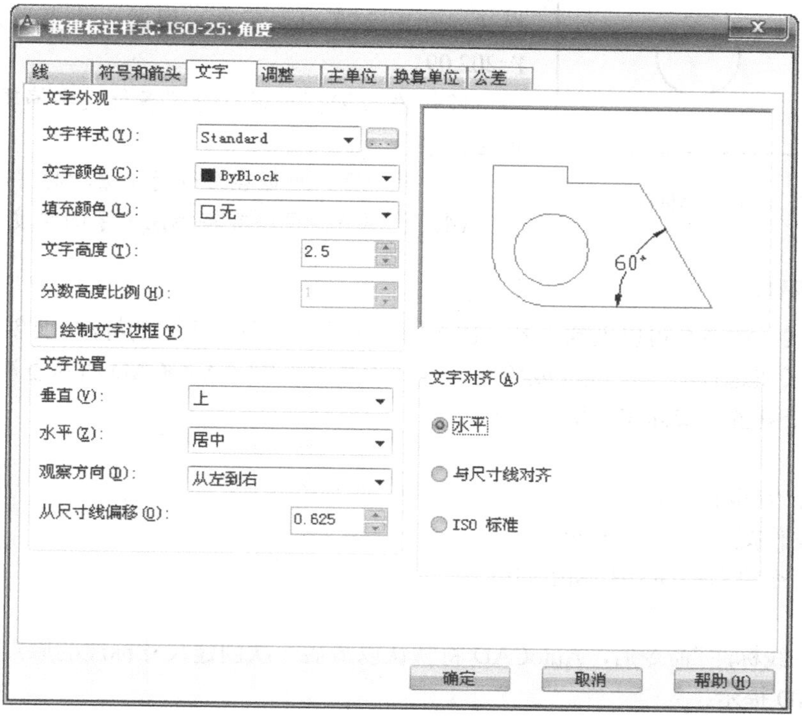

图5-26 设置角度标注样式

5.3.4 坐标标注

坐标标注命令以当前UCS的原点为基准，显示任意图形点的 X 或 Y 轴坐标。创建坐标标注的步骤如下：

命令图标：
操作提示：标注→坐标
命令窗口：DIMORDINATE

在“标注”工具栏中单击“坐标标注”按钮。

AutoCAD 提示：

指定点坐标：单击小圆圆心　　　　// 利用圆心捕捉选择小圆圆心点 *1*

指定引线端点或 [X 基准 (X)/Y 基准 (Y)/ 多行文字 (M)/ 文字 (T)/ 角度 (A)]：拖动单击

// 选择引线位置。

拖动引线至合适位置单击，指定引线端点，如点 *2*，结果如图 5-27 所示，标注出点 *1* 的 *X* 坐标值约为 162.75。

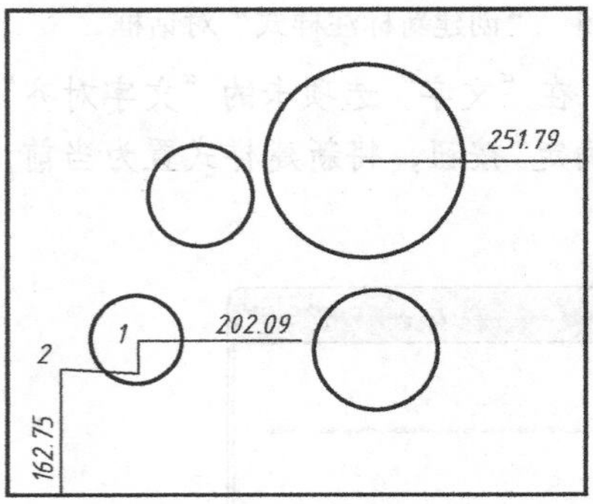

图5-27　建立坐标标注

特别提示

(1) 在命令提示行中，输入 X 或 Y 可以指定一个 *X* 或 *Y* 轴基准坐标，并通过单击鼠标来确定引线放置位置。注意 *X* 坐标值按垂直方向标注，*Y* 坐标值按水平方向标注。如图 5-27 中左下角小圆圆心的坐标为 *X*=162.75，*Y*=202.09。

(2) 输入 M，可以打开“多行文字编辑器”来编辑标注文字。

(3) 输入 T，可以在命令行中编辑标注文字。

(4) 输入 A，可以旋转标注文字的角度。

5.3.5 基线标注

使用基线标注命令可以创建一系列由相同的标注原点测量出来的标注。要创建基线标注，必须先创建（或选择）一个线性或角度标注作为基准标注。AutoCAD 将从基准标注的第一条尺寸界线处测量基线标注，步骤如下：

命令图标：⊏
操作提示：标注→基线
命令窗口：DIMBASELINE

发出“基线标注”命令后，AutoCAD 将默认以最后一次创建尺寸标注的原点 *1* 作为基点。

AutoCAD 提示：

选择基准标注：单击标注原点 1

// 创建基线

指定第二条尺寸界线原点或 [放弃 (U)/ 选择 (S)] < 选择 >：单击原点 2

// 选择第 2 条尺寸界线原点 2

继续选择其他尺寸界线原点，直到完成基线标注序列。

按回车键结束标注，结果如图 5-28 所示，如尺寸 30，72，94 等。

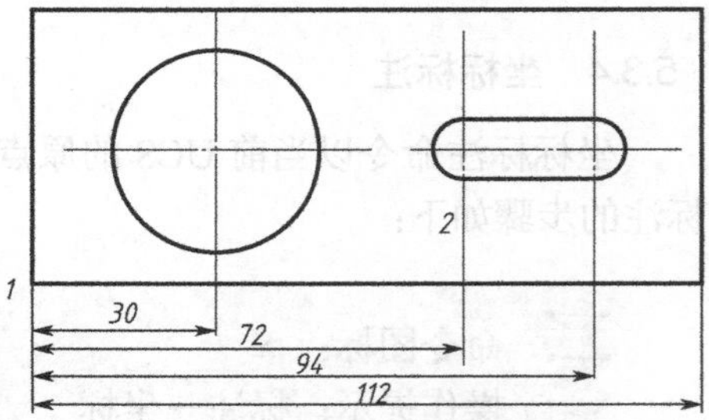

图5-28　建立基线标注

特别提示

在创建基线标注时，如果两条尺寸线的距离太近，可以在“修改标注样式”对话框中打开“符号和箭头”选项卡，然后修改“基线间距”值。

5.3.6 连续标注

连续标注命令用于多段尺寸串联时尺寸线在一条直线放置的标注。要创建连续标注，必须先选择一个线性或角度标注作为基准标注。每个连续标注都从前一个标注的第二条尺寸界线处开始。以图 5-29 中的尺寸 30 为例，说明连续标注的步骤。

命令图标：
操作提示：标注→连续
命令窗口：DIMCONTINUE

AutoCAD 提示：
选择连续标注：单击“30”尺寸段　　//选择该尺寸界线的原点 *1* 作为基点
指定第二条尺寸界线原点或 [放弃 (U)/ 选择 (S)] <选择>：单击点 2
//指定第二条尺寸界线原点 *2*，标注 41 尺寸段
继续选择其他尺寸界线原点，直到完成连续标注序列。
按回车键结束标注命令，结果如图 5-29 所示。
角度的基线标注和连续标注见图 5-30。

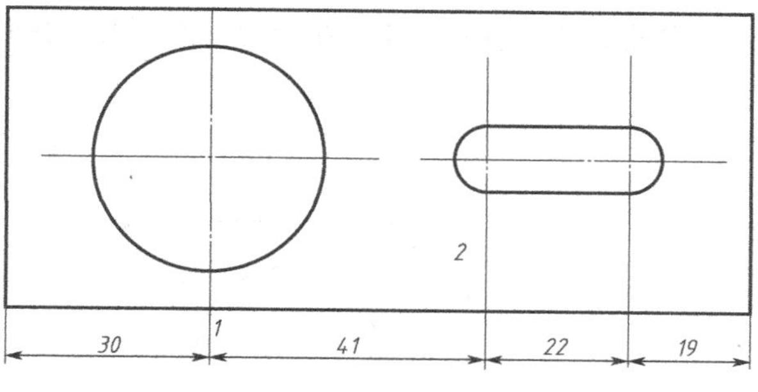

图5-29　建立连续标注

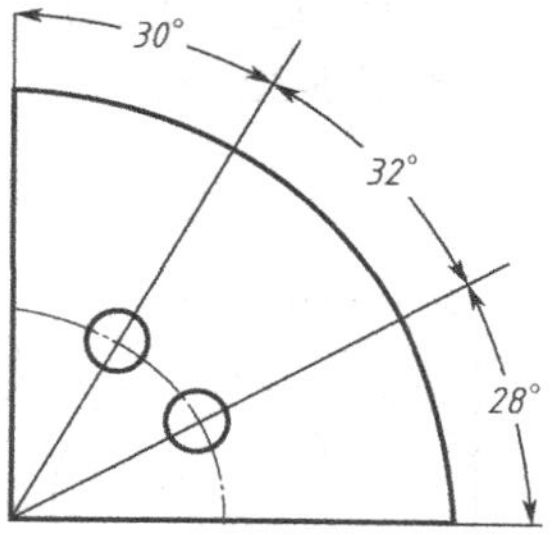

图5-30　角度的基线和连续标注

5.3.7 圆和圆弧的标注

在 AutoCAD 中，使用半径或直径标注命令，可以标注圆和圆弧的半径或直径，使用圆心标注可以标注圆和圆弧的圆心。

标注圆和圆弧的半径或直径时，AutoCAD 可以在标注文字前自动添加符号 R（半径）或 ϕ（直径），步骤如下。

命令图标：；
操作提示：标注→半径 / 直径
命令窗口：DIMRADIUS；DIMDIAMETER

AutoCAD 提示：

选择圆弧或圆：单击要标注的圆和圆弧　　//选择标注对象

指定尺寸线位置或 [多行文字 (M)/ 文字 (T)/ 角度 (A)]：单击某处　　//选择尺寸线位置

结果如图 5-31 所示。

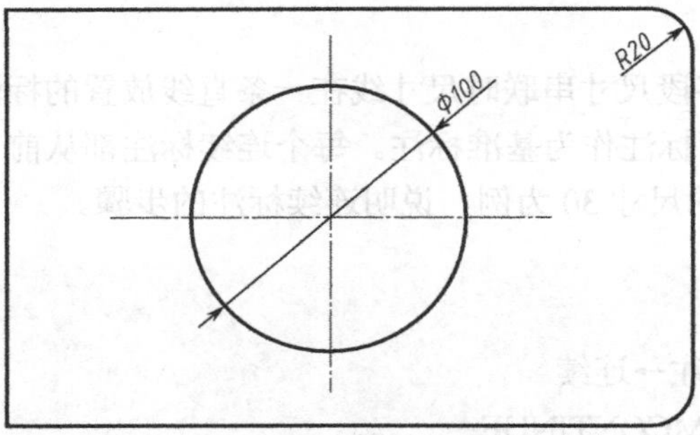

图5-31　半径标注和直径标注

特别提示

在机械图样中，使用半径标注和直径标注来标注圆和圆弧时，需要注意以下几点。

(1) 完整的圆应标注直径，如果图形中包含多个规格完全相同的圆，应注出圆的总数。

(2) 小于半圆的圆弧应使用半径标注。但应注意，即使图形中包含多个规格完全相同的圆弧，也不注出圆弧的数量。

(3) 半径和直径的标注样式有多种，常用的有“标注文字水平放置”和“尺寸线放在圆弧外面”，如图 5-32 所示。

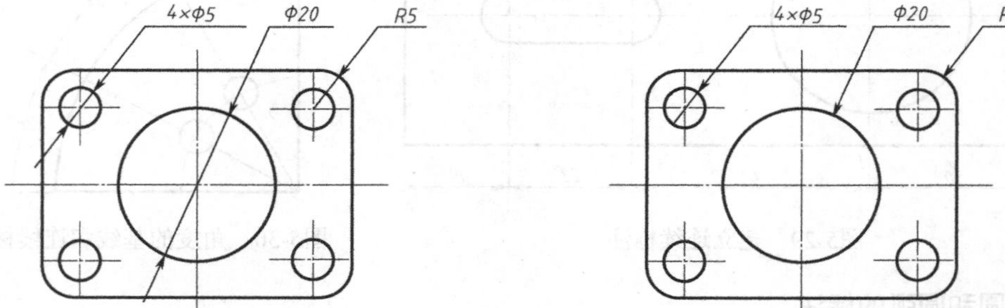

图5-32　半径和直径的标注形式

(4) 要将标注文字水平放置，可在“标注样式管理器”对话框中单击“替代”按钮，打开“替代当前样式”对话框，在“文字”选项卡的“文字对齐”设置区中选择“水平”单选按钮，如图 5-33 所示。

(5) 要将尺寸线放在圆弧外面，可在“调整”选项卡的“调整”设置区中取消选择“始终在尺寸界线之间绘制尺寸线”复选框，如图 5-34 所示。

(6) 通过“文字 (T)”选项修改直径数值时，应输入“%%c”来输出直径符号“φ”。

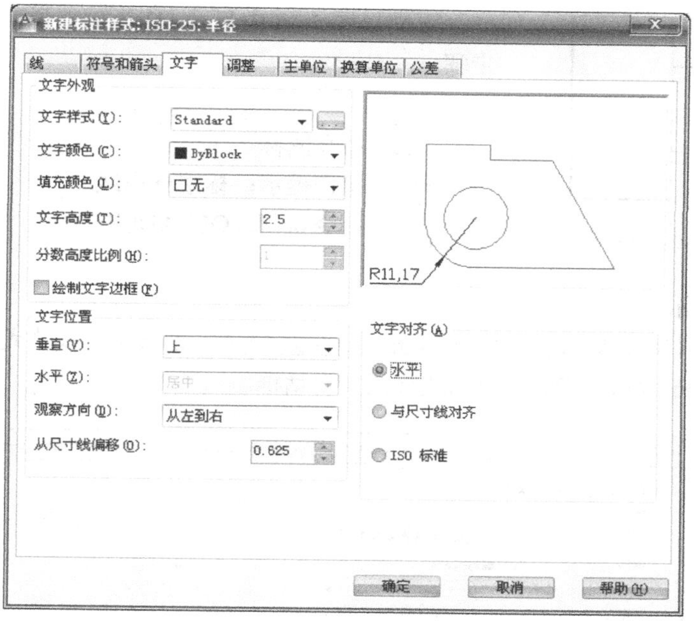

图5-33　设置半径/直径的标注样式为水平

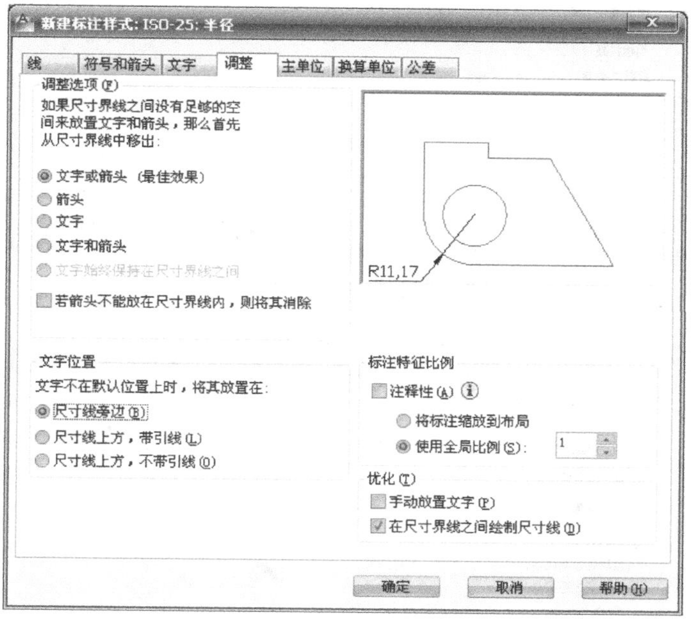

图5-34　尺寸线调整

5.3.8 引线标注

在 AutoCAD 中，使用引线标注命令可以对尺寸标注中的一些特例进行标注。引线不能测量距离，通常由带箭头的直线或样条组成，注释文字写在引线末端。

创建引线时，它的颜色、线宽、缩放比例、箭头类型、尺寸和其他特征都由当前标注样式定义。

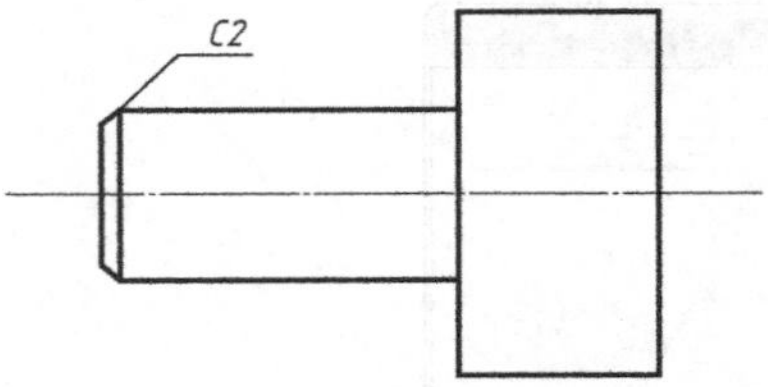

图5-35　引线标注

下面以图5-35中尺寸C2为例，说明创建引线标注的步骤。

命令图标：
操作提示：标注→引线
命令窗口：QLEADER

AutoCAD提示：

指定第一个引线点或[设置(S)]<设置>：S↙　　　　//改变引线格式

出现如图5-36所示“修改多重引线样式”对话框。

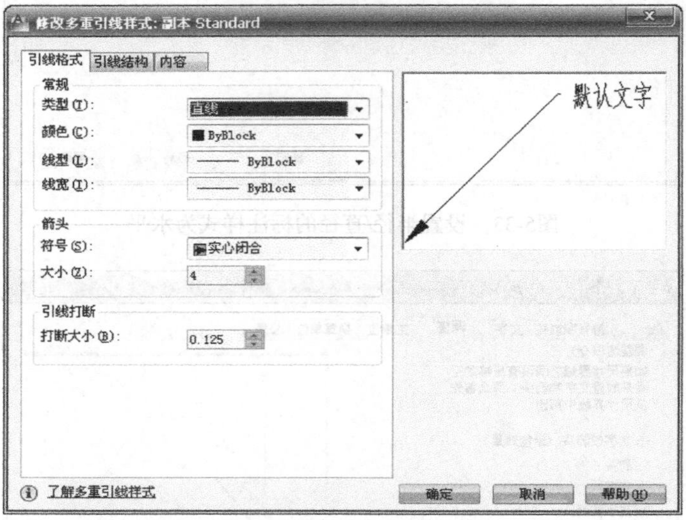

（a）引线格式设置

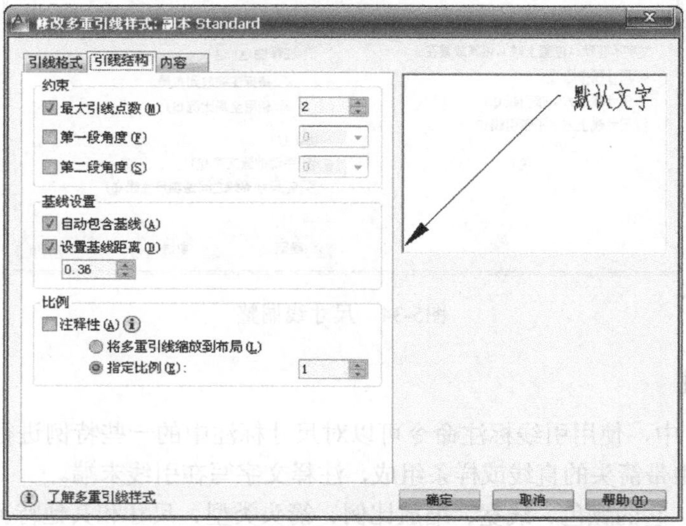

（b）引线结构设置

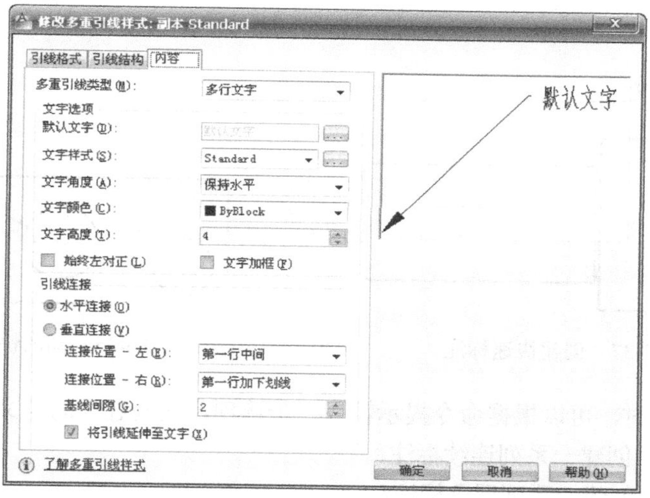

（c）引线内容设置

图5-36 “修改多重引线样式”对话框

设置其中的引线格式各选项如图 5-36（a）、引线结构各选项如图 5-36（b）、及内容各选项如图 5-36（c）所示。

单击“确定”按钮后出现提示信息：

指定第一个引线点或 [设置 (S)] < 设置 >： 捕捉并单击第一点　　//选择第一引线点

指定下一点： 单击第二点　　//选择放置引线第二点

指定文字宽度 <7>： 6↙　　//设置文字宽度

输入注释文字的第一行 < 多行文字 (M)>：C2↙　　//设置文字输入形式

出现文字输入对话框后输入文字即可。

5.3.9 快速标注

使用快速标注功能，可以快速创建成组的基线、连续、阶梯和坐标标注，快速标注多个圆、圆弧以及编辑现有标注的布局。

下面以图 5-37 为例，说明创建快速标注的步骤如下。

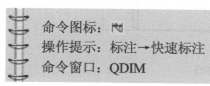

> 命令图标：
> 操作提示：标注→快速标注
> 命令窗口：QDIM

在“标注”工具栏中单击“快速标注”按钮。

AutoCAD 提示：

选择要标注的几何图形： 依次选择各几何图形↙　　//选择各轴向直线段

指定尺寸线位置或 [连续 (C)/ 并列 (S)/ 基线 (B)/ 坐标 (O)/ 半径 (R)/ 直径 (D)/ 基准点 (P)/ 编辑 (E)/ 设置 (T)] < 连续 >： 单击一点

//选择标注形式和尺寸线位置默认的是“连续”

标注结果如图 5-37 所示。

若在图 5-38 中选择三个圆，并按提示输入 D（圆的直径）↙，则可一次注出三个圆的直径。

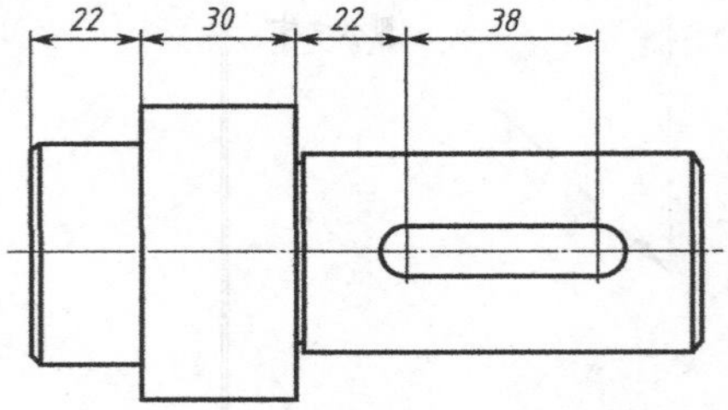

图5-37　创建快速标注

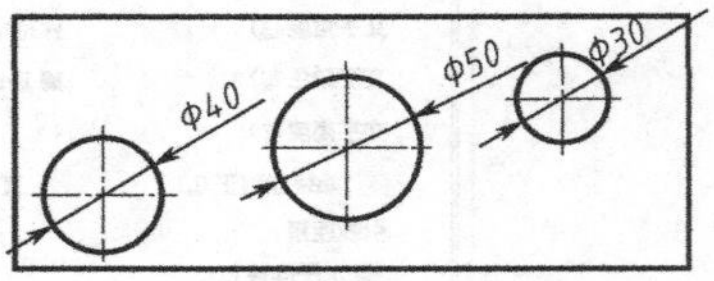

图5-38　圆的快速标注

创建快速标注时，可以根据命令提示输入一个选项，这些选项的意义如下。

- 连续（C）：创建一系列连续标注。
- 并列（S）：创建一系列层叠标注。
- 基线（B）：创建一系列基线标注。
- 坐标（O）：创建一系列坐标标注。
- 半径（R）：创建一系列半径标注。
- 直径（D）：创建一系列直径标注。
- 基准点（P）：为基线标注和坐标标注设置新的基准点或原点。
- 编辑（E）：用于编辑快速标注。

5.3.10 尺寸公差标注

尺寸公差是为了有效控制零件的加工精度，许多零件图上需要标注极限偏差或公差带代号，它的标注形式是通过标注样式中的公差格式来设置的。

以图 5-39 为例说明尺寸公差的设置步骤。

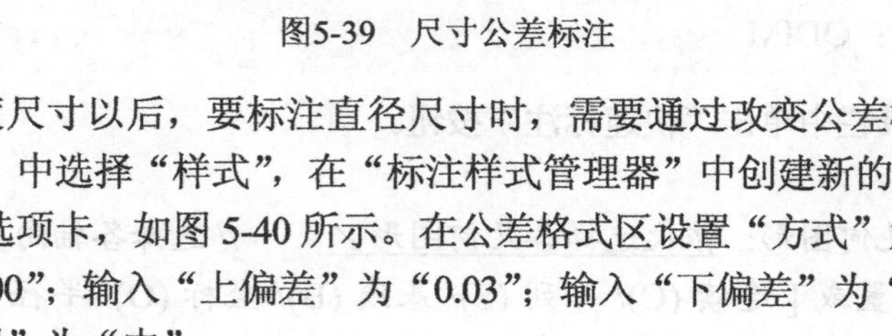

图5-39　尺寸公差标注

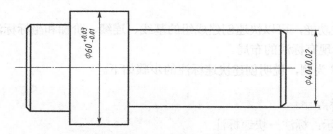

1．标注完长度尺寸以后，要标注直径尺寸时，需要通过改变公差格式的设置来完成。在下拉菜单“标注”中选择“样式”，在“标注样式管理器”中创建新的样式：“ISO-25 公差1”。打开“公差”选项卡，如图 5-40 所示。在公差格式区设置“方式”为“极限偏差”；在“精度”栏选择“0.00”；输入“上偏差”为“0.03”；输入“下偏差”为“0.01”；“高度比例”为“1”；“垂直位置”为“中”。

2．在样式工具栏中选中该样式，利用“线性标注”标注尺寸 $\phi60^{+0.03}_{-0.01}$。

3．同上述步骤，建立“ISO-25 公差 2”样式，如图 5-40 所示，改变公差标注方式为“对称”，可标注 $\phi40\pm0.02$。

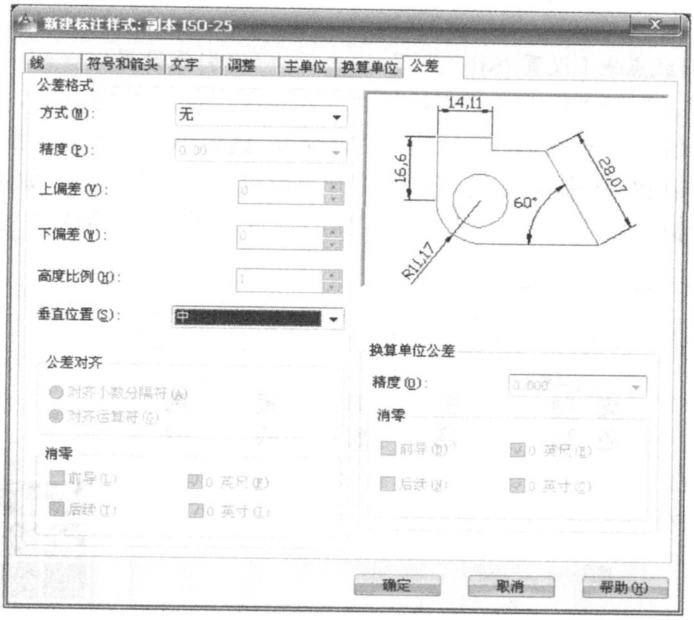

图5-40　新建公差标注样式

5.3.11 形位公差标注

形位公差在机械制图中极为重要。形位公差控制不好，零件就会失去正常的使用功能，装配件就不能正确装配。形位公差标注常和引线标注结合使用，如图 5-41 所示，可按如下步骤进行。

> 命令图标：；
> 操作提示：标注→引线 / 公差
> 命令窗口：QLEADER

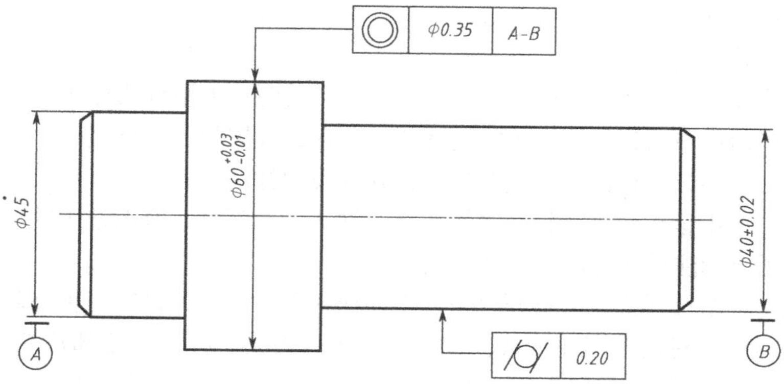

图5-41　形位公差标注

1. 在“标注”工具栏中单击“快速引线”按钮。

AutoCAD 提示：

指定第一个引线点或 [设置 (S)] < 设置 >: ↙　　　　// 引线设置

2．按回车键，打开“修改多重引线样式”对话框，如图 5-36 所示，在“内容”选项卡的“多重引线类型”下拉列表框中选择“公差”，然后单击“确定”按钮，在图形中创建引线（其提示同引线标注），这时将自动打开“形位公差”对话框，如图 5-42 所示。

3．单击符号框，打开“符号”对话框，如图 5-43 所示，在“符号”对话框中选择形位公差符号。

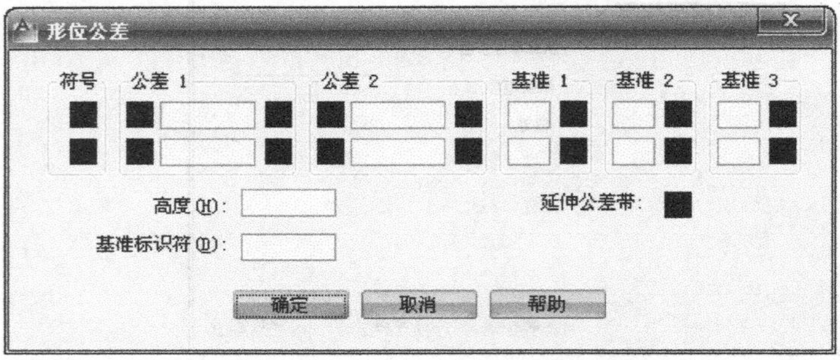

图5-42　“形位公差”对话框

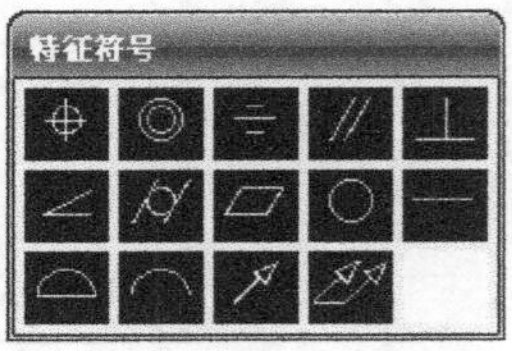

图5-43　公差特征符号

4．参照图 5-42，在公差 1 框中填写形位公差值 %%c0.35，在基准中填写基准 A-B。

5．单击“确定”按钮，则标注结果如图 5-41 所示。

5.4　管理标注样式

使用下拉菜单“格式”→“标注样式”命令，即可打开“标注样式管理器”对话框，如前图 5-2 所示。它不仅可以创建尺寸标注样式，而且还可以对其进行管理。这些设置项的意义如下。

（1）样式：在该列表中显示可供选择的所有标注样式。

（2）列出：选择需要显示的标注样式。其中，选择“所有样式”时，在列表中显示所有的标注样式；选择“正在使用的样式”时，只显示当前图形中用到的标注样式。

（3）置为当前：单击该按钮，可将选择的标注样式设置为当前样式。

（4）新建：单击该按钮，可创建新标注样式或设置标注样式。

（5）修改：单击该按钮，可打开“修改标注样式”对话框，修改选中的标注样式。修改标注样式时，用原标注样式标注的尺寸将被全部修改。

（6）替代：单击该样式，可打开“替代当前样式”对话框，设置一种临时替代样式。

（7）比较：用于对两个标注样式作比较，或者查看某一样式的全部特性。单击该按钮，可打开“比较标注样式”对话框，在此可比较两种标注样式的特性，如图 5-44 所示。浏览一种标注样式的特性如图 5-45 所示。

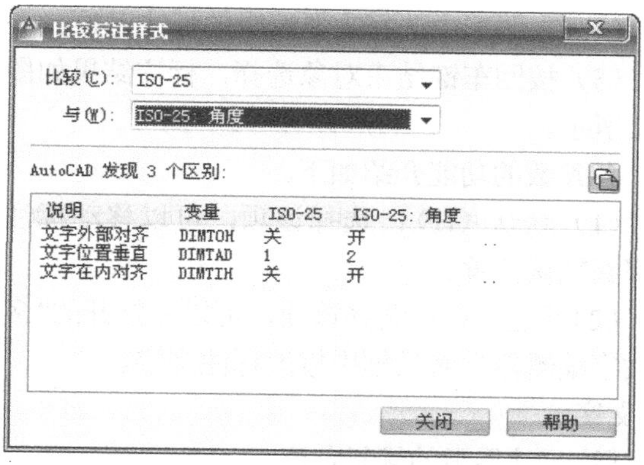

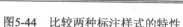

图5-44　比较两种标注样式的特性

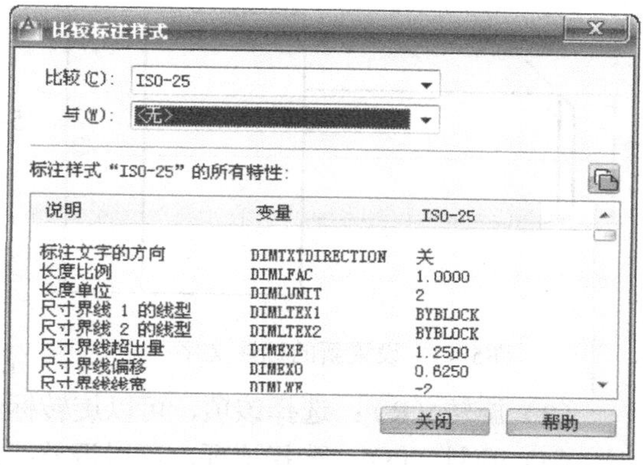

图5-45　浏览一种标注样式的特性

5.5　编辑尺寸标注

在 AutoCAD 中，编辑尺寸标注及其文字的方法主要有 3 种：

1．使用"标注样式管理器"中的"修改"按钮，可通过"修改标注样式"对话框来编辑图形中所有与标注样式相关联的尺寸标注。

2．使用尺寸标注编辑命令，可以对已标注的尺寸进行全面的修改编辑，这是编辑尺寸标注的主要方法。

3．使用夹点编辑。由于每个尺寸标注都是一个整体对象组，因此使用夹点编辑可以快速编辑尺寸标注位置。

5.5.1 修改尺寸标注文字

1．使用"编辑标注"命令编辑尺寸文字。

使用"编辑标注"命令，可以修改原尺寸为新文字、调整文字到默认位置、旋转文字和倾斜尺寸界线。如图 5-46 所示，修改标注文字"20"为"ϕ20"，其步骤如下：

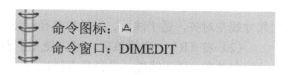

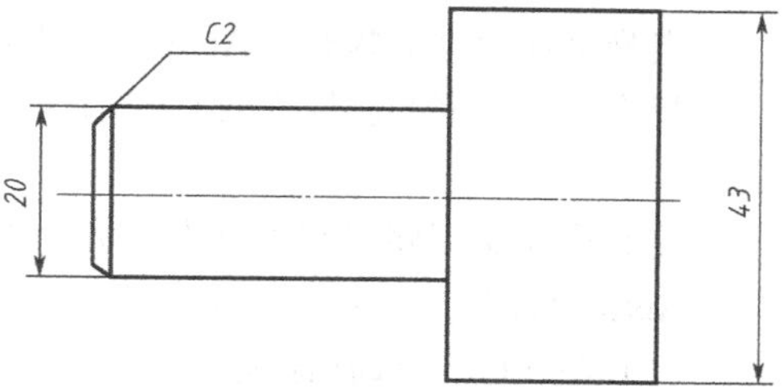

图5-46　原始标注

> 命令图标：
> 命令窗口：DIMEDIT

（1）在"标注"工具栏中单击"编辑标注"按钮。

AutoCAD 提示：

输入标注编辑类型 [默认（H）/ 新建（N）/ 旋转（R）/ 倾斜（O）]<默认>：N↙

//选择标注编辑类型

（2）此时打开"多行文字编辑器"对话框。

（3）在文字编辑框中输入直径符号"%%C"。

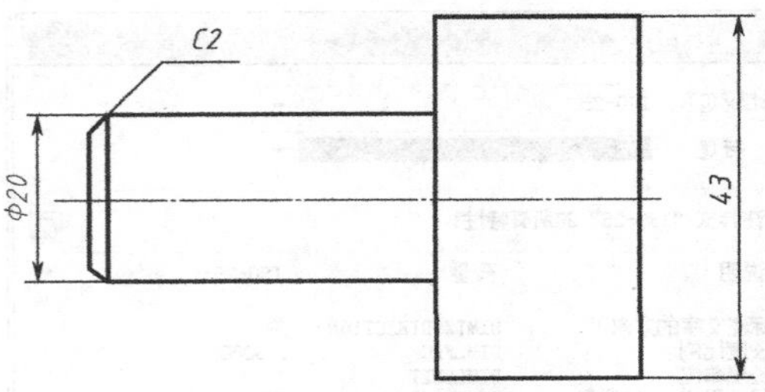

图5-47　设置新的标注文字

（4）在图形中选择需要编辑的标注对象。

（5）按回车键结束对象选择，标注结果如图5-47所示。

各参数的功能介绍如下。

（1）默认（H）：选择该项，可以移动标注文字到默认位置。

（2）新建（N）：选择该项，可以在打开的“多行文字编辑器”对话框中修改标注文字。

（3）旋转（R）：选择该项，可以旋转标注文字。

（4）倾斜（O）：选择该项，可以调整线性标注尺寸界限的倾斜角度。

如果要改变如图5-46所示文字“ϕ20”的角度，可使用旋转选项，具体操作步骤如下：

（1）在“标注”工具栏中单击“编辑标注”按钮。

（2）在命令提示行输入R，旋转标注文字。

（3）指定标注文字的角度，如45°。

（4）在图形中选择需要编辑的标注对象。

（5）按回车键结束对象选择，则标注结果如图5-48所示。

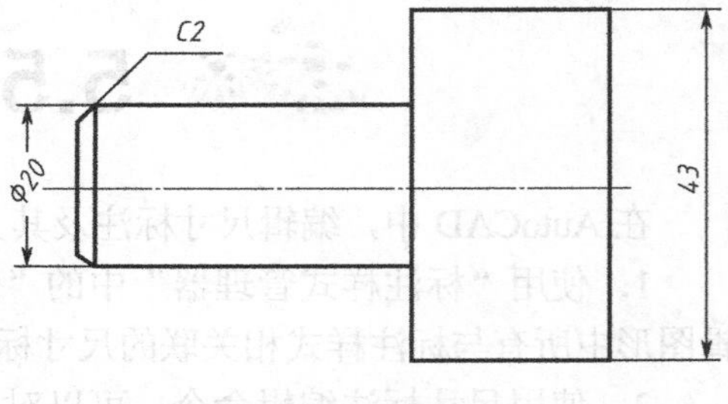

图5-48　旋转标注文字

2．用“编辑标注文字”命令调整文字位置。

使用“编辑标注文字”命令可以移动和旋转标注文字。例如，要将如图5-47所示的标注文字“43”左对齐，可按如下步骤进行操作：

发出“编辑标注文字”命令：在“标注”工具栏中单击“编辑标注文字”按钮。

命令图标：

命令窗口：DIMTEDIT↙

选择标注尺寸对象后，AutoCAD提示：

指定标注文字的新位置或[左（L）/右（R）/中心（C）/默认（H）/角度（A）]：L↙

//选择文字位置

这时标注文字将沿尺寸线左对齐，如图5-49所示。

AutoCAD提示选项的意义如下：

（1）左（L）：选择该项，可以使文字沿尺寸线左对齐，适于线性、半径和直径标注。

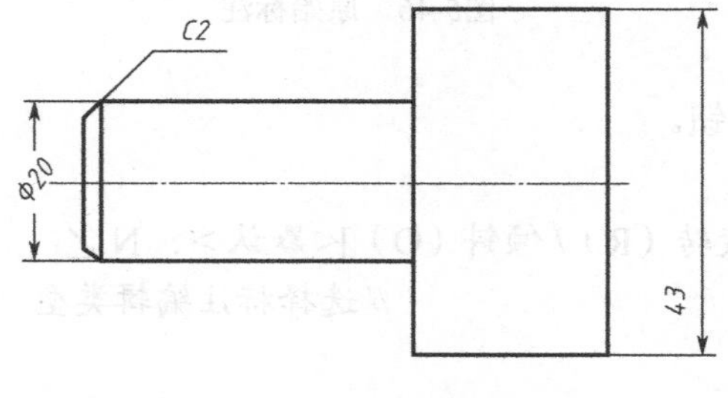

图5-49　标注文字沿尺寸线左对齐

（2）右（R）：选择该项，可以使文字沿尺寸线右对齐，适于线性、半径和直径标注。

（3）中心（C）：选择该项，可以将标注文字放在尺寸线的中心。

（4）默认：选择该项，可以将标注文字移至默认位置。

（5）角度（A）：选择该项，可以将标注文字旋转指定的角度。

5.5.2 利用夹点调整标注位置

使用夹点可以非常方便地移动尺寸线、尺寸界线和标注文字的位置。在该编辑模式下，可以通过调整尺寸线两端或标注文字所在处的夹点来调整标注的位置，也可以通过调整尺寸界线夹点来调整标注长度。

例如，要调整如图 5-50 所示的轴段尺寸“25”的标注位置以及在此基础上再增加标注长度，可按如下步骤进行操作。

1. 用鼠标单击尺寸标注，这时在该标注上将显示夹点，如图 5-51 所示。

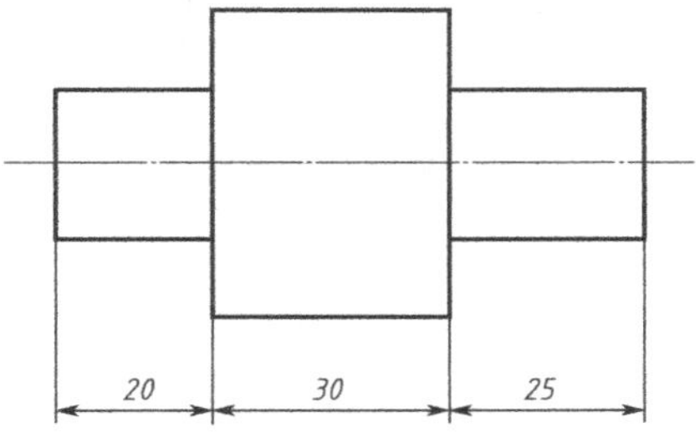

图5-50　原始图形

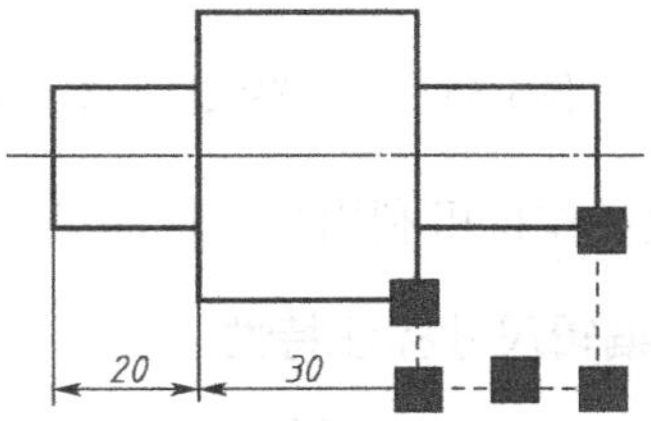

图5-51　选择尺寸标注

2. 单击标注文字所在处的夹点，该夹点将被选中。
3. 向下拖动光标，可以看到夹点跟随光标一起移动。
4. 在点 *1* 处单击鼠标，确定新标注位置，如图 5-52 所示。
5. 单击该尺寸界线左上端的夹点，将其选中。
6. 向左移动光标，并捕捉到点 *2*，单击确定捕捉到的点，如图 5-53 所示。
7. 按回车键结束操作，则该轴的总长尺寸 75 被注出，如图 5-54 所示。

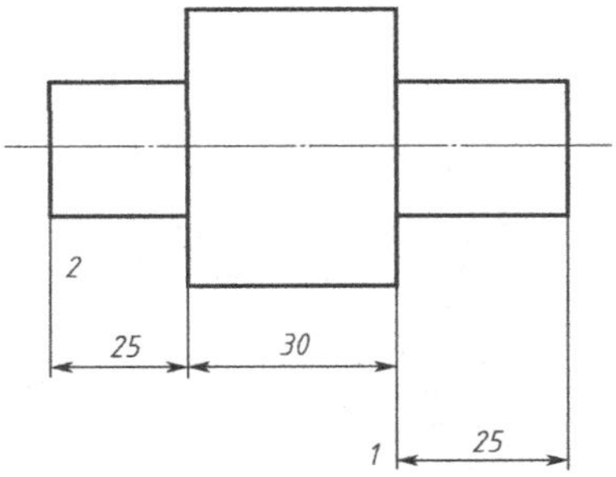

图5-52　调整标注位置

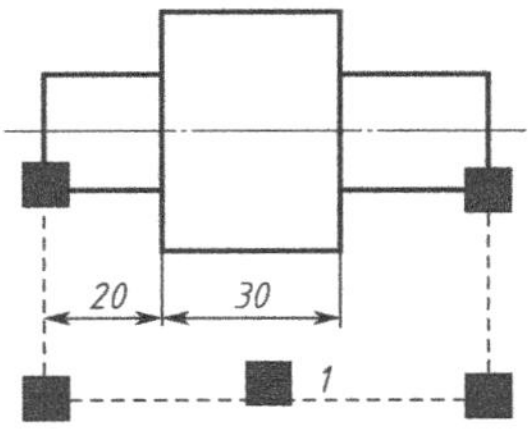

图5-53　捕捉点

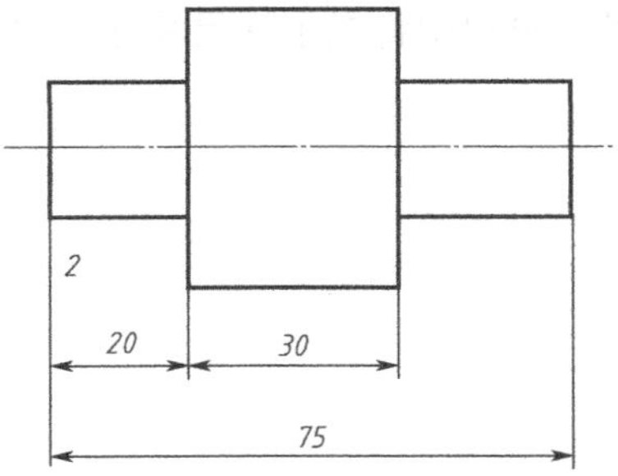

图5-54　调整标注长度

5.5.3 倾斜标注

默认情况下，AutoCAD 创建与尺寸线垂直的尺寸界线。如果尺寸界线过于贴近图形轮廓线时，允许倾斜标注（如图 5-55 所示长度为 40 的尺寸）。因此可以修改尺寸界线的角度实现倾斜标注。创建倾斜尺寸界线的步骤如下：

1. 单击下拉菜单“标注”→“倾斜”命令。
2. 选择需要倾斜的尺寸标注对象，若不再选择则按回车键确认。

3．在命令提示行输入倾斜的角度，如“60°”，按回车键确认。这时倾斜后的标注如图 5-56 所示。

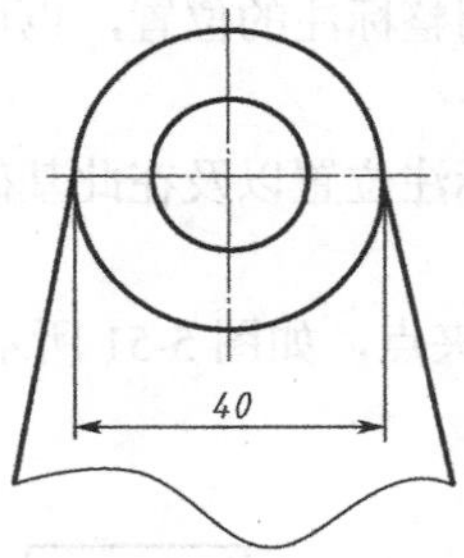

图5-55　尺寸界线过于贴近轮廓线

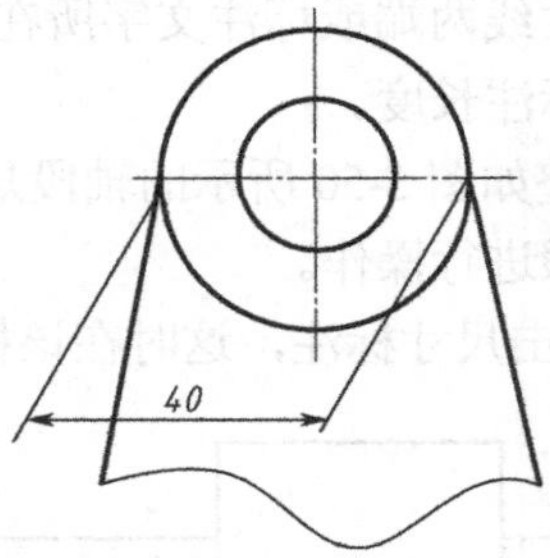

图5-56　倾斜后的标注

该项操作也可利用尺寸标注编辑来完成。

5.5.4 编辑尺寸标注特性

在 AutoCAD 中，通过“特性”窗口可以了解到图形中所有的特性，例如线型、颜色、文字位置以及由标注样式定义的其他特性。因此，可以使用该窗口查看和快速编辑包括标注文字在内的任何标注特性，步骤如下。

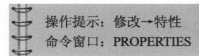

> 操作提示：修改→特性
> 命令窗口：PROPERTIES

1．在图形中选择需要编辑其特性的尺寸标注，如图 5-57 所示。

2．选择“修改”→“特性”菜单，打开“特性”窗口，单击“选择对象”按钮。这时在“特性”窗口中将显示该尺寸标注的所有信息，如图 5-58 所示。

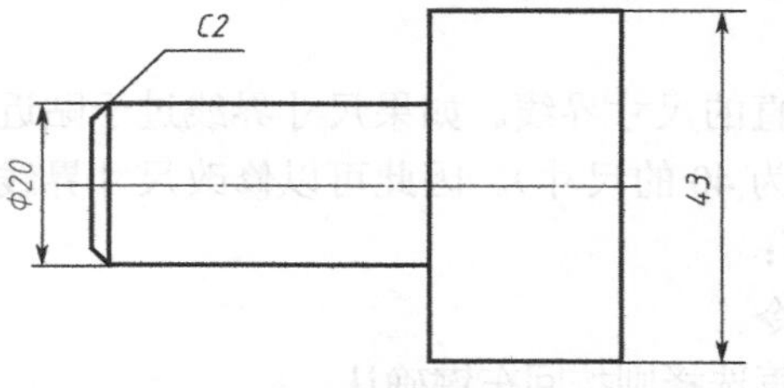

图5-57　选择需要修改的尺寸

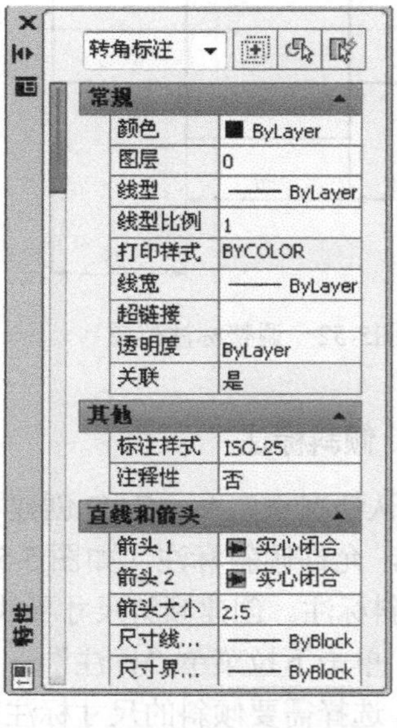

图5-58　显示标注的特性

3．在“特性”窗口中可以根据需要修改标注特性，如颜色、线型等。

4．如果要将修改的标注特性保存到新样式中，可右击修改后的标注，从弹出的快捷菜单中选择“标注样式”→“另存为新样式”命令。

5．在“另存为新标注样式”对话框中输入样式名，然后单击“确定”按钮，如图5-59所示。

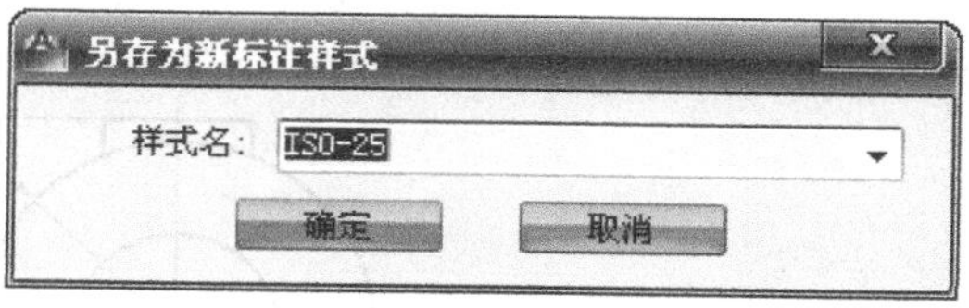

图5-59　“另存为新标注样式”对话框

5.5.5 标注的关联与更新

通常情况下，尺寸标注和样式是相关联的，当标注样式修改后，使用“更新标注”命令（Dimstyle）可以快速更新图形中与标注样式不一致的尺寸标注。

例如，使用“更新标注”命令将如图5-60所示的ϕ20、*R*5的文字改为水平方式，可按如下步骤进行操作。

1．在“标注”工具栏中单击“标注样式”按钮，打开“标注样式管理器”对话框。

> 命令图标：；
> 操作提示：标注→样式/更新

2．单击“替代”按钮，在打开的“替代当前样式”对话框中选择“文字”选项卡。

3．在“文字对齐”设置区中选择“水平”单选按钮，然后单击“确定”按钮。

4．在“标注样式管理器”对话框中单击“关闭”按钮。

5．在“标注”工具栏中单击“更新标注”按钮。

6．在图形中单击需要修改其标注的对象，如ϕ20、*R*5。

7．按↙键，结束对象选择，则更新后的尺寸标注如图5-61所示。

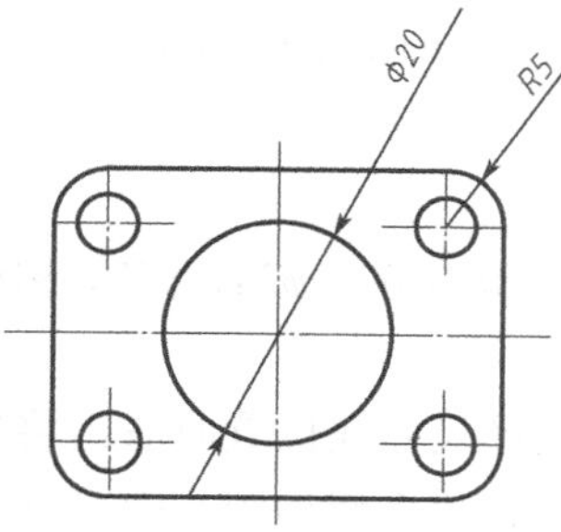

图5-60　更新前的尺寸标注

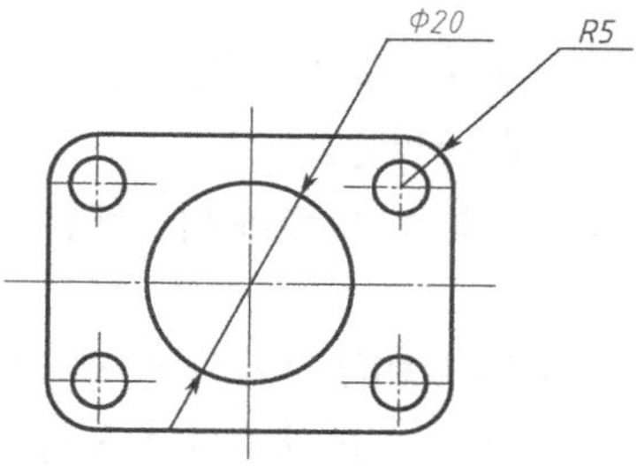

图5-61　更新后的尺寸标注

5.6 尺寸标注实例

任务： 绘制支座两视图并标注尺寸及公差，如图5-62所示。

目的： 综合运用尺寸标注知识。

知识储备：基本绘图、编辑知识、各种标注知识。

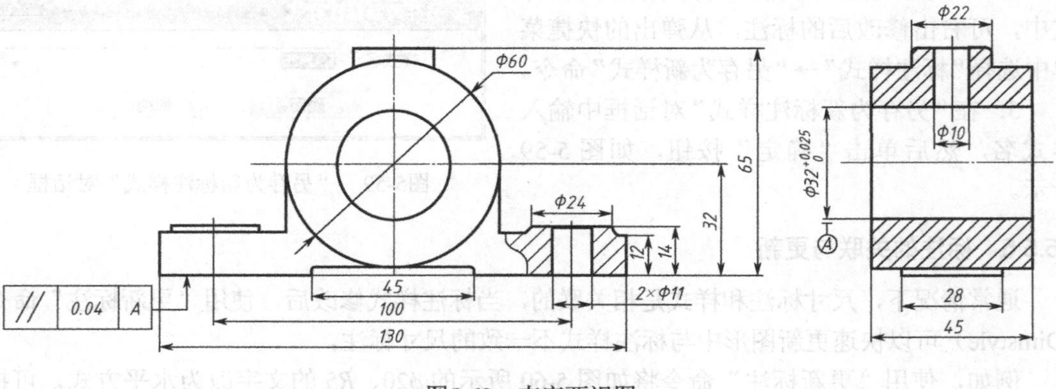

图5-62　支座两视图

绘图步骤分解：

1．建图层：分别建立中心线层、细实线层、粗实线层、尺寸线层、剖面线层，并设定各层线型，颜色等。

2．用绘图、编辑等命令，完成图形绘制。

3．标注线性尺寸。

（1）标注长度尺寸130、100、45，高度尺寸32、65、12、14，宽度尺寸28、45。

单击标注工具栏命令，AutoCAD提示：

指定第一条尺寸界线原点或＜选择对象＞：捕捉130左端点

//指定第一条尺寸界线原点

指定第二条尺寸界线原点：捕捉130右端点　　//指定第二条尺寸界线原点

指定尺寸线位置或[多行文字（M）/文字（T）/角度（A）/水平（H）/垂直（V）/旋转（R）]：H↙　　//创建水平标注

使用同样方法注出其他线性尺寸。

（2）标注各直径尺寸。

单击标注工具栏命令或利用线性标注和快捷菜单标注ϕ60、ϕ24、ϕ22、ϕ10、2-ϕ11各圆的直径尺寸。

其中，利用捕捉和线性标注选择ϕ22两条边，当选择尺寸线位置时右击将出现快捷菜单，如图5-63所示，选择其中的“多行文字（M）”命令，将出现如图5-64所示文字格式编辑器，在“<>”前加%%c即可。

4．标注尺寸公差。

建立一个新的公差样式，如ISO-25公差，将上偏差设为0.025，下偏差设为0，标注$\phi 32^{+0.025}_{0}$。

5．标注形位公差。

利用引线标注，设置“注释”为“公差”形式，标注形位公差。

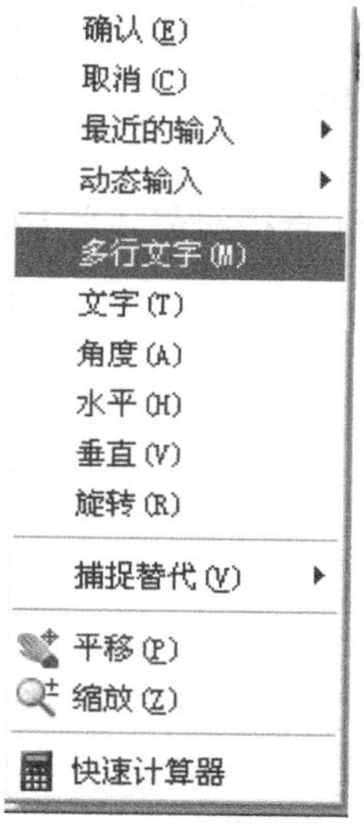

图5-63　右键快捷菜单

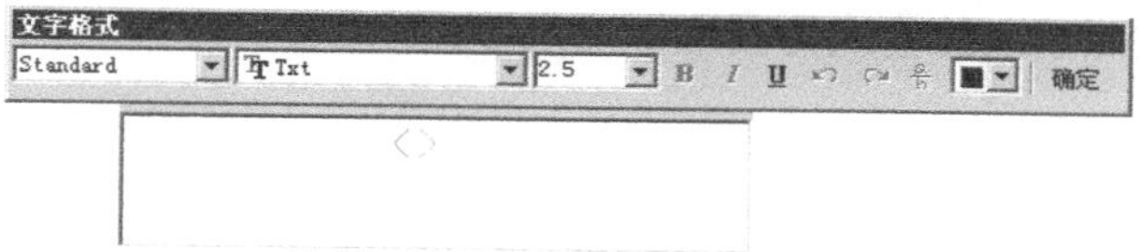

图5-64　多行文字格式编辑器

习　题　5

一、选择题

1．对图样进行尺寸标注时，下列中不正确的做法是（　　）。

A．建立独立的标注层　　B．建立用于尺寸标注的文字类型

C．设置标注的样式　　D．不必用捕捉标注测量点进行标注

2．新建标注样式的操作不使用对话框的操作步骤是（　　）。

A．单击“标注样式”命令　　B．为新建标注的样式命名

C．设置文字　　D．设置直线与箭头

3．利用“新建标注样式”对话框，在“主单位”选项卡中设置十进制小数分隔符。下列中无效的分隔符是（　　）。

A．句点（.）　B．分号（;）　C．斜线（/）　D．逗点（,）

4．利用“新建标注样式”对话框“文字”选项卡，调整尺寸文字标注位置为任意放置时，应选择的参数项是（　　）。

A．尺寸线旁边　　B．尺寸线上方加引线

C．尺寸线上方不加引线　　D．标注时手动放置文字

二、填空题

1．AutoCAD 用__________表示默认测量值。

2．当标注一段带有角度的直线时，需要将尺寸线与对象直线平行，这时可使用_____命令来进行尺寸标注。

3．AutoCAD 中，所有的标注命令都位于_________下拉菜单下。

4．在“新建标注样式”对话框“公差”选项卡中设置的公差标注方式有_____________、

、__________、__________和__________。

5．基线标注拥有共同的__________，连续标注则拥有相同位置的__________。

三、简答题

1．标注中，直径符号“ϕ”无法显示，怎样设置标注格式才能让直径符号正常显示？

2．如何修改尺寸标注文字和尺寸箭头的大小？

3．怎样使角度标注符合我国的制图标准，使其水平放置？

4．形位公差的标注步骤有哪些？

5．怎样利用夹点调整所标注尺寸的位置？

四、操作题

按照下面的格式为图形标注尺寸。

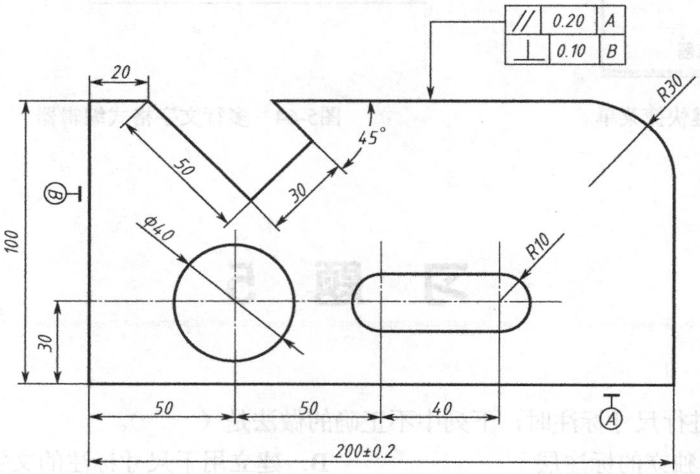

步骤如下：

1．绘制图形。

2．修改或创建标注样式。

3．用不同方法标注尺寸。

第 6 章

图块和外部参照

教学目标

1. 掌握 AutoCAD 图块的创建;
2. 掌握 AutoCAD 图块的编辑;
3. 了解 AutoCAD 外部参照的应用。

本章要点

在设计绘图过程中经常会遇到一些重复出现的图形（例如机械设计中的螺钉、螺母等），如果每次都重新绘制这些图形，不仅会造成大量的重复工作，而且严重影响绘图的效率。下面在“二维草图与注释”工作空间中分析本节内容。

6.1 图块的操作

图块是用一个图块命名的多个图形对象实体的总称。在一个图块中，各图形实体均有各自的图层、线型、颜色等特征，但 AutoCAD 总是把图块作为一个单独的、完整的对象来处理。用户可以根据实际需要，将图块按照给定的缩放比例和旋转角度插入到指定的任意一个位置，也可以对整个图块进行复制、移动、缩放、阵列等处理。

图块的作用介绍如下。

（1）便于创建图形库。如果将绘图过程中经常使用的某些图形定义成图块，并保存在磁盘中，就形成一个图形库。当需要某个图块时，将其插入图中，就把复杂的图形变成由几个图块拼凑而成的图形，避免了大量的重复工作，大大提高了绘图效率，确保绘图的质量。

（2）便于图形修改。在现实的工程绘图中，经常需要对已有的图形进行反复的修改和润色。如果在当前的图形中修改或更新一个已经定义的图块，AutoCAD 2012 会自动地更新图中的所有该图块。

（3）节省磁盘空间。图形文件的每一个实体都有特征参数，如图层、线型、颜色、坐标等等。用户保存所处理的图形，也就是让 AutoCAD 2012 把图中所有的实体的特征参数保存在磁盘中。利用插入图块功能既能满足工程图纸的要求，又能减少存储空间。

（4）便于携带属性。AutoCAD 2012 允许用户为图块携带属性。所谓属性，即从属于图块的文本信息，是图块中不可缺少的组成部分。在每次插入图块时，可根据用户的需要而改变图块属性。

6.1.1 定义图块

用户可以通过如下几种方法创建块：

> 命令图标：
> 操作提示：绘图→块→创建
> 命令窗口：BLOCK

选择相应的菜单命令或单击相应的工具栏图标，或在命令行输入 BLOCK 后回车，AutoCAD 打开如图 6-1 所示的“块定义”对话框，利用该对话框可定义图块并为之命名。

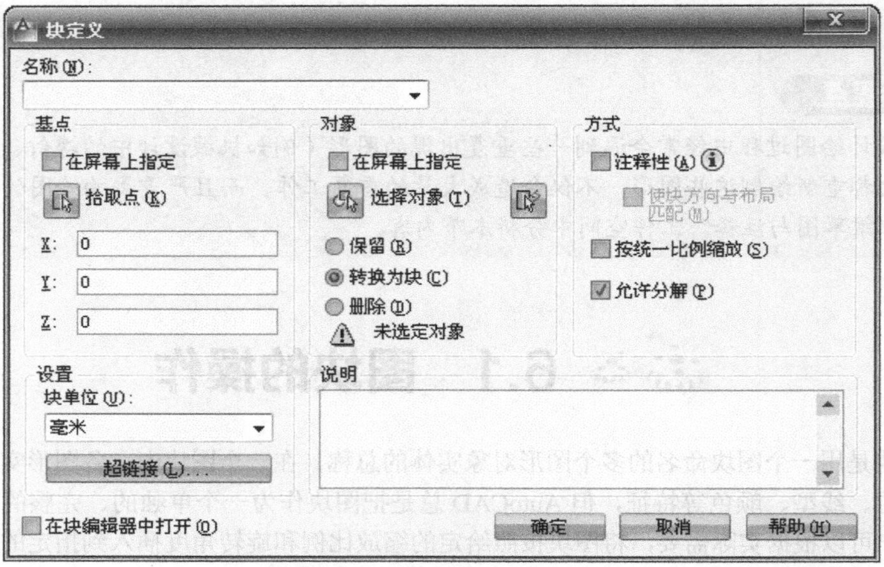

图6-1　“块定义”对话框

1.“基点”选项组。

确定图块的基点，默认值为（0,0,0）。也可以在下面的 X、Y、Z 文本框中输入块的基点坐标值。单击“拾取点”按钮，AutoCAD 临时切换到作图屏幕，用鼠标在图形中拾取一点后，返回“块定义”对话框，把所拾取的点作为图块的基点。

2.“对象”选项组。

该选项组用于选择制作图块的对象以及对象的相关属性。

3.“方式”选项组。

指定块的行为。“按统一比例缩放”选项指定是否阻止块参照不按统一比例缩放。

4.“设置”选项组。

指定从 AutoCAD 设计中心拖动图块时用于测量图块的单位，以及缩放、分解和超链接等设置。

5.“在块编辑器中打开”复选框。

选中此复选框，系统打开块编辑器，可以定义动态块。

6．“名称”列表框。

在此列表框中输入新建图块的名称，最多可以使用255个字符。单击下拉箭头，打开列表框，该列表中显示了当前图形的所有图块。

6.1.2 图块的存盘

用BLOCK命令定义的图块，只能在图块所在的当前图形文件中使用，不能被其他图形引用。而实际的工程设计中，往往需要把已经定义好的图块进行共享，使所有用户都能很方便地引用。这就得使图块成为公共图块，即可供其他的图形文件插入和引用。AutoCAD 2012提供的“WBLOCK”命令，即Write Block（图块存盘），将图块单独以图形文件形式存盘。

命令窗口：WBLOCK

在命令行输入WBLOCK后回车，AutoCAD打开“写块”对话框，如图6-2所示，利用此对话框可以把图形对象保存为图形文件或把图块转换成图形文件。

功能：将图块以图形文件的形式保存。

（1）调用“保存图块”命令后，弹出“写块”对话框。

（2）在“源”选项区域有3个单项按钮，选中“块”单选按钮，则将WBLOCK命令创建的图块保存在文件，可以从对应的下拉列表框中选择当前图形的图块，这里选择前面创建的图块：“粗糙度”。如果是选择“整个图形”单选按钮，则将当前图形的全部对象都以图块的形式保存到文件。如果是选择“对象”单选按钮，下方的“基点”选项区域和“对象”选项区域成为可用，这时，操作类似于创建图块，需要用户选择块中的对象。

图6-2 “写块”对话框

（3）在“目标”选项区域设置保存图块的文件名称、路径和插入单位等。图块的文件名称在“文件名”文本框中输入，这里输入“粗糙度”。保存路径可以在“位置”文本框中直接输入；也可以从其下拉列表框中选择；也可以单击其右边的按钮，从“浏览图形文件”对话框中选择需要保存的文件位置。“插入单位”下拉列表框，用于设置当从AutoCAD 2012设计中心拖动块时的缩放单位。

（4）单击“确定”按钮。这样就成功地将“粗糙度”图块保存在文件中。

6.1.3 图块的插入

在用AutoCAD绘图的过程中，可根据需要随时把已经定义好的图块或图形文件插入到当前图形的任意位置，在插入的同时还可以改变图块的大小、旋转一定的角度或把图块炸开等。

> 操作提示：绘图→块→插入
> 命令：INSERT

AutoCAD打开“插入”对话框，如图6-3所示。在对话框中，选择块的“名称”，输入块的“插入点”、“比例”、“旋转”等数据，单击“确定”按钮，完成创建图块的操作。

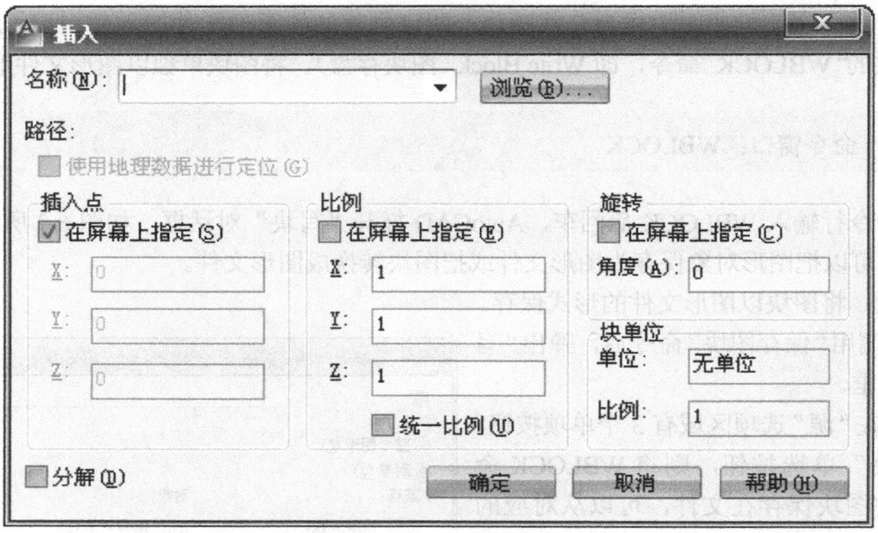

图6-3 “插入”对话框

选项说明：

（1）“路径”文本框。指定图块的保存路径。

（2）“插入点”选项组。指定插入点，插入图块时该点与图块的基点重合。可以在屏幕上指定该点，也可以通过下面的文本框输入该点坐标值。

（3）“比例”选项组。确定插入图块时的缩放比例。图块被插入到当前图形中的时候，可以任意比例放大或者缩小。

（4）“旋转”选项组。指定插入图块时的旋转角度。图块被插入到当前图形中的时候，可以绕其基点旋转一定的角度，角度可以是正数（表示沿逆时针方向旋转），也可以是负数（表示沿顺时针方向旋转）。

如果选中“在屏幕上指定”复选框，系统切换到作图屏幕，在屏幕上拾取一点，AutoCAD自动测量插入点与该点连线和*X*轴正方向之间的夹角，并把它作为块的旋转角。也可以在“角度”文本框直接输入插入图块时的旋转角度。

（5）“分解”复选框。选中此复选框，则在插入块的同时把它炸开，插入到图形中的组成块的对象不再是一个整体，可对每个对象单独进行编辑操作。

6.1.4 以矩形阵列的形式插入图块

AutoCAD 2012允许将图块以矩形阵列的形式插入到当前图形中，而且插入时也允许指定比例系数和旋转角度。

输入“MINSERT”命令，得到：

输入块名或 [?]：（输入要插入的图块名）

指定插入点或 [基点 (B)/ 比例 (S) / X / Y / Z / 旋转 (R)]：

在此提示下确定图块的插入点、比例系数、旋转角度等，各项的含义和设置方法与 INSERT 命令相同。确定了图块插入点之后，AutoCAD 继续提示：

输入行数 (---)<1>：（输入矩形阵列的行数）

输入列数 (|||)<1>：（输入矩形阵列的列数）

输入行间距或指定单位单元 (---)：（输入行间距）

指定列间距（|||）：（输入列间距）

所选图块按照指定的比例系数和旋转角度以指定的行、列数和间距插入到指定的位置。

绘制步骤：

1．利用“直线”命令绘制所需要的图块图形。

2．利用 WBLOCK 命令打开“写块”对话框，拾取上面图形下尖点为基点，以上面图形为对象，输入图块名称并指定路径，确认退出。

3．利用 INSERT 命令，打开“插入”对话框，单击“浏览”按钮找到刚才保存的图块，在屏幕上指定插入点、比例和旋转角度，插入时选择适当的插入点、比例和旋转角度，将该图块插入到最终图所示的图形中。

4．利用“单行文字”命令标注文字，标注时注意对文字进行旋转。

5．同样利用插入图块的方法标注其他粗糙度。

6.1.5 分解图块

图块是一个整体。如果用户想对图块的其中一个实体进行处理时，就需要将图块分解，这时将用到“分解图块”命令。

激活“分解图块”命令后，用户使用对象选择方式，选择需要分解的图块后，按回车键即可。

用“分解图块”命令可以将插入的图块分解成相互独立的图形实体。分解后，各个组成实体分别在原来块所在的图层上。图块分解后将失去其整体性，组成块的实体不再具有块的特性。但是块定义依然存在当前图形中，可以再次插入使用。图块分解后，可以单击“放弃”命令恢复。

6.2 图块属性的编辑

图块创建完后，可能需要对其进行编辑修改。图块的编辑包括修改编辑图块的图形和修改编辑图块的属性。

编辑图块的图形情况有以下知识点：如果是在图块已定义后要修改编辑图块的图形，则对于用“BLOCK”创建的图块，可先用分解命令分解掉一个图块，重新绘制编辑完后再同名保存一次即可；对于用“WBLOCK”创建的图块，先用打开命令打开该图块文件，分解该图块，重新绘制编辑完后再同路径同名保存一次即可。

编辑图块的属性情况有以下知识点：如果要整体编辑图块的属性，可单击菜单“修改”→“对象”→“属性”→“块属性管理器”选项，将打开“块属性管理器”对话框，在此对话框中对其进行修改。

创建好图块后，使用时只需要将图块插入即可。图块插入分为单独插入图块和多次插入图块。

AutoCAD 2012允许为图块附加文本信息，以增强图块的通用性和可读性，这些文本信息称为属性。块属性是附属于块的非图形信息，也是块的组成部分。通常属性在图块插入过程中进行自动注释。对于经常要使用的图块，利用属性很重要。例如，在机械制图中，粗糙度的值有“0.8、1.6、6.3”等，用户可以在粗糙度图块中将粗糙度定义为属性，每次插入粗糙度时，AutoCAD 2012会自动提示用户输入粗糙度的数值。

用户可以提取保存在图形数据库文件中关于每个图块插入的数据。用户也可以在图形绘制完之前或之后，使用“ATTEXT”命令将图块属性数据从图形中提取出来，将该数据写入文件中。这样用户可以从图形数据库中获取图块数据信息。

图块属性还具有下列特性：

（1）属性由属性标记名和属性值组成。例如：定义“粗糙度”为属性标记名，具体的粗糙度值则是属性值。

（2）在定义图块前，用户可以修改属性定义。

（3）在定义图块之前，需要定义图块的每个属性，如属性的标记名、属性提示、属性默认值、属性的显示格式、属性在图中的位置等。定义属性后，该属性值以标记名在图形中显示，并保存了有关信息。

（4）插入图块时，AutoCAD 2012通过提示，要求用户输入属性值，如果不输入属性值，则应用默认值。插入图块后，属性用它的当前值来表示。所以，如果一个图块具有不同的属性值，则不同位置的属性值可能不相同。如果属性值在属性定义时设为常数，AutoCAD 2012则不提示用户输入属性值。

（5）插入图块后，可以对它进行处理。例如：修改属性；把属性提取出来写进数据文件，以供统计、制表需要。

6.2.1 定义属性

将定义好的属性可以连同相关图形一起用“定义图块”命令定义成属性块。此后，用户就可以在当前图形中调用它，其调用方式同一般的图块完全相同。

激活“定义属性”的方法如下：

> 操作提示：绘图→块→定义属性
> 窗口命令：ATTDEF(ATT)

功能：创建属性定义。

按照前面的方法创建一个“标注表面结构粗糙度值”的图块。执行“定义属性”命令，弹出“属性定义”对话框，如图 6-4 所示。

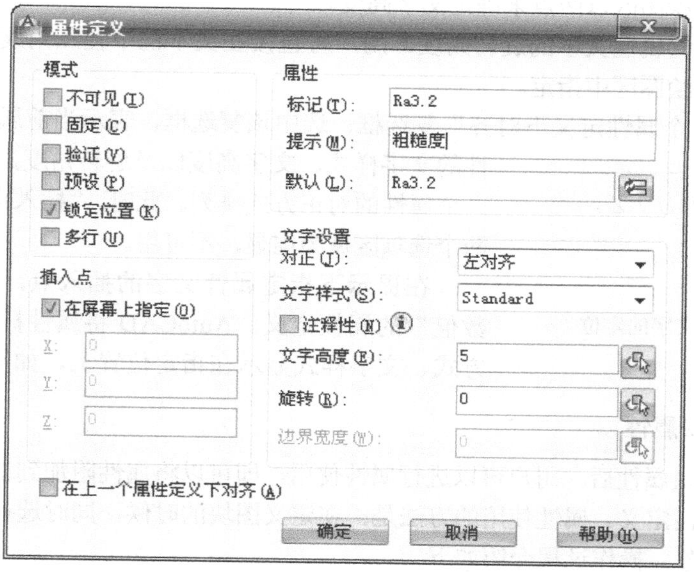

图6-4 “属性定义”对话框

下面介绍该对话框中各选项的含义。

(1)“模式”区域用于设置属性的模式，有 6 个复选框，常用的有以下几个。

“不可见”复选框：用于设置插入图块后是否显示属性的值。

“固定”复选框：用于设置属性是否是常数。

“验证”复选框：用于在插入图块时，是否让 AutoCAD 2012 提示用户确认输入的属性值是否正确。

“预设”复选框：用于设置是否将属性值设置为它的默认值。

(2)“属性”区域用于设置属性的标记、插入块时 AutoCAD 2012 的提示以及属性的默认值。该区域有三个文本框。

“标记”文本框：用于识别图形中每次出现的属性。使用任何字符组合（空格除外）输入属性标记，AutoCAD 2012 会自动将小写字符改为大写字符。

“提示”文本框：用于指定在插入包含该属性定义的图块时显示的提示。如果不输入提示，属性标记将用作提示。如果在“模式”区域选定了“固定”模式，此文本框虚显，不可用。

“默认”文本框：用于指定默认属性值。

(3)“插入点”选项区域用于设置属性的插入点，即属性文字排列的起点。用户可以直接在 X、Y、Z 的 3 个文本框中，输入插入点坐标；也可以单击“拾取点”按钮，AutoCAD 2012 临时切换到命令窗口并提示“起点：”，在该提示下指定插入点后，AutoCAD 2012 回到“属性定义”对话框。

(4)“文字设置”选项区域用于设置属性文字的格式。其中各选项的含义如下。

“对正”：用于设置属性文字相对于插入点的排列形式。用户可以通过相应的下拉列表框，在左、对齐、中心、右等之间选择。这些项的含义同标注文字时的对应项相同。

“文字样式”：用于设置属性文字的样式。用户可直接在文本框中选择文字样式。

“高度”：设置属性文字的高度。用户可直接在文本框中输入角度值，也可以单击“高度”按钮，在绘图区以两点来确定文字高度。

“旋转”：设置属性文字的旋转角度。用户可直接在文本框中输入角度值，也可以单击“旋转”按钮，在绘图区中指定。

（5）“在上一个属性定义下对齐”复选框：选中该复选框，表示当前属性采用上一个属性的文字样式、文字高度以及旋转角度，且另起一行按上一个属性的对正方式排列。此时，“插入点”和“文字选项”两个选项区域为虚显，不可用。

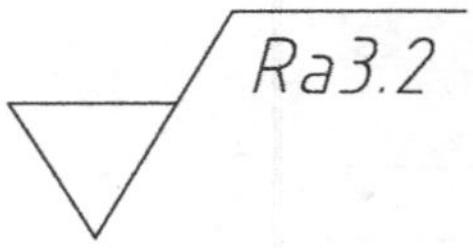

图6-5　属性文字的定位

在提示下指定属性文字的插入点，完成标记为“参数值”的属性定义。AutoCAD 将属性标记按指定的对齐方式、文字样式显示在指定位置上，如图 6-5 所示。

6.2.2 使用图块属性

在定义好图块属性后，用户可以进行属性使用，即可以将属性附加到块定义中。一个图块可以有多个属性定义。属性使用的方法是：在定义图块的时候，同时选择图块属性，作为定义块的成员对象。操作过程介绍如下。

（1）调用“定义块”命令，把粗糙度和粗糙度值属性都选中，创建一个名为“带粗糙度值的粗糙度符号”新图块，如图 6-6 所示。

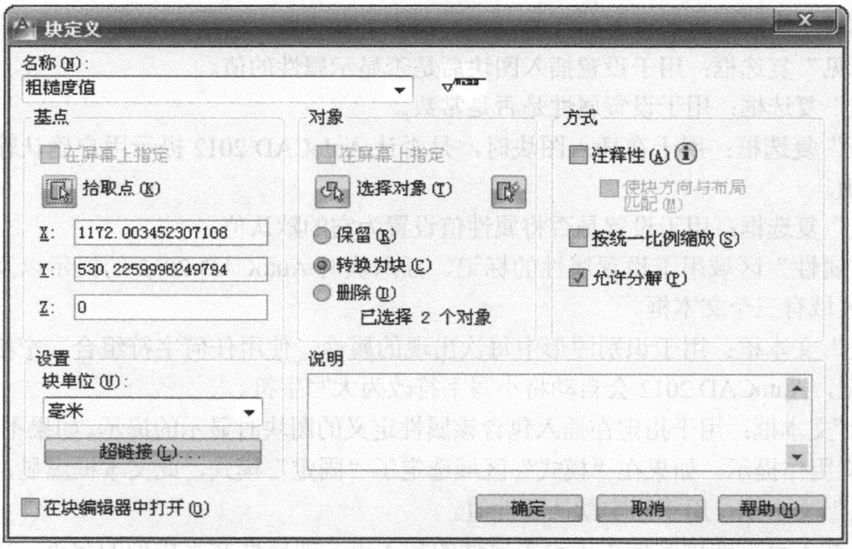

图6-6　定义带属性的块

（2）单击“确定”按钮，弹出“编辑属性”对话框，如图 6-7 所示。用户在该对话框的“粗糙度”文本框中输入粗糙度值。单击“确定”按钮，创建图块完毕。

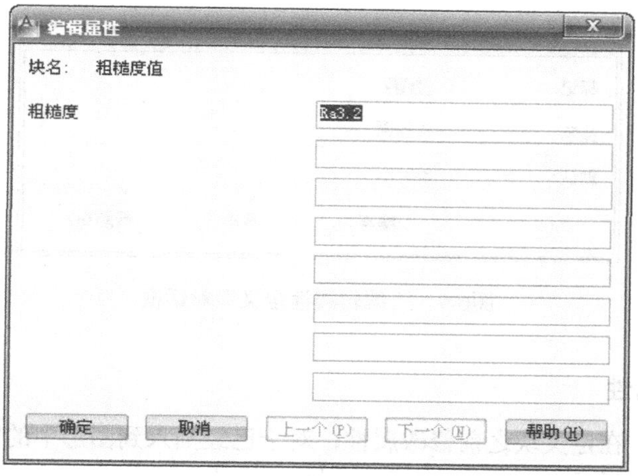

图6-7 “编辑属性”对话框

（3）调用“插入块”命令，在绘图区指定位置插入粗糙度符号，命令行提示如下：

命令：_insert

指定插入点或 [基点 (B)/ 比例 (S)/ 旋转 (R)]: 在标注位置点击鼠标左键

输入属性值

请指定表面结构参数值 <Ra6.4>:↙

插入后的效果图如图 6-8 所示。

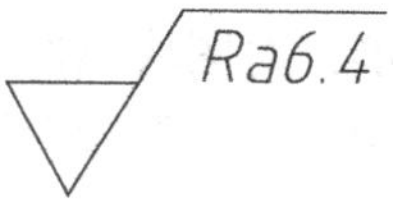

图6-8 插入带属性块效果图

带有属性的图块不仅可以包含图形信息，还可以包含非图形信息，能够给用户直接的文字信息提示。用户在实际的工程设计中，会经常使用到带有属性的图块，如在机械制图中经常使用的公差符号。

6.2.3 修改图块属性定义

前面介绍了属性的定义和使用。如果用户对图块属性不满意，可以对块的属性定义进行修改。但是，属性定义的修改，必须在定义块之前。

激活“属性定义修改”命令的方法如下：

> 操作提示：修改→对象→文字→编辑
> 窗口命令：DDEDIT

功能：修改属性的属性标记名、提示和默认值。

调用“属性定义修改”命令后，AutoCAD 2012 命令行提示：

选择注释对象或 [放弃 (U)]：

在提示下选择属性定义的标记后，AutoCAD 2012 弹出“编辑属性定义”对话框，如图 6-9 所示。用户在该对话框的文本框中直接输入数值，即可对属性定义属性标记、提示和默认值进行修改。单击“确定”按钮完成修改。

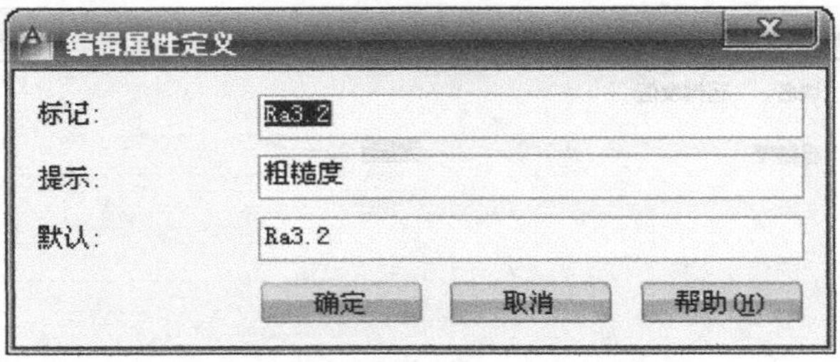

图6-9 “编辑属性定义”对话框

6.2.4 编辑图块属性

前面介绍了如何在定义块之前修改属性，对于已经插入到图形中的图块，用户可以编辑它的属性值等参数。下面介绍两种编辑图块属性的方式：

1. 单个命令。调用单个命令，可以通过一个对话框，编辑单个图块的属性。

激活“单个”命令的方法如下：

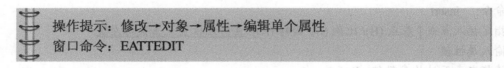

> 操作提示：修改→对象→属性→编辑单个属性
> 窗口命令：EATTEDIT

功能：对图块属性进行编辑。

调用“单个”命令后，AutoCAD 2012 命令行提示：

选择块:

用户根据提示选择要编辑的图块，然后 AutoCAD 2012 弹出“增强属性编辑器”对话框，如图 6-10 所示。

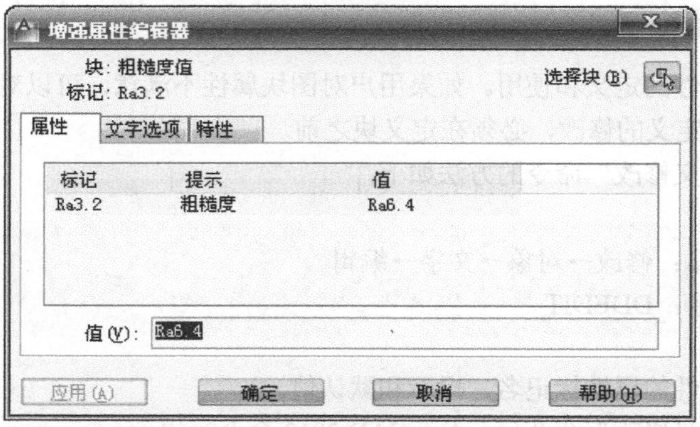

图6-10 “增强属性编辑器”对话框

该对话框的左上角显示了用户选择的图块的名称和属性标记名。其中各选项的含义如下。

（1）“选择块”：该按钮用于选择其他的图块进行属性编辑，单击此按钮，返回到绘图区，提示用户选择要编辑的图块，选择后，对话框显示的是刚刚选中的图块的属性。

（2）“属性”：该选项卡列出当前图块对象属性的各个属性及其标记、提示和值。用户可以直接在“值”文本框中输入数值，如图 6-10 所示。

（3）“文字选项”：该选项卡显示图块属性的属性文字的特性，包括文字样式、高度、显示效果等，如图 6-11 所示。

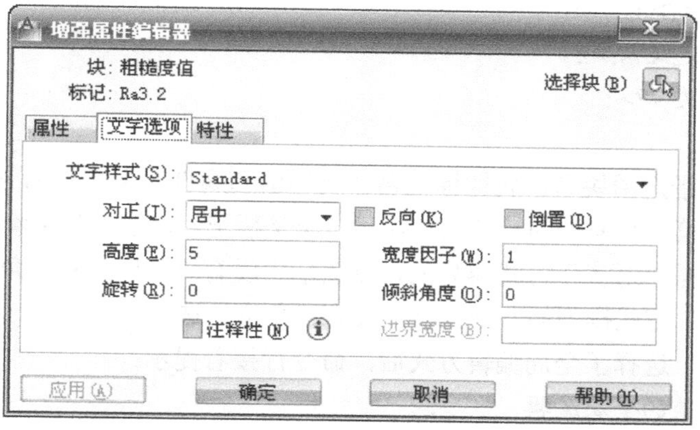

图6-11 “文字选项”选项卡

（4）“特性”：该选项卡显示图块的图形特性，包括图层、颜色、线型等等，如图 6-12 所示。

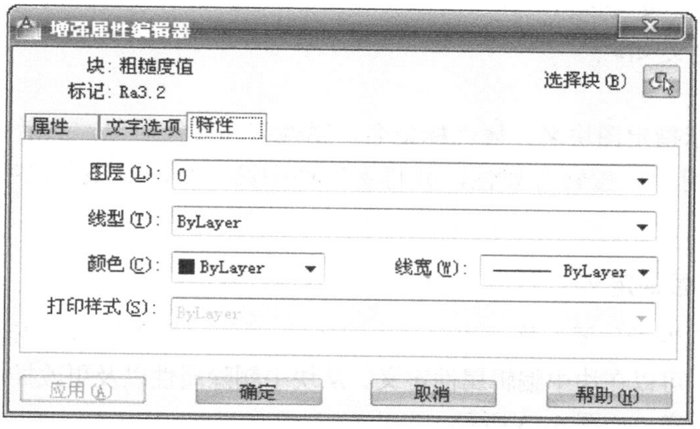

图6-12 “特性”选项卡

2. 全局命令。编辑图块对象的属性用“全局”命令。

激活“全局”命令的方法如下：

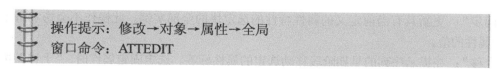

操作提示：修改→对象→属性→全局

窗口命令：ATTEDIT

功能：对属性进行编辑修改，分为全局编辑和单个编辑。

调用“全局”命令后，命令行提示：

是否一次编辑一个属性？[是(Y)/否(N)]<Y>：

该提示要求确定属性的编辑方式。按回车键，选择“一次编辑一个属性”的方式；输入“N”则使用全局编辑。下面介绍这两种方式。

（1）单个编辑。选择了单个编辑方式后，命令行接着提示：

输入块名定义 <?>：

输入属性标记定义 <?>：

输入属性值定义 <?>：

选择属性：

用户根据提示指定图块名、属性标记名、属性值和属性对象，然后 AutoCAD 2012 在选中的属性集中，在第一个属性的起点处，显示一个义标记，表示首先编辑该属性。

如果属性值是按“对齐”方式排列的，则提示中没有“高度”和“角度”两个选项。如果属性是按“调整”方式排列的，则提示中没有“角度”选项。

（2）全局编辑。选择了全局编辑方式后，命令行接着提示：

正在执行属性值的全局编辑。

是否仅编辑屏幕可见的属性？[是（Y）/否(N)]<Y>：

AutoCAD 2012 询问是否仅编辑屏幕上可见的属性，用户可以用“Y”或者“N”响应。然后 AutoCAD 2012 命令行接着提示：

输入块名定义 <?>：

输入属性标记定义 <?>：

输入属性值定义 <?>：

选择属性：

用户根据提示指定图块名、属性标记名、属性值和属性对象，然后 AutoCAD 2012 会根据要改变的字符串，搜索各属性，并将各属性中第一个满足条件的字符串替换成新的字符串。

6.2.5 修改块属性的定义

可以用“块属性管理器”修改块定义中的属性。“块属性管理器”主要是管理当前图形中块的属性定义，可以在块中编辑属性定义、从块中删除属性以及更改插入块时系统提示用户输入属性值的顺序，如图 6-13 所示。

操作提示：修改→对象→属性→块属性管理器
窗口命令：BATTMAN

“同步”：更新具有当前定义的属性特性的选定块的全部实例。此操作不会影响每个块中赋给属性的值。

“上移”：在提示序列的早期阶段移动选定的属性标签。选定固定属性时，“上移”按钮不可用。

“下移”：在提示序列的后期阶段移动选定的属性标签。选定常量属性时，“下移”按钮不可使用。

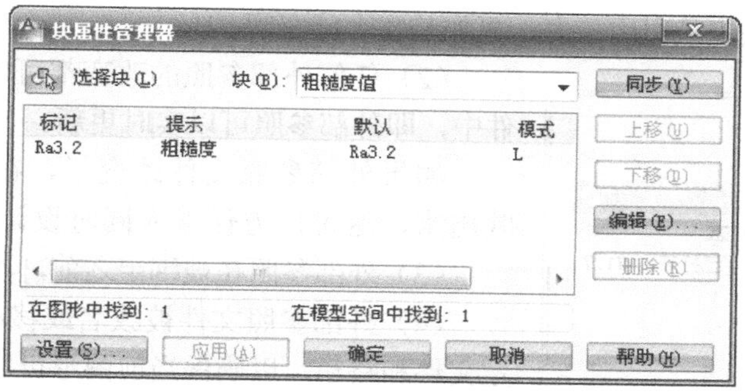

图6-13 “块属性管理器”对话框

“编辑”：打开“编辑属性”对话框，从中可以修改属性特性，如图 6-14 所示。

“删除”：从块定义中删除选定的属性。如果在选择“删除”之前已选择了“设置”对话框中的“将修改应用到现有参照”，将删除当前图形中全部块实例的属性。对于仅具有一个属性的块，“删除”按钮不可使用。

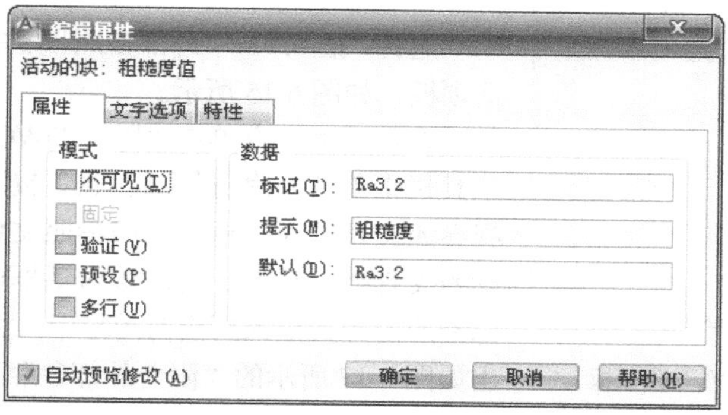

图6-14 “编辑属性”对话框

6.3 外部参照

外部参照（External Reference，Xref）可以将图形作为一个外部参照附着。外部参照与块有相似的地方，但它们的主要区别是：一旦插入了块，该块就永久地插入到当前图形中，成为当前图形的一部分；而以外部参照方式将图形插入到某一图形（称之为主图形）后，被插入图形文件的信息并不直接加入到主图形中，主图形只是记录参照的关系，例如，参照图形文件的路径等信息。另外，对主图形的操作不会改变外部参照图形文件的内容。当打开具有外部参照的图形时，系统会自动把各外部参照图形文件重新调入内存并在当前图形中显示出来。

6.3.1 外部参照的特点

外部参照具有如下特点。

（1）外部参照只记录引用信息，更加节省存储空间。

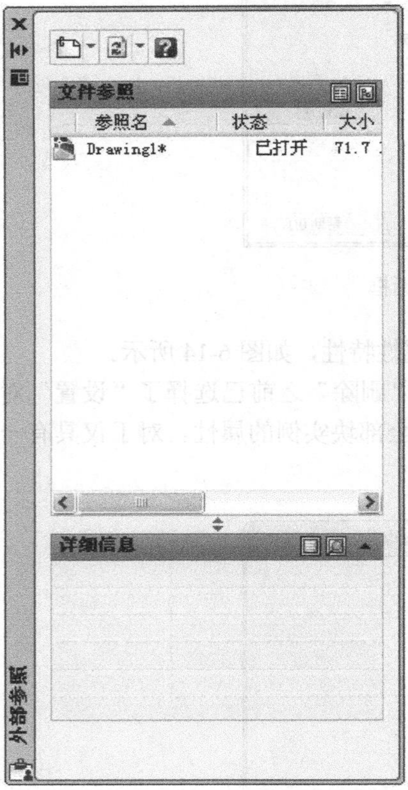

图6-15 “外部参照”选项板

（2）任何外部参照的改变都可以反映在当前图形文件中，即外部参照可以实时更新。

如果外部参照文件改变了，在当前文件中可以反映出来，这可以方便多人同时设计一幅图。

（3）外部参照在被绑定之前，不能编辑和分解。

（4）外部参照文件被改名或移动路径，需要重新指定文件和路径，以确保当前图形可以找到它。

（5）可以只显示外部参照的一部分，即裁剪外部参照。

（6）在AutoCAD 2012中，丰富了外部参照的功能，现在外部参照修改后，用户会立即得到通知，便于刷新参照，这使得合作完成设计任务更加方便。

6.3.2 附着外部参照

选择“插入”→“外部参照”命令，打开“外部参照”选项板，如图6-15所示。

在选项板上方单击“附着DWG”按钮或在“参照”工具栏中单击“附着外部参照”按钮，都可以打开“选择参照文件”对话框。选中参照文件后，将打开“选择参照文件”对话框。利用该对话框可以将图形文件以外部参照的形式插入到当前图形中，如图6-16所示，并弹出如图6-17所示的“附着外部参照”对话框。

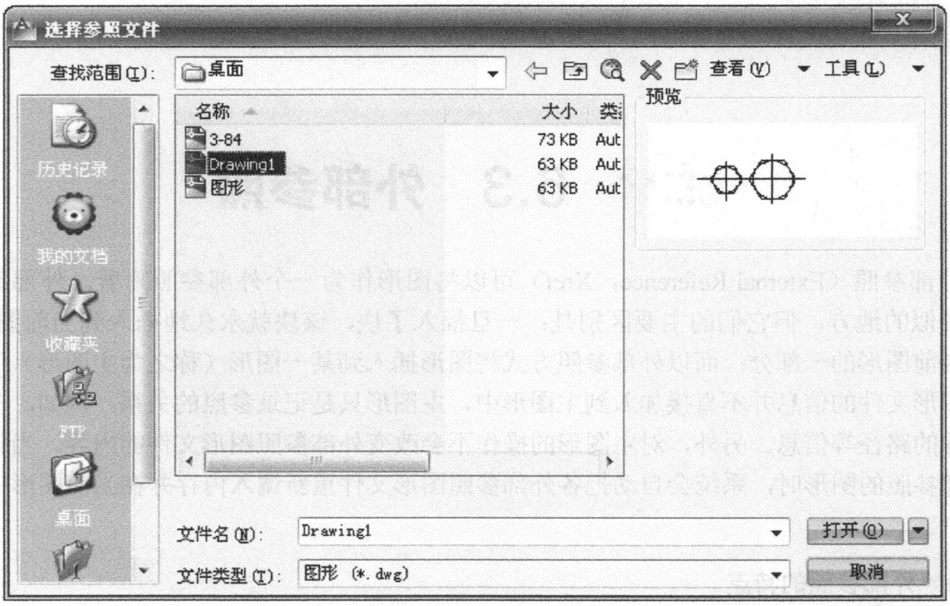

图6-16 “选择参照文件”对话框

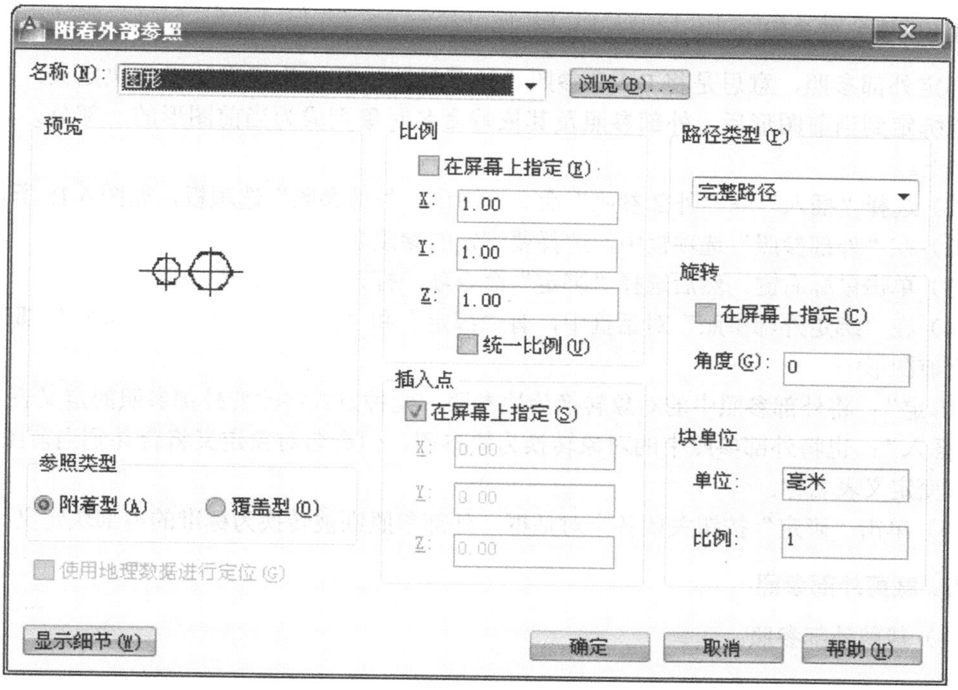

图6-17 “附着外部参照”

6.3.3 插入 DWG、DWF、TIFF 等参考底图

该功能与附着外部参照功能相同，用户可以在“插入”菜单中选择相关命令，弹出如图 6-18 所示对话框。

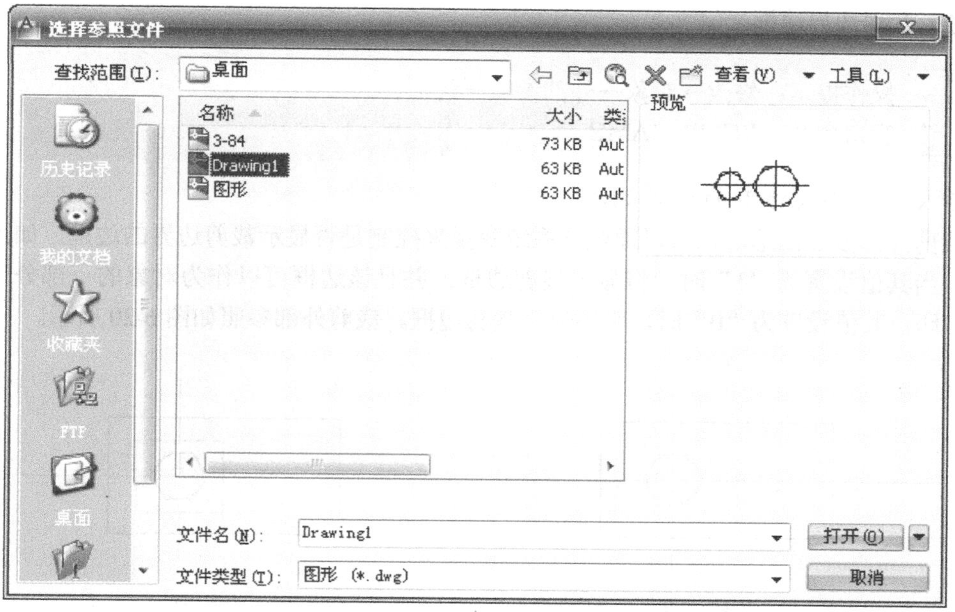

图6-18 选择DWF文件

6.3.4 绑定外部参照

绑定外部参照，意思是将DWG参照（外部参照）转换为标准的内部块定义。在将外部参照绑定到当前图形后，外部参照及其依赖命名对象则成为当前图形的一部分。其操作步骤如下。

（1）选择“插入”→“外部参照”命令，弹出“外部参照”选项板，如图6-15所示。

（2）在“外部参照”选项板中，选择要绑定的参照名称。

（3）单击鼠标右键，然后选择“绑定”命令项，打开“绑定外部参照”对话框。

（4）在“绑定外部参照”对话框中，有“绑定”和“插入”两种方法可以将外部参照绑定到当前图形中。

“绑定”：将外部参照中的对象转换为块参照，此种方式将改变外部参照的定义表名称。

“插入”：也将外部参照中的对象转换为块参照，但命名对象定义将合并到当前图形中，并不改变定义表名称。

（5）单击“确定”按钮关闭各个对话框，外部参照则被转换为标准的内部块定义。

6.3.5 裁剪外部参照

（1）裁剪外部参照。

> 操作提示：修改→裁剪→外部参照
> 窗口命令：XCLIP

选择对象：找到1个（选定插入的外部参照）

输入裁剪选项[开(ON)/关(OFF)/剪裁深度(C)/删除(D)/生成多段线(P)/新建边界(N)]<新建边界>:

（2）裁剪边界边框。

> 操作提示：修改→对象→外部参照→边框
> 窗口命令：XCLIPFRAME

输入XCLIPFRAME的新值<0>:

裁剪外部参照图形时，可以通过该系统变量来控制是否显示裁剪边界的边框。如图6-19所示，当其值设置为“1”时，将显示裁剪边框，并且该边框可以作为对象的一部分进行选择和打印；其值设置为“0”时，则不显示裁剪边框。裁剪外部参照如图6-20所示。

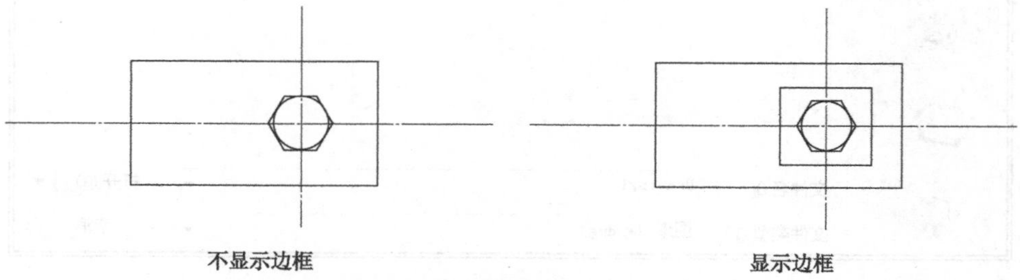

图6-19 裁剪边界边框

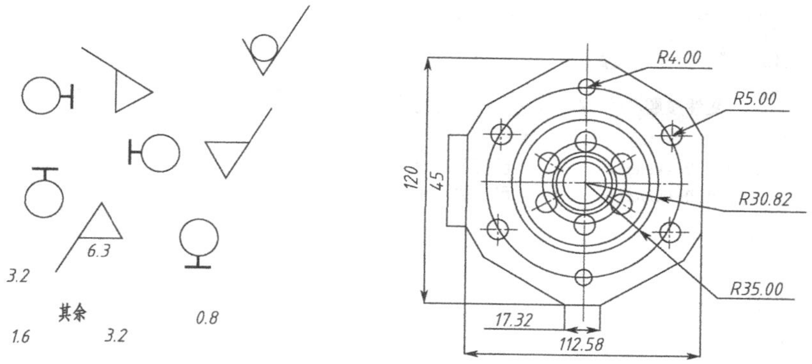

图6-20 裁剪外部参照

6.3.6 编辑外部参照

在 AutoCAD 2012 中，用户可以通过直接打开参照图形对其进行编辑，或从当前图形内部的适当位置编辑外部参照，下面分别介绍。

1. 在单独的窗口中编辑外部参照。

（1）选择“插入”→“外部参照”命令，弹出“外部参照”选项板，如图 6-15 所示。

（2）在“外部参照”选项板中，选择要编辑的参照名称。

（3）单击鼠标右键，然后选择“打开”命令项。

（4）AutoCAD 将在新窗口中打开选定的图形参照，在该窗口中用户可以编辑图形、保存图形，然后关闭图形。

2. 在位编辑外部参照或块参照的步骤。

（1）选择“工具”→“外部参照和块在位编辑”→“在位编辑参照”命令。

（2）在当前图形中选择要编辑的参照。如果在参照中选择的对象属于任何嵌套参照，则所有可供选择的参照都将显示在“参照编辑”对话框中。

（3）在“参照编辑”对话框中，选择要进行编辑的特定参照，最后单击“确定”按钮。

（4）在参照中选择要编辑的对象。选定的对象将成为工作集，默认情况下，所有其他对象都将锁定和褪色。

（5）编辑完工作集中的对象后，单击“参照编辑”工具栏的“保存到参照”命令按钮，工作集中的对象将保存到参照，外部参照或块将被更新。

6.3.7 管理外部参照

在 AutoCAD 2012 中，用户可以在“外部参照”选项板中对外部参照进行编辑和管理。用户单击选项板上方的“附着”按钮可以添加不同格式的外部参照文件；在选项板下方的外部参照列表框中显示当前图形中各个外部参照文件名称；选择任意一个外部参照文件后，在下方“详细信息”选项组中显示该外部参照的名称、加载状态、文件大小、参照类型、参照日期及参照文件的存储路径等内容，如图 6-21 所示。

关于外部参照管理：在图形文件中选定外部参照，右击鼠标，弹出如图 6-22 所示的快捷菜单。在该快捷菜单中可以对已有的外部参照进行管理。

图6-21 “外部参照”选项板

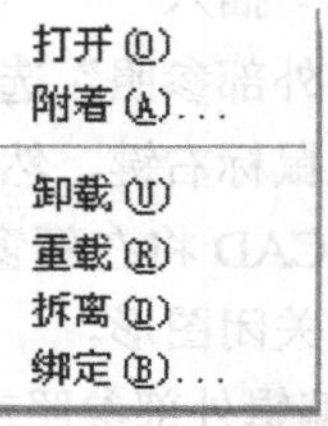

图6-22 右键快捷菜单

打开：可以在新窗口中打开选定的文件参照，方便用户编辑修改；该选项仅对于已经加载了的文件参照可用。

附着：可以再引用其他的外部参照。

卸载：可以将外部参照从当前图形中隐去，但仍保留引用信息（与“拆离”不同），需要时可以使用“重载”重新显示。

重载：可以将先前“卸载”了的图形重新加载到当前图形中。

拆离：可以将选定的外部参照，从当前图形文件中删除。

绑定：可以将外部参照作为块绑定当前图形，使用绑定后，外部参照就成为一个外部块，可以编辑和分解。

6.3.8 参照管理器

AutoCAD 图形可以参照各种外部文件，包括图形、文字字体、图像和打印配置等。这些参照文件的路径保存在每个 AutoCAD 图形中。有时可能需要将图形文件或它们参照的文件移动到其他文件夹或其他磁盘驱动器中，这是就需要更新保存的参照路径。Autodesk 参照管理器提供了多种工具，列出了选定图形中的参照文件，可以修改保存的参照路径而不必打开 AutoCAD 中的图形文件。

选择“开始”→“程序”→“Autodesk”→“AutoCAD 2012 Simplified Chinese”→“参照管理器”命令，打开“参照管理器”窗口，可以在其中对参照文件进行处理，也可以设置参照管理器的显示形式，如图 6-23 所示。

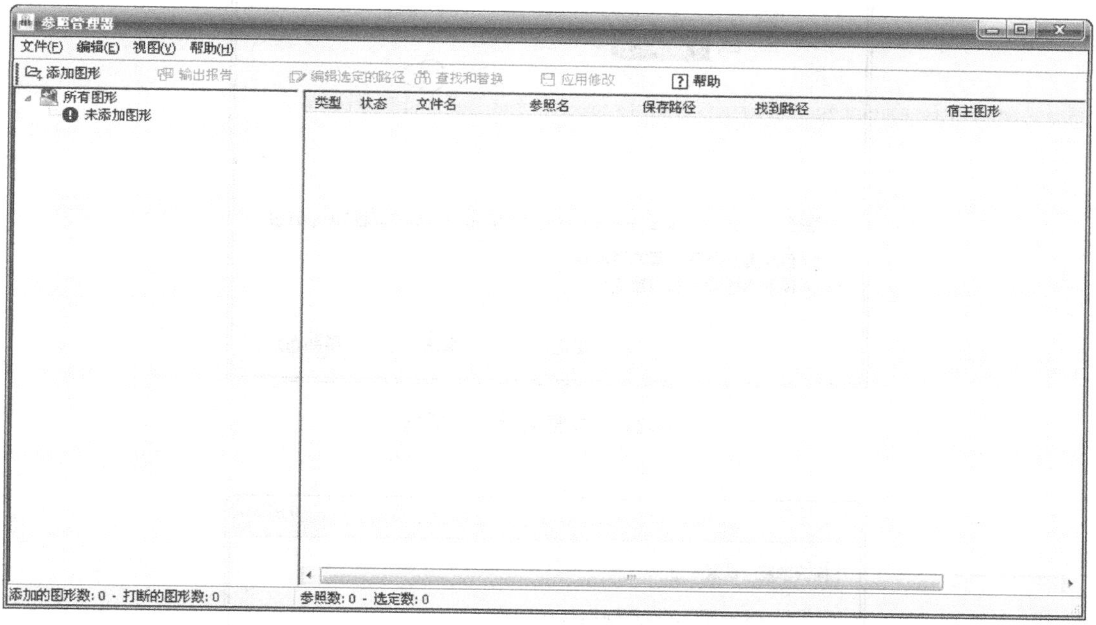

图6-23 “参照管理器”窗口

6.3.9 参照编辑

对已经附着或绑定的外部参照，可以通过参照编辑相关命令对其进行编辑。

1．在位编辑参照。

> 操作提示：工具→外部参照→在位编辑
> 窗口命令：REFEDIT

选择要编辑的参照后，系统打开“参照编辑”对话框，如图 6-24 所示。

（1）“标识参照”选项卡：为标识要编辑的参照提供形象化辅助工具并控制选择参照的方式。

（2）“设置”选项卡：该选项卡为编辑参照提供选项，如图 6-25 所示。

在上述对话框完成设定后，确认退出，就可以对所选择的参照进行编辑。

对某一个参照进行编辑后，该参照在别的图形中或同一图形别的插入地方的图形也同时改变。如图 6-26（a)中，螺母作为参照两次插入到宿主图形中。对右边的参照进行删除编辑，确认后，左边的参照同时改变，如图 6-26（b）所示。

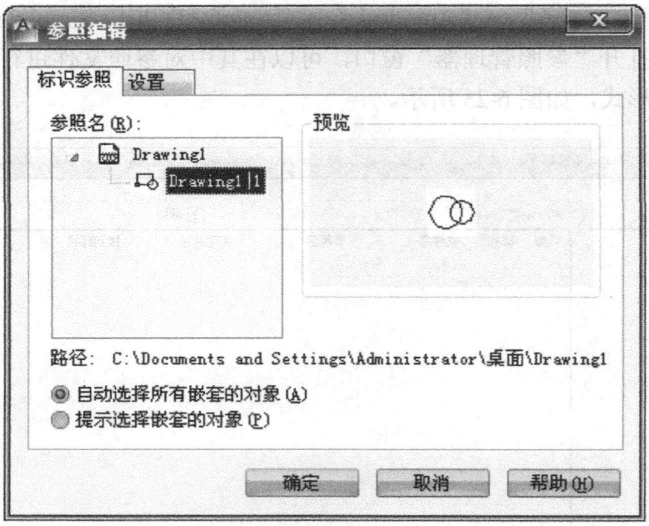

图6-24 “参照编辑”对话框

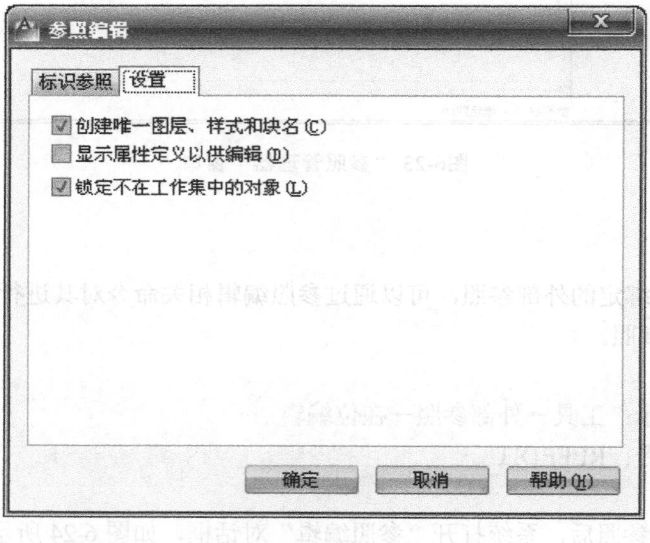

图6-25 “设置”选项卡

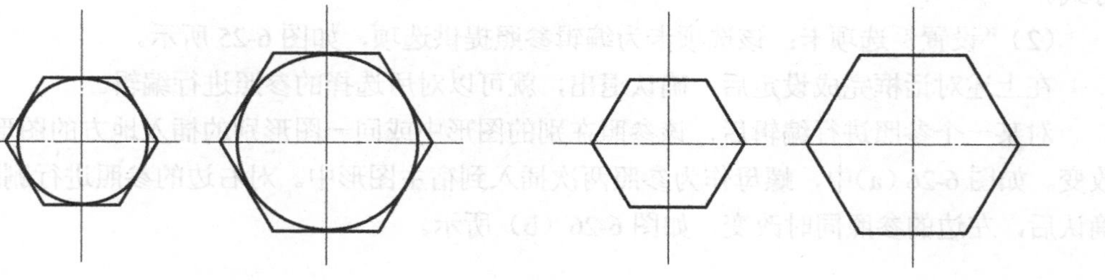

(a)　　　　(b)

图6-26 参照编辑

2．保存或放弃参照修改。

> 操作提示：工具→外部参照和块在位编辑→保存参照编辑
> 窗口命令：REFCLOSE

输入选项 [保存（S）/ 放弃参照修改（D）]〈保存〉:

选择“保存”或“放弃”即可，在这个过程中，系统会给出警告提示框，用户可以确认或取消操作。

3．添加或删除对象。

> 操作提示：工具→外部参照和块在位编辑→添加到工作集
> 窗口命令：REFSET

输入选项 [添加 (A)/ 删除 (R)] < 添加 >：（选择相应选项操作即可）

例如将如图 6-27（a）所示的螺母以外部参照的形式插入到如图 6-27（b）所示的连接盘图形中，组成一个连接配合。其绘制步骤如下所示。

（1）打开如图 6-27（b）所示的连接盘图形。

（2）执行菜单命令：“插入→外部参照”，在打开的“选择外部参照文件”对话框中选择如图 6-27（a）所示的螺母图形文件，系统打开“外部参照”对话框，进行相关设置后确认退出。

（3）在连接盘图形中指定相关参数后，螺母就作为外部参照插入到螺母图形中。

（4）利用同样的外部参照附着方法或复制方法重复插入。

（5）删除连接盘图形上的螺孔线，结果如图 6-28 所示。

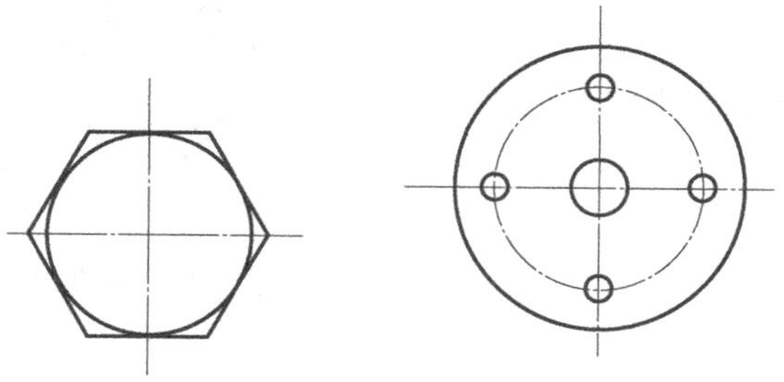

（a）螺母　　（b）连接盘

图6-27　外部参照

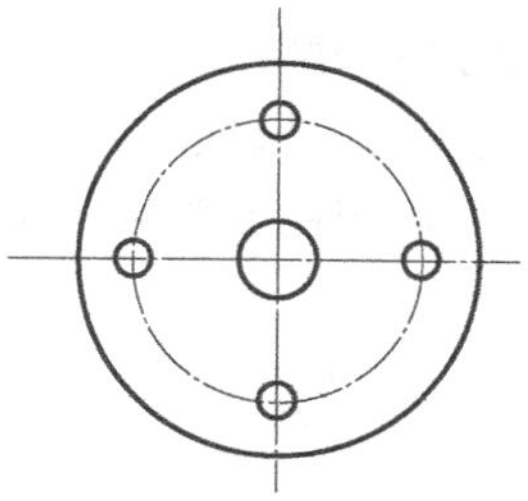

图6-28　外部参照结果

（6）插入后发现螺母的中心线还存在且不符合制图标准。这时，可以打开螺母文件，将螺母的中心线删除掉。

（7）系统在状态栏右下角提示：外部参照文件已更改，需要重载，确认后单击界面右下角状态栏托盘上的按钮，系统打开“外部参照”对话框，如图 6-29 所示。选择其中的螺母文件，单击“重载”按钮，系统对外部参照进行重载，重载后连接盘图形如图 6-30 所示。

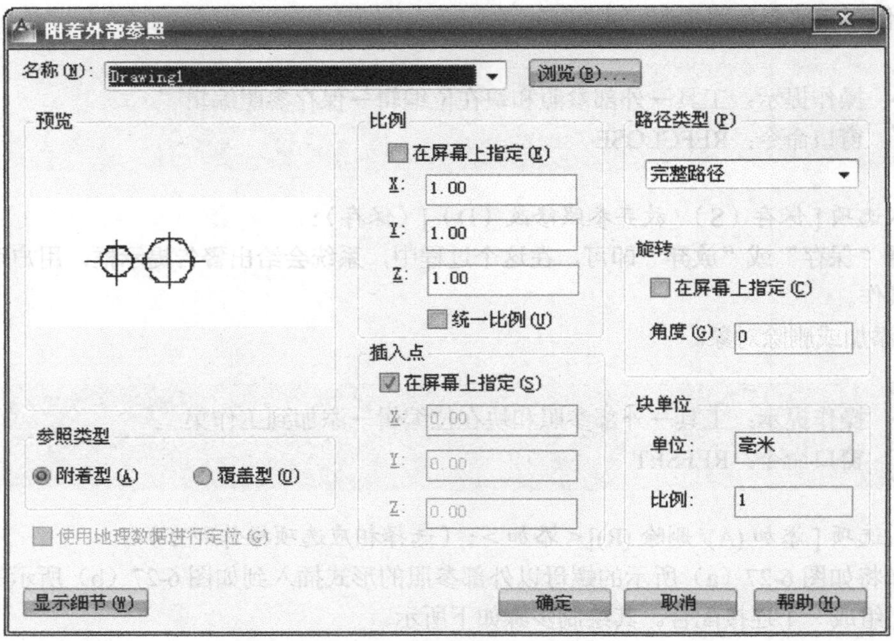

图6-29　“附着外部参照”对话框

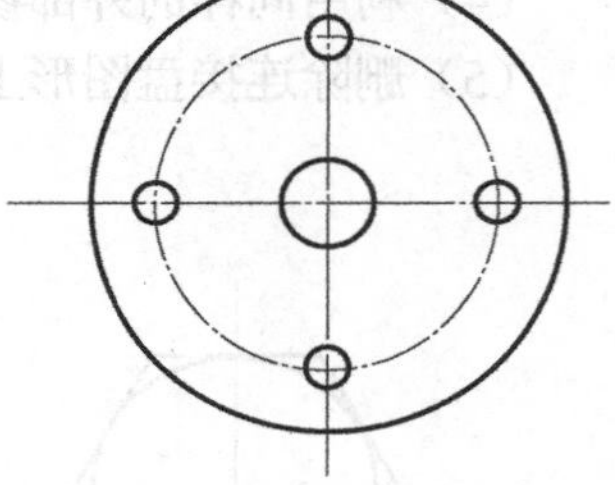

图6-30　外部参照结果

6.3.10　应用实例

任务一： 绘制平面图形，并标注表面粗糙度，如图6-31所示。

目的： 通过表面粗糙度的标注，掌握建立有属性块的方法及带属性块的使用。

具备知识： 绘图与编辑命令及各种捕捉的应用。

绘图步骤分解：

1．定义块的属性。

（1）绘制粗糙度符号，如图6-32所示。

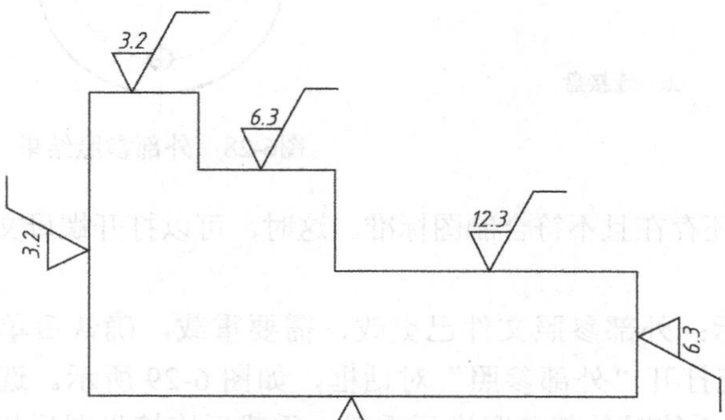

图6-31　平面图形

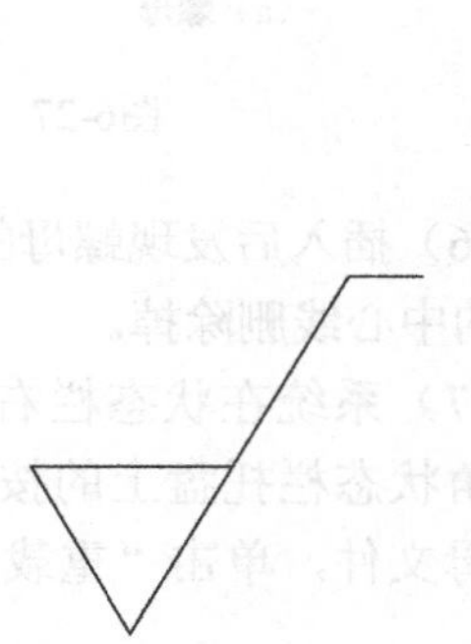

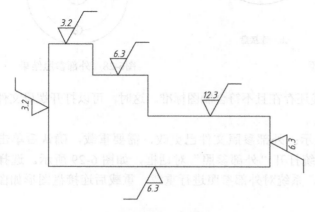

图6-32　粗糙度符号

（2）执行“绘图”→“块”→“定义属性”命令，弹出“属性定义”对话框，在“标记”项中输入“A”，它主要用来标记属性，也可用来显示属性所在的位置。在“提示”项中输入“粗糙度的值”，它是插入块时命令行显示的输入属性的提示。在“值”项中输入“6.3”，这是属性值的默认值，一般把最常出现的数值作为默认值。设置好的属性对话框如图 6-33 所示。

（3）单击“拾取点”按钮，对话框消失，选取粗糙度符号三角形顶边中点，来指定属性值所在的位置。“属性对话框”再次出现时，单击“确定”按钮，粗糙度符号变为如图 6-34 所示图形。

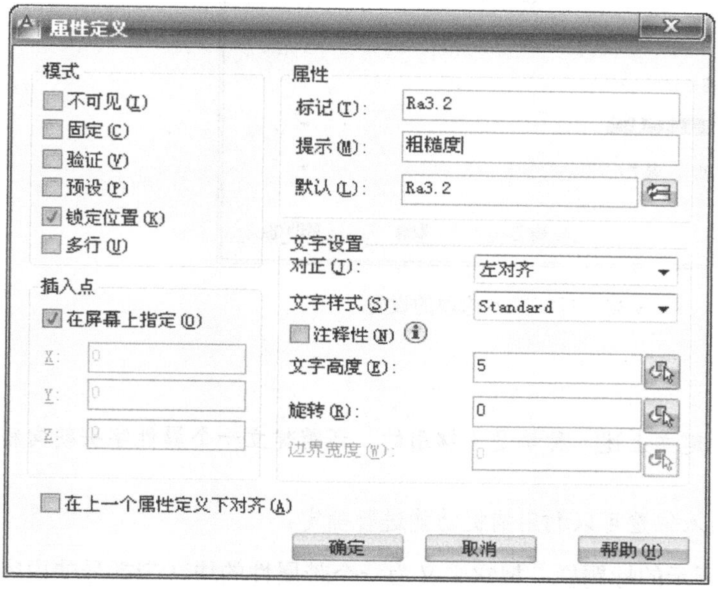

图6-33　设置好的属性对话框

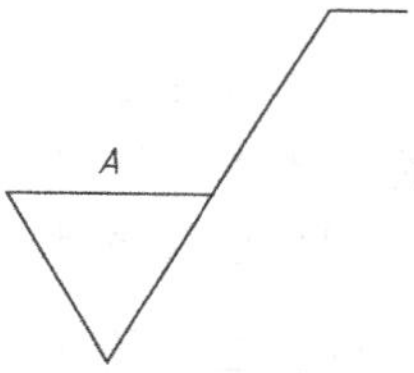

图6-34　属性标签

2．建立带属性的块。

执行“创建块”命令，选择整个图形和属性及块的插入点，单击“确定”按钮，一个有属性的块就做成了。

特别提示

块的基点设在三角形的底端顶点处。

3．将图块保存为单独的图形文件。

若要保留定义的块，供其他图形文件调用，需要执行 WBLOCK 命令。在命令行中输入“WBLOCK（W）”命令，打开“写块”对话框，在目标区内设置“文件名和路径”及“插入单位”，如图 6-35 所示。

4．插入带属性的块。

（1）新建一文件，绘制如图 6-31 所示的图形。

（2）执行插入块命令，弹出“插入”对话框，选择定义好的带属性的块进行插入。

图6-35 目标区各选项的设置

特别提示

(1) 标注粗糙度时，仅仅建立上述一种块是不够用的，还需建立一个属性字头朝向粗糙度符号的水平线的块。

(2) 插入块时，图块的插入位置可以利用捕捉功能进行确定。

任务二： 绘制如图6-36所示的标题栏，把它定义为一个带属性的块（带括号的内容设成有属性，插入时可根据具体情况填写内容）。

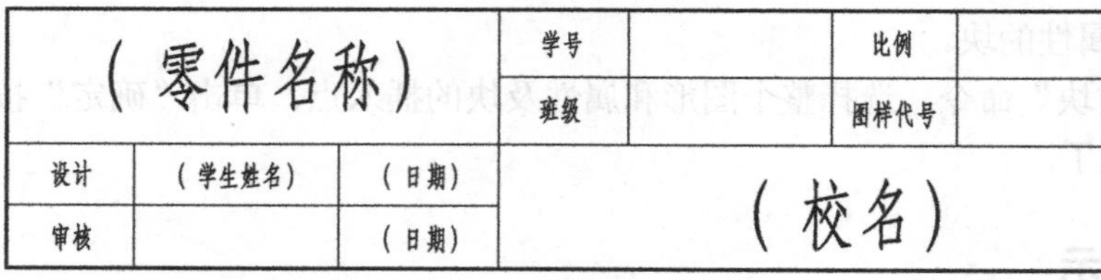

(零件名称)
学号
比例
班级
图样代号
设计
(学生姓名)
(日期)
审核
(日期)
(校名)

图6-36 标题栏

目的： 通过标题栏的绘制，掌握建立有属性块的方法。

具备知识： 绘图与编辑命令及各种捕捉的应用。

绘图步骤分解：

1．完成标题栏的绘制，如图6-37所示，粗细实线应设在不同的图层上。

2．填充文字。

先建立一个文本层。设文本类型为gbenor.shx，并选择使用“大字体”复选框，大字体式样为gbcbig.shx，高度设为0（这样在输入文字时，可以根据需要设成不同的高度），利用单行输入命令，输入文字，如图6-38所示。

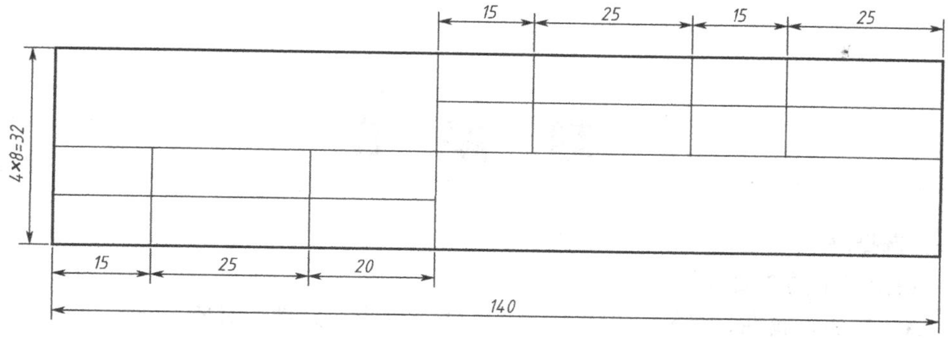

图6-37　标题栏

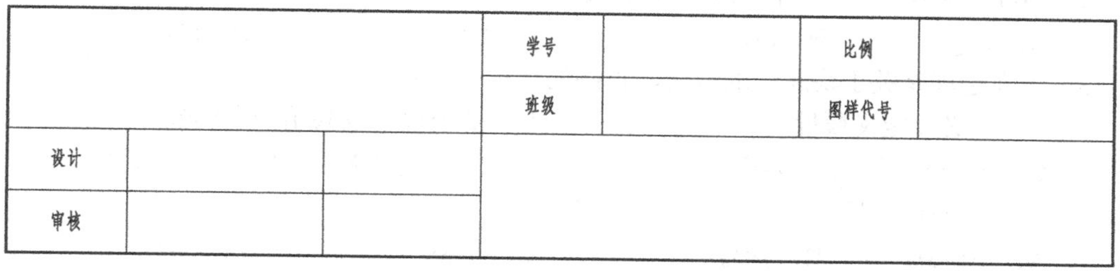

图6-38　输入不带属性的部分

特别提示

利用单行命令输入文字时，可以选择对齐方式中的“中间”对齐，并借助于一些辅助线（如设计栏中的斜线）使文字居中。

3. 指定属性。

（1）创建一新层，用于放置属性的层。

（2）执行“绘图”→“块”→“定义属性”命令，系统打开“属性定义”对话框，用户可以指定属性标签、提示和值。

（3）单击“插入点”区的“拾取点”按钮，在绘图区指定要插入属性的位置，返回“属性定义”对话框后，单击“确定”按钮，标题栏变成如图6-36所示。

特别提示

标签、提示和值的设定。

例：标题栏中“(图样名称)”为标签；提示可写为“输入图样名称”；值可写为“圆弧连接”。

4. 定义块并将其存为文件。

（1）创建块。执行“创建块”命令，选择整个图形和属性及块的插入点（取图形的右下角为插入点），单击“确定”按钮，一个有属性的块就做成了。

（2）将所定义的块保存为文件，可供其他文件使用。命令 WBLOCK(W)，操作方法见任务一。

习　题　6

一、选择题

1. 块定义中的 3 要素是（　　）。

A. 块名、属性、对象　　B. 基点、属性、对象

C. 块名、基点、对象　　D. 属性、块名、基点

2. “WBLOCK”命令保存的文件的后缀名是（　　）。

A. dwg　　B. exe　　C. txt　　D. xls

3. 下面选项是关于块属性的叙述，正确的选项是（　　）。

A. 块必须定义属性　　B. 多个块可以共用一个属性

C. 一个块可以定义多个属性　　D. 一个块最多可以定义一个属性

4. 块属性不能使用（　　）作为标记名。

A. 下画线　　B. 括号　　C. 空格　　D. 斜杠

5. 在 AutoCAD 2012 中插入外部参照时，路径类型不正确的是（　　）。

A. 完整路径　　B. 相对路径　　C. 无路径　　D. 覆盖路径

二、填空题

1. 块是一个或多个________形成的集合，常用于绘制复杂、重复的图形。

2. 在 AutoCAD 2012 中，块属性的模式有 4 种，分别是________、________、________和________。

3. 在 AutoCAD 2012 中，使用________命令可以将块以文件的形式存储至磁盘。

4. 在图形中插入外部参照时，不仅可以设置参照图形的插入点位置、比例及旋转角度，还可以选择参照的________和________。

5. 使用对话框________，可以将图形文件以外部参照的形式插入到当前图形中。

三、简答题

1. 简述图块的作用。

2. 图块的定义有哪些内容？图块有何特点？

3. 定义图块的方法有哪些？

4. 插入图块的步骤有哪些？

5. 在“属性定义”对话框中，“属性”选项区域的文本框的名称和作用分别有哪些内容？

6. 图块的属性有哪些内容？如何定义图块属性？

四、上机题

1. 在块编辑状态下绘平面图，如下左图所示。

2. 绘制一张教室的平面图，如下右图所示。教室内布置着若干形状相同的课桌，每一张课桌都对应着学生的学号和姓名。

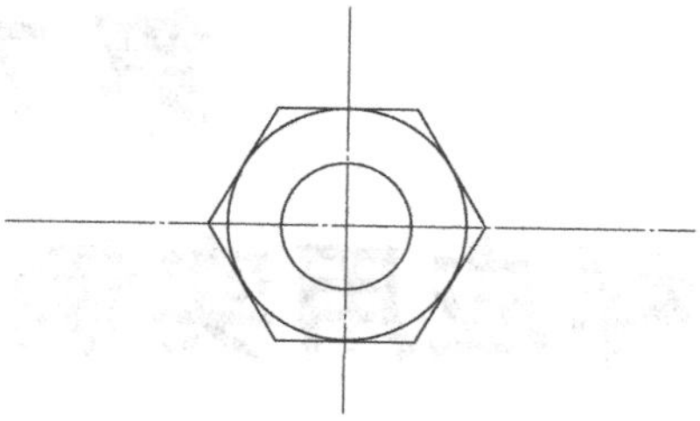

块编辑状态绘平面图

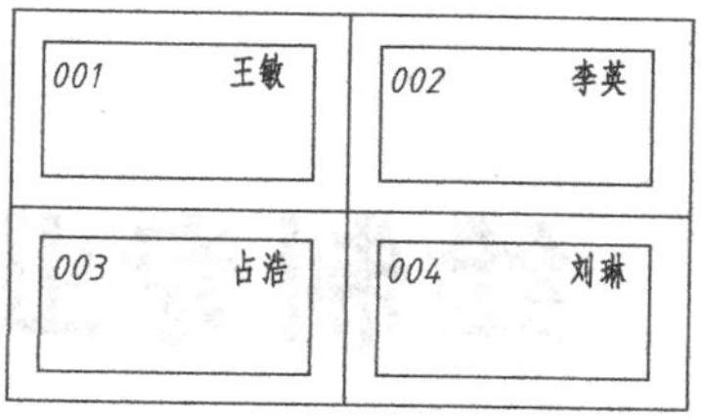

教室平面布置图

3．绘制水池外形，如下左图所示。

4．利用图块练习，如下右图所示。

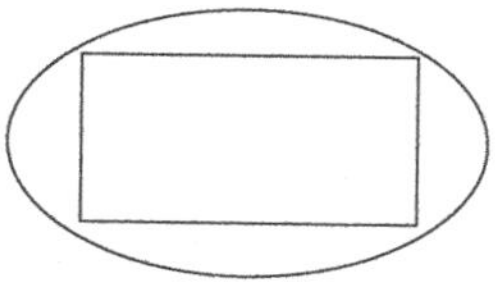

绘制水池外形

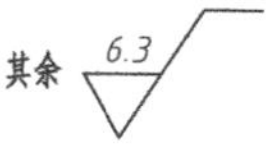

图块定义练习

5．绘制下图所示图形，并标注尺寸，将表面粗糙度符号设成带属性的块，插入到图形中。

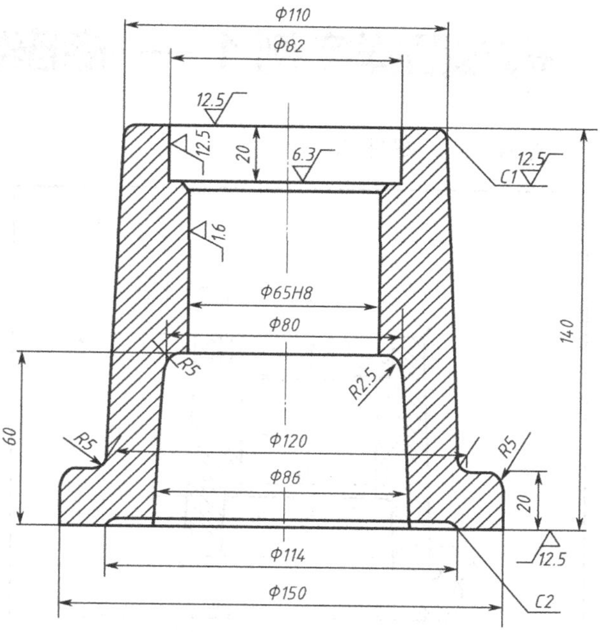

图块定义练习

第 7 章

绘制专业图样应用实例

教学目标

1. 熟练掌握命令精确绘制图形；
2. 熟练掌握绘图技巧；
3. 掌握设计中心操作；
4. 掌握装配图的绘制步骤。

本章要点

机械工程图样是生产实际中机器制造、检测与安装的重要依据。本章通过千斤顶的零件图和装配图绘制实例，综合运用前面所学知识，详细介绍机械图样绘制方法。通过学习，使用户绘图的技能得到进一步的训练，掌握更多的实用技巧。

7.1 机械图样实例 1——底座零件图绘制

任务：绘制如图 7-1 所示底座的零件图。

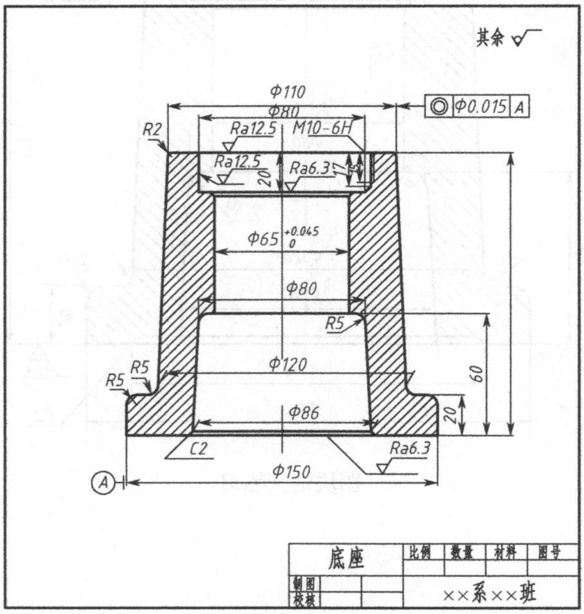

图7-1　底座零件图

目的：通过此实例，了解零件图的绘制特点，文字、尺寸标注方法，掌握机械零件图绘制的方法。

具备知识：绘图、图形编辑命令、样板图及尺寸标注。

绘图步骤分解：

1．调用样板图，开始绘制新图。

（1）在绘制一幅新图之前应根据所绘图形的大小及个数，确定绘图比例和图纸尺寸，建立或调用符合国家机械制图标准的样板图。绘图应尽量采用1∶1比例，假如我们需要一张1∶5的机械图样，通常的作法是，先按1∶1比例绘制图形，然后用比例命令（SCALE）将所绘图形缩小到原图的1/5，再将缩小后的图形移至样板图中。

（2）如果没有所需样板图，则应先设置绘图环境。设置包括绘图界限、单位、图层、颜色和线型、文字及尺寸样式等内容。

本例选择A3图纸，绘图比例1∶1，图层、颜色和线型设置见表7-1，全局线型比例1∶1。

（3）用SAVERS命令指定路径保存图形文件，文件名为“底座零件图.dwg”。

表7-1　图层、颜色、线型设置

图层名	颜色	线型	线宽
粗实线	绿色	Continuous	0.30
标注线	黑色	Continuous	0.20
细实线	黑色	Continuous	0.20
虚线	黄色	HIDDEN	0.20
中心线	红色	CENTER	0.20

2．绘制图形。

绘图前应先分析图形，设计好绘图顺序，合理布置图形，在绘图过程中要充分利用缩放、对象捕捉、极轴追踪等辅助绘图工具，并注意切换图层。

（1）绘制视图。

零件图具有一对称轴，且整个图形沿轴线方向排列，大部分线条与轴线平行或垂直。根据图形这一特点，我们可先画出轴的左半部分，然后用镜像命令复制出轴的右半部分。

用偏移（OFFSET）、修剪（TRIM）命令绘图。根据各部分圆柱的直径和长度，绘制各圆柱面的轮廓线，然后修剪多余线条绘制各圆柱面，如图7-2所示。

（2）用倒角命令（CHAMFER）绘底面端倒角，用圆角命令（FILLET）绘制圆角，如图7-3所示。

（3）画如图7-4所示零件剖面图，进行填充图案。

（4）整理图形，修剪多余线条，将图形调整至合适位置。

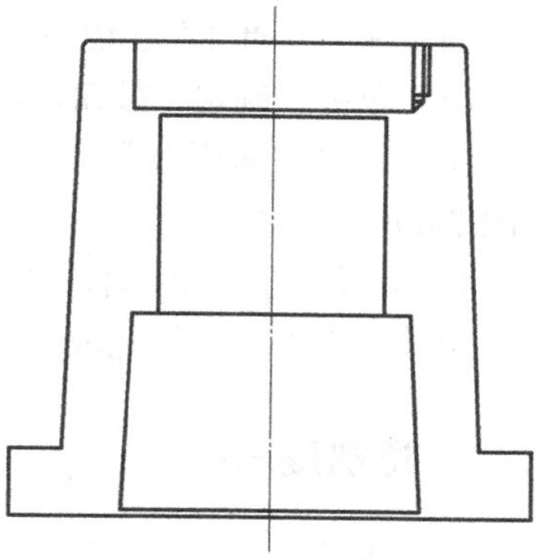

图7-2　绘制底座

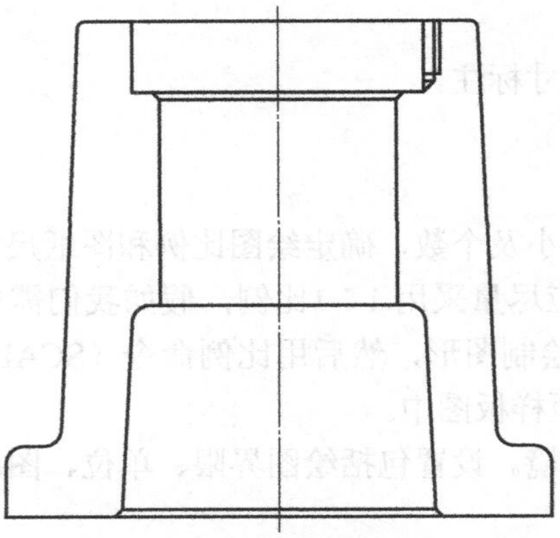

图7-3　绘制倒角、圆角

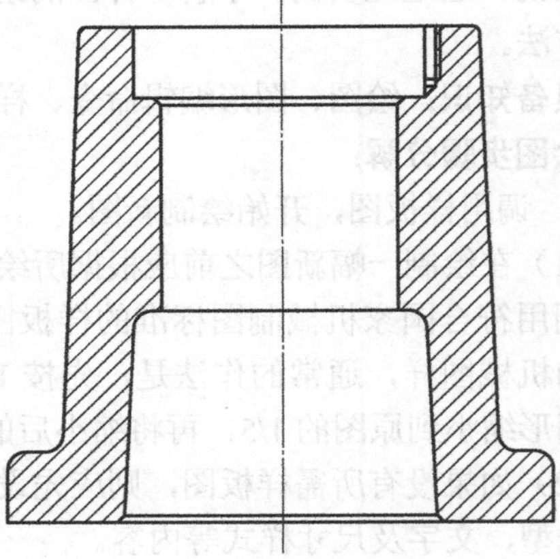

图7-4　图案填充

3. 标注尺寸和形位公差。

关于标注尺寸在此仅以图中同轴度公差为例，说明形位公差的标注方法。

（1）选择“标注”→“公差”后，弹出“形位公差”对话框，如图 7-5 所示。

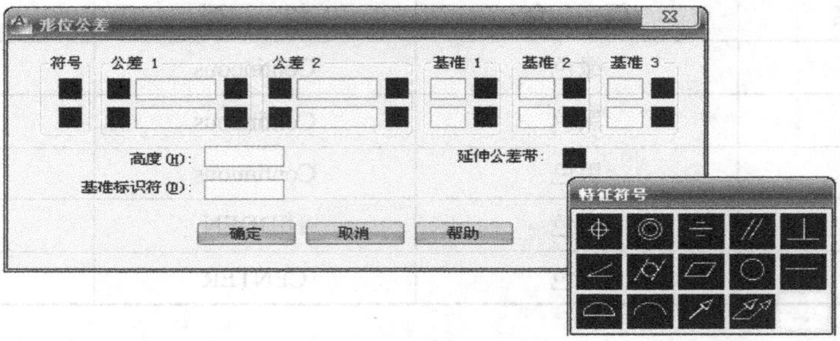

图7-5　“形位公差”对话框

（2）单击“符号”按钮，选取“同轴度”符号“◎”。

（3）在“公差 1”单击左边黑方框，显示“ϕ”符号，在中间白框内输入公差值“0.015”。

（4）在“基准 1”左边白方框内输入基准代号字母“A”。

（5）单击“确定”按钮，退出“形位公差”对话框。

（6）用“快速引线”命令（QLEADER）绘指引线，结果如图 7-6 所示。

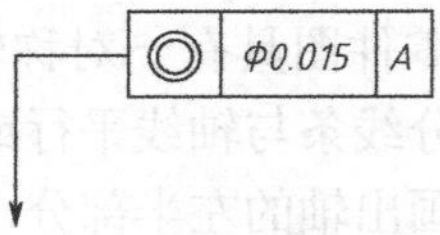

图7-6　形位公差

4. 书写标题栏和技术要求。

至此，零件图绘制完成。

特别提示：

（1）用“引线”命令可同时画出指引线并注出形位公差。

（2）表面粗糙度可定义为带属性的“块”来插入，插入时应注意块的大小和方向以及相应的属性值。

7.2 机械图样实例 2——螺杆零件图绘制

任务：绘制如图 7-7 所示螺杆的零件图。

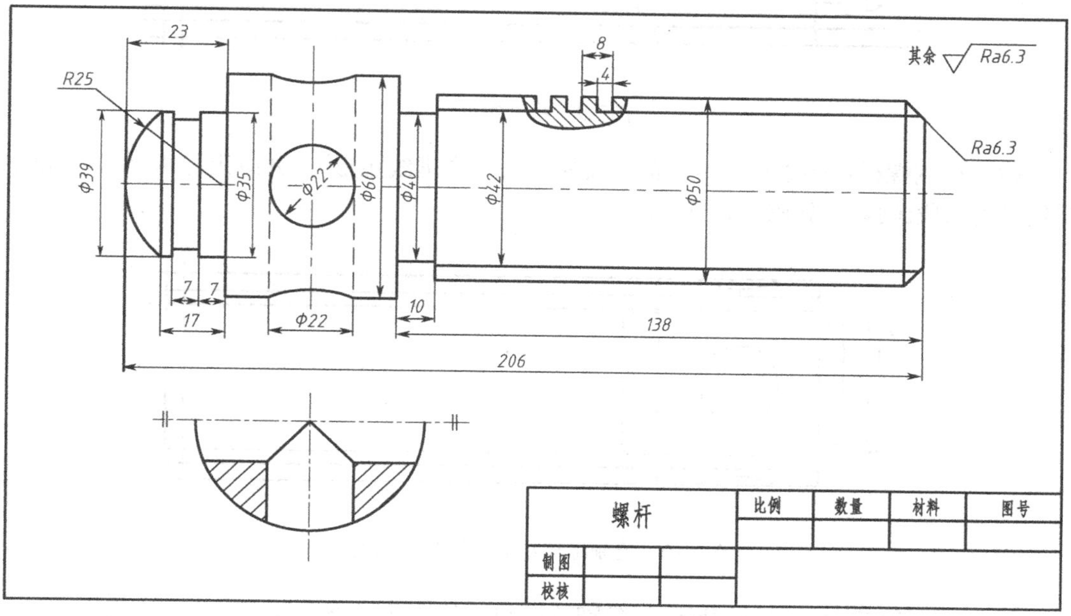

图7-7 螺杆零件图

目的：通过此实例，掌握机械零件图的一般绘制方法。

绘图步骤分解：

1．新建一个文件，将其存盘并命名为“螺杆”。

2．利用设计中心调用“底座零件图”中图层、文字样式、尺寸标注样式、块等设置。

3．绘制图形。

（1）打开下交、对象捕捉、极轴追踪功能，用“直线”（LINE）、“偏移”（OFFSET）等命令绘制基准线，如图 7-8 所示。

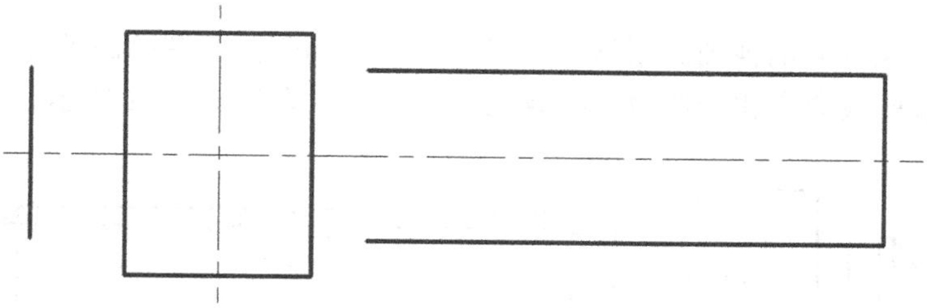

图7-8 绘制基准线

（2）绘制主视图左半部分。用“偏移”（OFFSET）、“修剪”（TRIM）命令绘制主视图左半部分。用画圆命令（CIRCLE）绘制 $\phi 22$ 的圆和 $R25$ 的圆弧。对称图形可只画一半，另一半用镜像命令（MIRROR）复制，结果如图 7-9 所示。

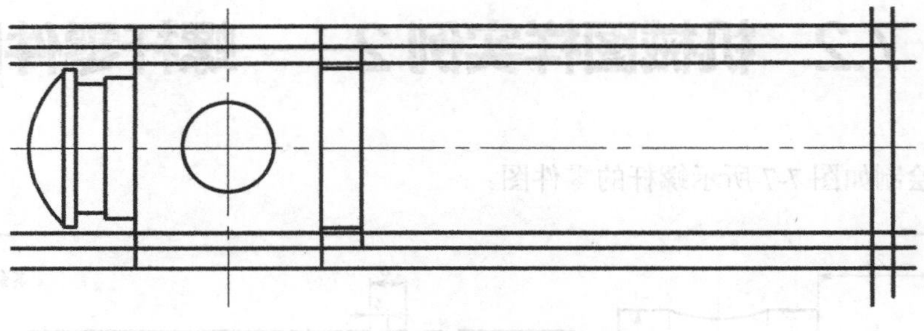

图7-9　绘制螺杆轴

（3）绘制螺杆左端垂直圆柱孔的主视图（为一个虚线矩形），并画出与水平圆柱孔的相贯线（为二段圆弧），如图 7-10 所示。

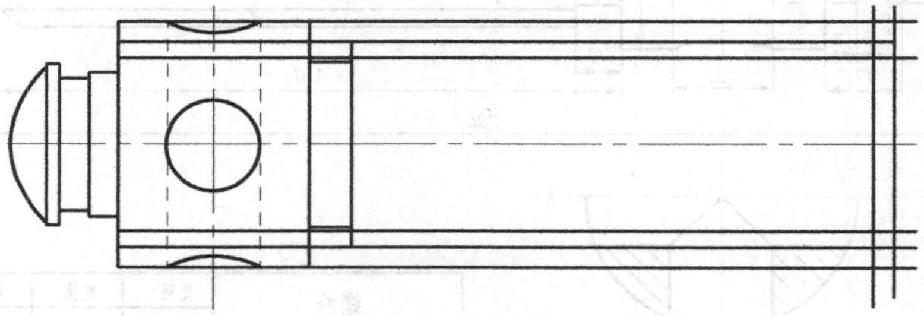

图7-10　绘制螺杆左端圆柱孔与相贯线

（4）用倒角命令（CHAMFER）绘轴端倒角，如图 7-11 所示。

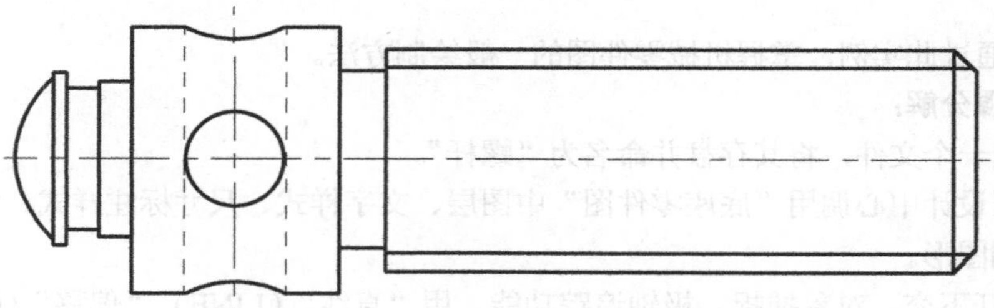

图7-11　绘倒角

（5）绘螺杆螺纹的剖视图。用样条曲线绘制螺纹局部剖面图的波浪线，并进行图案填充。然后用样条曲线命令和修剪命令将螺纹线断开，结果如图 7-12 所示。

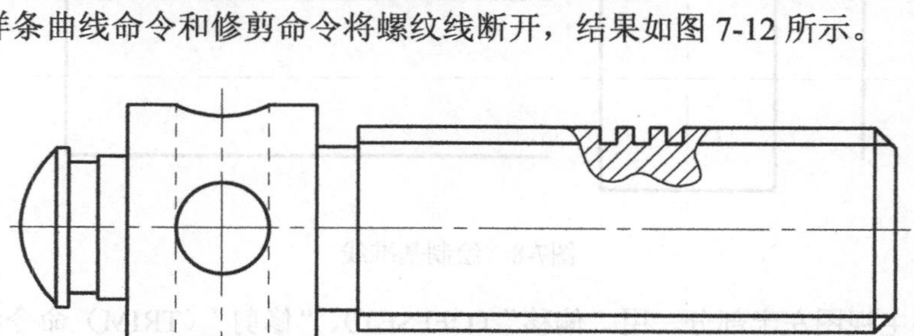

图7-12　螺纹剖视图及图案填充

（6）绘圆柱孔相贯线剖面图，如图 7-13 所示。

（7）整理图形，修剪多余线条，并根据制图标准修改图中线型，将图形调整至合适位置。

4．标注尺寸，书写标题栏和技术要求。

至此，螺杆零件图绘制完成。

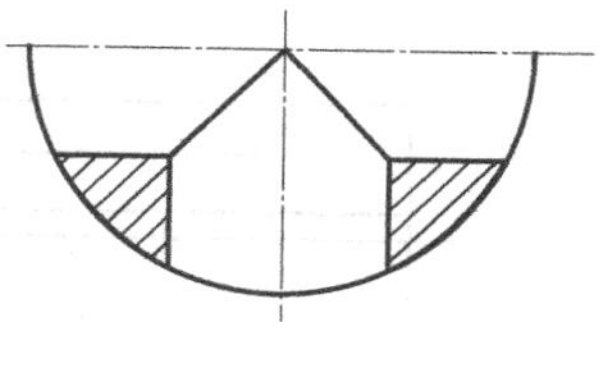

图7-13　圆柱孔相贯剖面图

7.3　机械图样实例 3——螺套零件图绘制

任务：绘制如图 7-14 所示螺套零件图。

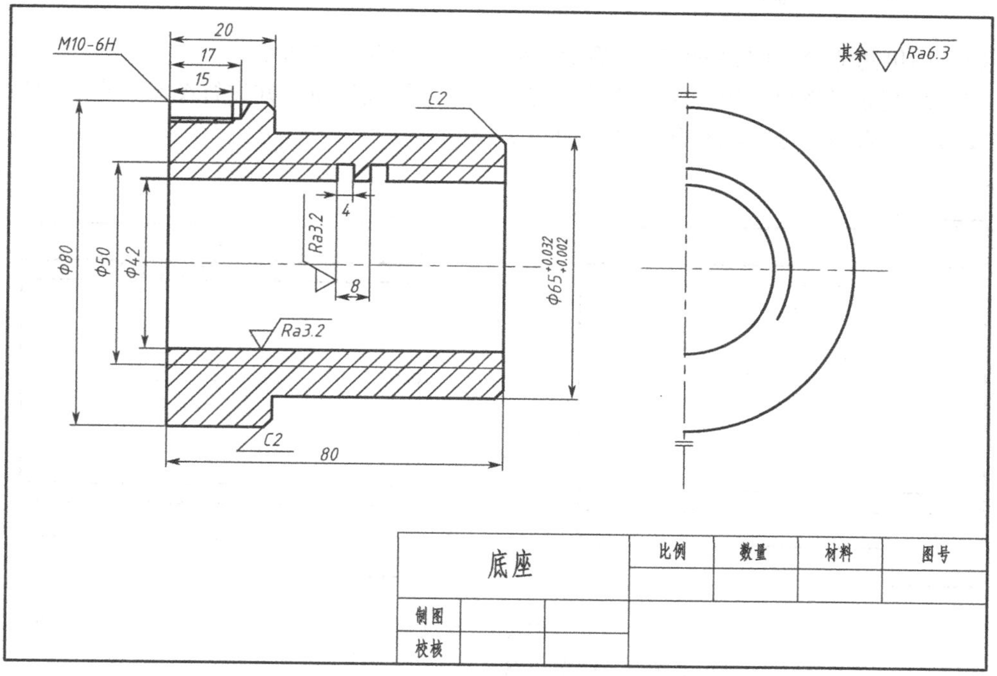

图7-14　螺套零件图

目的：通过此实例，掌握机械零件图的一般绘制方法。

具备知识：绘图、图形编辑命令、样板图及尺寸标注。

绘图步骤分解：

1．新建一个文件，将其存盘并命名为“螺套”。

2．利用设计中心调用“底座零件图”中的图层、文字样式、尺寸标注样式、块等设置。

3．绘制图形。

（1）打开下交、对象捕捉、极轴追踪功能，用“直线”（LINE）、“偏移”（OFFSET）等命令绘制基准线，如图 7-15 所示。

（2）绘制主视图。用“偏移”（OFFSET）、“修剪”（TRIM）命令绘制主视图。对称图形也可只画一半，另一半用镜像命令（MIRROR）复制，结果如图 7-16 所示。

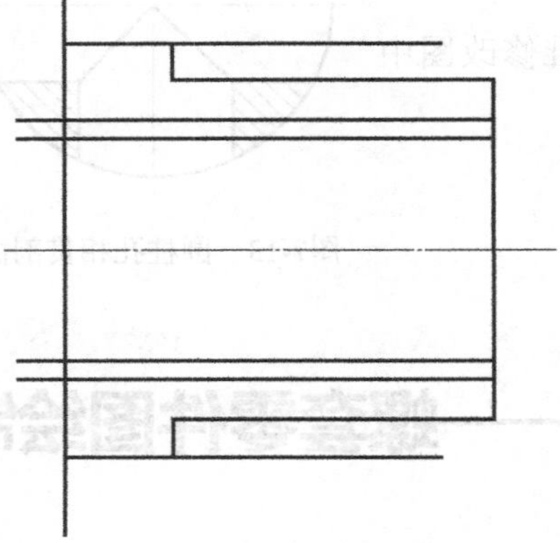

图7-15　绘制基准线

图7-16　绘制螺套各轴

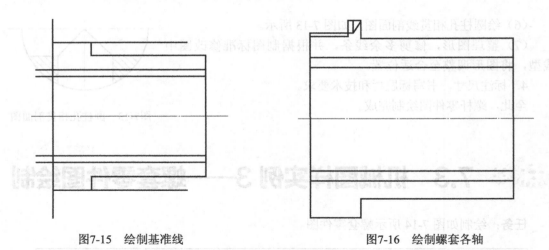

（3）用倒角命令（CHAMFER）绘制轴端倒角，如图 7-17 所示。

（4）绘制矩形螺纹。用样条曲线绘制螺套剖面图的波浪线，并进行图案填充。然后用样条曲线命令和修剪命令将轴断开，结果如图 7-18 所示。

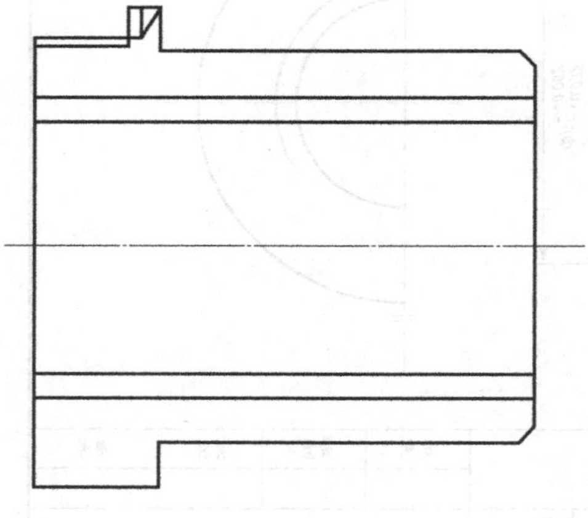

图7-17　绘制倒角

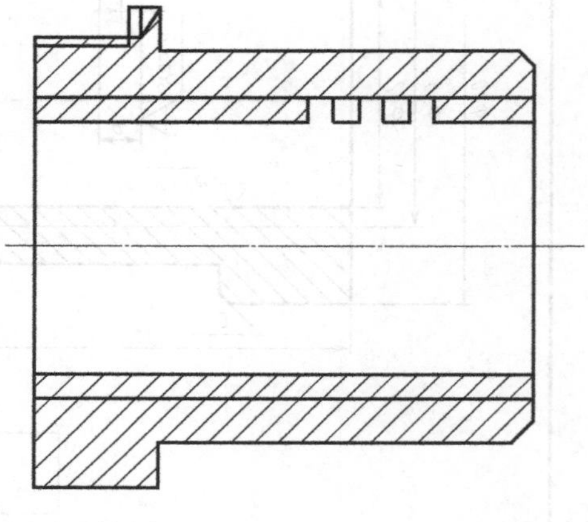

图7-18　绘制矩形螺纹及图案填充

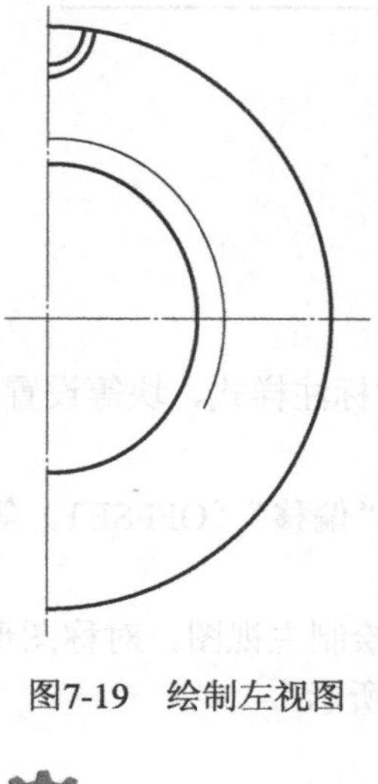

图7-19　绘制左视图

（5）绘制螺套左视图。用画圆命令（CIRCLE）绘 $R40$ 和 $R21$ 的半圆，以及内螺纹的牙底圆的投影，如图 7-19 所示。

（6）整理图形，修剪多余线条，并根据制图标准修改图中的线型，将图形调整至合适位置。

4．标注尺寸和尺寸公差。

5．书写标题栏中的文字和技术要求。

至此，螺套零件图绘制完成。

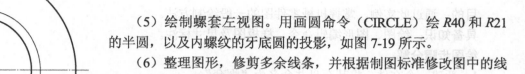

7.4 机械图样实例 4——顶垫零件图绘制

任务：绘制如图 7-20 所示的顶垫零件图。

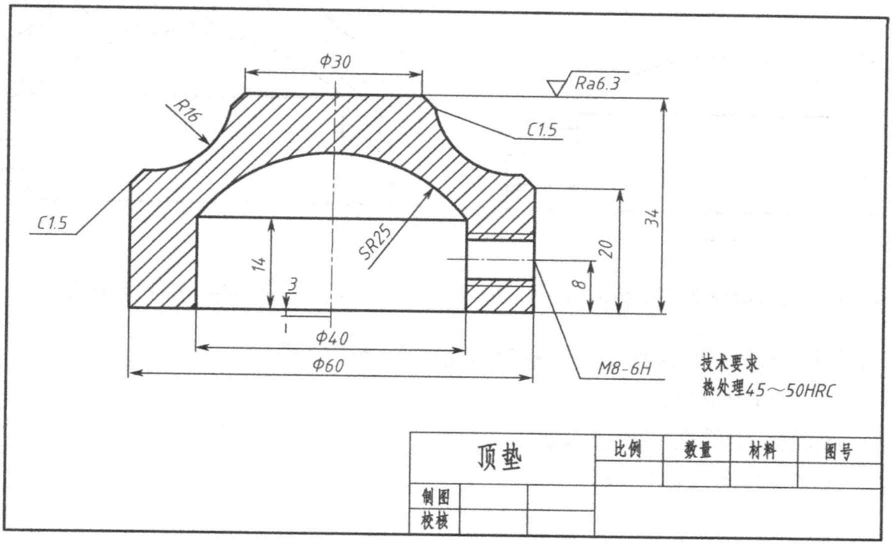

图7-20　顶垫零件图

目的：通过此实例，掌握机械零件图的一般绘制方法。

具备知识：绘图、图形编辑命令、样板图及尺寸标注。

绘图步骤分解：

1．新建一个文件，将其存盘并命名为“顶垫”。

2．利用设计中心调用“顶垫零件图”中的图层、文字样式、尺寸标注样式、块等设置。

3．绘制图形。

（1）打开下交、对象捕捉、极轴追踪功能，用“直线”（LINE）、“偏移”（OFFSET）等命令绘制基准线，如图 7-21 所示。

（2）用圆指令画圆，画出 *R*25，*R*16 圆弧，再用修剪指令把多余的圆弧剪掉，如图 7-22 所示。

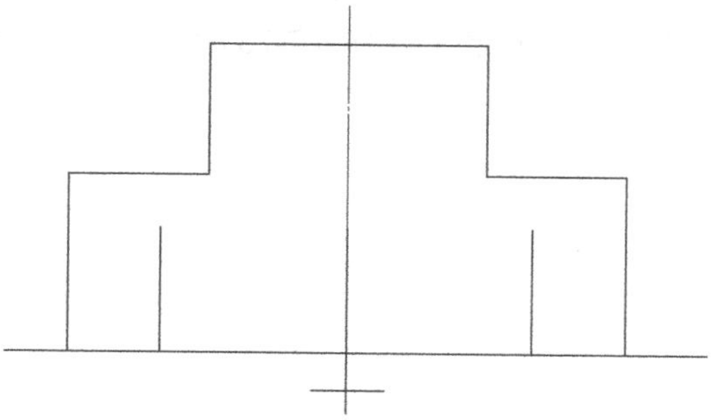

图7-21　绘制基准线

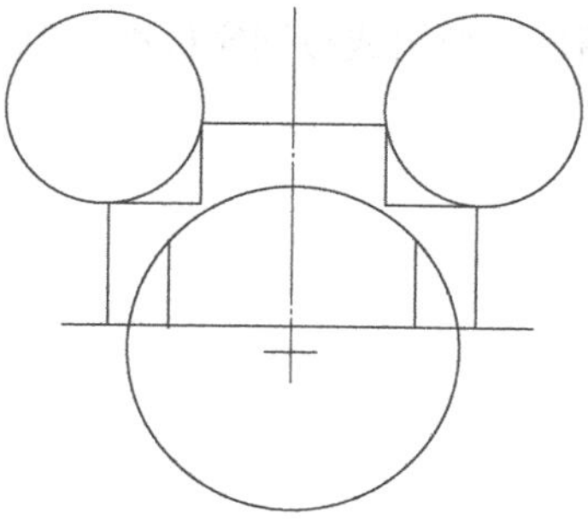

图7-22　绘制*R*25、*R*16圆弧

（3）绘制 M8 螺纹孔，用倒角命令（CHAMFER）绘制轴端倒角，如图 7-23 所示。

（4）绘制全剖视图，并进行图案填充。如图 7-24 所示。

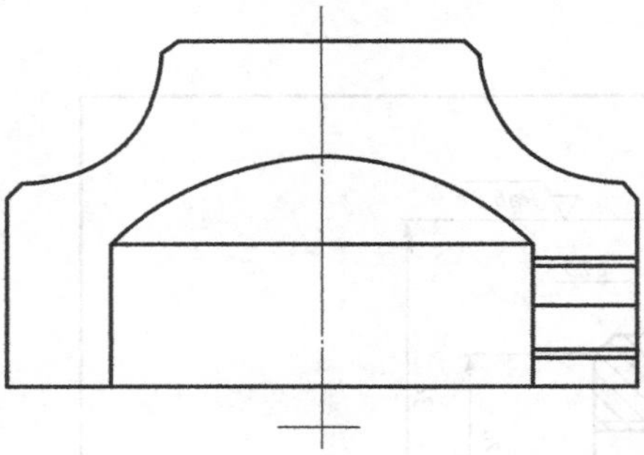

图7-23　绘制M8螺纹孔和倒角

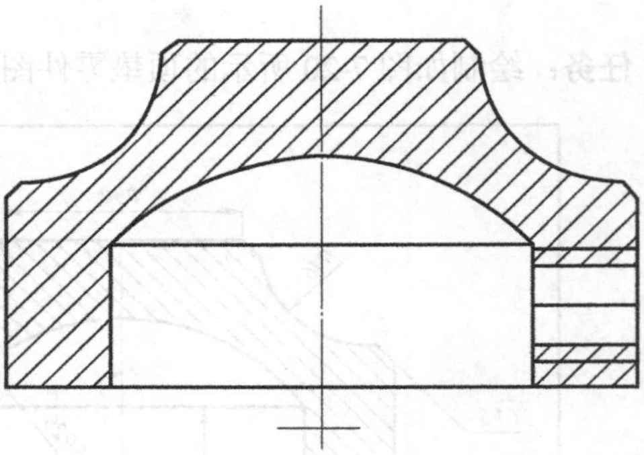

图7-24　绘制剖面线

（5）整理图形，修剪多余线条，将图形调整至合适位置。

4．标注尺寸和形位公差。

5．书写标题栏中的文字和技术要求。

至此，顶垫零件图绘制完成。

7.5　机械图样实例 5——装配图绘制

任务：绘制如图 7-25 所示千斤顶的装配图。

目的：通过此实例，介绍装配图的绘制方法及步骤。

具备知识：装配图的绘制、图块及设计中心的应用。

绘图步骤分解：

1．绘制零件图。

用前面所讲的方法绘制千斤顶各零件的零件图，并用创建图形块的命令（WBLOCK）依次将各零件定义为块，供以后绘制装配图调用。为保证绘制装配图时各零件之间的相对位置和装配关系，在创建图形块时，要注意选择好插入基准点。

千斤顶整个装配体包括 7 个零件。其中螺钉是标准件，可根据规格、型号从用户建立的标准图形库调用或按国家标准绘制。其余各部分零件的零件图如图 7-26 所示。

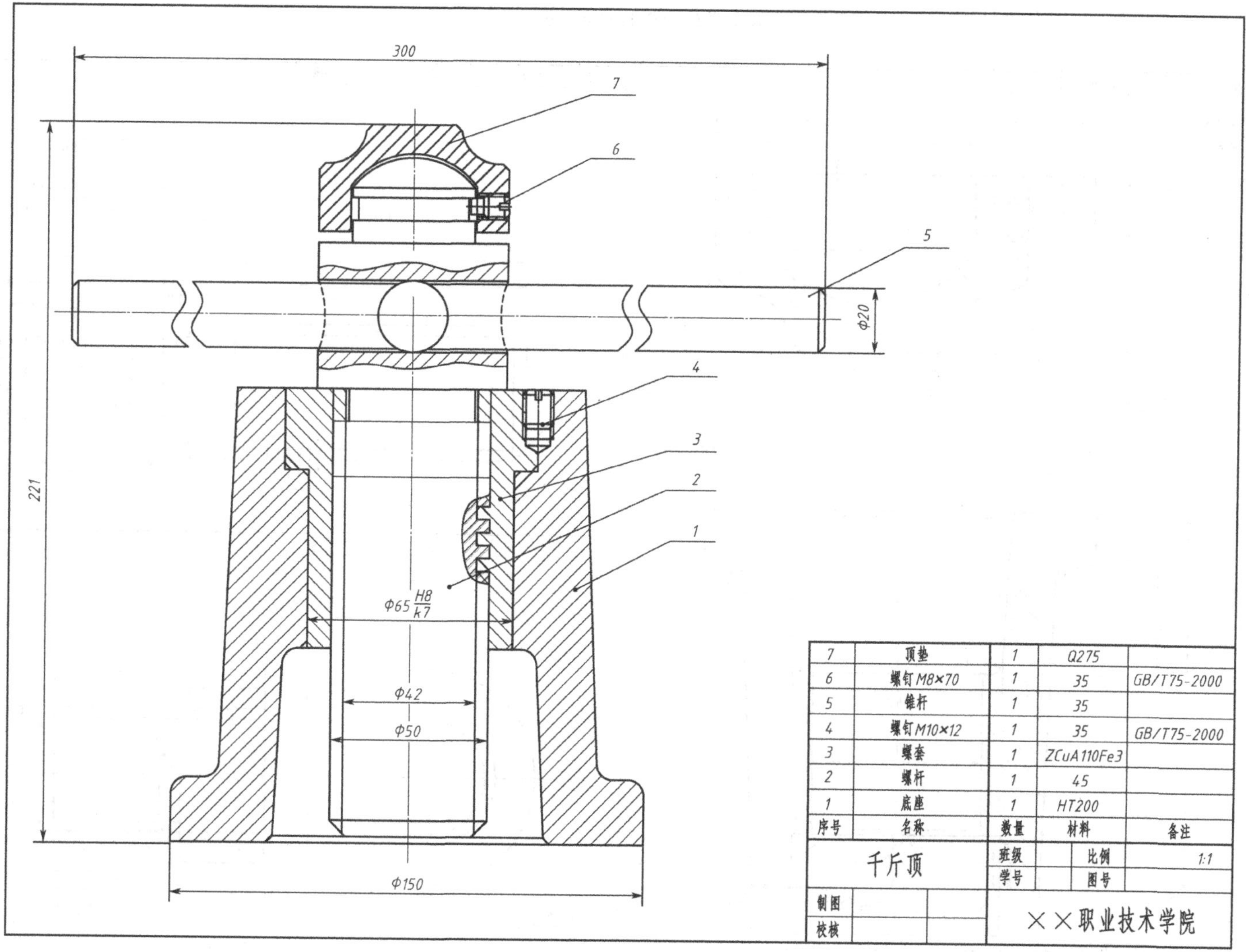
300
7
6
5
Φ20
4
3
2
1
221
Φ65 H8/k7
Φ42
Φ50
Φ150
7 顶垫 1 Q275
6 螺钉M8×70 1 35 GB/T75-2000
5 铰杆 1 35
4 螺钉M10×12 1 35 GB/T75-2000
3 螺套 1 ZCuA110Fe3
2 螺杆 1 45
1 底座 1 HT200
序号 名称 数量 材料 备注
千斤顶
班级 比例 1:1
学号 图号
制图
校核
××职业技术学院

图7-25　千斤顶的装配图

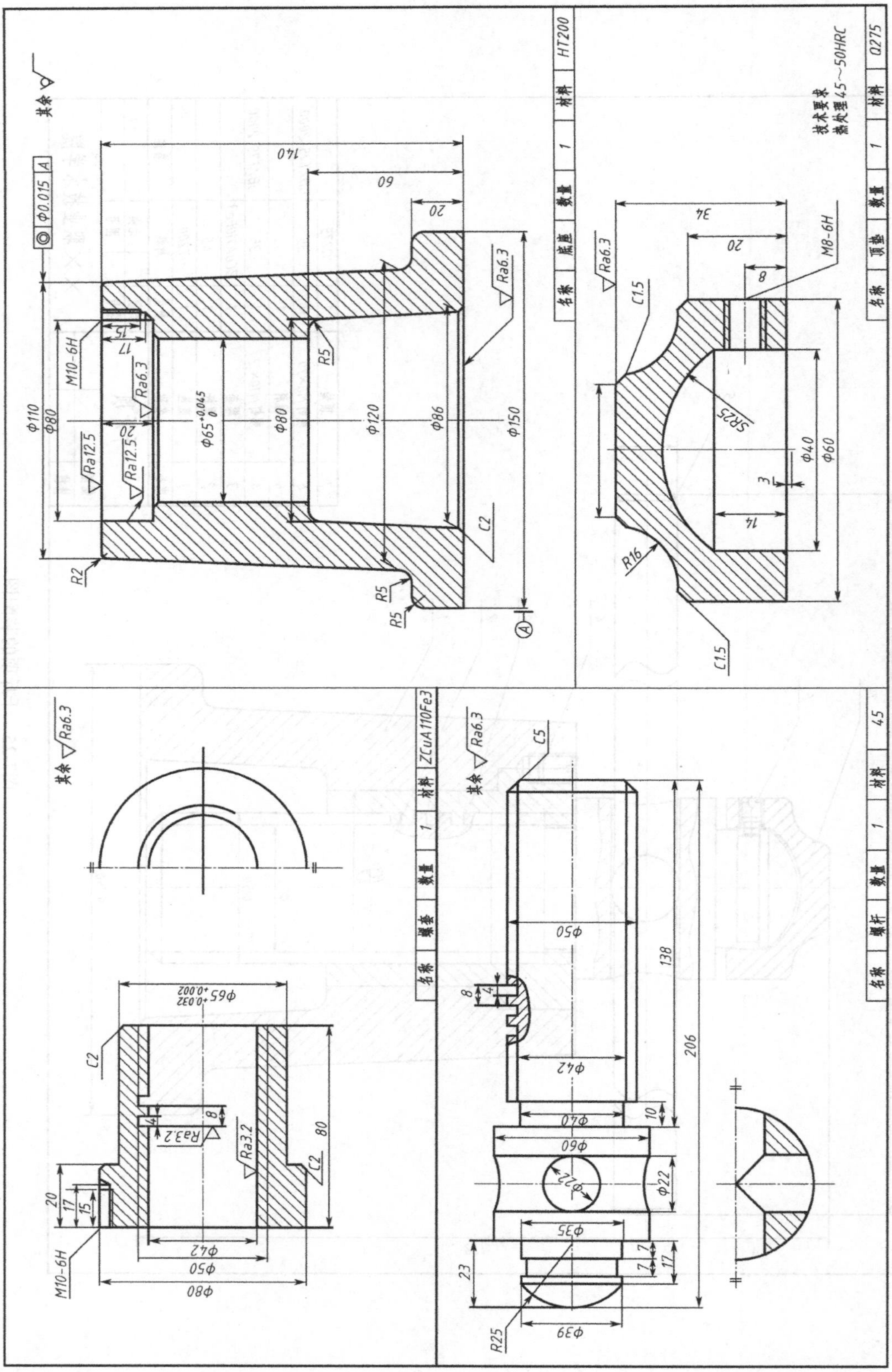

图7-26 非标准零件的零件图

2．绘制装配图。

绘制装配图通常采用两种方法。一种是直接利用绘图及图形编辑命令，按手工绘图的步骤，结合对象捕捉、极轴追踪等辅助绘图工具绘制装配图。这种方法不但作图过程繁杂，而且容易出错，只能绘制一些比较简单的装配图。第二种绘制装配图的方法是“拼装法”。即先绘出各零件的零件图，然后将各零件以图块的形式“拼装”在一起，构成装配图。下面利用 AutoCAD 提供的集成化图形组织和管理工具，用“拼装法”绘制千斤顶装配图。

（1）选择“工具”→“设计中心”选项，或单击工具栏的▦（设计中心）按钮，打开设计中心选项板，如图 7-27 所示。在文件列表中找到千斤顶零件图的存储位置，在“内容区”选择要插入的图形文件，如“底座 .dwg”，按住鼠标左键不放，将图形拖入绘图区空白处，释放鼠标左键，则底座零件图便插入到绘图区。

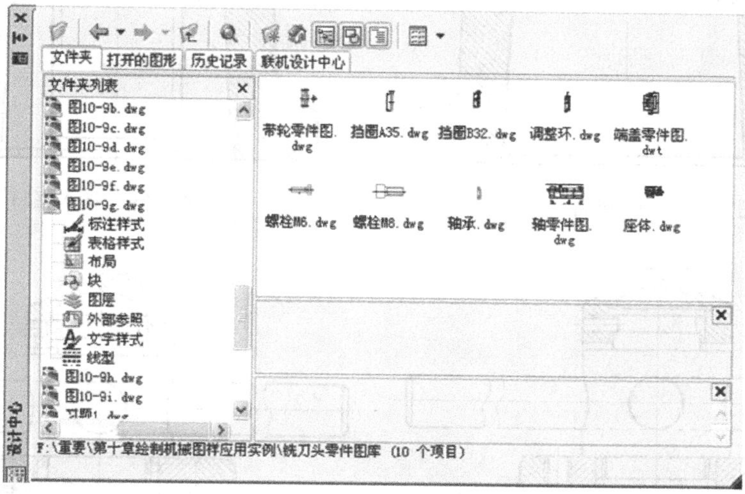

图7-27　用设计中心插入图形块

（2）插入螺套。以轴线为基准点插入。为保证插入准确，应充分使用缩放命令和对象捕捉功能。将插入的图形块“分解”，利用“擦除”和“修剪”命令删除或修剪多余线条。修改后的图形如图 7-28 所示。

（3）以轴线基准点插入螺杆和轴端顶套，修改后的图形如图 7-29 所示。

（4）以轴线基准点插入螺杆和轴端顶套，修改后的图形如图 7-29 所示。

（5）以轴的中心线为基准点插入铁杆，如图 7-30 所示。

（6）插入螺钉。注意相邻零件的剖面线方向和间隔，以及螺纹连接等符合制图标准中装配图的规定画法。可将螺钉建成动态块插入。如图 7-31 所示。

（7）标注装配图尺寸。装配图的尺寸标注一般只标注性能、装配、安装和其他一些重要尺寸，如图 7-25 所示。

（8）编写序号。装配图中的所有零件都必须编写序号，其中相同的零件采用同样的序号，且只编写一次。装配图中的序号应与明细表中的序号一致。如图 7-25 所示。

（9）绘制明细栏，明细栏中的序号自下往上填写。最后书写技术要求，填写标题栏，结果如图 7-25 所示。

至此，千斤顶装配图完成。

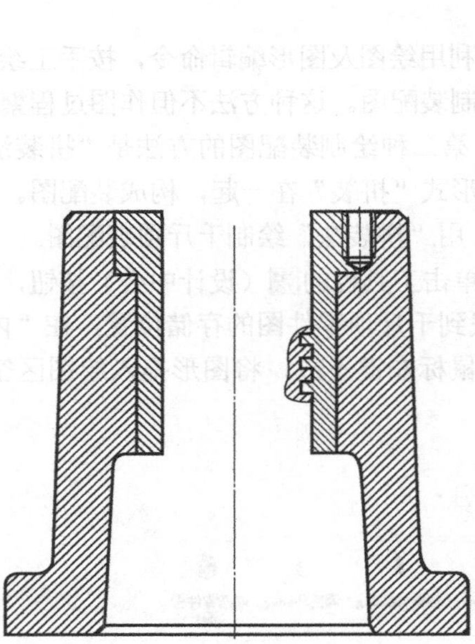

图7-28　将螺套插入底座

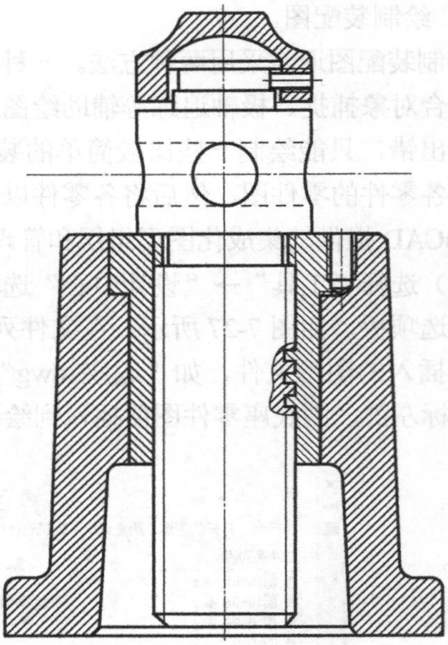

图7-29　插入螺杆

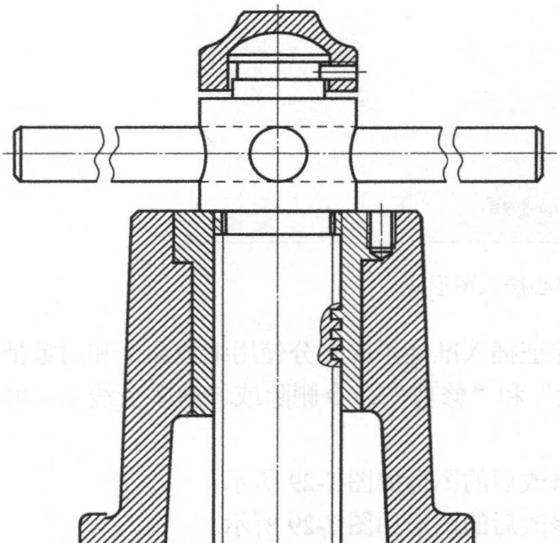

图7-30　插入顶套和铁杆

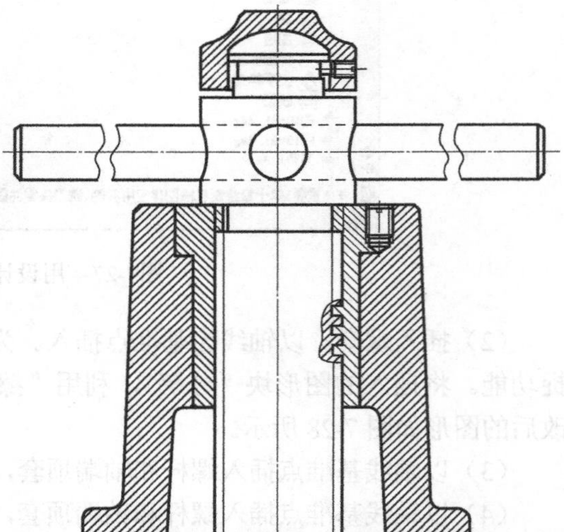

图7-31　插入螺钉

习　题　7

1．利用本章所介绍的方法，分别绘制如图1、图2所示的2个铣刀零件的零件图。

2．利用本章所介绍的方法，并结合上题绘制的零件图，绘制如图3所示的铣刀头的装配图。

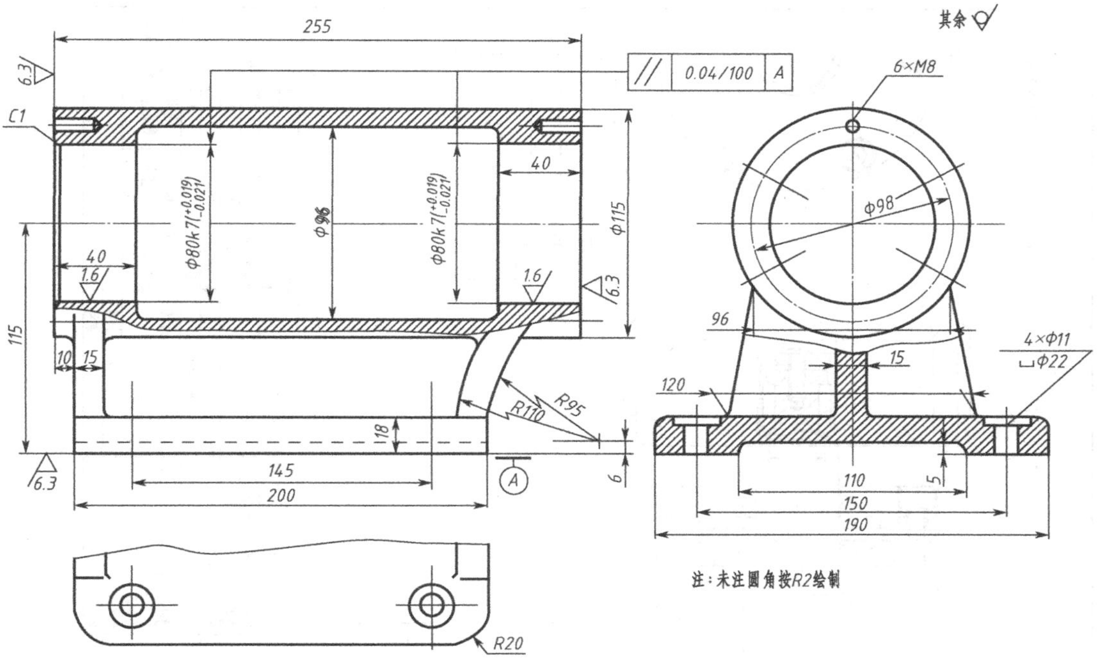
其余
255
0.04/100 A
6×M8
C1
6.3
40
Φ80k7($^{+0.019}_{-0.021}$)
Φ96
Φ115
Φ98
1.6
115
10 15
96
15
4×Φ11
⌴Φ22
120
R110
R95
18
6
145
200
A
110
150
190
5
R20
注：未注圆角按R2绘制

图1

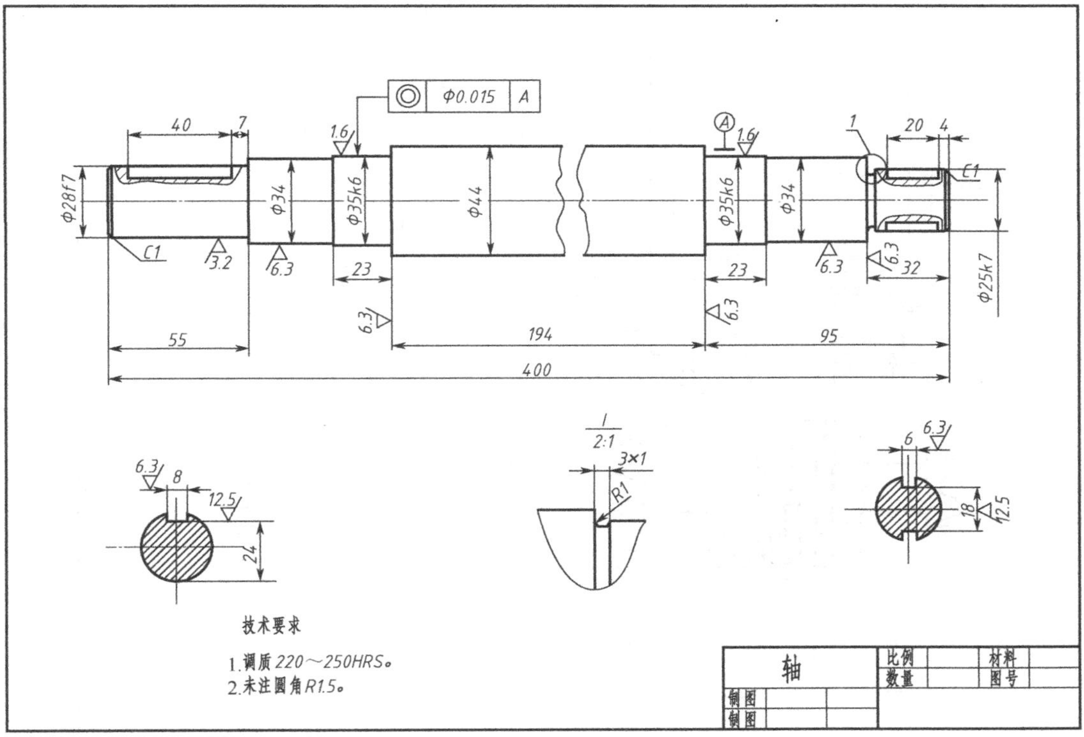
Φ0.015 A
40
7
Φ28f7
Φ34
Φ35k6
Φ44
Φ25k7
C1
3.2
6.3
1.6
23
55
194
95
400
20
4
32
1
2:1
3×1
R1
8
12.5
24
6
18
技术要求
1.调质220～250HRS。
2.未注圆角R1.5。
轴
比例
材料
数量
图号
制图
审图

图2

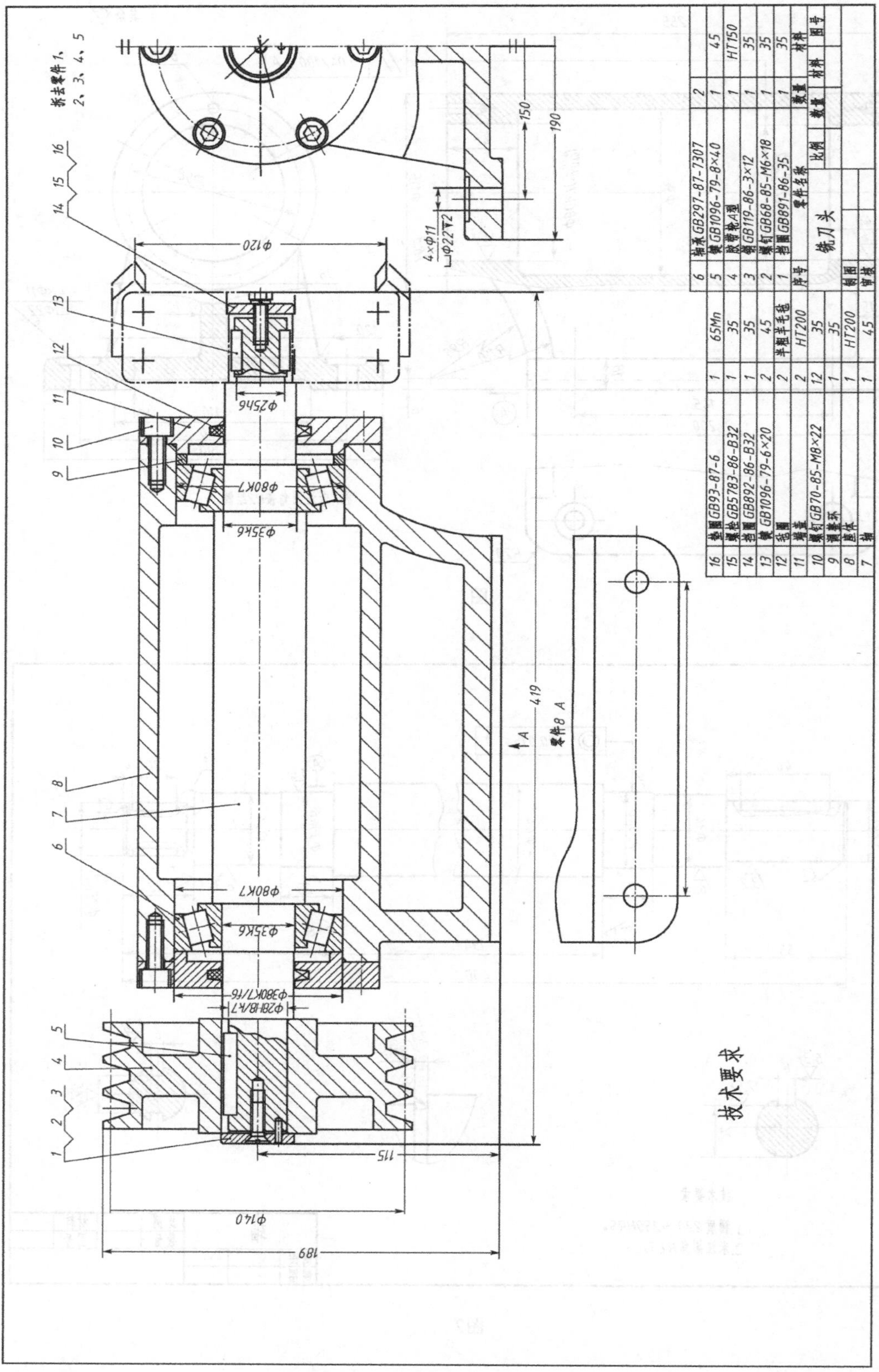
拆去零件1、2、3、4、5
4×Φ11
⌴Φ22▼2
150
190
Φ120
Φ25h6
Φ80K7
Φ35k6
Φ380K7/f6
Φ28H8/k7
Φ140
115
189
419
A
零件8 A
技术要求
16 垫圈 GB93-87-6 1 65Mn
15 螺栓 GB5783-86-B32 1 35
14 挡圈 GB892-86-B32 1 35
13 键 GB1096-79-6×20 2 45
12 毡圈 2 半粗羊毛毡
11 端盖 2 HT200
10 螺钉 GB70-85-M8×22 12 35
9 调整环 1 35
8 座体 1 HT200
7 轴 1 45
6 轴承 GB297-87-7307 2
5 键 GB1096-79-8×40 1 45
4 皮带轮A型 1 HT150
3 销 GB119-86-3×12 1 35
2 螺钉 GB68-85-M6×18 1 35
1 挡圈 GB891-86-35 1 35
序号 零件名称 数量 材料
铣刀头
比例 数量 材料 图号
制图
审核

图3

第 8 章
实体绘制基础

教学目标

1. 掌握 UCS 的建立；
2. 掌握三维建模的一般方法；
3. 掌握实体编辑的一般方法。

本章要点

在工程设计和绘图过程中，AutoCAD 除具有强大的二维绘图功能外，还具备基本的三维造型能力。AutoCAD 可以利用 3 种方式来创建三维图形，即线架模型方式、曲面模型方式和实体模型方式。线架模型方式为一种轮廓模型，它由三维的直线和曲线组成，没有面和和体的特征。曲面模型用面描述三维对象，它不仅定义了三维对象的边界，而且还定义了表面，即具有面的特征。实体模型不仅具有线和面的特征，而且还具有体的特征，各实体对象间可以进行各种布尔运算操作，从而创建复杂的三维实体图形。本章以创建实体模型为主，在“三维建模”工作空间中介绍 AutoCAD 三维建模的基本知识。

8.1 三维坐标系实例——三维坐标系、长方体、倒角、删除面

AutoCAD 的坐标系统是三维笛卡尔儿直角坐标系，分为世界坐标系（WCS）和用户坐标系（UCS）。图 8-1 表示的是两种坐标系下的图标。图中“X”或“Y”的箭头方向表示当前坐标轴 *X* 轴和 *Y* 轴的正方向，*Z* 轴正方向用右手定则判定。

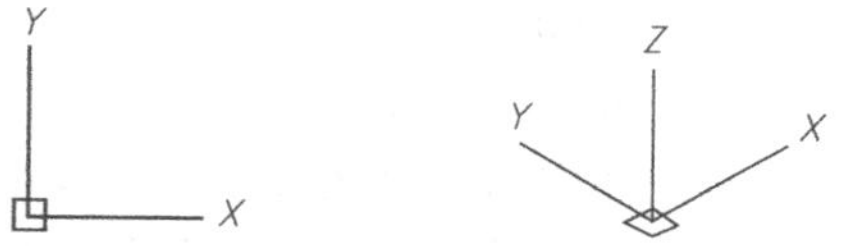

（a）世界坐标系

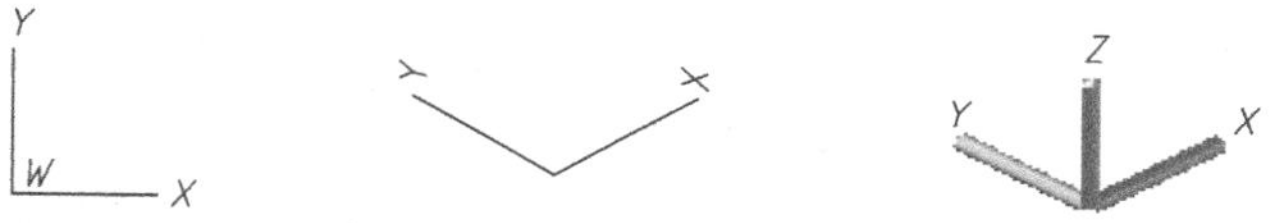

（b）用户坐标系

图8-1　表示坐标的图标

默认状态时，AutoCAD 采用世界坐标系。世界坐标系是唯一的，固定不变的。对于二维绘图，在大多数情况下，世界坐标系就能满足作图需要，但若是创建三维模型，就不太方便了，因为用户常常要在不同平面或是沿某个方向绘制结构。如绘制图 8-2 所示的图形，在世界坐标系下是不能完成的。此时需要以绘图的平面为 XY 坐标平面，创建新的坐标系，然后再调用绘图命令绘制图形。

任务：绘制如图 8-2 所示的实体。

目的：通过绘制此图形，学习长方体命令、实体倒角、删除命令和用户坐标系的建立。

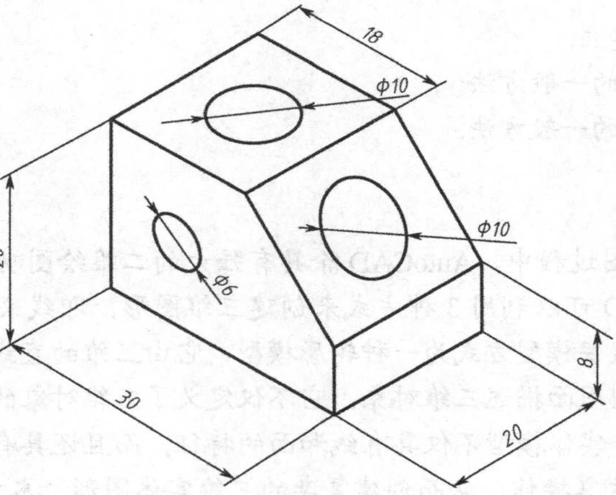

图8-2　在用户坐标系下绘图

具备知识：基本绘图命令和对象捕捉、对象追踪的应用。

绘图步骤分解：

1．绘制长方体。

调用长方体命令：

命令图标：

操作提示："实体"选项卡→"图元"面板→长方体

命令窗口：BOX

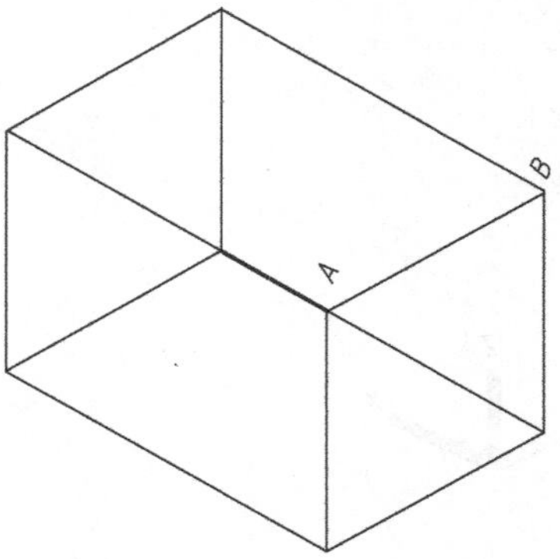

图8-3　绘制长方体

AutoCAD 提示：

命令 : _box

指定第一个角点或 [中心 (C)]: 在屏幕上任意点单击

指定其他角点或 [立方体 (C)/ 长度 (L)]: @20,30 ↙

指定高度或 [两点 (2P)]: 20 ↙

绘制出长 30，宽 20，高 20 的长方体，如图 8-3 所示。

2．倒角。

用于二维图形的倒角、圆角编辑命令在三维图中仍然可用。单击"修改"工具栏上的倒角按钮，调用倒角命令。

AutoCAD 提示：

命令：_CHAMFEREDGE 距离 1 = 1.0000，距离 2 = 1.0000

选择一条边或 [环 (L)/ 距离 (D)]: d ↙

指定距离 1 或 [表达式 (E)] <1.0000>: 12 ↙

指定距离 2 或 [表达式 (E)] <1.0000>: 12 ↙

选择一条边或 [环 (L)/ 距离 (D)]: 选择边 AB ↙

选择同一个面上的其他边或 [环 (L)/ 距离 (D)]: 回车

结果如图 8-4 所示。

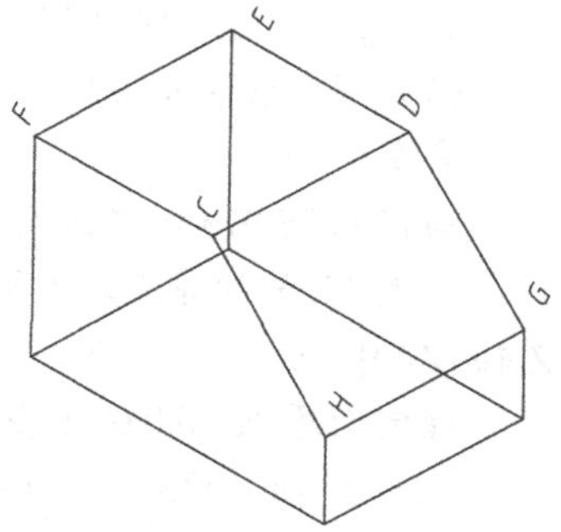

图8-4 长方体倒角

3．移动坐标系，绘制上表面圆。

因为 AutoCAD 只可以在 *XY* 平面上绘图，要绘制上表面上的图形，则需要建立用户坐标系。由于世界坐标系的 *XY* 面与 *CDEF* 面平行，且 *X* 轴、*Y* 轴又分别与四边形 *CDEF* 的边平行，因此只要把世界坐标系移到 *CDEF* 面上即可。移动坐标系只改变坐标原点的位置，不改变 *X* 轴、*Y* 轴的方向，如图 8-5 所示。

（1）移动坐标系。

命令图标：

命令提示：UCS

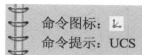

在命令窗口输入命令“UCS”，AutoCAD 提示：

命令: _ucs

当前 UCS 名称：* 世界 *

指定 UCS 的原点或 [面 (F)/ 命名 (NA)/ 对象 (OB)/ 上一个 (P)/ 视图 (V)/ 世界 (W)/X/Y/Z/Z 轴 (ZA)] < 世界 >： _m　　　　　// 输入移动坐标系命令“_m”

指定 X 轴上的点或 < 接受 >：< 对象捕捉开 > 选择 E 点单击

指定 XY 平面上的点或 < 接受 >：选择 C 点单击

结果如图 8-5 所示。

（2）绘制表面圆。

打开“对象追踪”、“对象捕捉”，调用圆命令，捕捉上表面的中心点，以 5 为半径绘制上表面的圆，结果如图 8-6 所示。

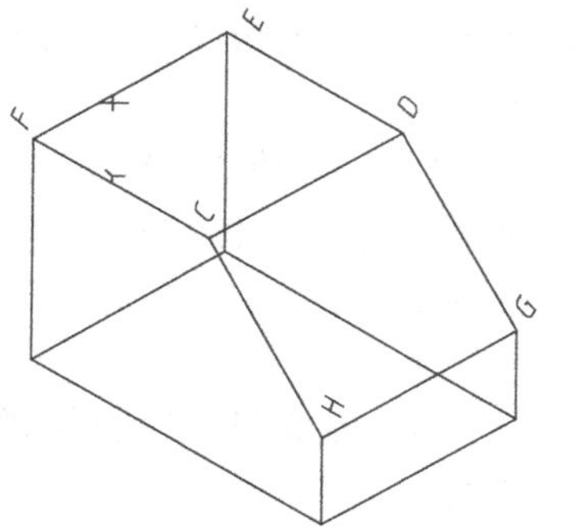

图8-5 改变坐标系

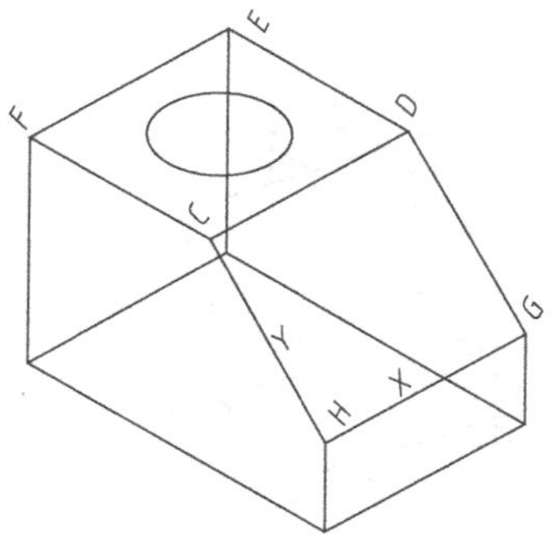

图8-6 绘制上表面圆

4．三点法建立坐标系，绘制斜面上圆。

（1）三点法建立用户坐标系。

命令：_ucs

当前 UCS 名称：*没有名称*

指定 UCS 的原点或 [面 (F)/ 命名 (NA)/ 对象 (OB)/ 上一个 (P)/ 视图 (V)/ 世界 (W)/X/Y/Z/Z 轴 (ZA)]＜世界＞：_3　　　　　// 输入 3 点方式命令格式“_3”

指定新原点 <0,0,0>：在 H 点上单击

指定 X 轴上的点或＜接受＞：在 G 点上单击

指定 XY 平面上的点或＜接受＞：在 C 点上单击

结果如图 8-6 所示。

也可调用下面两种方法直接调用“三点法”建立用户坐标系

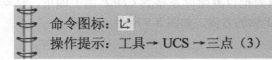

命令图标：

操作提示：工具→ UCS →三点（3）

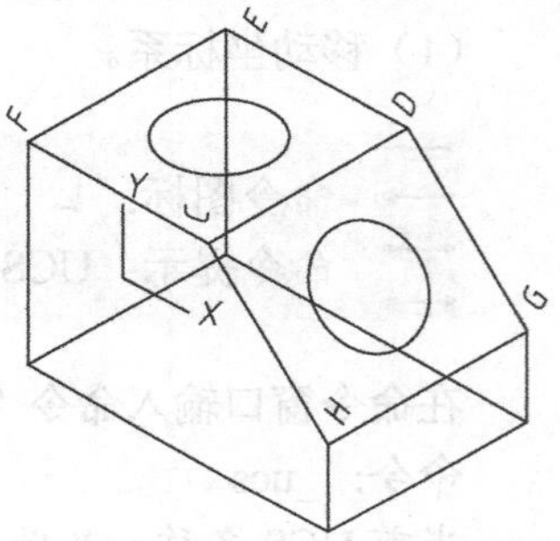

图8-7　绘制侧面上圆

（2）绘制圆。

方法同第（3）步，结果如图 8-7 所示。

5．以所选实体表面建立 UCS，在侧面上画圆。

（1）选择实体表面建立 UCS。

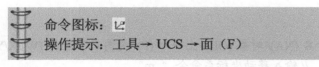

命令图标：

操作提示：工具→ UCS →面（F）

在命令窗口输入命令“UCS”，AutoCAD 提示：

命令：_ucs

当前 UCS 名称：*世界*

指定 UCS 的原点或 [面 (F)/ 命名 (NA)/ 对象 (OB)/ 上一个 (P)/ 视图 (V)/ 世界 (W)/X/Y/Z/Z 轴 (ZA)]＜世界＞：F↙

选择实体对象的面：在侧面上单击

// 在侧面单击时，靠近哪个点就在这个点的位置上显示坐标系

输入选项 [下一个 (N)/X 轴反向 (X)/Y 轴反向 (Y)]＜接受＞：↙

// 如果坐标系的 X、Y 轴需要进行正反向调整，可以根据相应的选项进行调整

结果如图 8-7 所示。

（2）绘制圆。

方法同上步，完成图 8-2 所示的图形。

补充知识：

（1）本例介绍了建立用户坐标系常用的三种方法，在 UCS 命令中有许多选项：

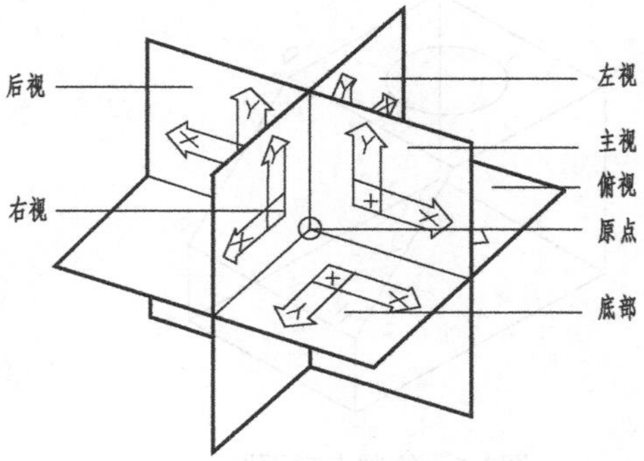

图8-8　6个正交UCS

指定UCS的原点或[面(F)/命名(NA)/对象(OB)/上一个(P)/视图(V)/世界(W)/X/Y/Z/Z轴(ZA)]，各功能介绍如下：

① 指定UCS的原点：将原坐标系平移到指定原点处，新坐标系的坐标轴与原坐标系的坐标轴方向相同。

② 面（F）：将UCS与实体对象的选定面对齐。在选择面的边界内或面的边上单击，被选中的面将亮显，UCS的*X*轴将与找到的第一个面上的最近的边对齐。

③ 命名（NA）：显示和修改已定义但未命名的用户坐标系，恢复命名且正交的UCS，指定视口中UCS图标和UCS设置。输入命令后，得到选项“恢复(R)/保存(S)/删除(D)/?”。

恢复（R）：恢复已保存的UCS，使它成为当前UCS。恢复已保存的UCS并不重新建立在保存UCS时生效的观察方向。

保存(S)：把当前UCS按指定名称保存。

删除(D)：从已保存的用户坐标系列表中删除指定的UCS。

?：列出用户定义坐标系的名称，并列出每个保存的UCS相对于当前UCS的原点以及*X*、*Y*和*Z*轴。

④ 对象(OB)：根据选定三维对象定义新的坐标系。此选项不能用于下列对象：三维实体、三维多段线、三维网格、视口、多线、面域、样条曲线、椭圆、射线、构造线、引线、多行文字。

⑤ 上一个(P)：恢复上一个UCS。AutoCAD保存创建的最后10个坐标系。

⑥ 视图(V)：以垂直于观察方向的平面为*XY*平面，建立新的坐标系。UCS原点保持不变。

⑦ 世界(W)：将当前用户坐标系设置为世界坐标系。

⑧ X/Y/Z：将当前UCS绕指定轴旋转一定的角度。

⑨ Z轴（ZA）：通过指定新坐标系的原点及*Z*轴正方向上的一点来建立坐标系。

⑩ 正交UCS：列出当前图形中定义的六个正交坐标系。正交坐标系是根据“相对于”列表中指定的UCS定义的。“深度”列列出了正交坐标系与通过基准UCS（存储在UCSBASE系统变量中）原点的平行平面之间的距离。

（2）如果倒角或圆角所创建的面不合适，可使用“删除面”命令，调用删除面命令方法：

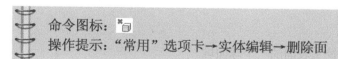

命令图标：
操作提示：“常用”选项卡→实体编辑→删除面

8.2 观察三维图形——绘制长方体、球、视图、动态观察器、布尔运算

在绘制三维图形过程中，常常要从不同方向观察图形，AutoCAD默认视图是*XY*平面，方向为*Z*轴的正方向，看不到物体的高度。AutoCAD提供了多种创建3D视图的方法，沿不

同的方向观察模型，比较常用的是用标准视点观察模型和动态旋转方法。我们这里只介绍这两种常用方法。“视图”选项卡如图 8-9 所示。

任务：绘制如图 8-10 所示的物体。

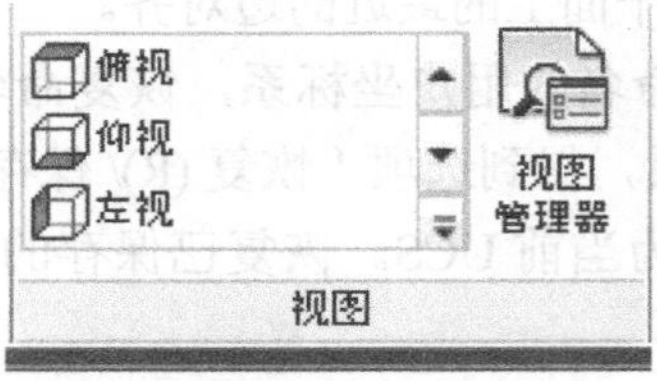

图8-9 “视图”选项卡

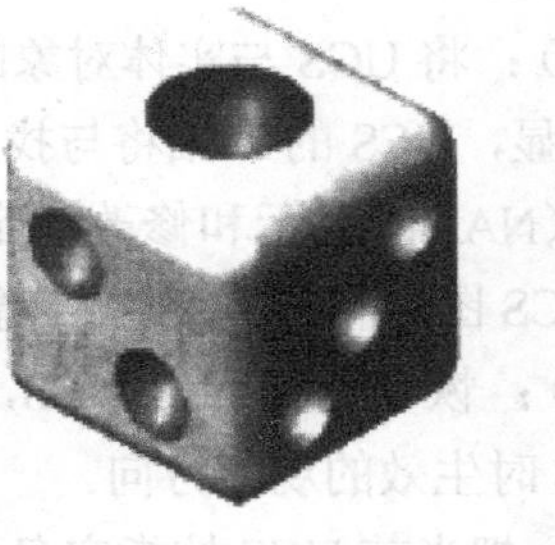

图8-10 平面图形—骰子

目的：通过绘制此图形，掌握用标准视点和用动态观察器旋转方法观察模型，使用圆角命令、布尔运算等编辑三维实体的方法。

具备知识：基本绘图命令、使用对象捕捉、建立用户坐标系。

绘图步骤分解：

1．绘制正方体。

单击“视图”工具栏上的“西南等轴测”按钮，将视点设置为西南方向。

在“实体”工具栏上单击“长方体”按钮，调用长方体命令：

命令图标：

操作提示：“实体”选项卡→图元→长方体

命令窗口：BOX

AutoCAD 提示：

命令：_box

指定第一个角点或 [中心 (C)]：在屏幕上任意一点单击

指定其他角点或 [立方体 (C)/ 长度 (L)]：C ↙　　//绘制立方体

指定长度 <30.0000>：20 ↙

结果如图 8-11 所示。

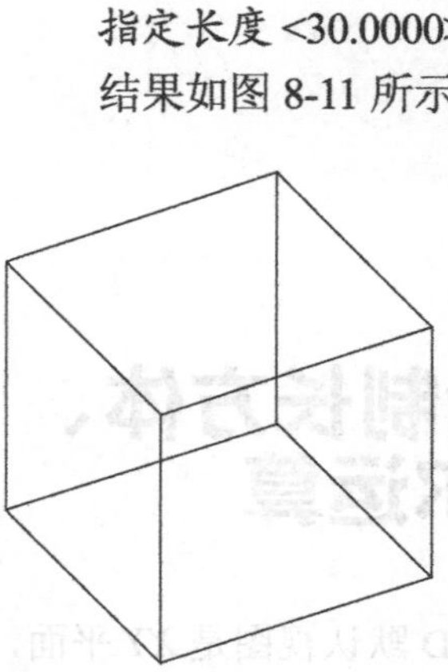

图8-11 立方体

2．挖上表面的一个球面坑。

（1）移动坐标系到上表面。

（2）绘制球。调用球命令：

命令图标：

操作提示：“实体”选项卡→图元→球体

命令窗口：SPHERE

AutoCAD 提示：

命令: _sphere

指定中心点或 [三点 (3P)/ 两点 (2P)/ 相切、相切、半径 (T)] : 利用双向追踪捕捉上表面的中心

指定半径或 [直径 (D)] <1.0000> : 5 ↙

结果如图 8-12 所示。

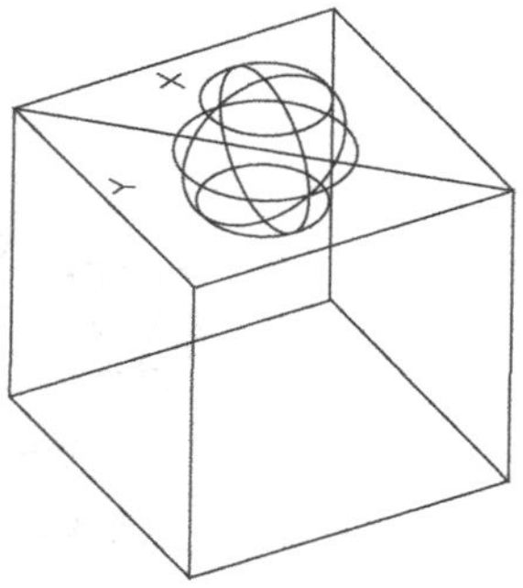

图8-12 绘制球

（3）布尔运算。

差集运算：通过减操作从一个实体中去掉另一些实体，得到一个实体。

调用命令方法：

> 命令图标：
> 操作提示：“实体”选项卡→布尔值→差集
> 命令窗口：SUBTRACT

AutoCAD 提示：

命令: _subtract 选择要从中减去的实体或面域 ...

选择对象: 在立方体上单击　找到 1 个

选择对象: ↙　　　　　　　　//结束被减去实体的选择

选择要减去的实体或面域 ...

选择对象: 在球体上单击　找到 1 个

选择对象: ↙　　　　　　　　//结束差集运算

结果如图 8-13 所示。

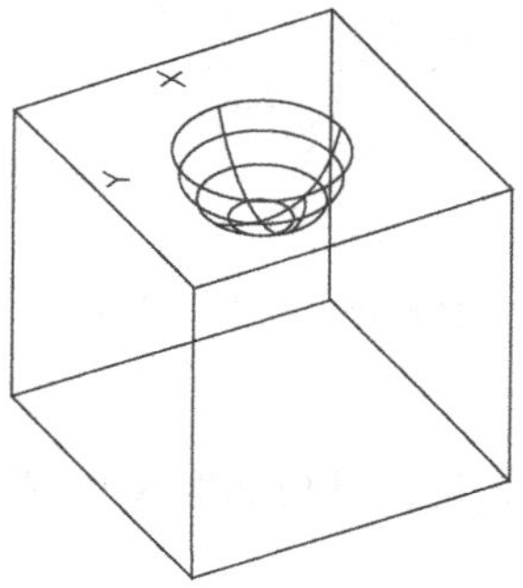

图8-13 挖坑

3．在左侧面上挖两个点的球面坑。

（1）旋转 UCS。调用 UCS 命令：

命令: _ucs

当前 UCS 名称: *没有名称*

指定 UCS 的原点或 [面 (F)/ 命名 (NA)/ 对象 (OB)/ 上一个 (P)/ 视图 (V)/ 世界 (W)/X/Y/Z/Z 轴 (ZA)] < 世界 >: X ↙

指定绕 X 轴的旋转角度 <90> : ↙

（2）确定球心点。

① 在“草图设置”对话框中选择“端点”和“节点”捕捉，并打开“对象捕捉”。

② 选择辅助层，调用直线命令，连接对角线。

③ 运行“绘图”菜单下的“点”、“定数等分”命令，将辅助直线 3 等分，结果如图 8-14（a）所示。

（3）绘制球。捕捉辅助线上的节点为球心，以 4 为半径绘制两个球。

（4）差集运算。调用“差集”命令，以立方体为被减去的实体，两个球为减去的实体，进行差集运算，结果如图 8-14（b）所示。

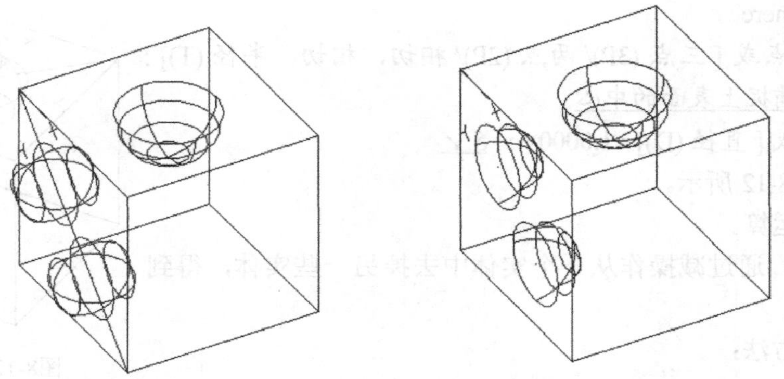

（a）　　　　（b）

图8-14　挖两点坑

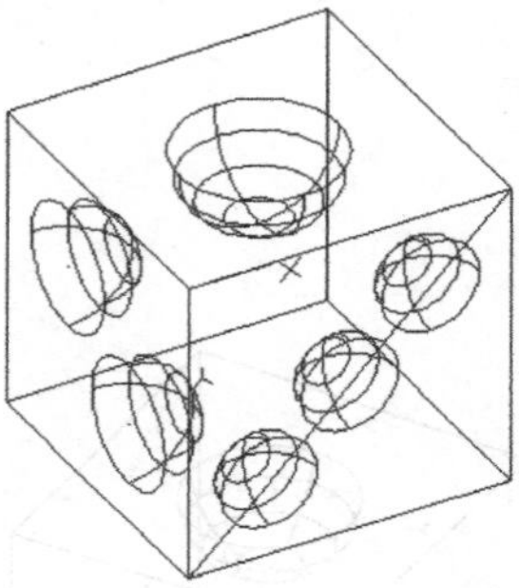

图8-15　绘制三点坑

以同样的方法绘制前表面的三点孔，如图 8-15 所示。

4．绘制另外四点、五点和六点的球面孔。

（1）单击“视图”工具栏上的“动态观察”选项，激活自由动态观察器视图，屏幕上出现弧线图，将光标移至弧线圈内，出现球形光标，向上拖动鼠标，使立方体的下表面转到上面全部可见位置。按“Esc”键或“Enter”键退出，或者单击鼠标右键显示快捷菜单退出，如图 8-16 所示。

（2）同创建两点坑一样，将上表面作为 *XY* 平面，建立用户坐标系，绘制作图辅助线，定出 6 个球心点，再绘制 6 个半径为 2 的球，然后进行布尔运算，结果如图 8-17 所示。

（3）用同样的方法，调整好视点，挖制另两面上的四点坑和五点坑，结果如图 8-17 所示。

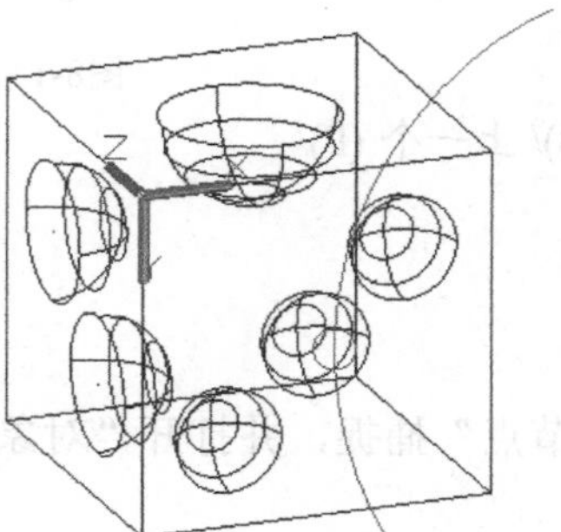

图8-16　三维动态观察

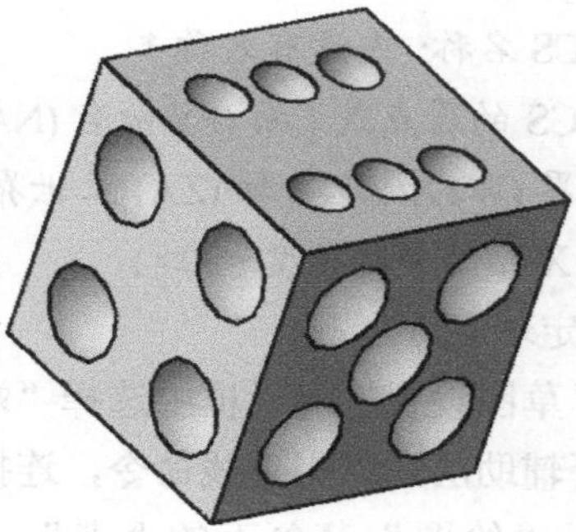

图8-17　孔坑完成

5．各棱线圆角。

（1）倒上表面圆角。

命令：_fillet

当前设置：模式＝不修剪，半径＝0.0000

选择第一个对象或 [放弃 (U)/ 多段线 (P)/ 半径 (R)/ 修剪 (T)/ 多个 (M)]：选择上表面一条棱线

输入圆角半径 <0.0000>：2↙

选择边或 [链 (C)/ 半径 (R)]：选择上表面另三条棱线

选择边或 [链 (C)/ 半径 (R)]：↙

已选定 4 个边用于圆角。结果如图 8-18 所示。

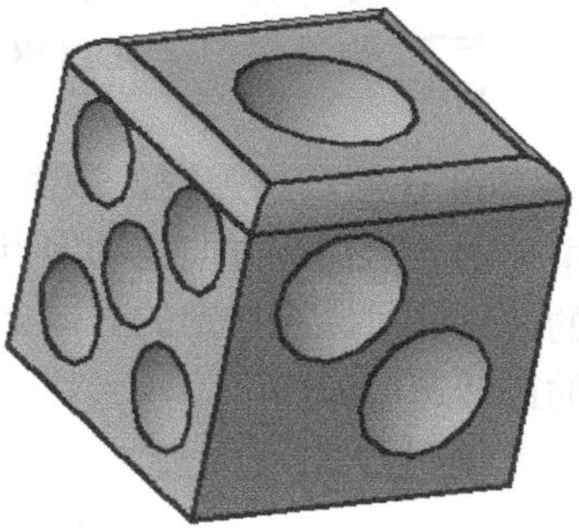

图8-18 长方体圆角

（2）倒下表面圆角。单击“动态观察器”选项的“自由动态观察”命令，调整视图方向，使立方体的下表面转到上面四条棱线可见位置。然后调用圆角命令，选择四根棱线，倒下表面的圆角。

（3）调用圆角命令，同时起用“自由动态观察器”，选择侧面的四条棱线，以 2 为半径倒圆角。

（4）删除辅助线层上的所有辅助线和辅助点，绘制完成，如图 8-10 所示。

补充知识：

（1）改变三维图形曲面轮廓素线。

系统变量“ISOLINES”是用于控制显示曲面线框弯曲部分的素线数目。有效整数值为 0 到 2047，初始值为 4。如图 8-19 所示是“ISOLINES”值为“4”和“12”时圆柱的“线框”显示形式。

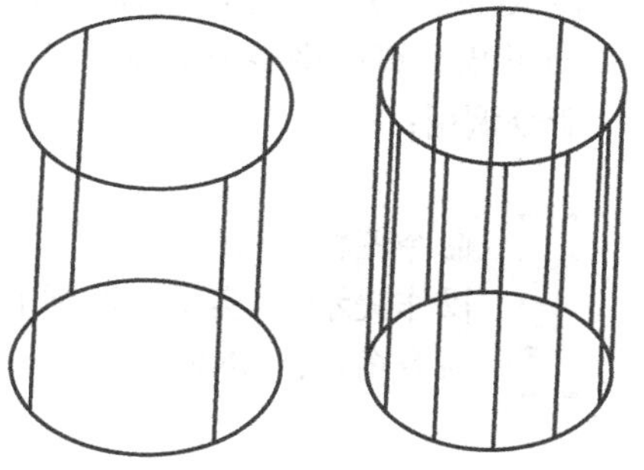

ISOLINES="4" ISOLINES="12"

图8-19 “ISOLINES”对图形显示的影响

（2）动态观察。

① 受约束的动态观察。该命令控制在三维空间中交互式查看对象。启动命令之前，可以查看整个图形，或者选择一个或多个对象。

当该命令处于活动状态时，视图的目标将保持静止，而相机的位置（或视点）将围绕目标移动。但是，看起来好像三维模型正在随着鼠标光标的拖动而旋转。用户可以此方式指定模型的任意视图。

调用方法：

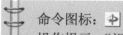

命令图标：
操作提示：“视图”选项卡→导航→受约束的动态观察
命令窗口：3DORBIT

② 自由动态观察。该命令使用不受约束的动态观察，控制三维中对象的交互式查看。在导航球的不同部分之间移动光标将更改光标图标，以指示视图旋转的方向。

使用方法：

命令图标：

操作提示："视图"选项卡→导航→自由动态观察

命令窗口：3DFORBIT

③ 连续动态观察。该命令启用交互式三维视图并将对象设置为连续运动。在绘图区域中单击并沿任意方向拖动定点设备，来使对象沿正在拖动的方向开始移动。释放定点设备上的按钮，对象在指定的方向上继续进行它们的轨迹运动。为光标移动设置的速度决定了对象的旋转速度。

调用方法：

命令图标：

操作提示："视图"选项卡→导航→连续动态观察

命令窗口：3DCORBIT

（3）布尔运算。

在 AutoCAD 中，三维实体可进行并集、差集、交集三种布尔运算，创建复杂实体。

① 并集运算：将多个实体合成一个新的实体，如图 8-20（b）所示。

命令调用：

命令图标：

操作提示："实体"选项卡→布尔值→并集

命令窗口：UNION

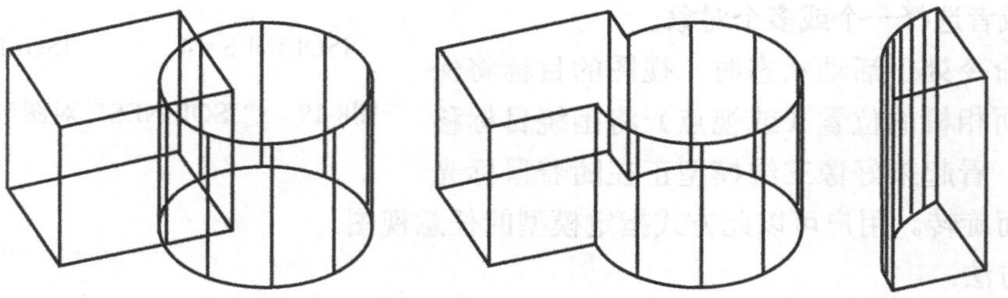

（a）　　（b）　　（c）

图8-20　布尔运算

② 交集运算：从两个或多个实体的交集创建复合实体并删除交集以外的部分，如图 8-20（c）所示。

命令图标：

操作提示："实体"选项卡→布尔值→交集

命令窗口：INTERSECT

特别提示

（1）当“三维动态观察”命令处于活动状态时，无法编辑对象。

（2）倒圆角时，不可以选择全部棱线后再进行倒圆角，因为 AutoCAD 内部要为圆角计算，会发生运算错误，导致圆角失误。

8.3 基本三维实体绘制实例——多段体

任务：绘制如图 8-21 所示三维实体模型。

目的：通过绘制此图形，掌握多段体建模的方法。

具备知识：极坐标相对命令、对象捕捉、对象追踪的应用。

绘图步骤分解：

命令图标：

操作提示：“实体”选项卡→图元→多段体

命令窗口：POLYSOLID

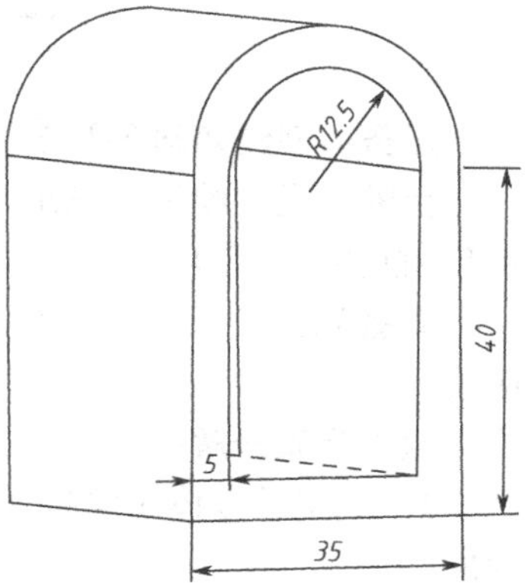

图8-21 三维实体模型

AutoCAD 提示：

命令：_polysolid

指定起点或 [对象 (O)/ 高度 (H)/ 宽度 (W)/ 对正 (J)] < 对象 >：H↙

指定高度 <80.0000>：50↙

指定起点或 [对象 (O)/ 高度 (H)/ 宽度 (W)/ 对正 (J)] < 对象 >：w↙

指定宽度 <10.0000>：5↙

指定起点或 [对象 (O)/ 高度 (H)/ 宽度 (W)/ 对正 (J)] < 对象 >：在绘图区域内任意单击一点

指定下一个点或 圆弧 (A)/ 放弃 (U)]：@30<0↙

指定下一个点或 [圆弧 (A)/ 放弃 (U)]：@40<90↙

指定下一个点或 [圆弧 (A)/ 闭合 (C)/ 放弃 (U)]：A↙

指定圆弧的端点或 [闭合 (C)/ 方向 (D)/ 直线 (L)/ 第二个点 (S)/ 放弃 (U)]：< 对象捕捉追踪 开 > 单击捕捉追踪到的圆弧端点

指定下一个点或 [圆弧 (A)/ 闭合 (C)/ 放弃 (U)]：C↙

图形绘制结束。

补充知识：

该命令调用后，其显示 [对象 (O)/ 高度 (H)/ 宽度 (W)/ 对正 (J)] 选项中的含义如下。

（1）对象 (O)：指定要转换为实体的对象。

（2）对正 (J)：使用命令定义轮廓时，可以将实体的宽度和高度设置为左对正、右对正或居中。对正方式由轮廓的第一条线段的起始方向决定。

特别提示

(1) 通过多段体建模命令，用户可以将现有直线、二维多线段、圆弧或圆转换为具有矩形轮廓的实体。

(2) 绘制多实体时，可以使用“圆弧”选项将弧线段添加到多实体。

8.4 基本三维实体绘制实例——楔体、三维对齐和三维镜像

任务： 创建如图 8-22 所示实体。

目的： 通过绘制此图形，学习楔体、3D 对齐和 3D 镜像的使用。

具备知识： 长方体建模，对象捕捉命令的应用。

绘图步骤分解：

1．利用长方体建模命令，绘制 60×40×30 底座。

命令：_box

指定第一个角点或 [中心 (C)]：<u>在绘图区域内任意单击一点</u>

指定其他角点或 [立方体 (C)/ 长度 (L)]：<u>@60,-40 ↙</u>

指定高度或 [两点 (2P)] <40.0000>：<u>30 ↙</u>

结果如图 8-23 所示。

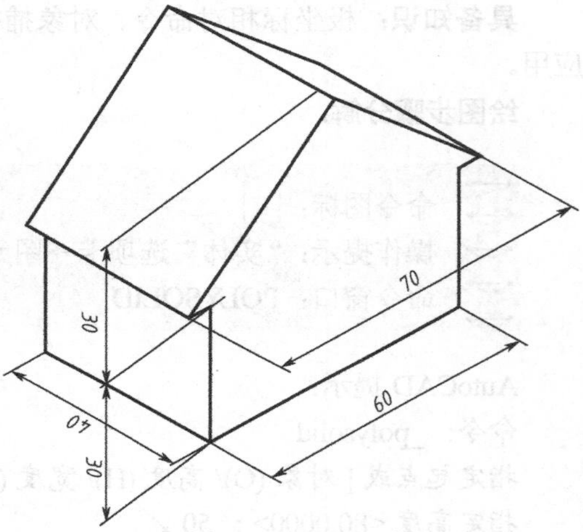

图8-22　三维实体模型

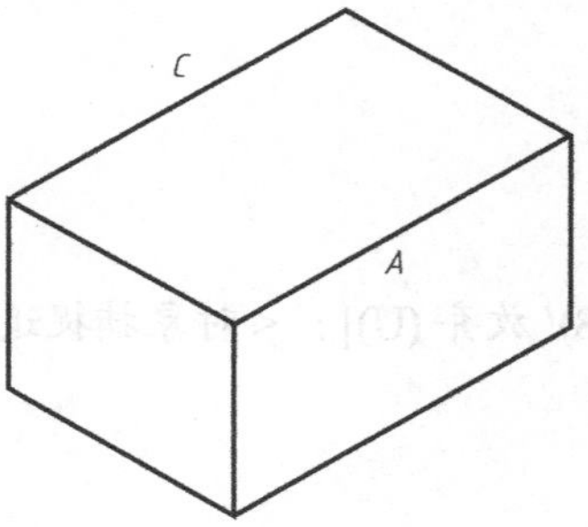

图8-23　绘制长方体

2．绘制右上端楔体。

> 命令图标：
> 操作提示：“实体”选项卡→图元→楔体
> 命令窗口：WEDGE

AutoCAD 提示：

命令：_wedge

指定第一个角点或 [中心 (C)]：<u>在绘图区域内任意单击一点</u>

指定其他角点或 [立方体 (C)/ 长度 (L)]：<u>@35,-40 ↙</u>

指定高度或 [两点 (2P)] <30.0000>：<u>30 ↙</u>

结果如图 8-24 所示。

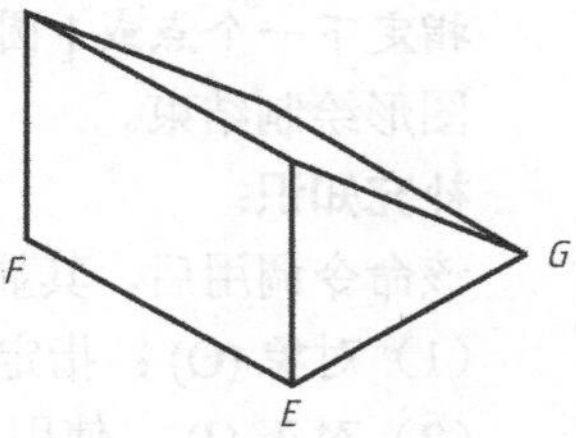

图8-24　绘制楔体

3．利用 3D 对齐命令将楔体放置在长方体右上端，将视图调整为西南轴测图。

命令图标：
操作提示：“常用”选项卡→修改→三维对齐
命令窗口：3DALIGN

AutoCAD 提示：
命令：_3dalign
选择对象：选择楔体 找到 1 个
选择对象：↙
指定源平面和方向 ...
指定基点或 [复制 (C)]：选择楔体 E 点
指定第二个点或 [继续 (C)] <C>：选择楔体 F 点
指定第三个点或 [继续 (C)] <C>：选择楔体 G 点
指定目标平面和方向 ...
指定第一个目标点：选择长方体 *A* 点
//对应楔体 *E* 点
指定第二个目标点或 [退出 (X)] <X>：选择长方体 C 点
//对应楔体 *F* 点
指定第三个目标点或 [退出 (X)] <X>：选择长方体 B 点
//对应楔体 *G* 点
绘图结果如图 8-25 所示。

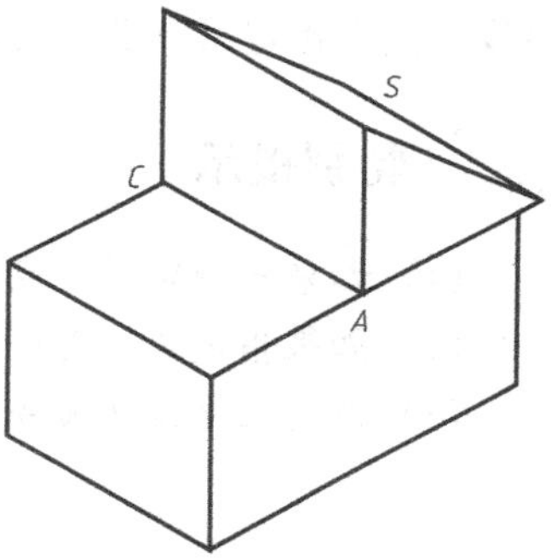

图8-25 三维对齐操作

4．利用 3D 镜像命令绘制长方体左上端的楔体。

命令图标：
操作提示：“常用”选项卡→修改→三维镜像
命令窗口：MIRROR3D

AutoCAD 提示：
命令：_mirror3d
选择对象：选择楔体 找到 1 个
选择对象：↙
指定镜像平面 (三点) 的第一个点或 [对象 (O)/ 最近的 (L)/Z 轴 (Z)/ 视图 (V)/XY 平面 (XY)/YZ 平面 (YZ)/ZX 平面 (ZX)/ 三点 (3)] < 三点 >: 选择楔体 A 点
在镜像平面上指定第二点：选择楔体 C 点
在镜像平面上指定第三点：选择楔体 S 点
是否删除源对象？ [是 (Y)/ 否 (N)] < 否 >: ↙
结果如图 8-26 所示。

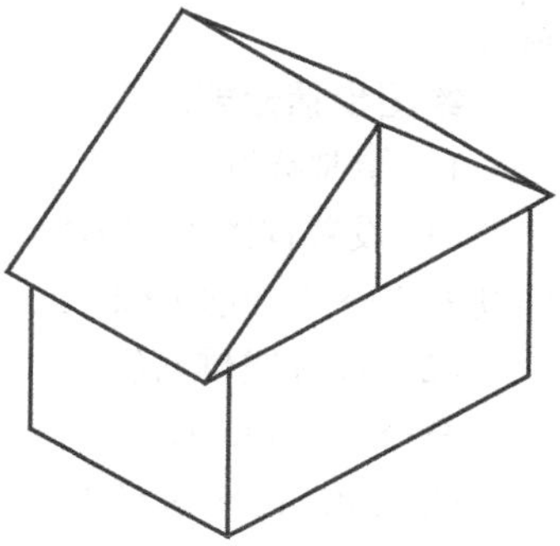
图8-26 三维镜像操作

5．并集运算。调用“并集”命令，选择绘制的三个独立实体，进行并集运算，结果如图 8-22 所示。

补充知识：

三维镜像命令中各选项的含义：

[对象 (O)/ 最近的 (L)/Z 轴 (Z)/ 视图 (V)/XY 平面 (XY)/YZ 平面 (YZ)/ZX 平面 (ZX)/ 三点 (3)]

（1）对象 (O)：选择要被镜像的实体。

（2）最近的 (L)：相对于最后定义的镜像平面对选定的对象进行镜像处理。

（3）Z 轴 (Z)：根据平面上的一个点和平面法线上的一个点定义镜像平面。

（4）视图 (V)：将镜像平面与当前视口中通过指定点的视图平面对齐。

（5）XY 平面 (XY)/YZ 平面 (YZ)/ZX 平面 (ZX)：将镜像平面与一个通过指定点的标准平面（*XY*、*YZ* 或 *ZX*）对齐。

（6）三点 (3)：通过三个点定义镜像平面。如果通过指定点来选择此选项，将不显示“在镜像平面上指定第一点”的提示。

特别提示

（1）如果只指定了一点对齐，则把源对象从第一个源点移动到第一个目标点。

（2）如果指定两个对齐点，则相当于移动、缩放。

（3）调用三维镜像命令时，如果选择对称面，可参考坐标系的图标来确定。

8.5 基本三维实体绘制实例——圆柱体与圆锥体

任务：绘制如图 8-27 所示的实体。

目的：通过绘制此图形，学习圆柱体、圆锥体建模命令的使用。

具备知识：三维镜像、视图和布尔运算。

绘图步骤分解：

1．绘制圆锥。

（1）设置视图方向为“俯视图”和“平面视图”→“当前 UCS”。

（2）设置线框密度。

命令：_isolines

输入 ISOLINES 的新值 <4>:12 ↙

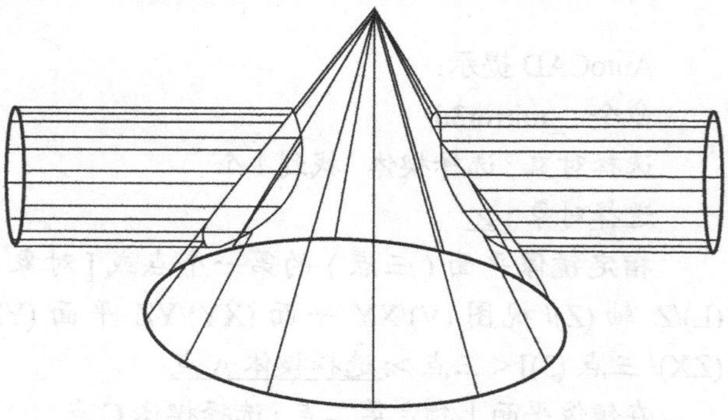

图8-27　三维实体模型

（3）绘制圆锥体。

命令图标：

操作提示：“实体”选项卡→图元→圆锥体

命令窗口：CONE

AutoCAD 提示：

命令：_cone

指定底面的中心点或 [三点 (3P)/ 两点 (2P)/ 相切、相切、半径 (T)/ 椭圆 (E)]: 0,0 ↙

指定底面半径或 [直径 (D)] <11.2331>: 30 ↙

指定高度或 [两点 (2P)/ 轴端点 (A)/ 顶面半径 (T)] <40.0000>: 50 ↙

结果如图 8-28 所示。

2．绘制圆柱。

（1）设置视图方向为“左视图”。

（2）绘制圆柱体。

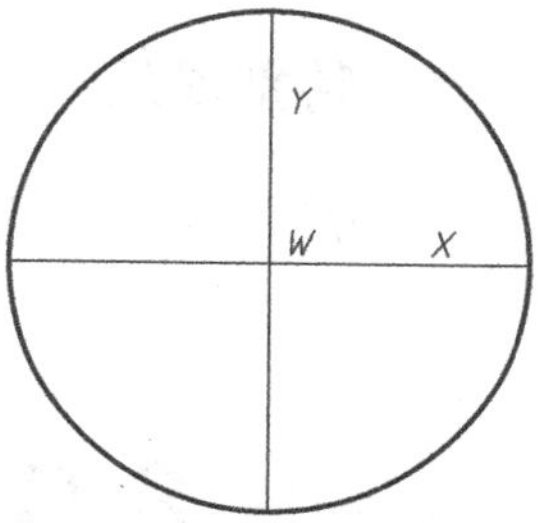

图8-28　绘制圆锥

命令图标：

操作提示：“实体”选项卡→图元→圆柱体

命令窗口：CYLINDER

AutoCAD 提示：

命令：_cylinder

指定底面的中心点或 [三点 (3P)/ 两点 (2P)/ 相切、相切、半径 (T)/ 椭圆 (E)]: 在圆锥轴线上单击

指定底面半径或 [直径 (D)] <30.0000>: 10 ↙

指定高度或 [两点 (2P)/ 轴端点 (A)] <30.0000>: 50 ↙

结果如图 8-29 所示。

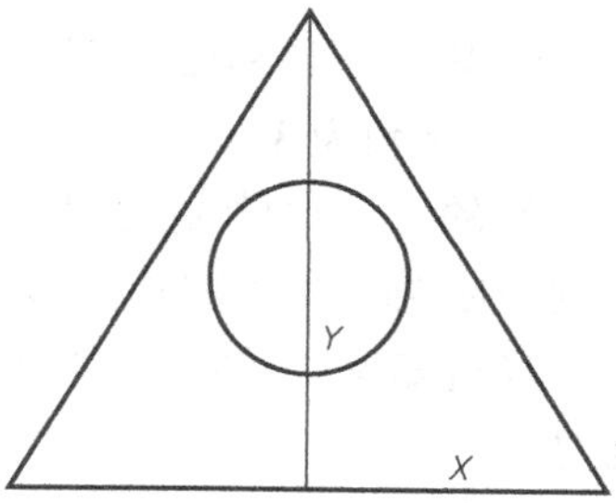

图8-29　绘制圆柱

3．三维镜像操作。

（1）设置视图方向为“东南轴测图”。

（2）三维镜像圆柱体。

命令：_mirror3d

选择对象：选择圆柱体　找到 1 个

选择对象：↙

指定镜像平面 (三点) 的第一个点或 [对象 (O)/ 最近的 (L)/Z 轴 (Z)/ 视图 (V)/XY 平面 (XY)/YZ 平面 (YZ)/ZX 平面 (ZX)/ 三点 (3)] < 三点 >: xy ↙

指定 XY 平面上的点 <0,0,0>:< 对象捕捉 开 > 捕捉到圆柱体与圆锥体接触一端的圆心

是否删除源对象？ [是 (Y)/ 否 (N)] < 否 >: ↙

结果如图 8-30 所示。

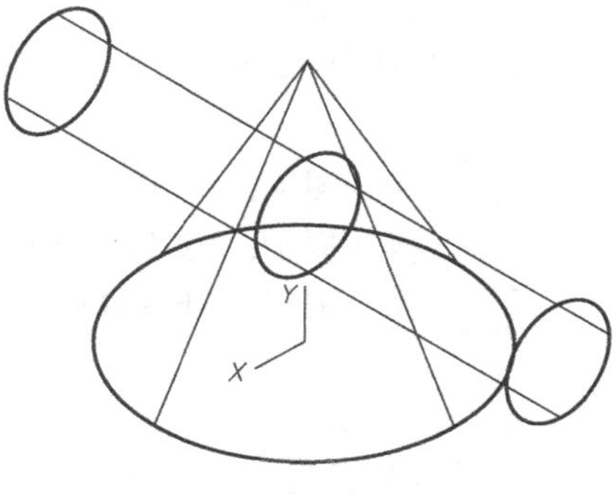

图8-30　三维镜像圆柱体

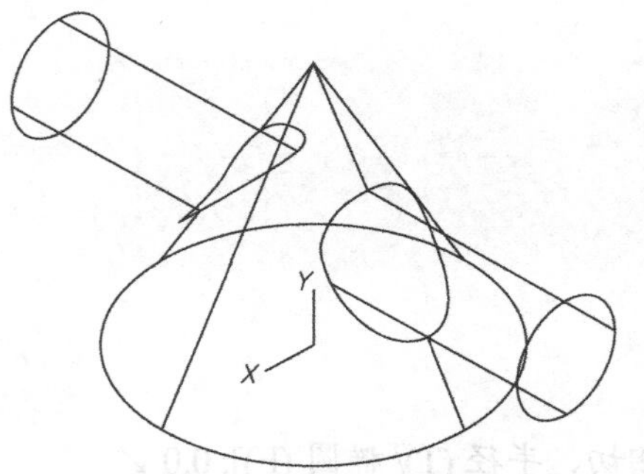

图8-31　并集运算

4．布尔运算。

单击实体编辑工具栏的并集按钮，调用并集命令，绘制完成如图 8-31 所示。

补充知识：

（1）圆柱命令中的选项。

椭圆（E）：绘制截面为椭圆的柱体或锥体。

另一个圆心（C）：根据圆柱体另一个底面的中心位置创建圆柱体，两中心点连线方向为圆柱体的轴线方向。

（2）圆锥命令中的选项。

顶点（A）：根据圆锥体顶点与底面的中心连线方向为圆锥体的轴线方向创建圆锥体。

特别提示

创建这种较规则的实体模型时，最好利用坐标点确定位置，这样操作起来比较方便。

8.6　二维图形创建实体实例——拉伸、3D 阵列、抽壳

任务：绘制 8-32 所示的图形，实体斜度为 5°，倒角为 3。

目的：通过绘制此图形，学习拉伸、3D 阵列和抽壳编辑命令的应用。

具备知识：平面图形的绘制，视图、布尔运算。

绘图步骤分解：

1．绘制 40×40 的矩形。

设置当前视图为“俯视图”。

2．调用拉伸命令。

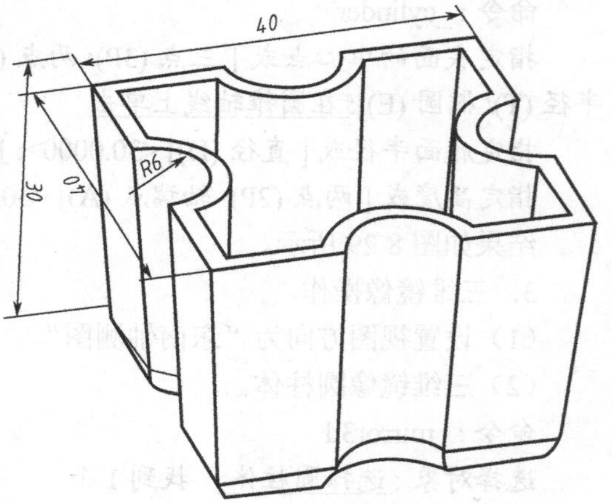

图8-32　三维实体模型

命令图标：

操作提示：“实体”选项卡→实体→拉伸

命令窗口：REGION

命令：_extrude

当前线框密度：ISOLINES=12

选择要拉伸的对象：选择矩形　找到 1 个

选择要拉伸的对象：↙

指定拉伸的高度或 [方向 (D)/ 路径 (P)/ 倾斜角 (T)] <10.0000>：T↙

指定拉伸的倾斜角度 <0>：5↙

指定拉伸的高度或 [方向 (D)/ 路径 (P)/ 倾斜角 (T)] <10.0000>：-30↙

结果如图 8-33 所示。

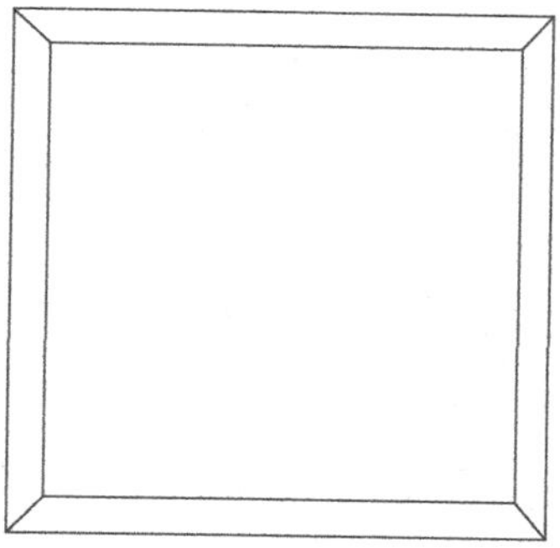

图8-33　矩形拉伸

3．调用圆命令。

在当前俯视图模式下，使用对象捕捉模式，以矩形一边的中点为圆心，绘制半径为 6 的圆，并调用拉伸命令，拉伸圆柱（倾斜角为 0）。如图 8-34 所示。

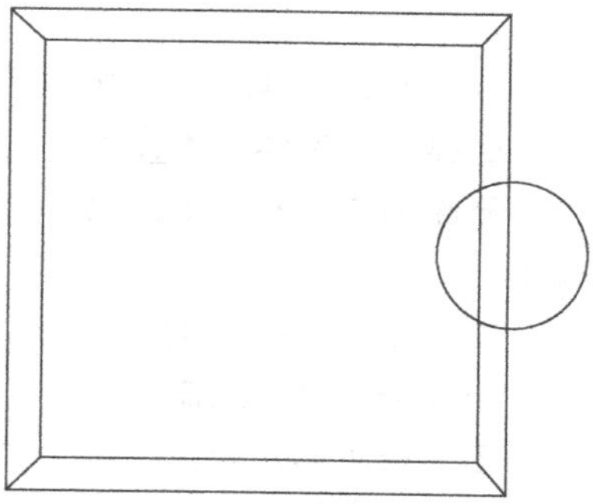

图8-34　圆拉伸

4．调用三维阵列命令编辑图形。

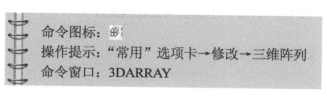

> 命令图标：
> 操作提示："常用"选项卡→修改→三维阵列
> 命令窗口：3DARRAY

（1）将视图设置为"西南轴测视图"。

（2）调用直线命令，连接拉伸后的长方体，以便找长方体的几何中心，如图 8-35 所示。

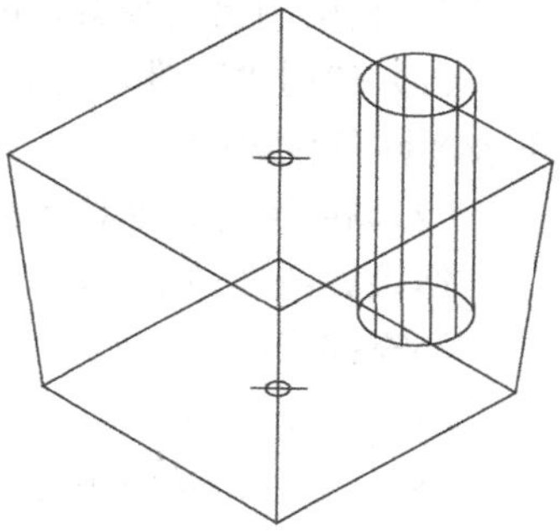

图8-35　连接对角线

（3）调用三维阵列命令编辑图形。

AutoCAD 提示：

命令：_3darray

选择对象：选择拉伸的圆柱　找到 1 个

选择对象：↙

输入阵列类型 [矩形 (R)/ 环形 (P)] < 矩形 >：P↙

输入阵列中的项目数目：4↙

指定要填充的角度 (+= 逆时针 , -= 顺时针) <360>：↙

旋转阵列对象？ [是 (Y)/ 否 (N)] <Y>：↙

指定阵列的中心点：单击长方体上表面上的几何中点

指定旋转轴上的第二点：单击长方体下表面上的几何中点

结果如图 8-36 所示。

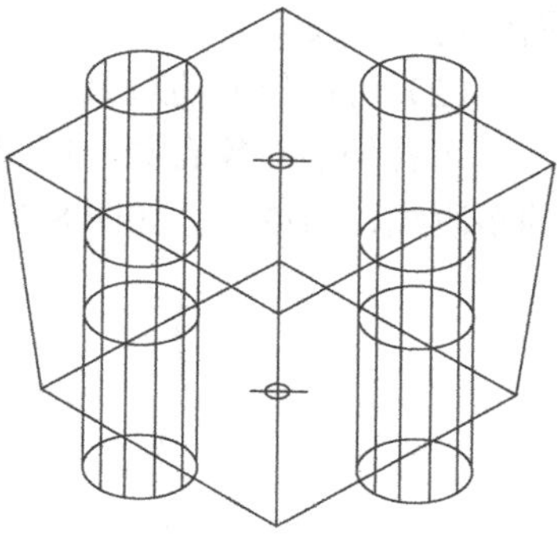

图8-36　阵列命令操作

5．使用布尔运算中的"差集运算"。

使用布尔运算中的"差集运算"编辑图 8-36 所示的图形，结果如图 8-37 所示。

6．使用抽壳命令编辑图形。

（1）使用"三维动态观察器"将图形的调整到能够编辑上表面的角度。

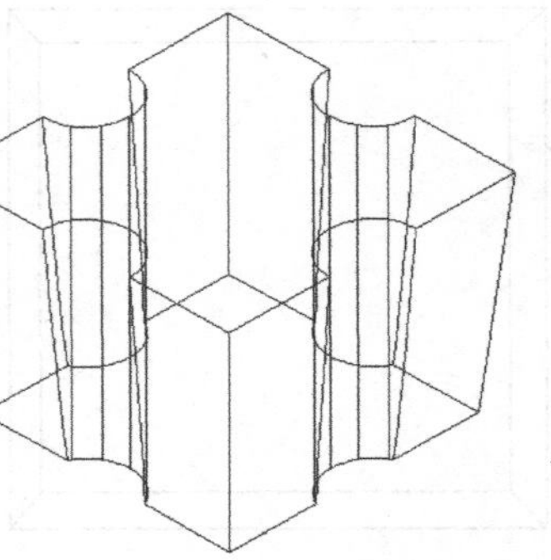

图8-37　差集运算

（2）使用抽壳命令编辑图形。

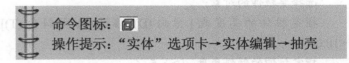

> 命令图标：
> 操作提示：“实体”选项卡→实体编辑→抽壳

AutoCAD 提示：

命令：_solidedit

实体编辑自动检查：SOLIDCHECK=1

输入实体编辑选项 [面 (F)/ 边 (E)/ 体 (B)/ 放弃 (U)/ 退出 (X)] < 退出 >：_body

输入体编辑选项

[压印 (I)/ 分割实体 (P)/ 抽壳 (S)/ 清除 (L)/ 检查 (C)/ 放弃 (U)/ 退出 (X)] < 退出 >：_shell

选择三维实体：单击图 8-37 的实体

删除面或 [放弃 (U)/ 添加 (A)/ 全部 (ALL)]：单击被抽壳的上表面 找到一个面，已删除 1 个。

删除面或 [放弃 (U)/ 添加 (A)/ 全部 (ALL)]：↙

输入抽壳偏移距离：3↙

已开始实体校验。

已完成实体校验。

结果如图 8-38 所示。

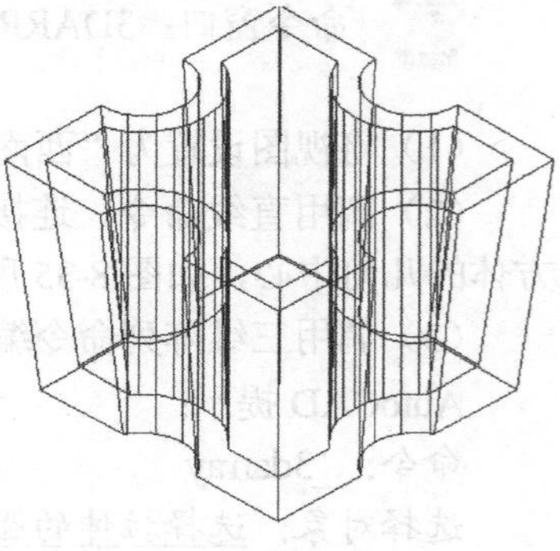

图8-38　抽壳

7．利用倒角命令编辑图形。

（1）使用“三维动态观察器”将图形的调整到能够编辑下表面四条棱边的角度。

（2）调用倒角命令对下表面四条棱边进行倒角，半径为 3。

结果如图 8-32 所示。

补充知识：

（1）命令选项。

路径（P）：选择基于指定曲线对象的拉伸路径。路径将移动到轮廓的质心。然后沿选定路径拉伸选定对象的轮廓以创建实体或曲面。可以为路径的对象有：直线、圆、圆弧、椭圆、椭圆弧、二维多段线、三维多段线、二维样条曲线、三维样条曲线、实体的边、曲面的边、螺旋。

（2）可以拉伸的对象。

可拉伸的对象有圆、椭圆、正多边形、用矩形命令绘制的矩形、封闭的样条曲线、封闭的多段线、面域等。如图 8-39 所示，圆为拉伸对象，样条曲线为路径。

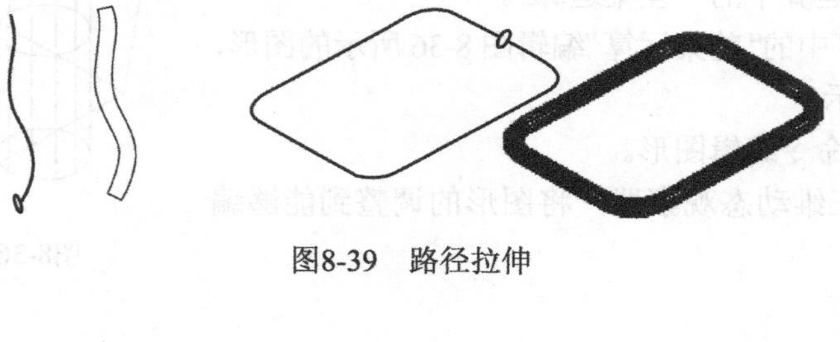

图8-39　路径拉伸

（3）如果路径包含不相切的线段，那么程序将沿每个线段拉伸对象，然后沿线段形成的角平分面斜接接头。如果路径是封闭的，对象应位于斜接面上。这允许实体的起始截面和终止截面相互匹配。如果对象不在斜接面上，将旋转对象直到其位于斜接面上。

特别提示

（1）可以通过按住“Ctrl”键后选择这些子对象来选择实体上的面和边。

（2）路径不能与对象处于同一平面，也不能具有高曲率的部分。

（3）将拉伸具有多个环的对象，以便所有环都显示在拉伸实体终止截面这一相同平面上。

（4）含有宽度的多段线在拉伸时宽度被忽略，沿线宽中心拉伸。含有厚度的对象，拉伸时厚度被忽略。

（5）拉伸对象时，如果对象是通过基本元素（圆、直线、多边形等）直接构成的，则不用构造面域直接拉伸；如果拉伸的对象是通过修改基本元素构造的封闭图形，则必须构造面域，否则拉伸出来的是曲面，如图 8-40 所示。

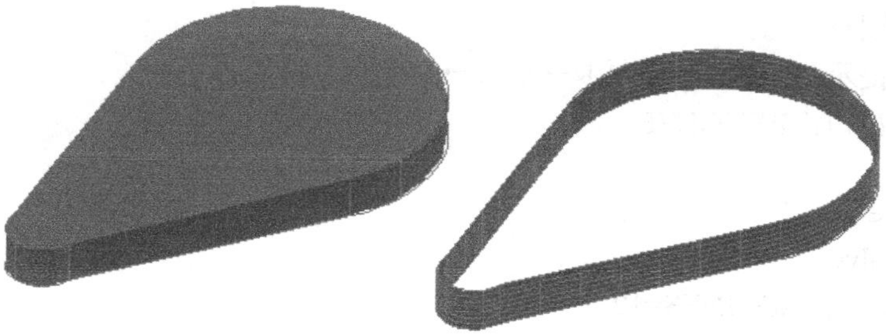

（a）构造面域　　（b）未构造面域

图8-40　拉伸

8.7　二维图形创建实体实例——旋转

任务：将图 8-41 所示的手柄二维图形进行 3D 建模。

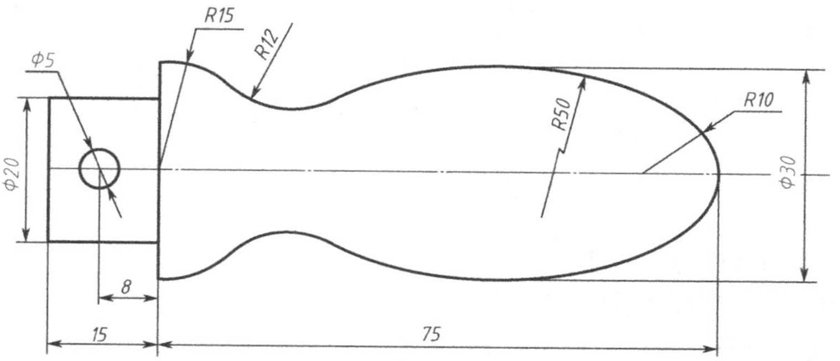

图8-41　3D建模

目的：通过绘制此图形，学习旋转建模的用法。

具备知识：平面图形的基本绘制，拉伸，布尔运算。

绘图步骤分解：

1．新建一张图，视图方向调整到主视图方向，利用直线、圆绘制命令及偏移、修剪修改命令绘制如图 8-42 所示的平面图形。

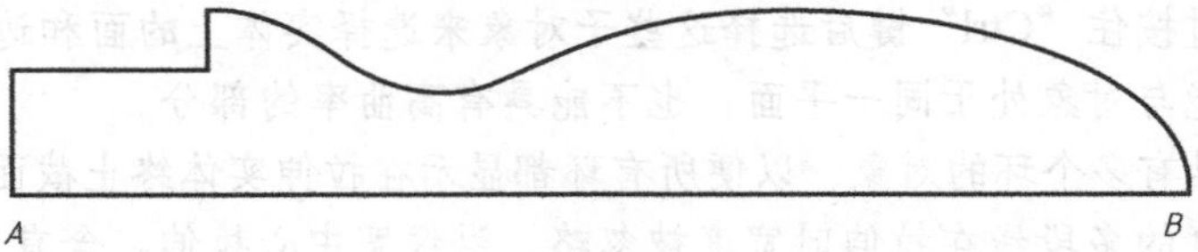

图8-42　平面面形

2．调用面域命令创建面域。

3．旋转生成实体。

命令图标：

操作提示："实体"选项卡→实体→旋转

命令窗口：REVOLVE

AutoCAD 提示：

命令：_revolve

当前线框密度：ISOLINES=12

选择要旋转的对象：<u>选择封闭线框</u>　找到 1 个

选择要旋转的对象：↙

指定轴起点或根据以下选项之一定义轴 [对象 (O)/X/Y/Z] < 对象 >：<u>选择端点 A↙</u>

指定轴端点：<u>选择端点 A↙</u>

指定旋转角度或 [起点角度 (ST)] <360>：↙

结果如图 8-43 所示。

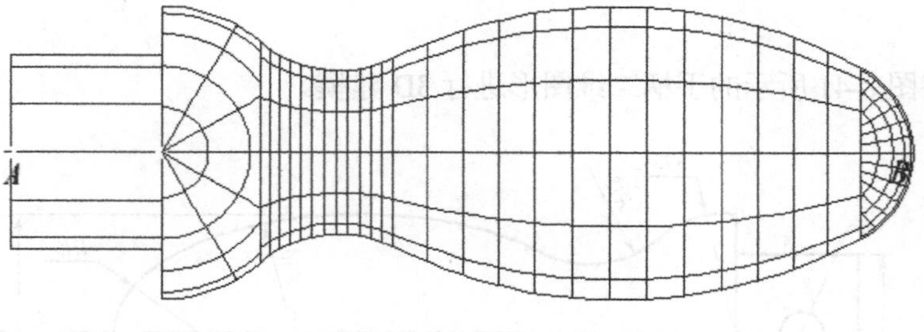

图8-43　旋转实体

4．在左端绘制直径为 5 的通孔。

（1）视图不变，在指定位置绘制直径为 5 的圆。

（2）利用拉伸命令拉伸一个高度为 15 的圆柱。

（3）设置视图为"西南轴测视图"，如图 8-44 所示。

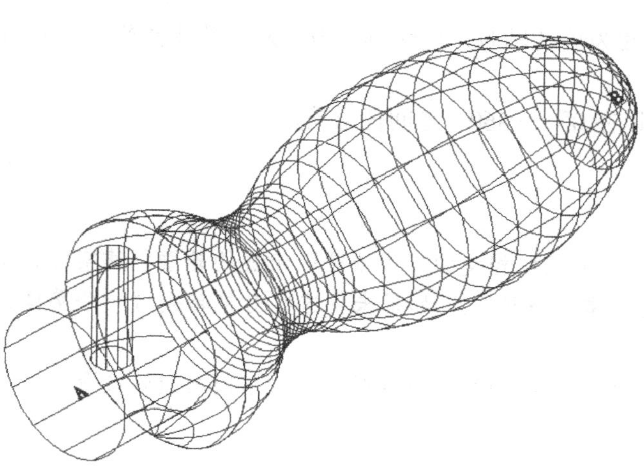

图8-44　圆拉伸

5．利用三维镜像命令编辑拉伸的圆柱实体，如图 8-45 所示。

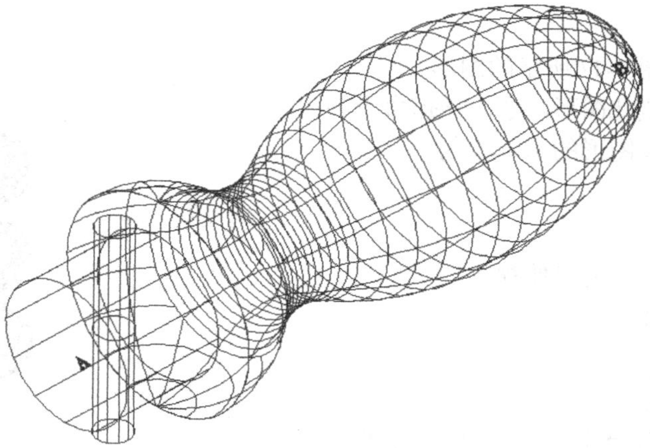

图8-45　镜像拉伸的圆柱体

6．利用布尔运算中的“差集运算”编辑图 8-45 所示的实体，并选择“视图”选项卡中的视觉样式，将“二维线框”修改为“概念”，结果如图 8-46 所示。

补充知识：

（1）命令选项。

① 定义轴依照：捕捉两个端点指定旋转轴，旋转轴方向从先捕捉点指向后捕捉点。

② 对象（O）：选择一条已有的直线作为旋转轴。

③ X 轴或 Y 轴：选择绕 *X* 轴或 *Y* 轴旋转。

（2）旋转方向。

① 捕捉两个端点指定旋转轴时，旋转轴方向从先捕捉点指向后捕捉点。

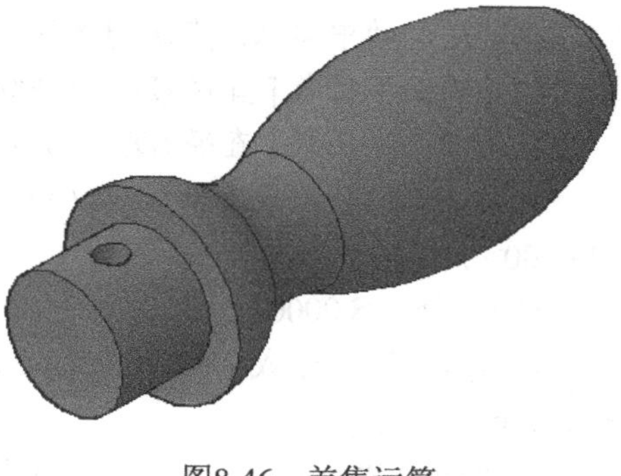

图8-46　差集运算

② 旋转已知直线为旋转轴时，旋转轴的方向从直线距离坐标原点较近的一端指向较远的一端。

③ 旋转角度可以在 0° ～ 360° 之间任意指定。

特别提示

(1) 如果要使用与多段线相交的直线或圆弧组成的轮廓创建实体，请在使用旋转前使用“面域”选项将它们创建一个整体。如果未将这些对象转换为一个整体，则旋转它们时将创建曲面。

(2) 无法对包含相交线段的块或多段线内的对象使用旋转命令。

8.8 二维图形创建实体实例——螺旋线、扫掠

任务： 绘制如图 8-47 所示的图形。

目的： 通过绘制此图形，学习扫掠命令的用法。

具备知识： 平面图形的基本绘制。

绘图步骤分解：

1．绘制螺旋线。

（1）设置当前视图为“俯视图”。

（2）绘制螺旋线。

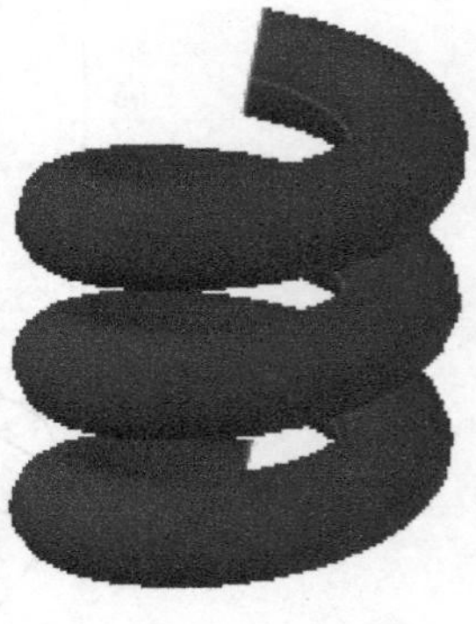

图8-47　三维实体

命令图标：

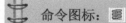

操作提示：“常用”选项卡→绘图→螺旋

命令窗口：HELIX

AutoCAD 提示：

命令：_Helix

圈数 = 8.0000　扭曲 =CCW

指定底面的中心点：在绘图区任单击一点

指定底面半径或 [直径 (D)] <1.0000>：10 ↙

指定顶面半径或 [直径 (D)] <10.0000>：10 ↙

指定螺旋高度或 [轴端点 (A)/ 圈数 (T)/ 圈高 (H)/ 扭曲 (W)] <1.0000>：T ↙

输入圈数 <8.0000>：3 ↙

指定螺旋高度或 [轴端点 (A)/ 圈数 (T)/ 圈高 (H)/ 扭曲 (W)] <1.0000>：20 ↙

在“西南轴测视图”下，结果如图 8-48 所示。

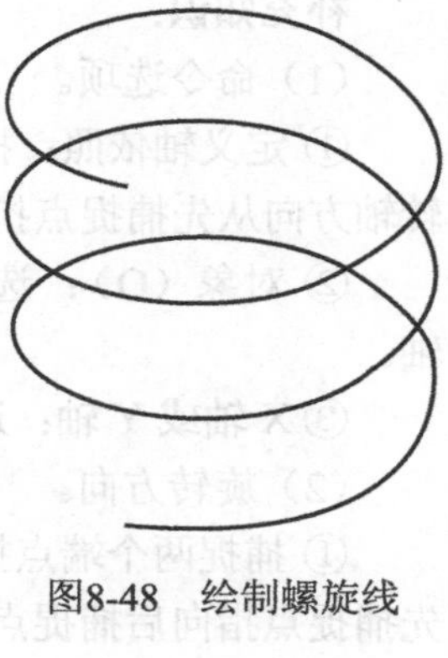

图8-48　绘制螺旋线

2．绘制圆。

（1）将视图设置为“左视图”。

（2）打开对象捕捉，在螺旋线下端点绘制圆，如图 8-44 所示。

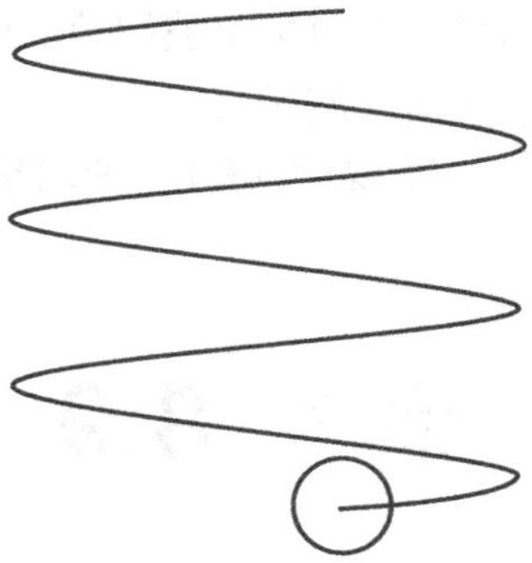

图8-49　绘制圆

3．创建扫描体。

命令图标：

操作提示：“常用”选项卡→实体→扫掠

命令窗口：SWEEP

AutoCAD 提示：

命令：_sweep

当前线框密度：ISOLINES=12

选择要扫掠的对象：选择圆 找到 1 个

选择要扫掠的对象：↙

选择扫掠路径或 [对齐 (A)/ 基点 (B)/ 比例 (S)/ 扭曲 (T)]：选择螺旋线

结果如图 8-47 所示。

补充知识：

（1）有关螺旋线的补充知识。

① 顶面半径的默认值始终是底面半径的值；底面半径和顶面半径设置可以不同，但不能都设置为 0，如图 8-50 所示。

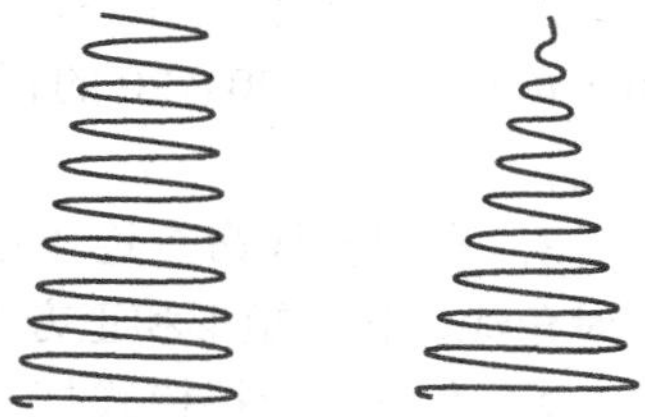

（a）顶面半径小　（b）顶面半径为0

图8-50　螺旋线样式

② 有关螺旋线命令中选项的补充。

轴端点（A）：指定螺旋轴的端点位置。轴端点定义了螺旋的长度和方向。

圈数 (T)：指定螺旋的圈（旋转）数。螺旋的圈数不能超过 500，其默认值为 3。绘制图形时，圈数的默认值始终是先前输入的圈数值。

圈高 (H)：指定螺旋内一个完整圈的高度。当指定圈高值时，螺旋中的圈数将相应地自动更新。如果已指定螺旋的圈数，则不能输入圈高的值。

扭曲 (W)：指定以顺时针（CW）方向还是逆时针方向（CCW）绘制螺旋。螺旋扭曲的默认值是逆时针。

（2）有关扫掠的补充知识。

① 对齐 (A)：指定是否对齐轮廓以使其作为扫掠路径切向的法向。默认情况下，轮廓是对齐的。如果轮廓曲线不垂直于（法线指向）路径曲线起点的切向，则轮廓曲线将自动对齐。

② 基点 (B)：指定要扫掠对象的基点。如果指定的点不在选定对象所在的平面上，则该点将被投影到该平面上。

③ 比例 (S)：指定比例因子以进行扫掠操作。从扫掠路径的开始到结束，比例因子将统一应用到扫掠的对象。

④ 扭曲 (T)：设置正被扫掠的对象的扭曲角度。扭曲角度指定沿扫掠路径全部长度的旋

转量。倾斜指定被扫掠的曲线是否沿三维扫掠路径（三维多线段、三维样条曲线或螺旋）自然倾斜（旋转）。

⑤ 参照（R）：通过拾取点或输入值来根据参照的长度缩放选定的对象。

8.9 二维图形创建实体实例——放样

任务：绘制如图 8-51 所示的图形。

目的：通过绘制此图形，学习放样命令的用法。

具备知识：平面图形的基本绘制，对象捕捉的应用。

绘图步骤分解：

1. 设置视图为“俯视图”。

2. 绘制放样实体所需的横截面图形，60×40 的矩形，20×20 的正方形和半径为 20 的圆。

3. 利用直线命令连接矩形和正方形的一个对角线，找到矩形和正方形的几何中心。

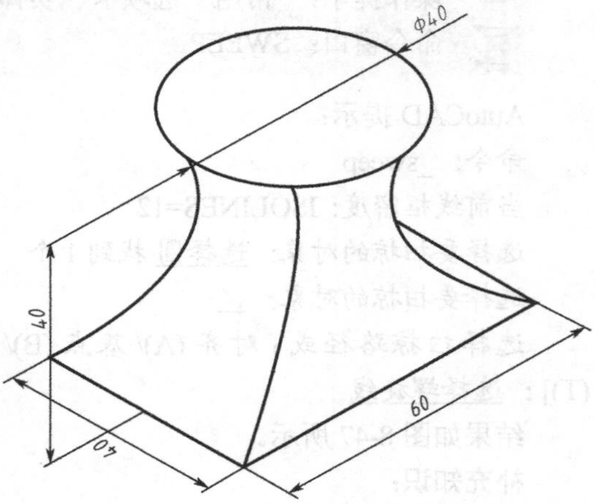

图8-51　三维实体模型

4. 在对象捕捉模式打开的前提下，利用移动命令（MOVE），移动 60×40 的矩形的几何中心到坐标（0，0，0）点；移动 20×20 的正方形的几何中心到坐标（0，0，20）点；移动半径为 20 的圆的圆心到坐标（0，0，40）点。在“西南轴测视图”模式下如图 8-52 所示。

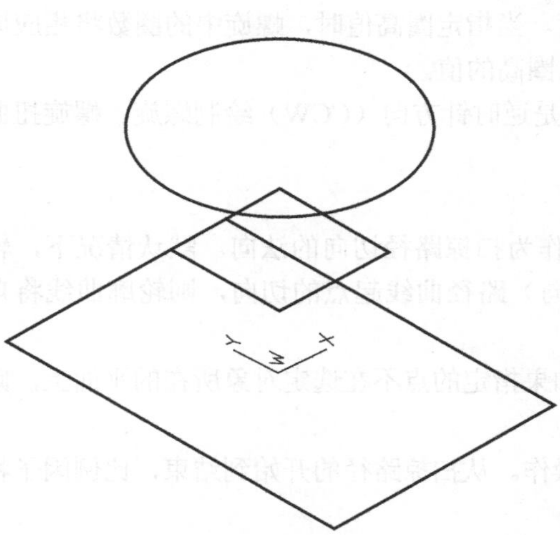

图8-52　绘制轴截面

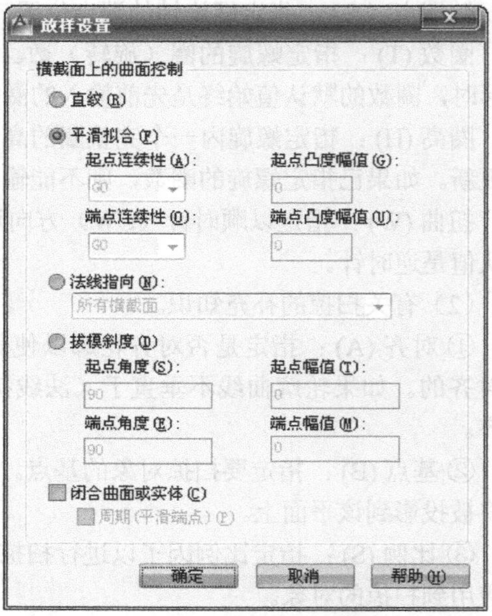

图8-53　“放样设置”对话框

5．利用放样命令创建实体。

命令图标：
操作提示："实体"选项卡→实体→放样
命令窗口：LOFT

AutoCAD 提示：
命令：_loft
按放样次序选择横截面或 [点 (PO)/ 合并多条边 (J)/ 模式 (MO)]：选择矩形 找到 1 个
按放样次序选择横截面或 [点 (PO)/ 合并多条边 (J)/ 模式 (MO)]：选择正方形 找到 1 个，总计 2 个
按放样次序选择横截面或 [点 (PO)/ 合并多条边 (J)/ 模式 (MO)]：选择圆 找到 1 个，总计 3 个
按放样次序选择横截面：↙
输入选项 [导向 (G)/ 路径 (P)/ 仅横截面 (C)] < 仅横截面 >：↙
选择"视图"选项卡，"视觉样式"功能区中，设置为"隐藏"，结果如图 8-51 所示。

补充知识：

（1）使用放样命令，可以通过指定一系列横截面来创建新的实体或曲面。横截面用于定义结果实体或曲面的截面轮廓（形状）。

（2）如果放样轴截面为修剪绘制图形，必须创建面域后才能进行放样建模命令。

（3）命令各选项含义如下。

① 导向 (G)：指定控制放样实体或曲面形状的导向曲线。导向曲线是直线或曲线，可通过将其他线框信息添加至对象来进一步定义实体或曲面的形状。可以使用导向曲线来控制点如何匹配相应的横截面以防止出现不希望看到的效果（例如结果实体或曲面中的皱褶）。

每条导向曲线必须满足以下条件才能正常工作：

a．与每个横截面相交；

b．从第一个横截面开始；

c．到最后一个横截面结束 。

② 路径 (P)：指定放样实体或曲面的单一路径。径曲线必须与横截面的所有平面相交。如图 8-54 所示。

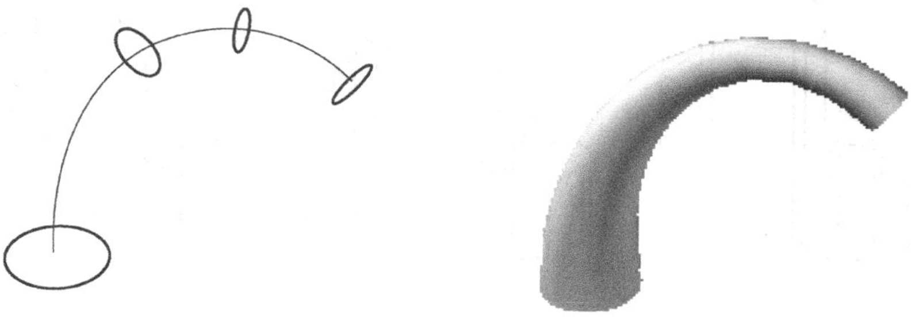

图8-54 沿路径放样实体

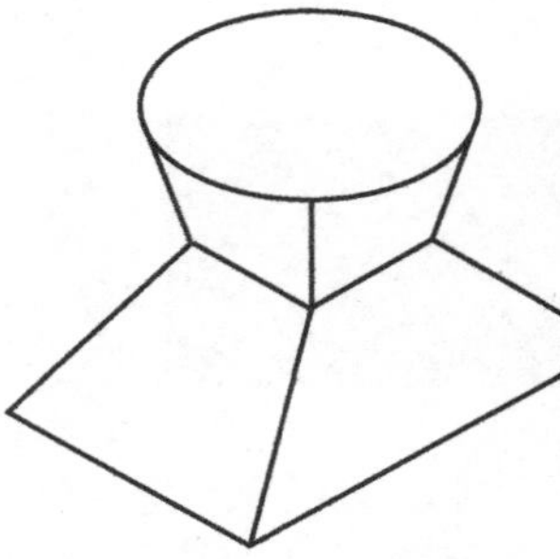

图8-55 直纹放样

(4)"放样设置"对话框中的选项含义。

① 直纹：指定实体或曲面在横截面之间是直纹（直的），并且在横截面处具有鲜明边界。如图 8-55 所示。

② 平滑拟合：指定在横截面之间绘制平滑实体或曲面，并且在起点和终点横截面处具有鲜明边界。

③ 法线指向：控制实体或曲面在其通过横截面处的曲面法线。

a. 起点横截面：指定曲面法线为起点横截面的法向；

b. 终点横截面：指定曲面法线为端点横截面的法向；

c. 起点和终点横截面：指定曲面法线为起点和终点横截面的法向；

d. 所有横截面：指定曲面法线为所有横截面的法向。

④ 拔模斜度：控制放样实体或曲面的第一个和最后一个横截面的拔模斜度和幅值。拔模斜度为曲面的开始方向。0 定义为从曲线所在平面向外，介于 1 和 180 之间的值表示向内指向实体或曲面，介于 181 和 359 之间的值表示从实体或曲面向外，如图 8-56 所示。

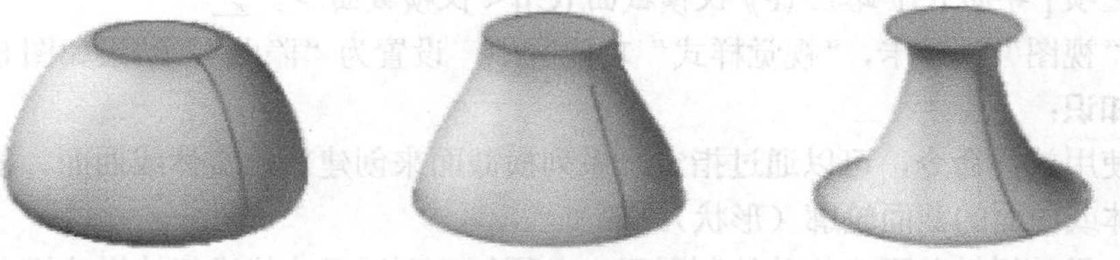

（a）拔模斜度设置为0　（b）拔模斜度设置为90　（c）拔模斜度设置为180

图8-56 放样拔模斜度

⑤ 闭合曲面或实体：闭合和开放曲面或实体。使用该选项时，横截面应该形成圆环形图案，以便放样曲面或实体可以形成闭合的圆管。

⑥ 预览更改：将当前设置应用到放样实体或曲面，然后在绘图区域中显示预览。

8.10 编辑实体实例——剖切、切割

任务：绘制如图 8-57 所示的实体模型和断面图形。

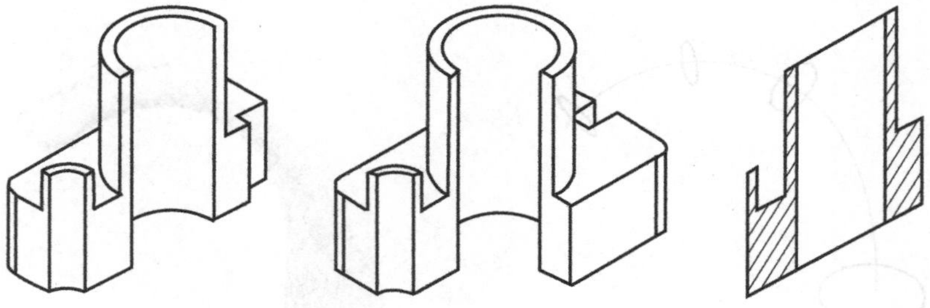

(a)　(b)　(c)

图8-57 轴承座

目的：通过绘制此图形，学习剖切命令、切割命令的用法。

具备知识：平面图形的基本绘制，视图、拉伸、布尔运算。

绘图步骤分解：

1．绘制底板实体。

（1）按图 8-58 所示尺寸绘制外形轮廓。

（2）创建面域。调用面域命令，选择所有图形，生成两个面域。

（3）绘制半圆形开口槽所需圆弧及直线封闭线段，并创建该图形面域。

（4）拉伸面域。单击实体工具栏中的“拉伸”按钮，调用拉伸命令，先将底座外轮廓拉伸高度为 20；再选择圆形开口槽轮廓，将其拉伸高度为 30；选择中间两个圆，将其拉伸高度为 50。

（5）布尔运算。调用布尔运算中的“并集”运算，选择高度为高度为 20 的底座、30 的半圆开口槽、50 的外圆柱体，将其“合并”于一体；再调用“差集”运算，选择底座，回车后，再选择高度为高度为 50 的内圆柱体。结果如图 8-59 所示。

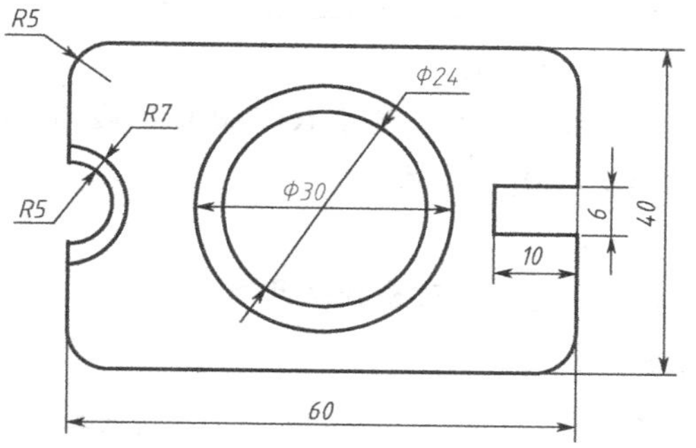

图8-58　平面图形

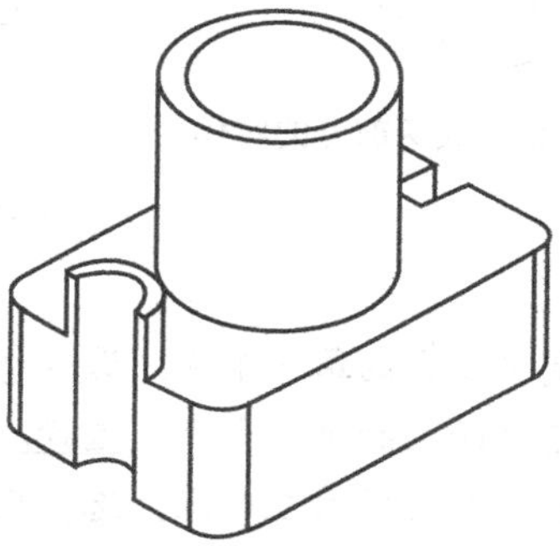

图8-59　三维实体

2．创建全剖实体模型。

调用剖切命令：

命令图标：

操作提示：“实体”选项卡→实体编辑→剖切

命令窗口：SLICE

AutoCAD 提示：

命令：_slice

选择要剖切的对象：<u>选择实体模型</u>　找到 1 个

选择要剖切的对象：↙

指定切面的起点或 [平面对象 (O)/ 曲面 (S)/Z 轴 (Z)/ 视图 (V)/XY/YZ/ZX/ 三点 (3)] ＜三点＞：

↙

指定平面上的第一个点：<u>选择左侧圆形开口槽上圆象限点 A</u>　＜对象捕捉 开＞

指定平面上的第二个点：选择圆筒上表面圆心 B

指定平面上的第三个点：选择右侧矩形开口槽上中心点 C

在所需的侧面上指定点或 [保留两个侧面 (B)] < 保留两个侧面 >：在实体的后上方单击

结果如图 8-57（a）所示。

3．创建半剖实体模型。

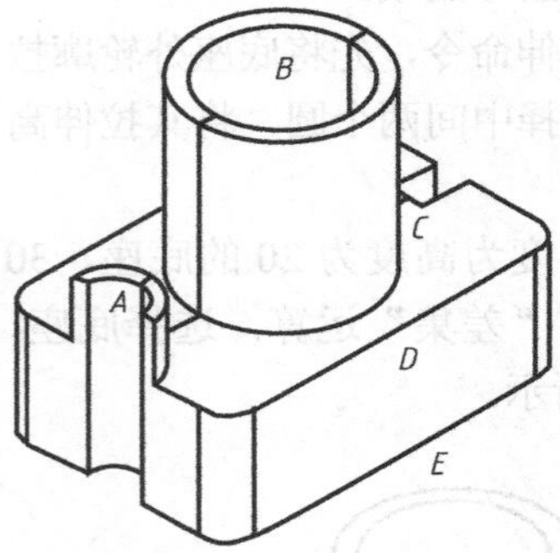

图8-60　切割成两部分的实体

（1）选择前面复制的完整轴座实体，重复剖切过程，当系统提示：“在要保留的一侧指定点或 [保留两侧 (B)]：”时，选择“B”选项，则剖切的实体两侧全保留。结果如图 8-60 所示，虽然看似一个实体，但已经分成前后两部分，并且在两部分中间过 ABC 已经产生一个分界面。

（2）将前部分左右剖切。再调用“剖切”命令：

命令：_slice

选择要剖切的对象：选择前部分实体　找到 1 个

选择要剖切的对象：↙

指定切面的起点或 [平面对象 (O)/ 曲面 (S)/Z 轴 (Z)/ 视图 (V)/XY/YZ/ZX/ 三点 (3)] < 三点 >：↙

指定平面上的第一个点：选择圆筒上表面圆心 B　< 对象捕捉开 >

指定平面上的第二个点：选择底座边中心点 D

指定平面上的第三个点：选择底座边中心点 E

在所需的侧面上指定点或 [保留两个侧面 (B)] < 保留两个侧面 >：在前部分实体的右方单击

结果如图 8-61 所示。

（3）合并。调用“并集”运算命令，选择两部分实体，将剖切后得到的两部分合并成一体，结果如图 8-57（b）所示。

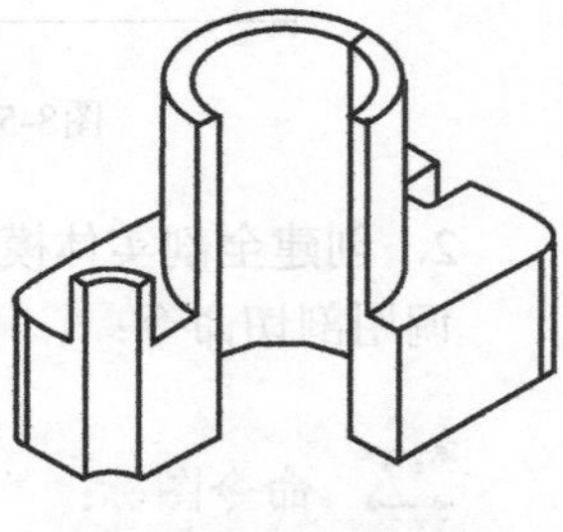
图8-61　半剖的实体

4．创建断面图。

选择备用的完整实体操作。

（1）调用切割命令。

命令窗口：SECTION

命令：section

选择对象：选择实体 找到 1 个

选择对象：↙

指定截面上的第一个点，依照 [对象 (O)/Z 轴 (Z)/ 视图 (V)/XY/YZ/ZX/ 三点 (3)] < 三点 >：< 对象捕捉开 > 选择左侧圆形开口槽上圆象限点 A

指定平面上的第二个点：选择圆筒上表面圆心 B

指定平面上的第三个点：选择右侧矩形开口槽上中心点 C

结果如图 8-62 所示（在线框模式下）

（2）移出移动命令，选择图 8-62 中的切割面，移动到图形外，如图 8-63 所示。

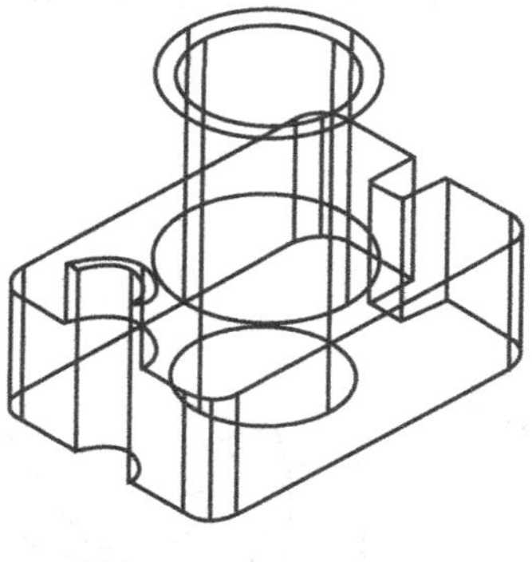

图8-62 切割实体

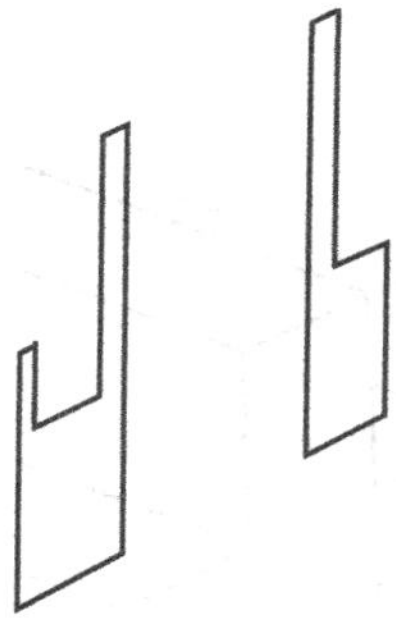

图8-63 移出截面

（3）连接图线。调用直线命令，连接上下缺口。

（4）填充图形。调用填充命令，选择两侧面闭合区域填充，结果如图 8-57（c）所示。

补充知识：

（1）可以保留剖切实体的所有部分，或者保留指定的部分。剖切实体保留原实体的图层和颜色特性。然而，生成的实体为不保留创建这些实体的原始形式的历史记录。

（2）调用“剖切”→“曲面”选项时，不能选择使用 EDGESURF、REVSURF、RULESURF 和 TABSURF 命令创建的网格。

（3）命令中的选项介绍如下。

① 平面对象 (O)：将剪切面与圆、椭圆、圆弧、椭圆弧、二维样条曲线或二维多段线对齐。

② 曲面（S）：将剪切平面与曲面对齐。

③ Z 轴 (Z)：通过平面上指定一点和在平面的 *Z* 轴（法向）上指定另一点来定义剪切平面。

④ 视图 (V)：将剪切平面与当前视口的视图平面对齐。指定一点定义剪切平面的位置。

⑤ XY/YZ/ZX：将剪切平面与当前用户坐标系（UCS）的 *XY*/*YZ*/*ZX* 平面对齐。指定一点定义剪切平面的位置。

⑥ 三点 (3)：用三点定义剪切平面。

⑦ 所需侧面上的点：定义一点从而确定图形将保留剖切实体的哪一侧。该点不能位于剪切平面上。

⑧ 保留两侧：剖切实体的两侧均保留。把单个实体剖切为两块，从而在平面的两边各创建一个实体。对于每个选定的实体，SLICE 决不会创建超过两个的新复合实体。

8.11 编辑实体的面——拉伸面

任务：将图 8-64（a）所示的实体模型修改成图 8-64（b）所示的图形。

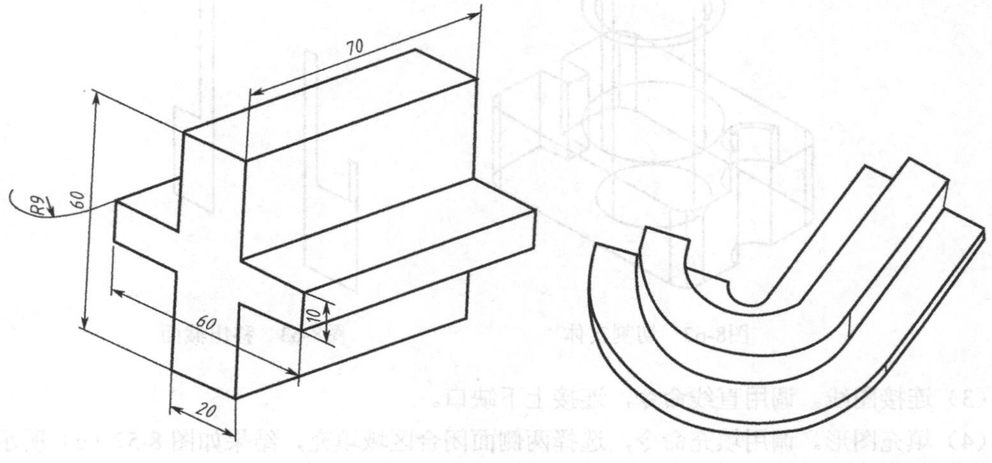

（a）　　　　（b）

图8-64 十字钢

目的：通过绘制此图形，学习拉伸面命令的用法。

具备知识：UCS、视图、拉伸。

绘图步骤分解：

1．创建如图 8-64（a）所示实体。

新建一张图纸，调整到主视图方向，调用“多段线”命令，按图示尺寸绘制“工”字型断面，再选择“实体工具栏”上的“拉伸”命令，视图方向调至西南等轴测方向，创建如图 8-64（a）所示实体。

2．拉伸面。

（1）绘制路径。将坐标系的 *XY* 平面调整到底面上，坐标轴方向与“工”字钢棱线平行，调用“多段线”命令，绘制拉伸路径线。

（2）拉伸面。调用拉伸面命令：

命令图标：

操作提示：“实体”选项卡→实体编辑→拉伸面

AutoCAD 提示：

命令：_solidedit

实体编辑自动检查：SOLIDCHECK=1

输入实体编辑选项 [面 (F)/ 边 (E)/ 体 (B)/ 放弃 (U)/ 退出 (X)] < 退出 >：_face

输入面编辑选项 [拉伸 (E)/ 移动 (M)/ 旋转 (R)/ 偏移 (O)/ 倾斜 (T)/ 删除 (D)/ 复制 (C)/ 颜

色 (L)/ 材质 (A)/ 放弃 (U)/ 退出 (X)] < 退出 >： _extrude

选择面或 [放弃 (U)/ 删除 (R)]： 选择十字钢前端面 找到一个面。

选择面或 [放弃 (U)/ 删除 (R)/ 全部 (ALL)]： ↙

指定拉伸高度或 [路径 (P)]： p↙

选择拉伸路径： 在路径线上单击

已开始实体校验。

已完成实体校验。

结果如图 8-64（b）所示实体。

特别提示

(1) 命令选项中“指定拉伸高度的使用方法同“拉伸”命令中的“指定拉伸高度”选项是相同的，这里不再叙述。

(2) 选择面时常常会把一些不需要的面选择上，此时应选择“删除”选项删除多选择的面。

8.12 编辑实体的面——移动面、旋转面、倾斜面

任务：将图 8-65（a）所示的实体模型修改成 8-65（b）所示的图形。

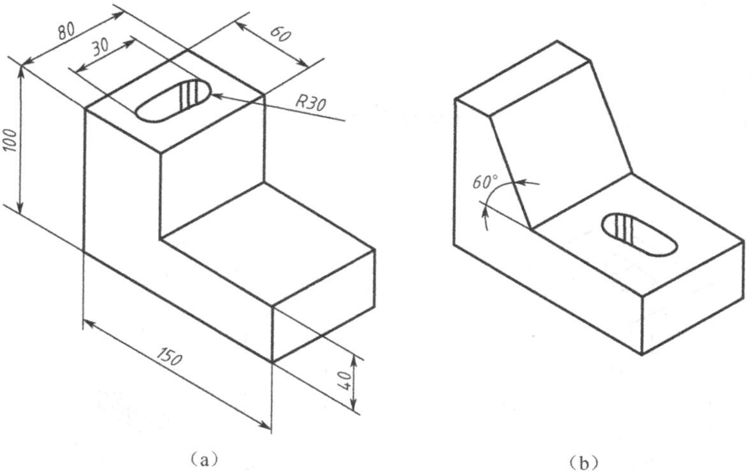

图8-65 垫块实体

目的：通过绘制此图形，学习拉伸面命令的用法。

具备知识：UCS、视图、拉伸。

绘图步骤分解：

1．绘制原图形。

（1）创建“L”型实体块。建立一张新图，调整到主视图方向，用多段线命令按尺寸绘制“L”形的端面，然后调用“拉伸”命令创建实体。并在其上表面捕捉棱边中点绘制辅助线 *AB*，如图 8-66（a）所示。

（2）创建腰圆形立体。在俯视图方向按尺寸绘制腰圆形端面，生成面域后，拉伸成实体，并在其上表面绘制辅助线 *CD*，如图 8-66（b）所示。

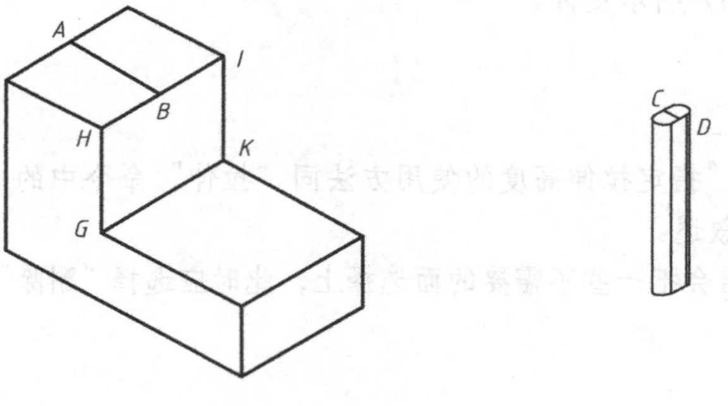

（a）　　（b）

图8-66　创建原图形

（3）布尔运算。选择腰圆形立体，以 *CD* 的中点为基点移动到 *AB* 的中点处，然后用“L”型实体减去腰圆形实体。原图形绘制完成，结果如图 8-65（a）所示。

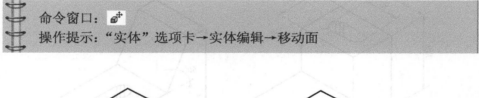

2．移动面。

调用移动面命令：

命令窗口：

操作提示：“实体”选项卡→实体编辑→移动面

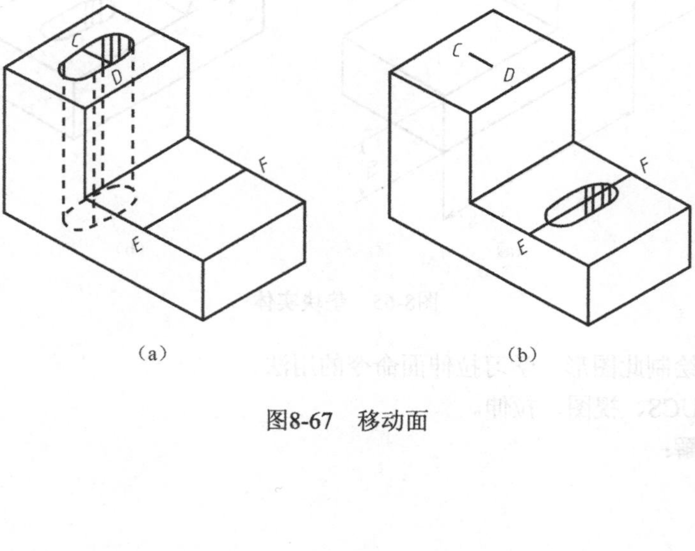

（a）　　（b）

图8-67　移动面

AutoCAD 提示：

命令：_solidedit

实体编辑自动检查：SOLIDCHECK=1

输入实体编辑选项 [面 (F)/ 边 (E)/ 体 (B)/ 放弃 (U)/ 退出 (X)] < 退出 >：_face

输入面编辑选项 [拉伸 (E)/ 移动 (M)/ 旋转 (R)/ 偏移 (O)/ 倾斜 (T)/ 删除 (D)/ 复制 (C)/ 颜色 (L)/ 材质 (A)/ 放弃 (U)/ 退出 (X)] < 退出 >：_move

选择面或 [放弃 (U)/ 删除 (R)]：在孔边缘线上单击 找到一个面。

选择面或 [放弃 (U)/ 删除 (R)/ 全部 (ALL)]：在孔边缘线上单击 找到 2 个面。

选择面或 [放弃 (U)/ 删除 (R)/ 全部 (ALL)]：在孔边缘线上单击 找到 2 个面。

选择面或 [放弃 (U)/ 删除 (R)/ 全部 (ALL)]：在孔边缘线上单击 找到 2 个面。

选择面或 [放弃 (U)/ 删除 (R)/ 全部 (ALL)]：R↙

删除面或 [放弃 (U)/ 添加 (A)/ 全部 (ALL)]：↙

指定基点或位移：选择 CD 的中点

指定位移的第二点：选择 AB 的中点

已开始实体校验。

已完成实体校验。

结果如图 8-67（b）所示。

3．旋转面。

调用旋转面命令：

> 命令窗口：
> 操作提示：“实体”选项卡→实体编辑→旋转面

AutoCAD 提示：

命令：_solidedit

实体编辑自动检查：SOLIDCHECK=1

输入实体编辑选项 [面 (F)/ 边 (E)/ 体 (B)/ 放弃 (U)/ 退出 (X)] < 退出 >：_face

输入面编辑选项 [拉伸 (E)/ 移动 (M)/ 旋转 (R)/ 偏移 (O)/ 倾斜 (T)/ 删除 (D)/ 复制 (C)/ 颜色 (L)/ 材质 (A)/ 放弃 (U)/ 退出 (X)] < 退出 >：_rotate

选择面或 [放弃 (U)/ 删除 (R)]：选择内孔表面　找到 2 个表面

……

删除面或 [放弃 (U)/ 添加 (A)/ 全部 (ALL)]：↙

指定轴点或 [经过对象的轴 (A)/ 视图 (V)/X 轴 (X)/ Y 轴 (Y) /Z 轴 (Z)]< 两点 >：Z↙

指定旋转原点 <0，0，0>：选择 EF 的中点

指定旋转角度或 [参照 (R)]：90↙

已开始实体校验。

已完成实体校验。

结果如图 8-68 所示。

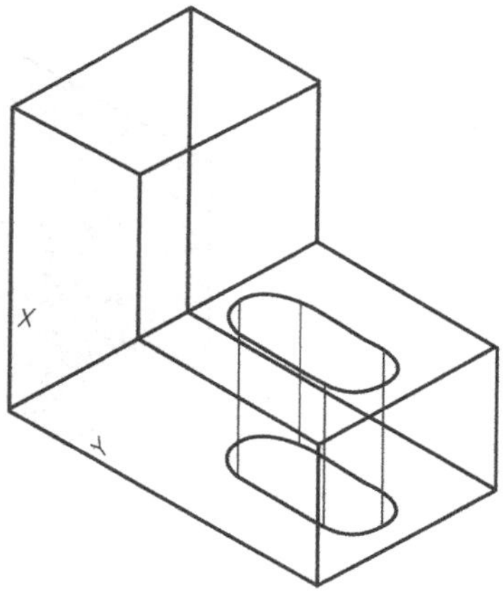

图8-68　旋转面

4．倾斜面。

调用倾斜命令：

命令窗口：

操作提示："实体"选项卡→实体编辑→倾斜面

AutoCAD 提示：

命令：_solidedit

实体编辑自动检查：SOLIDCHECK=1

输入实体编辑选项 [面 (F)/ 边 (E)/ 体 (B)/ 放弃 (U)/ 退出 (X)] < 退出 >：face

输入面编辑选项 [拉伸 (E)/ 移动 (M)/ 旋转 (R)/ 偏移 (O)/ 倾斜 (T)/ 删除 (D)/ 复制 (C)/ 颜色 (L)/ 材质 (A)/ 放弃 (U)/ 退出 (X)] < 退出 >：_taper

选择面或 [放弃 (U)/ 删除 (R)]：选择 GHJK 表面 找到一个表面

删除面或 [放弃 (U)/ 添加 (A)/ 全部 (ALL)]：↙

指定基点：选择 *G* 点

指定沿倾斜轴的另一个点：选择 H 点

指定倾斜角度：30 ↙

已开始实体校验。

已完成实体校验。

删除辅助线，结果如图 8-65（b）所示。

8.13 编辑实体的面——复制面、着色面、压印边

任务：将图 8-69（a）所示的实体模型修改成 8-69（b）、图（c）、图（d）所示的图形。

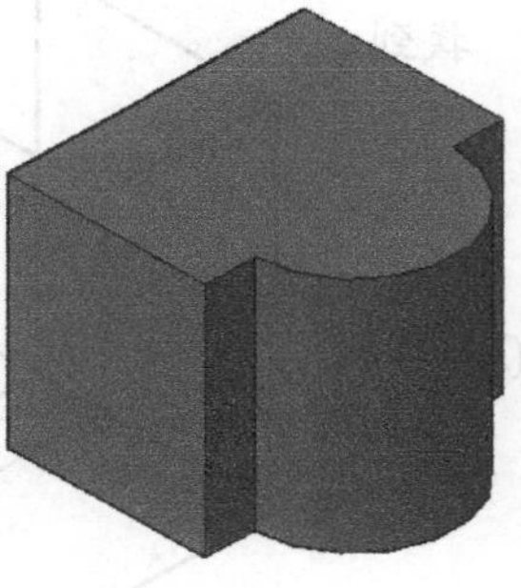

（a）

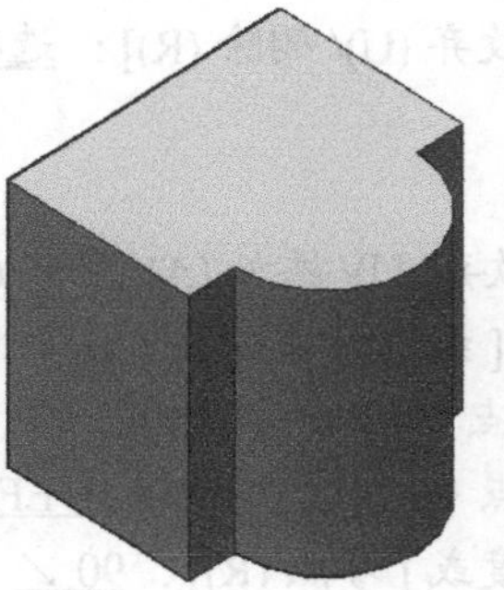

（b）

图8-69 实体编辑

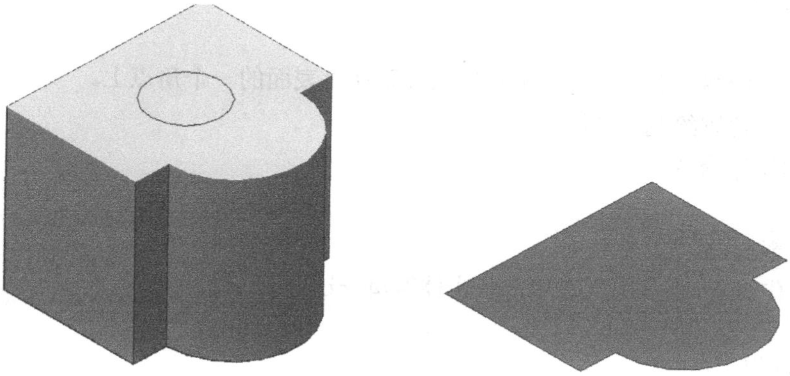

（c） （d）

图8-69 实体编辑（续）

目的：通过绘制此图形，学习着色面、复制面和压印命令的用法。

具备知识：平面图形的基本绘制，拉伸。

绘图步骤分解：

1．创建如图 8-69（a）所示的实体。

2．着色面。

调用着色面命令：

> 命令窗口：
> 操作提示："常用"选项卡→实体编辑→着色面

AutoCAD 提示：

命令：_solidedit

实体编辑自动检查：SOLIDCHECK=1

输入实体编辑选项 [面 (F)/ 边 (E)/ 体 (B)/ 放弃 (U)/ 退出 (X)] < 退出 >：_face

输入面编辑选项 [拉伸 (E)/ 移动 (M)/ 旋转 (R)/ 偏移 (O)/ 倾斜 (T)/ 删除 (D)/ 复制 (C)/ 颜色 (L)/ 材质 (A)/ 放弃 (U)/ 退出 (X)] < 退出 >：_color

选择面或 [放弃 (U)/ 删除 (R)]：选择实体的上表面 找到 1 个面。

选择面或 [放弃 (U)/ 删除 (R)/ 全部 (ALL)]：↙

弹出"选择颜色"对话框，选择合适的颜色，如图 8-70 所示。

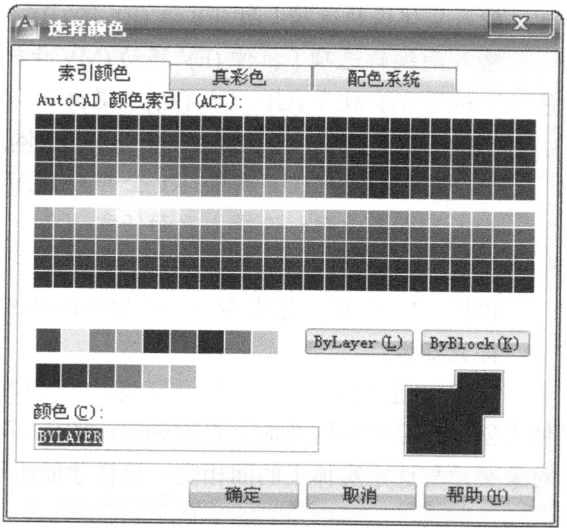

图8-70 "选择颜色"对话框

在"概念"的模式下观察图形，结果

如图 8-69（b）所示。

3．压印边。

（1）利用“UCS”命令，将三维坐标系设置在上表面的一个角点上。

（2）在指定位置绘制一个圆。

（3）调用压印命令：

> 命令窗口：
> 操作提示：“常用”选项卡→实体编辑→压印

AutoCAD 提示：

命令：_imprint

选择三维实体：选择实体模型

选择要压印的对象：选择绘制的圆

是否删除源对象 [是 (Y)/ 否 (N)] <N> : Y↙

选择要压印的对象：↙

结果如图 8-69（c）所示。

4．复制面。

调用复制面命令：

> 命令窗口：
> 操作提示：“常用”选项卡→实体编辑→复制面

AutoCAD 提示：

命令：_solidedit

实体编辑自动检查：SOLIDCHECK=1

输入实体编辑选项 [面 (F)/ 边 (E)/ 体 (B)/ 放弃 (U)/ 退出 (X)] < 退出 > : _face

输入面编辑选项 [拉伸 (E)/ 移动 (M)/ 旋转 (R)/ 偏移 (O)/ 倾斜 (T)/ 删除 (D)/ 复制 (C)/ 颜色 (L)/ 材质 (A)/ 放弃 (U)/ 退出 (X)] < 退出 > : _copy

选择面或 [放弃 (U)/ 删除 (R)] : 单击实体上表面 找到一个面。

选择面或 [放弃 (U)/ 删除 (R)/ 全部 (ALL)] : ↙

指定基点或位移：选择上表面任意一点

指定位移的第二点：单击屏幕上一点

再按“Esc”键，结束命令。结果如图 8-69（d）所示。

补充知识：

压印：通过压印圆弧、圆、直线、二维和三维多段线、椭圆、样条曲线、面域和三维实体来创建三维实体的新面。可以删除原始压印对象，也可保留下来以供将来编辑使用。压印对象必须与选定实体上的面相交，这样才能压印成功。

8.14 实体编辑综合训练

任务：绘制如图 8-71 所示的实体模型。

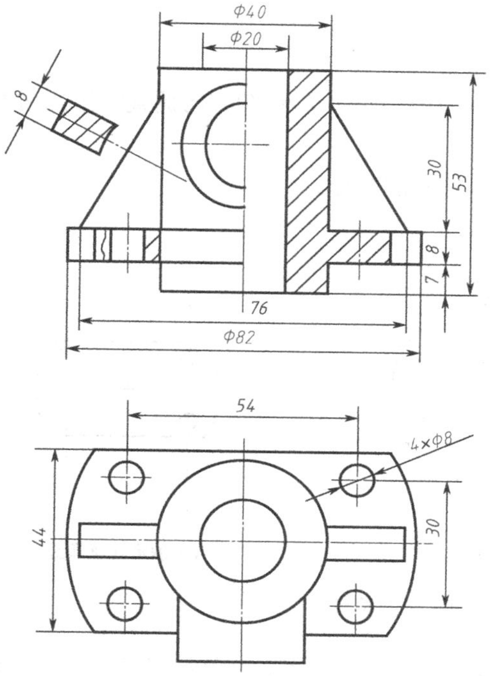

图8-71　建模实例

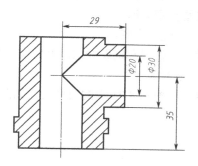

目的：通过绘制此图形，掌握创建复杂实体模型的方法。

具备知识：平面图形的基本绘制。

形体分析：

进行三维建模前，应首先对所给的图样进行分析，分析得出图样所表达模型的形状和结构，把模型分成一些基本的形体组成。在形体分析的过程中，要注意尺寸分析，构思这些基本形体应该如何建立，分析这些基本形体之间的相对位置关系（上下、左右、前后）和表面连接关系（相交、相切、平齐等）。这些就可以对模型的形状和结构得到一个非常清楚的理解。对本例进行形体分析可以看出，该三维模型由如图 8-72 所示的一些基本形体组成。

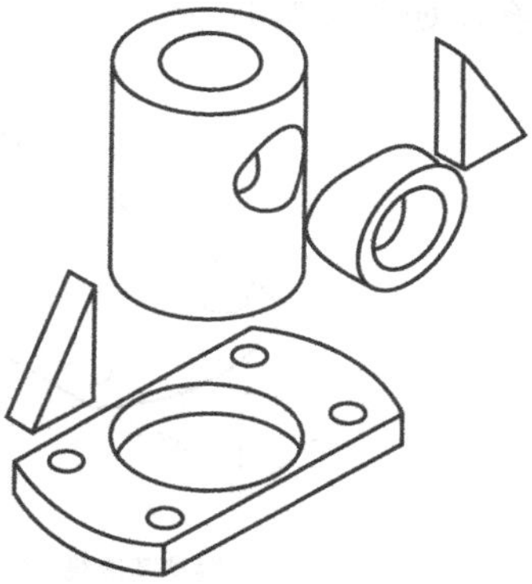

图8-72　形体分析

建模步骤和方法分析：

通过前面的形体分析，清楚了模型的组成，接下来的工作是要确定这些基本形体的建立顺序。一般可以按照“以主为线，先整后细”的原则。“以主为线”就是首先确定这些基本形体中的主要形体，比如该例中下面的底板和中间的圆柱体是主要形体，可以以它们为线组织建模过程。“先整后细”，就是在建模过程中，每一个形体首先考虑它的整体形成，然后再考虑细节，比如本例中的底板首先考虑它是由圆柱体切割形成，或由平面图形拉伸形成，然后考虑它上面的一些孔等细节结构，当然建模时主次可以同时进行。

经过分析可以确定建模步骤：底板→圆柱筒→凸台→肋板。这只是一个大致的顺序，在实际建模过程中可能有些过程会有交叉。

建模方法是依据各形体的特点而定的，可以说在建模过程中是由形体定方法。

绘图步骤分解：

1．新建一张图。

设置实体层和辅助线层。并将实体层设置为当前层。将视图方向调整到俯视图方向。

2．绘制底板。

（1）根据图 8-71 中的尺寸绘制如图 8-73 所示的图形。

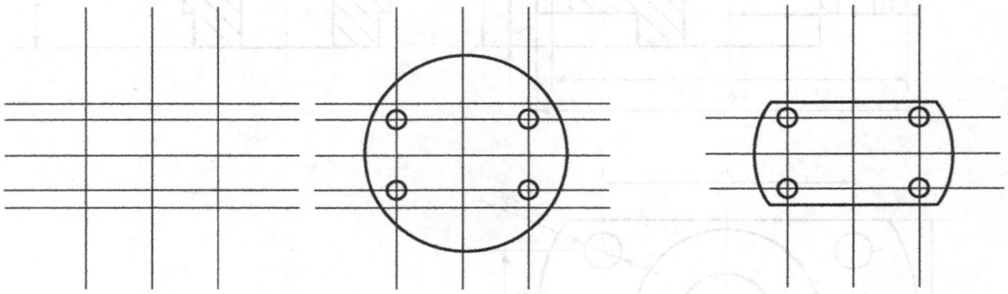

（a）绘制定位基准线和草图　　（b）编辑处理草图

图8-73　绘制平面草图

（2）生成轮廓，拉伸得到模型。将基准线放到单独的图层，并将其隐藏；用边界或面域命令生成拉伸的轮廓；根据尺寸拉伸轮廓，得到草图模型；在形体间“差运算”打出四个小孔，如图 8-74 所示。

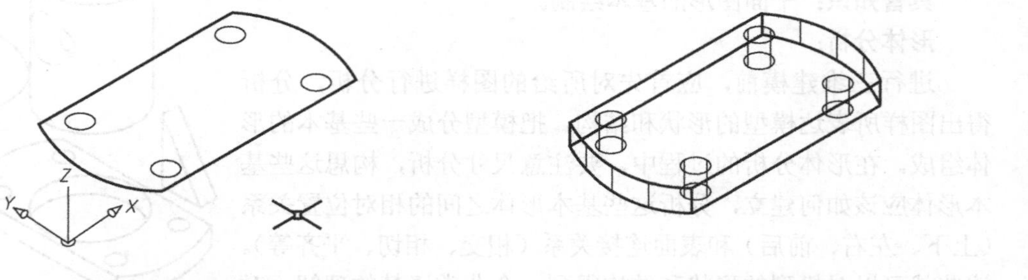

（a）隐藏基准线，生成边界或面域　　（b）拉伸，差集运算得到底板

图8-74　绘制平面草图

3．绘制圆柱筒。

首先考虑圆柱体的位置，即定位问题。位置分析将是后面坐标变换的依据和建模的基础。

（1）根据图 8-75 中的尺寸进行坐标变换。

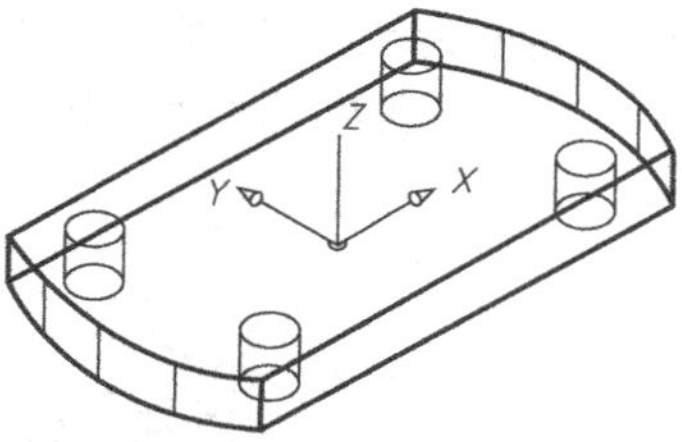

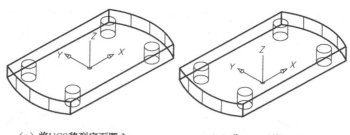

（a）将UCS移到底面圆心　　（b）将UCS下移7

图8-75　变换用户坐标系

（2）在原点处绘制两圆并拉伸，得到圆柱体，如图 8-76 所示。现在先不要着急将圆柱体中间的孔打出，因为该孔牵扯到多个形体，可以放到最后。

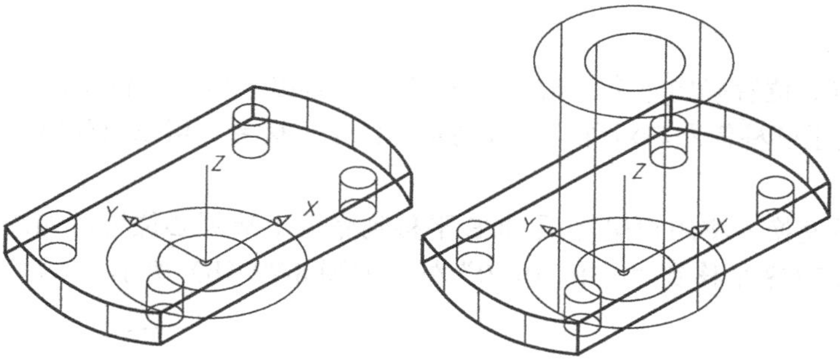

（a）绘制两圆　　（b）将两圆拉伸得到两圆柱体

图8-76　绘制两圆柱体

4．绘制凸台。

该凸台结构也是一个圆柱体，但是方向是前后水平放置，且和中间圆柱筒相交。由此得出：

（1）坐标系变换，将用户坐标系 UCS 直接移动到“0，-29.35”处，得到如图 8-77 所示的 UCS。将用户坐标系 UCS 绕 X 轴旋转得到如图 8-77（b）所示的 UCS。

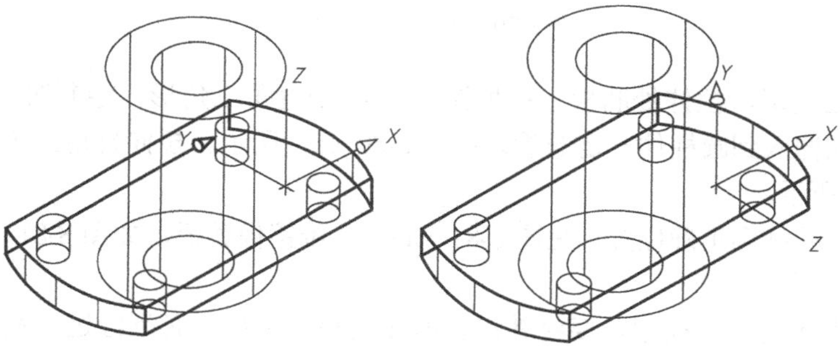

（a）平移UCS　　（b）旋转UCS

图8-77　变换用户坐标系

（2）绘制两圆，并拉伸。拉伸直径为 30 圆的高度为在（29-20）～（29-10）范围之间的一个值（取负值），拉伸直径为 10 圆的高度为 -29，得到两圆柱体，如图 8-78 所示。

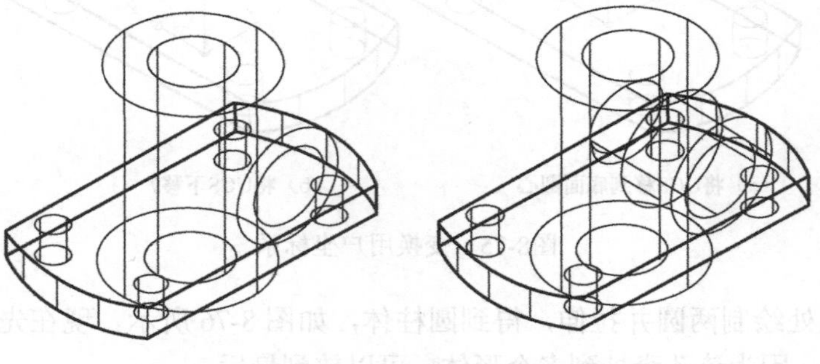

图8-78　绘制两水平方向的圆柱体

5．绘制肋板。

首先应该将其位置确定下来，根据图 8-71 可以看出，该肋板位于前后对称面位置，在底板的上方，关于圆柱筒左右对称。肋板的基本体是三棱台，可以首先绘制直角三角形，然后拉伸。

（1）坐标系变换，将用户坐标系 UCS 平移到底板上端圆心位置，如图 8-79（a）所示。再将用户坐标系 UCS 平移到“－38，0，0”处，如图 8-79（b）所示。

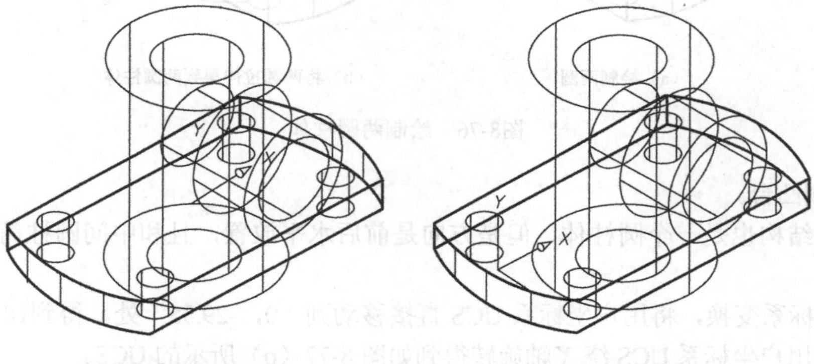

（a）平移UCS到底板上面圆心　　（b）平移UCS到肋板左侧

图8-79　变换用户坐标系

（2）绘制三角形，拉伸处肋板。根据图 8-71 绘制直角三角形，绘制时应注意竖直方向的直角三角形应伸入到圆柱体一定的量，如图 8-80（a）所示。拉伸直角三角形得到三棱柱，如图 8-79（b）所示。

（3）移动三棱柱到正确位置，见图 8-81（a）。三维镜像肋板，如图 8-81（b）所示。

6．组合成整体。

分析已经得到的三维模型，要将其组合所需的整体模型，必须经过一系列的布尔运算。各形体的布尔运算顺序非常重要，应根据分析设计处合理的运算顺序。

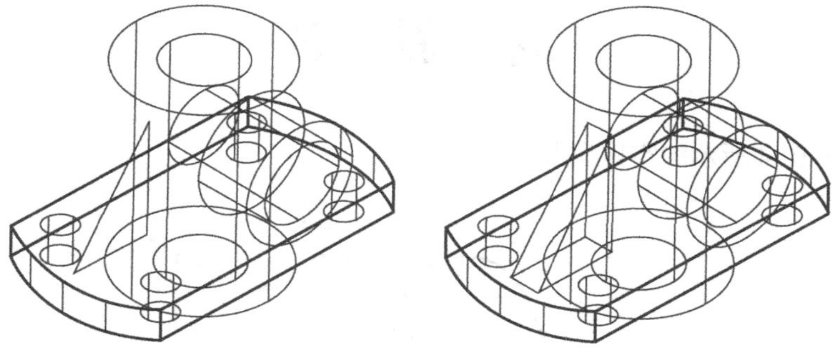

（a）绘制直角三角形　　（b）拉伸成三棱柱

图8-80　肋板的建模

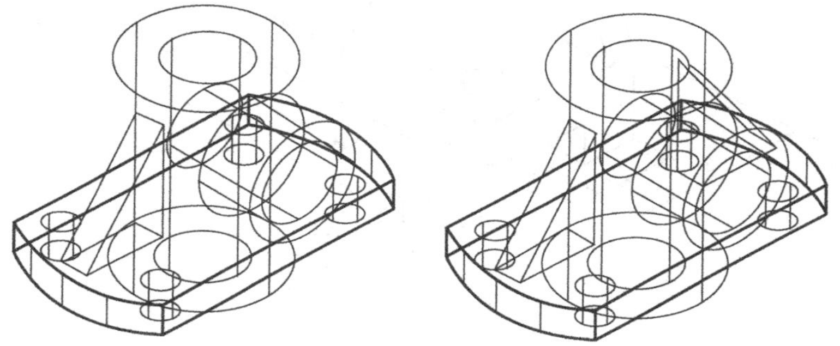

（a）移动肋板到正确位置　　（b）三维镜像肋板

图8-81　肋板的编辑

底板和直径为40的圆柱体、直径为30的水平方向圆柱体、肋板进行运算，如图8-82（a）所示。将上述运算结果与剩余两圆柱体进行差运算，得到最终的结果，如图8-82（b）所示。

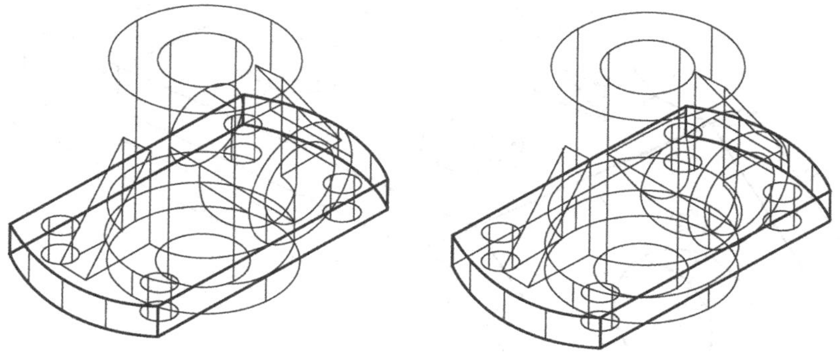

（a）并运算　　（b）差运算

图8-82　组合成整体

习 题 8

绘制图 1～图 4 所示的实体模型。

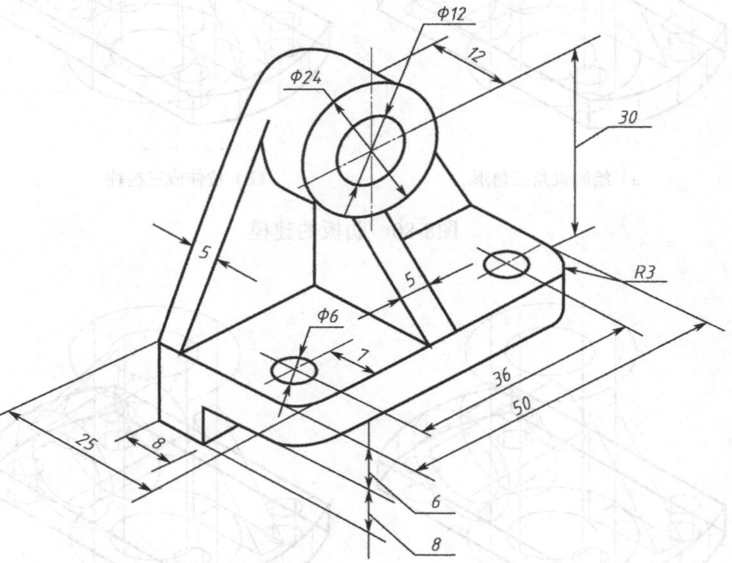

图1

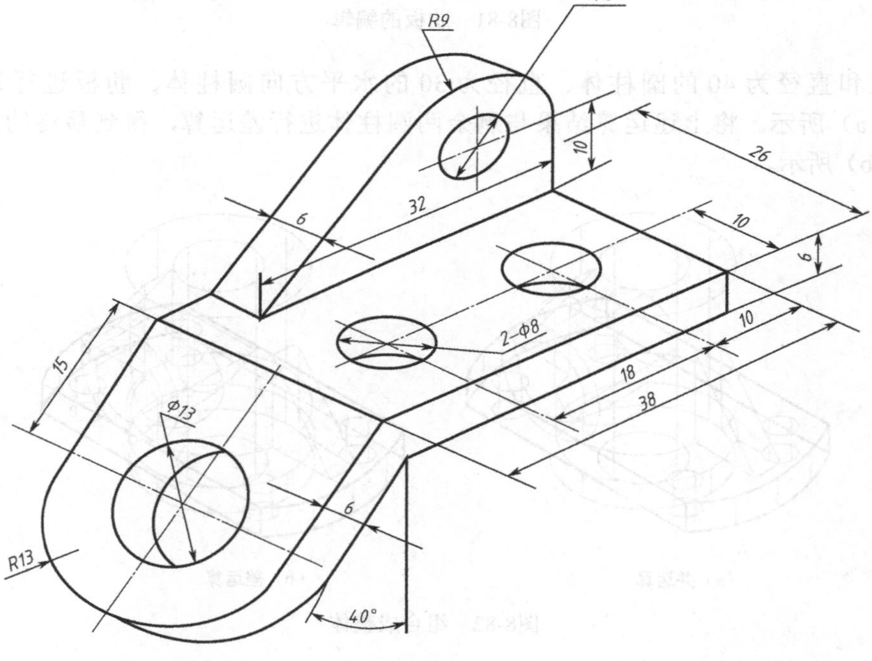

图2

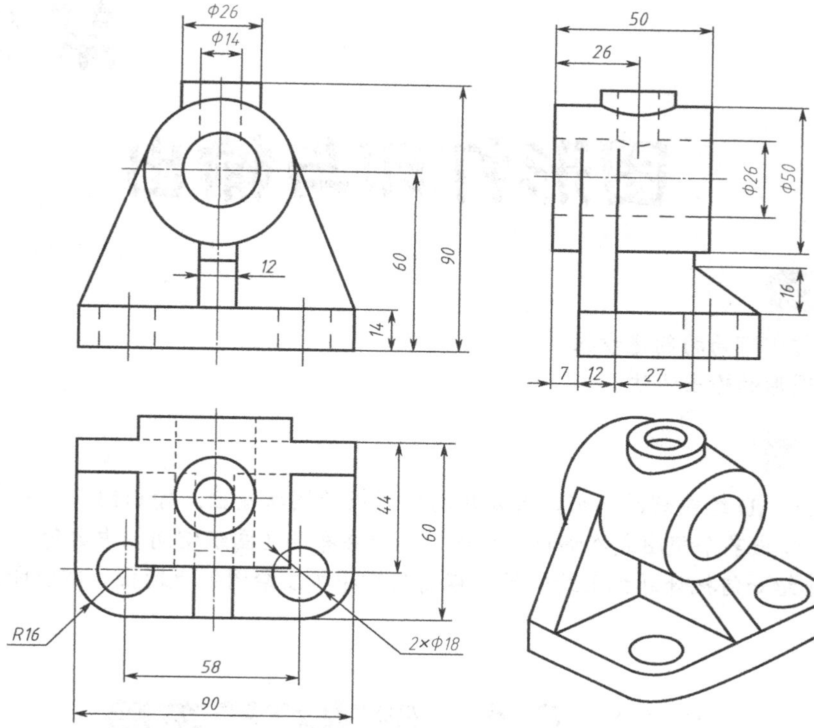
Φ26
Φ14
12
60
90
14
50
26
Φ26
Φ50
16
7
12
27
44
60
R16
2×Φ18
58
90

图3

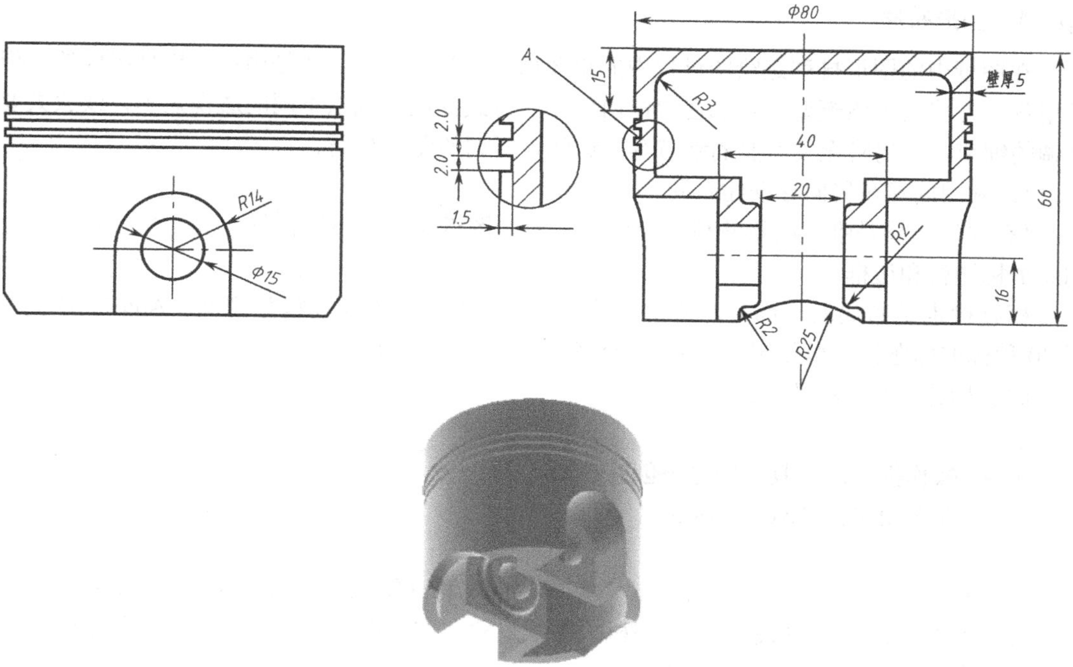
R14
Φ15
A
2.0
2.0
1.5
Φ80
15
R3
壁厚5
40
20
R2
66
16
R2
R25

图4

第 9 章

图形打印与输出

教学目标

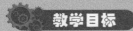

1. 掌握打印布局的创建步骤;
2. 了解图形的输出方法。

本章要点

使用 AutoCAD 绘制好的图形，可以用打印机或绘图机输出。输出图形可以在模型空间进行，如果要输出多个视图或添加标题栏等，则应在布局（图纸空间）中进行。

本章将介绍如何把计算机上绘制的工程图从打印机或绘图仪上输出，即打印出工程图。

9.1 创建打印布局

9.1.1 图形布局

在图纸中的图形排列是绘图过程中的重要部分，初始图形可能是由单一模型组成的，但可用各种方法显示该模型。可以在边框内以不同方式摆放，或以不同的透视显示，或放大要强调的细节，或消隐无关紧要的细节等，这就是所谓的图形布局。

1. 利用创建布局向导创建布局。

“布局”向导是唯一既影响模型空间，又影响图纸空间的设置向导，其中包括在图纸空间添加标题栏和边框。

标题栏也是布局的一部分，通常是绘制在图纸空间而不是在模型空间。AutoCAD 提供了 30 种标准标题栏，可使用“布局”向导将它们插入布局中。

添加标题栏和边框的步骤如下：

> 操作提示：工具→向导→创建布局
> 命令窗口：_layoutwizard

（1）在“创建布局”对话框中，输入新布局的名称（默认为“布局 3”），如图 9-1 所示。

（2）单击“下一步”按钮出现打印机、图纸尺寸、方向设置框，用户可按实际情况设置，本例中“图纸尺寸”的设置如图 9-2 所示。

（3）接着依次单击“下一步”按钮，出现标题栏、定义视口定义框，在标题栏设置中用户可从列表中选择一个合适的标题栏加载，如图 9-3 所示。

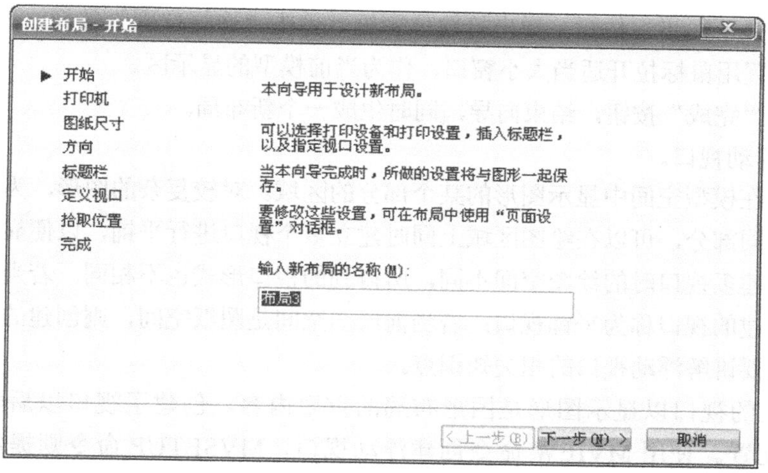
创建布局 - 开始
开始
打印机
图纸尺寸
方向
标题栏
定义视口
拾取位置
完成
本向导用于设计新布局。
可以选择打印设备和打印设置，插入标题栏，以及指定视口设置。
当本向导完成时，所做的设置将与图形一起保存。
要修改这些设置，可在布局中使用“页面设置”对话框。
输入新布局的名称(M)：
布局3
< 上一步(B)
下一步(N) >
取消

图9-1 “创建布局-开始”向导

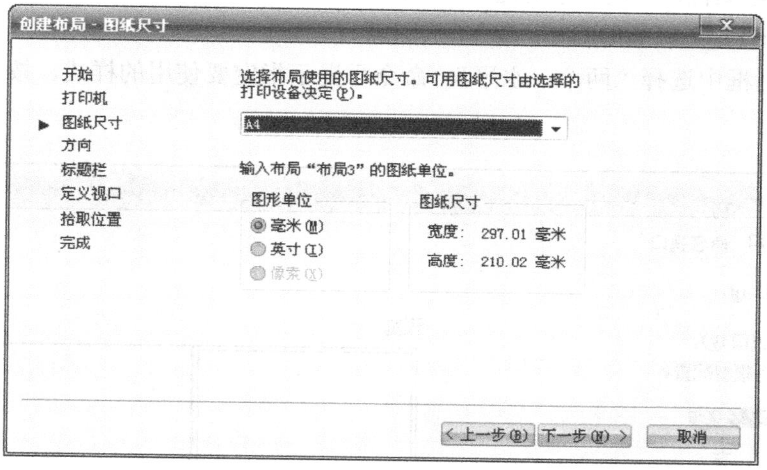
创建布局 - 图纸尺寸
开始
打印机
图纸尺寸
方向
标题栏
定义视口
拾取位置
完成
选择布局使用的图纸尺寸。可用图纸尺寸由选择的打印设备决定(P)。
A4
输入布局“布局3”的图纸单位。
图形单位
毫米(M)
英寸(I)
像素(X)
图纸尺寸
宽度： 297.01 毫米
高度： 210.02 毫米
< 上一步(B)
下一步(N) >
取消

图9-2 设置图纸尺寸

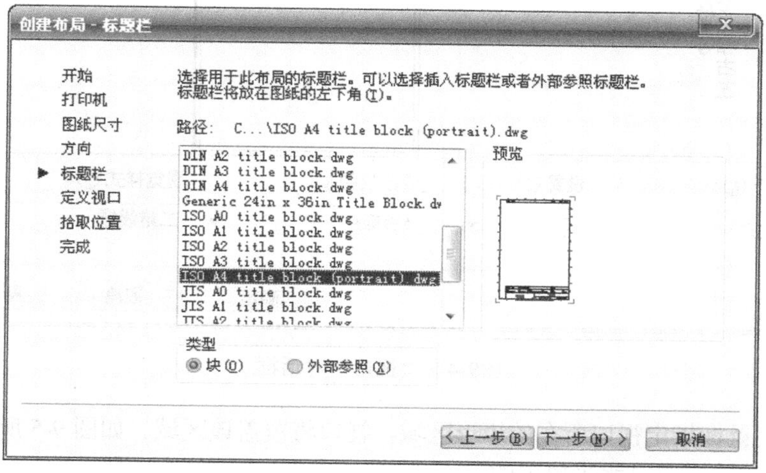
创建布局 - 标题栏
开始
打印机
图纸尺寸
方向
标题栏
定义视口
拾取位置
完成
选择用于此布局的标题栏。可以选择插入标题栏或者外部参照标题栏。标题栏将放在图纸的左下角(T)。
路径： C...\ISO A4 title block (portrait).dwg
DIN A2 title block.dwg
DIN A3 title block.dwg
DIN A4 title block.dwg
ISO A0 title block.dwg
ISO A1 title block.dwg
ISO A2 title block.dwg
ISO A3 title block.dwg
ISO A4 title block (portrait).dwg
JIS A0 title block.dwg
JIS A1 title block.dwg
预览
类型
块(O)
外部参照(X)
< 上一步(B)
下一步(N) >
取消

图9-3 选择标题栏

（4）单击“下一步”按钮，弹出拾取位置框，单击“选择位置”按钮，系统弹出布局，用户在适当位置用鼠标拉开适当大小窗口，作为当前模型的显示区。

（5）单击“完成”按钮，结束向导，同时生成一个新布局。

2．创建浮动视口。

视口是指在模型空间中显示图形的某个部分的区域。对较复杂的图形，为了比较清楚地观察图形的不同部分，可以在绘图区域上同时建立多个视口进行平铺，以便显示几个不同的视图。如果创建多视口时的绘图空间不同，所得到的视口形式也不相同。若当前绘图空间是模型空间，创建的视口称为平铺视口；若当前绘图空间是图纸空间，则创建的视口称为浮动视口。下面主要讲解浮动视口的相关知识点。

创建不同的视口以显示图形是图形布局的重要内容。创建了视口以后，还可以对这些视口进行配置。使用 MVIEW 命令创建浮动视口，MVSETUP 命令则提供更多的配置选项。

（1）创建浮动视口。创建浮动视口的步骤如下：

① 在命令行键入“VPORTS”命令，创建浮动视口。

② 在对话框中选择“两个：水平”，命令行提示指定要使用的样式，按需要选择，如图 9-4 所示。

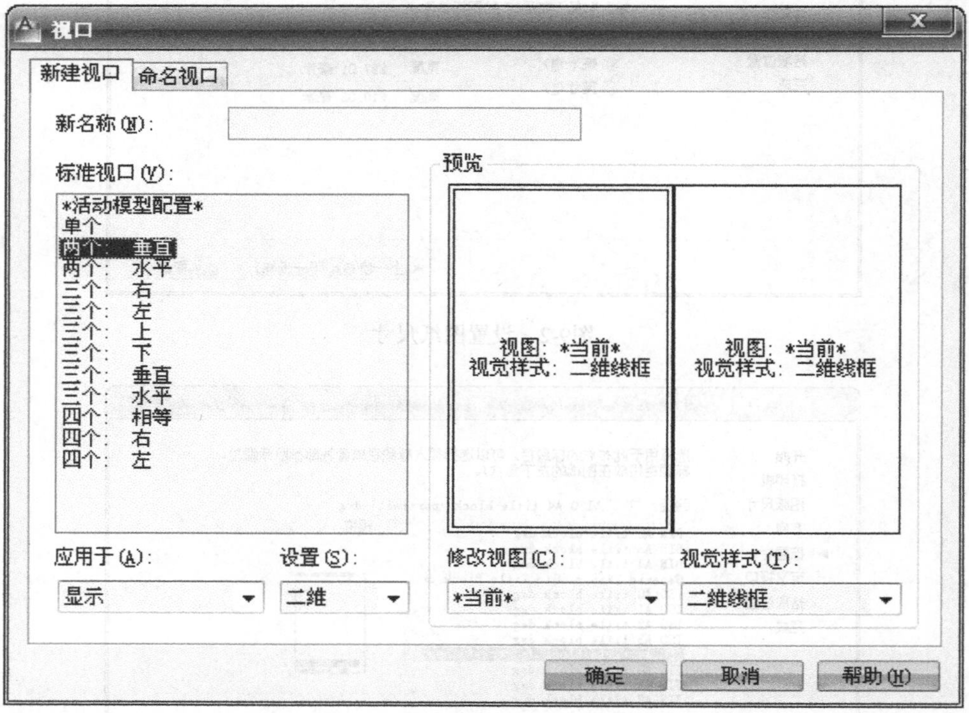

图9-4 “视口”对话框

③ 最后用鼠标指定视口所在的矩形区域，视口将覆盖该区域。如图 9-5 所示是已经创建的两个浮动视口，而且是水平放置的。

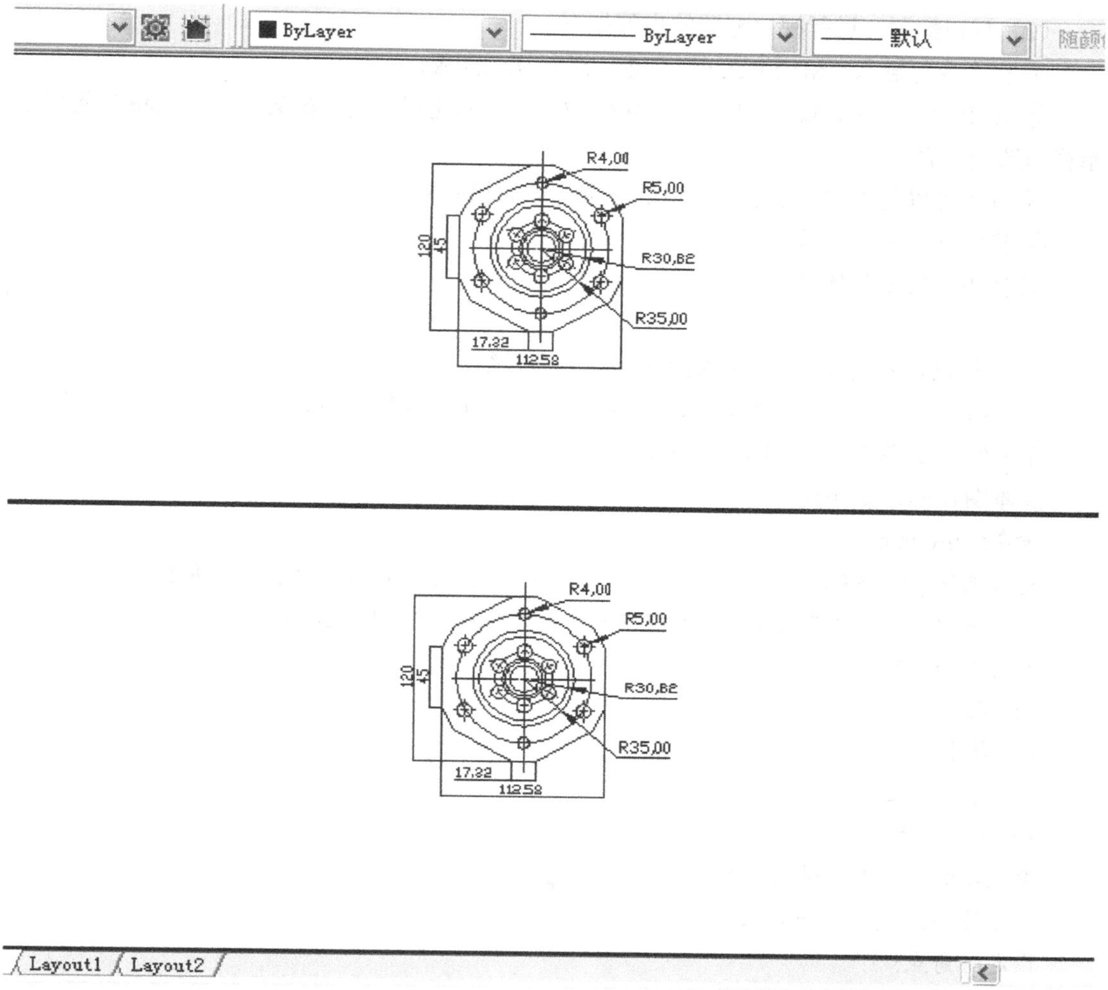

图9-5　两个视口的布局

下面是在文本窗口的命令序列，请注意对视口的配置信息。由于是在模型空间执行的创建视口的命令，故可以自动完成到图纸空间的切换，创建视口完毕以后，再自动切换回模型空间。

视口的区域是在屏幕上拾取的，所以坐标值没有显示。

文本窗口的命令序列：

命令：_mview

指定视口的角点或 [开 (ON) / 关 (OFF) / 布满 (F) / 着色打印 (S) / 锁定 (L) / 对象 (O) / 多边形 (P) / 恢复 (R) / 2 / 3 / 4/]< 布满 >：2↙

输入视口排列方式 [水平 (H) / < 垂直 (V)>] 垂直：H↙

指定第一角点或 [布满 (F)]< 布满 >：

第二点：重生成图形。

切换到模型空间。

（2）视口配置。进行视口配置的步骤如下：

① 在命令行键入“MVSETUP”命令，进行视口配置。

② 命令行提示可以配置的选项，输入“C”，对创建视口进行配置。按“Enter”键将显示视口选项列表。

③ 键入可以使用的用于创建视口的配置选项的相应编号。

④ 指定视口所在区域。

⑤ 按下“Enter”键结束配置。

注意：

① 如果创建阵列视口，要指定列数（X）和行数（Y）。

② 如果创建工程或阵列视口，要指定列（X）与行（Y）的距离。

下面给出了文本窗口中的命令序列。

文本窗口的命令序列：

命令：mvsetup

输入选项 [对齐 (A)/ 创建 (C) / 缩放视口 (S) / 选项 (O)/ 标题栏 (T)/ 放弃 (U)]：C

输入选项 [删除对象 (D) / 创建视口 (C) / 放弃 (U)]<创建视口>:

可用布局选项：

0：无。

1：单个。

2：标准工程图。

3：视口阵列。

输入要加载的布局号或 [重显示 (R)]:

指定边界区域的第一角点：

指定对角点：

输入 X 方向上的视口数目 <1>：2

输入 Y 方向上的视口数目 <1>：2

指定 X 方向上视口之间的距离 <0>:

指定 Y 方向上视口之间的距离 <0>:

3．打开或关闭浮动视口。

打开或关闭视口可以实现浮动视口中对象可见与否。另外，当视口重生成时，显示较多数量的浮动视口会影响系统性能。

可以通过关闭一些视口来改善性能，其操作步骤如下：

（1）在命令行键入“MVIEW”命令。

（2）在命令行提示下，选择打开视图或关闭视图。

（3）选择要打开或关闭的视口。

4．限制活动视口数。

限制活动视口数目的方法是：

在命令行上输入“MAXACTVP”命令，然后输入可激活的视口的最大数。

以下是限制活动视口数目的命令序列：

命令：maxactvp

输入变量 MAXACTVP 的新值 <64>：8

9.1.2 模型空间与图纸空间

模型空间是指用户在其中进行的设计绘图的工作空间，图纸空间主要用于完成绘图输出的图纸最终布局及打印。

模型空间是指用户在其中进行设计绘图的工作空间。在模型空间中，用创建的模型来完成二维或三维物体的造型，标注必要的尺寸和文字说明。系统的默认状态为模型空间。当在绘图过程中，只涉及一个视图时，在模型空间即可以完成图形的绘制、打印等操作。

图纸空间（又称为布局）可以看作是由一张图纸构成的平面，且该平面与绘图区平行。图纸空间上的所有图纸均为平面图，不能从其他角度观看图形。利用图纸空间，可以把在模型空间中绘制的三维模型在同一张图纸上以多个视图的形式排列（如主视图、俯视图、剖视图），以便在同一张图纸上输出它们。而且这些视图可以采用不同的比例。而在模型空间则无法实现这一点。

9.2 打印机管理及页面设置

最后把设置的图纸打印出来，如果使用的是 Windows 系统打印机，一般不需要做更多的配置工作。

9.2.1 用“打印样式管理器”添加和配置要用的打印样式

1．输入命令。

用户提示：

> 命令图标：
> 操作提示：输出→打印→打印样式管理器
> 命令窗口：_stylesmanager

输入命令后，弹出对话框，如图 9-6 所示。

图9-6 “打印样式管理器”对话框

2．添加新的打印样式。

如果要添加新的打印样式，应双击“添加打印样式表向导”，按照向导逐步完成添加。如图 9-7 ～图 9-11 所示。

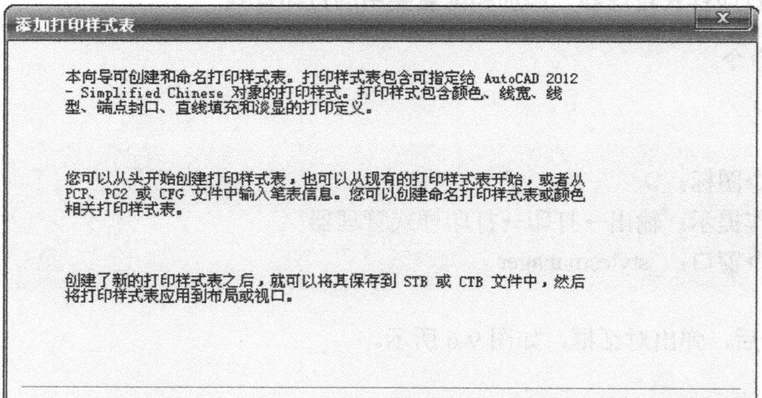

图9-7 “添加打印样式表”对话框

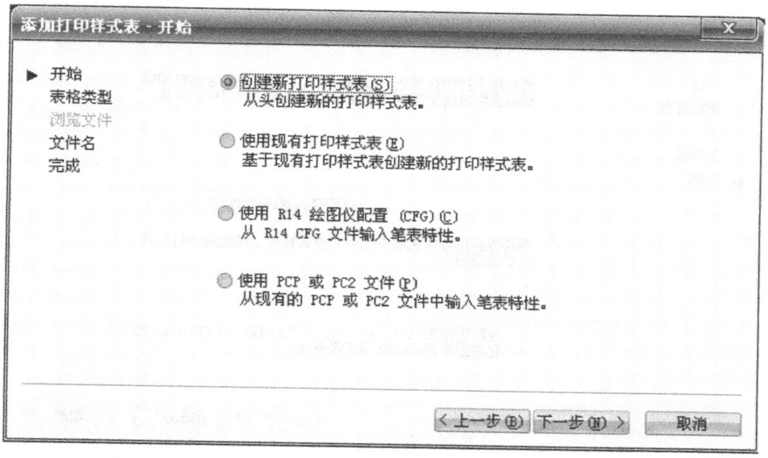

图9-8 “添加打印样式表-开始”对话框

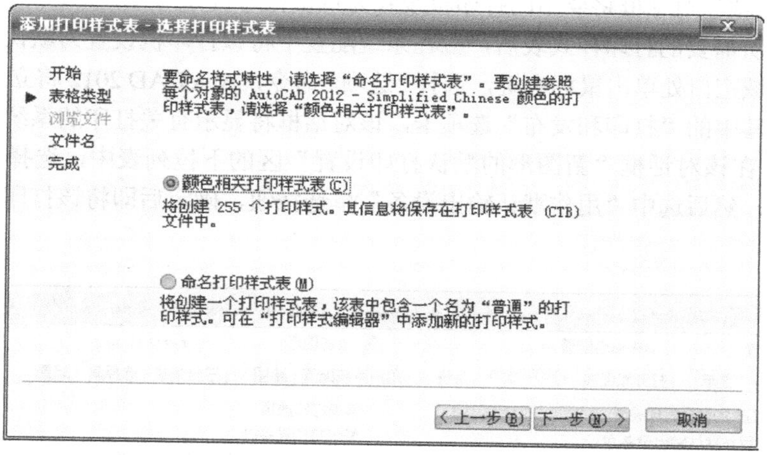

图9-9 “添加打印样式表-选择打印样式表”对话框

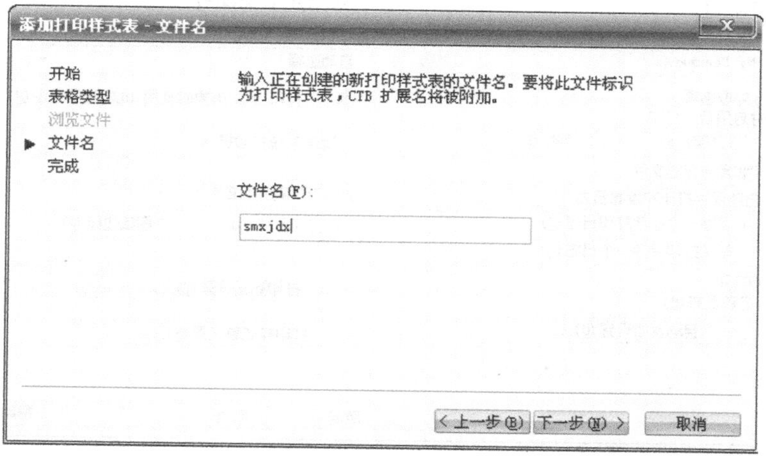

图9-10 “添加打印样式表-文件名”对话框

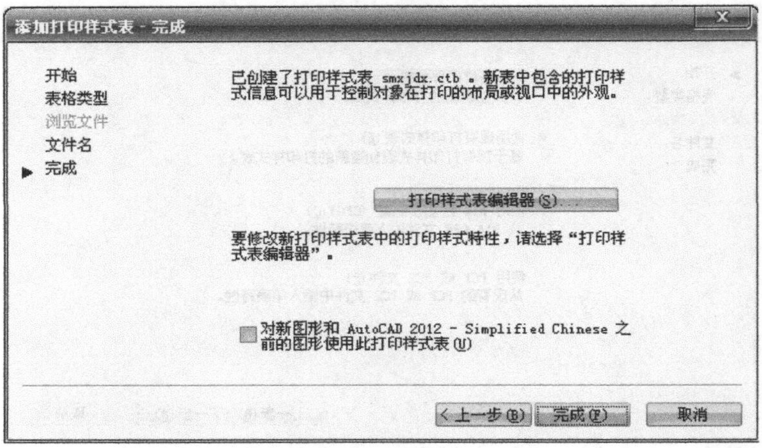

图9-11 “添加打印样式表-完成”对话框

3．在“选项”对话框将要用的打印机设置为默认打印机。

添加好了所需要的打印样式表后，应在系统配置中将该打印机设置为默认打印机。方法是：在绘图区域空白处单击鼠标右键，选择“选项”命令，AutoCAD 2012将立即弹出“选项”对话框，选择其中的“打印和发布”选项卡，该对话框将显示有关打印的系统配置内容，如图9-12所示。在该对话框“新图形的默认打印设置”区的下拉列表中，选择要设置为默认的打印机名称，然后选中“用作默认输出设备”单选按钮，确定后即将该打印机设置为默认打印机。

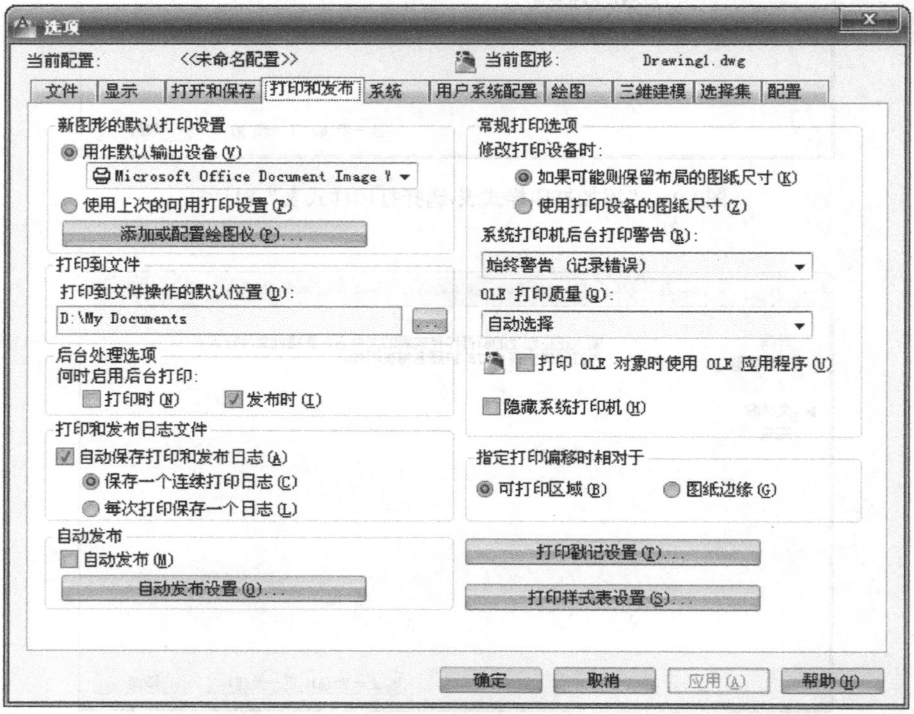

图9-12 显示“打印”选项卡的“选项”对话框

特别提示

在“常规打印选项”区：默认设置是选中“修改打印设备时：”的“如果可能则保留布局的图纸尺寸”单选按钮。如果要打印的图纸都是在“打印机配置编辑器”对话框中所配置的图纸大小，可以选择“使用打印设备的图纸尺寸”单选按钮。

在“新图形的默认打印设置”区：选择默认设置的“用作默认输出设备”。

“打印样式”用来控制所绘图形的打印效果，其允许用户以与现实完全不同的配色方案打印输出图形。每个“打印样式”只控制输出图形某一方面的打印效果。如命名“填充打印样式”，该样式只控制输出图形中某一种颜色的打印效果。所以要用“打印样式”控制一张工程图的打印效果，需要有一组“打印样式”，每一组“打印样式”都放在 AutoCAD 2012 中提供的“打印样式表”中，利用“打印样式表”可以生成各种不同质量的图形输出结果。用户可直接调用 AutoCAD 2012 提供的“打印样式表”中的“打印样式”，也可以在已有的“打印样式表”中创建新的“打印样式”和编辑已有的“打印样式”。如果需要，也可以添加新的“打印样式表”。

如果要添加“打印样式”，应选择该对话框中的“打印样式表设置（S···）”，在其弹出的对话框中单击“添加或编辑打印样式表（S···）”，如图 9-13 所示。

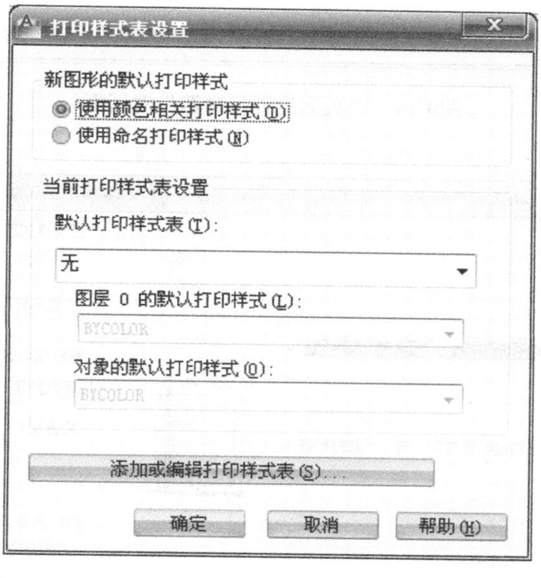

图9-13 “打印样式表设置”对话框

9.2.2 用“页面设置”对话框进行页面设置

1. 输入命令。

命令提示：文件→页面设置管理器

命令窗口：_pagesetup

运行命令后，此时 AutoCAD 2012 会弹出“页面设置管理器”对话框，如图 9-14 所示。单击“修改”选项，则弹出“页面设置 - 模型”对话框，如图 9-15 所示。

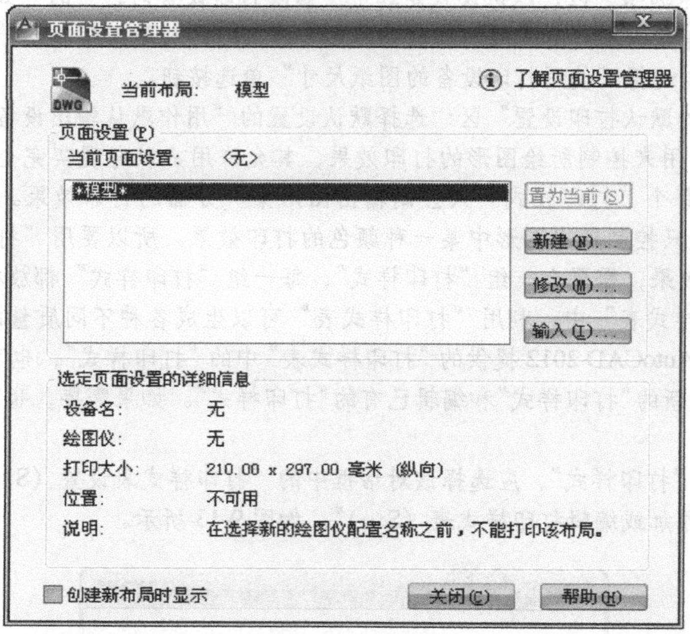

图9-14　“页面设置管理器”对话框

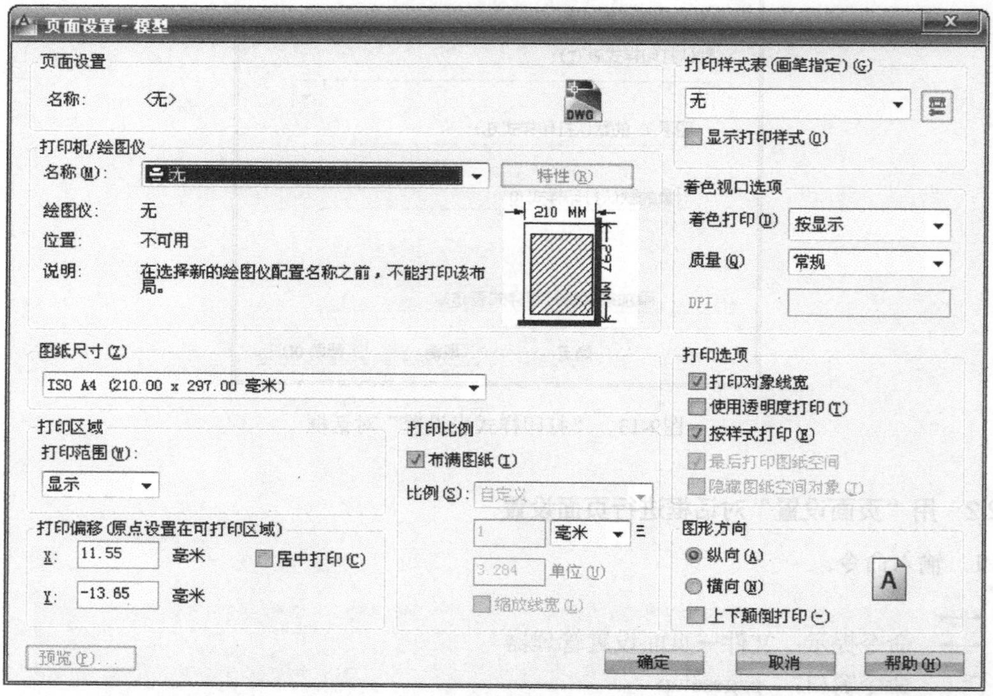

图9-15　“页面设置—模型”对话框

2．设置输出图纸的尺寸和图纸单位。

“图纸尺寸”下拉列表：列出了由当前配置的打印设备中可以用的图纸尺寸，从中选择要输出图样的图纸尺寸（即图幅大小）。

“打印区域”：显示出所选择的图纸尺寸可打印的范围。

3．设置输出图形的方向。

“纵向”单选按钮：选择该项，无论图纸是纵向还是横向，输出图样的长边将与图纸的长边是垂直的。

“横向”单选按钮：选择该项，无论图纸是纵向还是横向，输出图样的长边将与图纸的长边是平行的。

“上下颠倒打印”选项：选择该项，将在图形指定了“横向”或“纵向”的基础上旋转180°。

4．设置打印比例。

在“打印比例”区：可以从“比例”下拉列表中选择标准的打印比例。或者从“比例”下拉列表中选择“自定义”选项，并在其下的文字输入框中输入一个自定义的打印单位与图形单位之间的比例。如果从比例列表中选择一个标准比例，其比例值将自动显示在自定义文字输入框中。

该区中的“缩放线宽”选项，用来控制线宽是否按照打印比例缩放。如不选中，线宽将不按打印比例缩放。一般情况下，打印时图形中的各实体按图层中指定的线宽来打印，不随打印比例缩放。

5．设置输出图形的原点。

在“页面设置—模型”对话框左下角的“打印偏移”区，有控制打印原点偏移量的文字输入框和“居中打印”选项。

打印原点在打印区域的左下角，一般设置为0、0。如果要相对于图纸的左下角移动图形，可以在该区中的X、Y文字输入框中输入偏移量，输入正值将使打印原点向右上角移动，输入负值将使打印原点向左下角移动，所输入的原点偏移的数值单位显示在X、Y输入框的后面。

在模型空间中，一般是选中“居中打印”选项，AutoCAD 2012将自动计算图形居中打印的偏移量，将图形打印在图纸的中央。

但如果使用绘图仪，就必须配置绘图仪的驱动程序和打印端口等。

打印图形的步骤如下：.

（1）单击“标准”工具栏的“打印”按钮打印图形，弹出“打印”对话框。

（2）在“打印—模型”对话框中，包含了“页面设置”、“打印机/绘图仪”、“图纸尺寸”、“打印区域”、“打印比例”、“打印选项”和“图形方向”等选项栏目。

如果配置了多个绘图仪或打印机，单击“打印机/绘图仪”选项卡以显示并选择绘图仪或打印机。打印设备配置对话框如图9-16所示。

在对话框中可以指定和设置打印机、调整打印机的属性、选择打印样式表、打印到文件、选定打印范围等。

（3）如图9-15所示，在“打印区域”选项组的“打印范围”下拉列表中选择“窗口”可以在图形中用窗口设定要打印的区域，选择“范围”可以打印绘图范围中的图形，选择“显示”只打印屏幕中显示部分的内容。还可以设置打印缩放比例、打印份数、偏移打印原点（可以调整图形在图纸上的位置)、选择打印方向等。

图9-16 “打印—模型”对话框

(4)单击“预览”按钮，可以预览输出效果。

(5)当设置好打印机时，单击“确定”按钮，开始打印。

习 题 9

一、选择题

1. 关于图纸空间模型空间，下列说法正确的是（ ）。

A. 通常绘图设计工作在模型空间完成

B. 通常绘图设计工作在图纸空间完成

C. 图纸空间可创建称为浮动视口的窗口，窗口可以编辑

D. 模型空间可以分为若干个视口，不同视口可以设置不同缩放比例、栅格等

2. 关于布局，下列说法正确的是（ ）

A. 一个布局代表一张可以使用各种比例显示一个或多个模型视图的图纸

B. 可以在图形中创建多个布局，每个布局都可以包含不同的打印设置和图纸尺寸

C．图形中创建布局后可以在相同图形或其他图形中重复使用布局用于打印

D．“布局”向导是唯一既影响模型空间又影响图纸空间的设置向导

3．系统变量（　　）用来控制模型空间和图纸之间的切换。

A．ISOLINE　　B．TILEMOODE　　C．LAYOUT　　D．STARCRAFT

4．在命令行中输入（　　）命令，可以在浮动视口中旋转整个视图

A．ROTATE　　B．MVRINE　　C．MVSETUP　　D．NARLA

二、填空题

1．在 AutoCAD 中，用户使用______可以方便地配置多种打印输出样式。

2．________是用户在其完成绘图和设计工作的工作空间，通过在模型空间中所建立的模型来完成二维或三维物体的造型。

3．在 AutoCAD 中，使用______命令从图纸空间切换到模型空间，使用______命令从模型空间切换到图纸空间。

4．在命令行输入“IMPORT”命令，打开“输入文件”对话框，可输入________，______和______图形格式文件。

5．在 AutoCAD 中，用户使用______功能，可以方便地配置多种打印输出样式。

三、简答题

1．既影响模型空间，又影响图纸空间设置的向导是什么？

2．模型空间与图纸空间有何异同？它们各有何作用？

3．如何把绘制好的作品打印出来？

4．打印预览输出结果的方法有哪些？

四、上机题

将一幅图打印输出到文件。

附录 A

AutoCAD 常用快捷命令

（一）字母类

中文名称	英文名称	快捷方式	中文名称	英文名称	快捷方式
文字样式	STYLE	ST	复制	COPY	CO
图层操作	LAYER	LA	镜像	MIRROR	MI
捕捉模式	OSNAP	OS	阵列	ARRAY	AR
点	POINT	PO	偏移	OFFSET	O
直线	LINE	L	旋转	ROTATE	RO
射线	XLINE	XL	移动	MOVE	M
多段线	PLINE	PL	分解	EXPLODE	X
样条曲线	SPLINE	SPL	修剪	TRIM	TR
正多边形	POLYGON	POL	延伸	EXTEND	EX
矩形	RECTANGLE	REC	拉伸	STRETCH	S
圆	CIRCLE	C	比例缩放	SCALE	SC
圆弧	ARC	A	打断	BREAK	BR
椭圆	ELLIPSE	EL	倒直角	CHAMFER	CHA
圆环	DONUT	DO	倒圆角	FILLET	F
面域	REGION	REG	修改文本	DDEDIT	ED
多行文本	MTEXT	MT/T	删除	ERASE	E
块定义	BLOCK	B	直线拉长	LENGTHEN	LEN
插入块	INSERT	I	等分	DIVIDE	DIV
填充	BHATCH	H	对齐	ALIGN	AL

（二）常用 Ctrl 快捷键

【Ctrl】+【1】：*PROPERTIES（修改特性）

【Ctrl】+【2】：*ADCENTER（设计中心）

【Ctrl】+【O】：*OPEN（打开文件）

【Ctrl】+【N】、【M】：*NEW（新建文件）

【Ctrl】+【P】：*PRINT（打印文件）

【Ctrl】+【S】：*SAVE（保存文件）
【Ctrl】+【Z】：*UNDO（放弃）
【Ctrl】+【X】：*CUTCLIP（剪切）
【Ctrl】+【C】：*COPYCLIP（复制）
【Ctrl】+【V】：*PASTECLIP（粘贴）
【Ctrl】+【B】：*SNAP（栅格捕捉）
【Ctrl】+【F】：*OSNAP（对象捕捉）
【Ctrl】+【G】：*GRID（栅格）
【Ctrl】+【L】：*ORTHO（正交）
【Ctrl】+【W】：*（对象追踪）
【Ctrl】+【U】：*（极轴）

（三）常用功能键

【F1】：* HELP（帮助）
【F2】：*（文本窗口）
【F3】：* OSNAP（对象捕捉）
【F7】：* GRIP（栅格）
【F8】：* ORTHO（正交）

参考文献

[1] 陈桂芳．AutoCAD 2009 中文版实用教程．北京：清华大学出版社，2011．

[2] 陆玉兵，魏兴．机械 AutoCAD 2010 项目应用教程．北京：人民邮电出版社，2012．

[3] 张景春．AutoCAD 2012 中文版基础教程．北京：中国青年出版社，2011．

[4] 王征． AutoCAD 2009 实用教程（中文版）．北京：清华大学出版社，2009．

[5] 李腾训，卢杰．计算机辅助设计与制造 AutoCAD 2009 教程．北京：清华大学出版社，2009．

[6] 付春梅．AutoCAD 2012 工程绘图项目教程．北京：高等教育出版社，2012．

[7] 刘林．AutoCAD 2012 中文版高级应用教程：高级绘图员考试指南（第 4 版）．广州：华南理工大学出版社，2012．